싱가포르 홀리데이

싱가포르 홀리데이

2014년 10월 20일 초판 1쇄 펴냄
2018년 12월 20일 개정2판 1쇄 펴냄

지은이	이동미, 김현주
발행인	김산환
책임편집	성다영
디자인	전애경
지도	글터
영업 마케팅	정용범
펴낸곳	꿈의지도
인쇄	두성 P&L
종이	월드페이퍼

주소	경기도 파주시 경의로 1100, 604호
전화	070-7733-9545
팩스	031-947-1530
홈페이지	www.dreammap.co.kr
출판등록	2009년 10월 12일 제82호

979-11-89469-16-0
979-11-86581-33-9(세트)

SINGAPORE
싱가포르 홀리데이

이동미, 김현주 지음

꿈의지도

CONTENTS

SINGAPORE BY STEP
여행 준비&하이라이트

CONTENTS

CONTENTS

프롤로그

고백하건대, 싱가포르는 원래 좋아하는 도시가 아니었다. 내가 사랑하는 베를린이나 방콕에 비하면 싱가포르는 작고 심심하다 여겼다. 그런 심심한 도시를 가이드북까지 낼 정도로 애정을 갖게 된 것은 순전히 이 도시에서 살고 있는 가장 친한 친구 때문이었다. 자칭 '육공주'라 부르던 친구 중 한 명인 그녀가 싱가포르로 옮겨간 지도 7년째. 그동안 싱가포르에는 출장과 여행으로 여섯 번 정도 다녀왔지만, 싱가포르에 대한 나의 애정은 그녀와 함께 한 때와 전으로 확연히 구분된다. 그러고 보면 여행은 언제나 사람이었다. 그곳에서 얼마나 사랑하는 사람을 만나느냐, 그리고 함께하느냐였던 것.

싱가포르는 작다. 하지만 결코 뻔하지 않다. 좋았던 순간들도 많았다. 공항에서 시내로 들어올 때 항상 목을 빼고 쳐다보는 초록 지붕의 넓은 나무들, 갑자기 스콜이 내려 힌두사원 안에서 한 시간 넘게 우두커니 앉아 있었던 기억, 놀랍도록 서늘한 1월의 바람을 맞으며 마리나베이를 한없이 걸었던 기억, 쿄에서 신나게 춤추었던 밤, 티옹바루의 예쁜 가게들, 무엇보다 친구와 함께 먹은 싱가포르의 맛있는 음식들! 그 즐겁고 무궁무진한 순간들을 담다 보니, 세상에, 책 분량이 400페이지를 넘었다. 홀리데이 시리즈 중 분량이 가장 많은 축에 속한다. 작은데 뭐 그리 볼 게 많으냐, 생각했던 독자들에게 바친다. 물론 싱가포르를 좋아하는 독자들에게는 '이보다 더 좋은 가이드북은 없다'로 꼽히길 바란다.

Thanks to
마지막으로 가장 가까이 있고 늘 내 편이어서 굳이 말하지 않았던 나의 부모님과 동생들, 한 달 반 동안 싱가포르에서 내 집처럼 지내게 해준 사랑하는 친구 인화, 도대체 싱가포르 원고는 언제 다 쓰는 거냐고 시어머니처럼 구박 준 친구들과 영수 오빠, 나의 영원한 육공주에게 이 책을 바친다.
싱가포르 취재를 위해 물심양면 도와주신 여행박사 조영우 이사님, 알뜰살뜰 챙겨주신 송승원 과장님, 싱가포르항공의 박병조 대리님, 반얀트리 서울의 김영선 차장님과 박미소님, 샹그릴라 한국 대표사무소의 장시영님, 지인의 소개로 만난 나를 데리고 다니며 이스트 코스트의 일상을 보여준 마이클 치앙Michael Chiang과 윌리엄 로우William Low, 드디어 함께 작업하며 진가를 보여준 스튜디오비의 방소영 디자이너와 김세영님, 언제나 든든한 버팀목이 되어주는 꿈의지도 김산환 대표, 마지막으로 징글징글한 마감으로 함께 고생한 김현주 작가에게 진심으로 감사의 마음을 전합니다.

이동미

여행작가이기 전에 나 또한 관광객이다. 가이드북을 쓰면서 항상 되뇌었던 부분이다. 여행하면서 궁금하고 필요했던 것을 최대한 담으려 했고 알기 쉽게 설명하려 노력했다. 그 대표적인 것이 동물원과 박물관이다. 사실 난 여행 전에 미리 계획하거나 공부를 하는 스타일은 아니다. 그냥 발길 닿는 대로 다니고, 새롭게 다가오는 순간을 즐기는 '그냥 여행'을 좋아한다. 하지만 그런 나에게도 항상 아쉬움이 많았던 곳이 바로 박물관과 동물원이다. 이곳들은 아는 만큼 보이고 즐거운 곳이기에.

싱가포르에 또 가? 뭐가 볼 게 있다고? 친구들은 나만 보면 이렇게 말한다. 하지만 내 핸드폰에는 아직도 취재하고 싶은 곳들이 책에 적은 곳만큼이나 많이 적혀 있다. 서울만 한 작은 나라에서 이렇게 가고 싶은 곳이 많다는 것은 얼마나 매력적인가! 조그마한 나라에 다민족이 옹기종기 모여 사는 모습은 마치 작은 지구를 보는 것과 같다. 짧은 시간에 세계 문화를 즐기고 싶다면 싱가포르 여행을 적극 추천한다.
가이드북을 마치며 한 번 가는 휴가가 최고가 될 수 있도록 최선을 다했다. 아쉬움이 남은 곳들은 개정판마다 하나씩 또 채워 갈 예정이다. 모든 것엔 +α가 있다고 한다. 기대했던 여행보다 무엇인가 플러스 알파가 될 수 있는 그런 책이 되기를 바란다.

Thanks to

싱가포르에서 재워주고 먹여주고 안내해 준 '베프' 환주, 박물관에 대해 많은 도움을 주신 아시아 문명 박물관의 팽수진 도슨트님과 싱가포르 국립박물관의 박연실 도슨트님, 싱가포르의 진짜 숨겨진 맛집들을 아낌없이 알려주신 문가이버님, 차이나타운 취재에 많은 도움을 준 윤희씨, 랜턴의 노희수님, 센토사 코브의 김은지님, 미키와 카요, 현지인들만 가는 맛집들을 알려준 현지 친구들, 무엇보다 마지막까지 곁에서 이끌어준 이동미 작가, 따뜻한 말 한 마디로 날 울컥하게 한 지도업체 최인곤 대표님, 지금 이 자리에 있도록 이끌어주신 동국대 여행작가 아카데미의 유연태 교수님과 트래블 플러스 한은희 대표님, 항상 든든한 여행작가 그룹 꼰띠고 멤버들, 가까이서 힘이 된 지하쌤과 나의 영원한 대나무숲 주화, 그리고 마지막으로 책 작업에만 집중할 수 있도록 적극 도와준 사랑하는 부모님과 형제, 가족에게 깊은 감사를 드립니다. JKWIBU!!

김현주

〈싱가포르 홀리데이〉 100배 활용법

싱가포르 여행 가이드북으로 〈싱가포르 홀리데이〉를 선택하셨군요!
탁월한 선택이십니다! 이 도시에서 뭘 보고, 뭘 먹고, 뭘 사고, 뭘 즐길 수 있는지
궁금한 점들은 모두 이 책 한 권으로 해결하실 수 있습니다. 꼼꼼한 정보와 색다른 정보를
야심차게 담았습니다. 〈싱가포르 홀리데이〉와 함께 이제 여행을 시작해볼까요?

1) 싱가포르를 꿈꾸다
① STEP 01 » PREVIEW를 먼저
펼쳐보세요. 싱가포르 하면 떠오르는
풍광과 잘 알려지지 않은 동네,
골목까지 안내합니다. 싱가포르에서
꼭 봐야할 것, 먹을 거리, 즐길거리,
살 것까지 속속들이 알려줍니다.
그 중에 마음에 드는 것을 콕
찍어놓으시기만 하면 됩니다.

2) 여행 스타일 정하기
② STEP 02 » PLANNING을 보면서
나의 여행 스타일을 정해보세요.
싱가포르 여행의 목적이 휴식인지,
미식 여행인지, 누구와 함께 갈 것인지,
무엇을 가장 해보고 싶은지에 따라
여행 계획과 스타일이 달라집니다.

3) 숙소 정하기
가장 먼저 해야 할 일은 숙소를 정하는 것입니다. 우선 **③ STEP 5 » SLEEPING**을 먼저
보면서 묵고 싶은 싱가포르의 숙소를 정하세요. 숙소를 빨리 정해야 원하는 호텔이든,
호스텔이든 묵을 수 있습니다. 인기 있는 호텔은 남들도 똑같이 좋아하니까요.
여행 스타일과 경비를 고려해 어느 정도의 예산에서 정할지도 고려해야겠지요?

4) 볼 것, 먹을 것, 살 것 고르기
이제 여행의 내용을 채워넣는 단계입니다. **④ STEP 3 » ENrejoicing** 에서 **⑤ STEP 4 » EATING** 과 **⑥ STEP 6 » SHOPPING** 까지 꼼꼼히 보면서 먹고, 즐기고, 사고 싶은 것들을 표시해두면 됩니다. 특히 먹을 거리를 고르다 보면 행복한 고민에 빠지게 될 거에요. 이걸 다 먹고 싶은데, 과연 다 먹어도 될까 하고요.

5) 지역별 일정 짜기
지역편에서는 싱가포르 도심의 각 구역별로 가봐야 할 명소와 식당, 클럽, 숍들을 알기 쉽게 보여줍니다. 묵기로 정한 호텔이 속해 있는 지역부터 먼저 살펴보고, 싱가포르의 전도를 보면서 머리 속에 구역을 먼저 그려놓는 것이 중요합니다. 그래야 돌아다닐 동네의 동선을 짜기가 쉽고, 이동이 수월합니다. 도심과 떨어진 서북부의 관광 코스와 빈탄의 대표 리조트도 별도의 지역으로 할애해 소개하고 있습니다. 도심에서 이동할 때의 교통편은 **⑦ STEP 2 » PLANNING** 안에 있는 싱가포르 교통 완전 정복을 참고하세요.

6) D-day 미션 클리어
여행 일정까지 완성했다면 책 마지막의 여행 준비 컨설팅을 보면서 혹시 빠뜨린 것은 없는지 챙겨보세요. 여행 50일 전부터 출발 당일까지 날짜별로 챙겨야할 것들을 리스트로 만들었습니다.

7) 홀리데이와 최고의 여행 만들기
이제 모든 여행 준비가 끝났습니다. 하지만 여행에서 돌아올 때까지는 책을 내려놓아서는 안돼요. 여행 중에 혹시라도 카드나 여권을 잃어버리거나, 일정이 틀어졌을 때, 또는 계획하지 않은 모험을 즐기고 싶을 때 언제라도 〈싱가포르 홀리데이〉를 펴야 하니까요. 〈싱가포르 홀리데이〉가 당신의 여행을 끝까지 책임집니다.

싱가포르 북서부 방향

CC19 Botanic Gardens
보타닉 가든
Botanic Garden

Holland Village
CC21
홀랜드 빌리지
Holland Village

뎀시힐
Dempsey Hill

A

B

Newton
NS21

Farrer Park
NE8
리틀 인디아
Little India

The Istana

Little India
NE7

Orchard
NS22
오차드 로드
Orchard Road

아이온 오차드
Ion Orchard

Bugis
EW12 DT14

부
Bu

싱가포르 서부 방향

Dhoby Ghaut NS24 NE6 CC1

올드 시티
Old City
DT15 CC4

Fort Canning
Park

City Hall
EW13 NS25

Promenade
CC3 Es

리버사이드
River Side

Clarke Quay
NE5

멀라이언 파크

스펙트라 쇼
Spectra Show

Tiong Bahru
EW17

NE4 DT19
Chinatown

EW14 NS26
Raffles Place

DT16 NE1
Bayfront
가든

E

EW16 NE7
Outram Park

차이나타운
Chinatown

H

EW15
Tanjong Pagar

F

Harbourfront
NE1 CC29

S 비보 시티
Vivo City

브라니섬
Brani Island

센토사&하버프런트
Sentosa&Habour Front

E
유니버설 스튜디오
Universal Studios Singapore

센토사

센토사 코브
Sentosa Cove

I

J

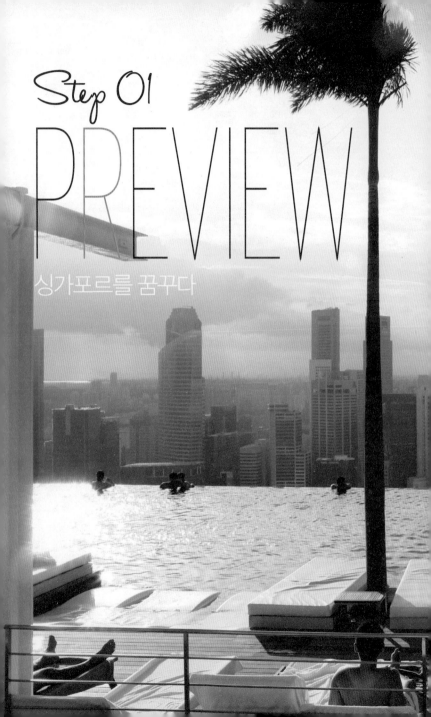

Step 01
PREVIEW
싱가포르를 꿈꾸다

싱가포르 플라이어에서 바라보는 일몰(178p)

PREVIEW 01

싱가포르 MUST SEE

한국인들이 가장 많이 가는 동남아 인기 여행지 중 한 곳인 싱가포르.
깨끗하고 안전한 여행지로, 아이들이 있는 가족 여행객들에게 큰 사랑을 받는 곳이다.
싱가포르를 제대로 즐기기 위해서 꼭 봐야 할 대표 명소들을 소개한다.

싱가포르의 대표 명소 멀라이언 파크(202p)

3 마리나베이 샌즈 호텔 앞에서 펼쳐지는 스펙트라 쇼와 항구의 야경(182p)

5 세계 최대의 인공 정원, 가든스 바이 더 베이의 슈퍼 트리 조명과 쇼 감상(176p)

4 밤이 더 아름다운 클락키의 화려한 야경(194p)

6 차이나타운의 새해맞이 장식(085p)

7 휴양과 어트랙션이 모두 가능한
센토사(362p)

8 이국적이고 화려한
페라나칸 문화(062p)

9 동심으로 돌아가는
유니버설 스튜디오(390p)

10 싱가포르하면 떠오르는 랜드마크
마리나베이 샌즈 호텔(128p)

초록 내음이 가득한
보타닉 가든 (320p)

홍콩 뺨치는 싱가포르의 야경

쇼핑의 천국 오차드 로드의 크리스마스 풍경(270p)

싱가포르 안의 또 다른 나라,
술탄 모스크(332p)

나이트 사파리 안에서 만나는
야생 동물의 천국(428p)

크루즈를 타고 보는
싱가포르의 야경(058p)

PREVIEW 02

싱가포르
MUST DO

싱가포르는 크기는 작지만,
그 어느 도시보다 즐길 거리가
많은 여행지이다.
여러 나라의 문화가 결합된
다문화 체험부터, 미식 탐험에
이르기까지 싱가포르에서
놓칠 수 없는 필수 즐길 거리를
총정리했다.

1 요즘 뜨는 곳인 티옹바루에서 1920년대의 건축물과
동네를 구경하고 브런치 맛보기(258p)

4 이스트 코스트에서
현지 음식 맛보기(406p)

5 뎀시힐에 위치한 PS카페의 야외 테라스에서
커피를 마시며 수다 떨기(314p)

2 아랍 스트리트의 술탄 모스크에서
하루에 5번 울리는 코란 듣기(332p)

3 리틀 인디아의 스리 비라마칼리아만 사원에서
파괴의 신 찾아보기(350p)

6 싱가폴리안의 일상인 소문난 맛집 앞
'롱 큐(길게 줄을 서는 것)'에 합류하기(094p)

7 스타벅스는 이제 그만!
소문난 로스터리 카페에서 커피 음미하기(106p)

8 현지인들이 많이 찾는
로버슨키에서 와인 한 잔!(224p)

11 마리나베이 샌즈 호텔 꼭대기 층에 위치한 인피니트 풀에서 수영하기(128p)

9 쇼핑은 6~7월 사이의 그레이트
싱가포르 세일에 맞추기(146p)

10 반얀트리 빈탄의 스파 풀빌라에서
스파를 받으며 힐링 시간 갖기(438p)

12 반얀트리 빈탄의 풀빌라에서 망중한 즐기기(438p)

13 로버트 앤디애나의 하늘색 LOVE 동상 찾기(276p)

14 멀라이언 파크에서 엄마 멀라이언
재밌는 포즈로 사진 찍기(202p)

16 한국인 해설가가 진행하는 전시 해설, 뮤지움 산책에 참가하기(064p)

15 레벨 33에서 싱가포르의 백만불 짜리 야경을 바라보며 시원한 맥주 마시기(076, 216p)

17 나이트 사파리에서 스릴 만점
워킹 트레일에 도전하기(428p)

18 이층 버스를 타고 싱가포르 중심지 둘러보기(054p)

19 범보트를 타고 싱가포르강을 따라 멋진 풍경 감상하기(058p)

21 센토사 팔라완 비치의 흔들다리 건너 보기(388p)

22 싱가포르의 비버리 힐스라 불리는 센토사 코브에서 요트를 바라보며 식사하기(392p)

20 호커 센터에서 저렴한 가격의 현지 음식 즐기기(092p)

23 리버 사파리에서 멸종 위기종
찾아보기(442p)

24 해 질 녘 이스트 코스트에서
자전거 라이딩 즐기기(405p)

PREVIEW **03**

싱가포르 MUST EAT

현지인들이 즐겨 찾는 호커 센터의 저렴한 음식부터
중국, 말레이시아, 인도, 아랍의 음식 문화까지
싱가포르에서 꼭 먹어봐야 할 음식과 그 음식을 가장 맛있게 맛볼 수 있는
유명 맛집을 모았다.

싱가포르에서 꼭 먹어봐야 할 칠리크랩
정보 시푸드   090, 209p

싱가포르식 돼지 갈비탕인 바쿠테
송파 바쿠테   208p

숯불에 구운 양념 꼬치구이 사테
사테 스트리트   206p

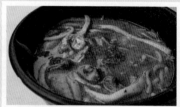

코코넛밀크에 매콤한 커리, 각종 재료를 넣은
락사 328 카통 락사   406p

탱글탱글한 피시볼 누들 수프
리신 테오추 피시볼 누들스   098, 282p

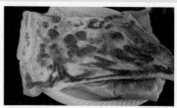

얇은 밀가루 반죽을 여러 겹으로 철판에 구워 만든
로티 프라타 차이나타운 푸드 스트리트   240p

중국 하이난 스타일인
닭고기 육수로 밥을 짓는
치킨라이스
분통키 227p

각종 채소와 해산물, 달걀 등을
넣은 볶음 쌀국수, 차퀘이테우
**자이온 로드 리버 사이드
푸드 센터** 227p

카야잼을 듬뿍 발라서
중독적인 맛!
달달한 카야 토스트
야쿤 카야 토스트 본점 250p

싱가포르의 대표 홍차
브랜드 TWG에서
맛보는 애프터눈 티
TWG 티 가든 182p

유명 바텐더들이 만드는
싱가포르의 대표
칵테일 싱가포르 슬링
롱 바 167p

미쉐린 1스타 받은,
진한 국물 맛을 자랑하는
홍콩 소야 소스 치킨라이스&누들
호커찬 246p

코코넛 물로 지은 밥에 오이,
달걀, 땅콩, 멸치, 삼발 소스를
바나나 잎에 싸 먹는 나시르막
차이나타운 푸드 스트리트 240p

새우와 숙주나물 등을
넣고 볶은 면요리,
호키엔 미 유명 맛집
타이홍 099p

미쉐린 스타를 받은,
진한 국물 맛을 자랑하는
돼지고기 국수
타이화 포크 누들 338p

미쉐린 스타에 빛나는,
줄 서서 먹는 딤섬 집의
구운 바비큐 포크 번
팀호완 095, 281p

깍둑 썰기한 무에
달걀을 입혀 볶은 요리,
캐롯 케이크
마칸수트라 글루턴스 베이 183p

바삭한 팬케이크에
두리안 아이스크림을 넣어 만든
두리안 아이스크림 팬케이크
포시즌스 두리안 283p

싱가포르 **MUST BUY**

슈퍼마켓부터 전문 브랜드 숍까지 샅샅이 뒤졌다.
싱가포르 여행에서 꼭 사와야 하는 인기 쇼핑 아이템을 완벽 해부했다.

TWG 티
선물로도 인기 만점인 싱가포르의
프리미엄 홍차 브랜드. 일회용 티백 패키지도
순면 100%만 사용한다. 23달러

타이거 밤
만병통치약 타이거 밤.
가격도 저렴해 중국권 나라에 가면 항상 사오는
1순위 쇼핑 아이템. 2.90달러

페라나칸 찻잔 세트
싱가포르에만 있는
화려한 페라나칸 문양의
찻잔 세트. 8달러

뱅가완솔로 전통 과자
고급스러운 포장과 다양한
종류로 선물용으로 인기 있는
파인애플 타르트. 18달러

카야잼
은근 중독성 있는
토스트 박스의 카야잼.
4.20달러

> **Tip** 비첸향과 림치관 등에서 판매하는 육포는 국내 반입 금지 품목으로, 인천 국제공항으로 가지고 들어갈 수 없다. 진공 포장을 해도 반입할 수 없으므로, 싱가포르 현지에서 마음껏 먹고 오도록 하자. TWG와 뱅가완솔로, 찰스앤키스는 창이 국제공항 면세점에도 매장이 입점해 있다. 단, 입점 터미널 확인은 필수이다.

멀라이언 장식품
싱가포르의 대표 캐릭터인
멀라이언을 이용한 다양한 기념품들이 많다.
주석으로 만든 멀라이언 장식 12.90달러

바틱 문양 제품
싱가포르의 전통 문양인 바틱을 사용해 만든
다양한 의상들.
바틱 문양의 앞치마 18달러(면세점)

비첸향 육포
한 조각씩 작게
진공 포장해 판매하는
비첸향 육포. 600g 30달러

얼빈스 솔티드 에그
요즘 가장 핫한
싱가포르의 마약 과자!
피시스킨 맛 8달러

찰스 앤 키스 신발
싱가포르의 유명 브랜드로,
신발과 가방, 지갑 등 상품이
다채롭다. 30~40달러

Step 02
PLANNING
싱가포르를 그리다

PLANNING 01

나 홀로
알뜰 여행

| 3박 5일 |

싱가포르를 처음
방문하거나 나 홀로
여행자를 위한 코스이다.
유명 관광지와 꼭 먹어봐야
하는 맛집들로 구성했다.
혼자서 하는 알뜰살뜰
여행을 즐겨보자.

PLAN 비용을 아끼기 위해서는
피곤하더라도 싱가포르
에 아침 일찍 도착하고 밤에 출
국하는 일정을 선택하자. 꽉 찬
2일을 벌 수 있다.
아침에 도착해 호텔에 짐을 맡
기고 부지런히 일정을 시작할
것. 유명한 관광지와 음식점 순
례를 기본 코스로 한다.

숙소 차이나타운과 클락키 쪽
에는 저렴하면서도 시설
과 분위기가 좋은 호스텔이 많

이 자리 잡고 있다. 주요 관광지
에 위치해 교통도 편리한 편. 가
격 대비 만족도가 높은 호스텔을
숙소로 잡는다.

식사 싱가포르에서 꼭 먹어봐
야할 음식은 야쿤 카야 토
스트와 칠리크랩, 치킨라이스,
바쿠테 등으로 유명한 집들은 꼭
가보도록 하자. 유명한 호커 센
터나 쇼핑몰의 푸드 코트에는 맛
집들이 많고 혼자 가도 부담스럽
지 않다.

이동 MRT와 버스를 이용한
다. 싱가포르 교통 정보
애플리케이션인 싱가포르 맵
Singapore Maps이 유용하다. 목적
지 주소를 넣으면 현재 위치에
서 가는 버스와 MRT 노선, 이
동 경로를 알려준다.

**주의
사항** 싱가포르는 세계에서 가
장 안전한 도시 중 하나
이다. 그래도 유명 관광지나 멀
라이언 파크, 리틀 인디아 지역
에서는 소지품을 신경 쓰자.

DAY 1 **차이나타운**

07:30 새벽 5시 20분 싱가포르 도착. 호텔에
      짐을 맡기고 야쿤 카야 토스트 본점에서
      카야 토스트와 달달한 커피로 여행을
      시작하기

09:30 차이나타운에서 불아사, 스리 마리암만
      사원, 자마에 모스크 등 관광하기

12:00 맥스웰 푸드 센터의 티엔티엔
      하이나니스 치킨라이스로 점심 먹기

13:00 싱가포르 시티 갤러리에서
      싱가포르 역사에 대해 알아보기

14:30 레드닷 디자인 뮤지엄 관람하기

16:00 미향원에서 망고 빙수로 재충전하기

17:00 비첸향과 림치관, 유화 백화점 구경하기

18:30 호텔 체크인 하기

20:00 클락키의 송파 바쿠테에서 저녁을 먹고
      야경 감상하기

DAY 2 **올드 시티, 마리나베이**

09:00 멀라이언 동상과 인증샷 찍기

10:00 아시아 문명 박물관 관람하기

12:00 남남 누들 바에서 베트남 쌀국수 먹기

13:00 시티 링크 몰 지하를 통해
      에스플러네이드 몰로 이동하기

13:30 에스플러네이드 몰 3층 루프에서
      아름다운 싱가포르의 도시 전경
      감상하기

15:00 마리나베이 샌즈 숍스에서
      쇼핑 만끽하기

17:00 가든스 바이 더 베이 관람 후
      간단히 저녁을 먹고 야경 감상하기

21:30 마리나베이 샌즈 숍스 앞 광장에서
      스펙트라 쇼 보기

22:30 마칸수트라 글루턴스 베이에서
      칠리크랩 먹기

DAY 3 **센토사**

09:30 비보 시티에서 모노레일을 타고
      센토사로 이동하기

10:00 센토사의 어트랙션 즐기기

12:00 말레이시안 푸드 센터에서
      점심 식사 만끽하기

13:30 유니버설 스튜디오에서 신나는
      놀이기구 타기

17:00 센토사의 해변 산책하기

18:00 비보 시티로 나와 푸드 리퍼블릭에서
      저녁 먹고 쇼핑하기

20:00 클락키에서 리버 크루즈 타기

DAY 4 **리틀 인디아, 아랍 스트리트**

10:00 리틀 인디아의 롱산시 사원과
      사카무니 부다가야 사원 구경하기

11:00 스리 스리니바사 페루말 사원에서
      파괴의 신 찾아보기

12:00 바나나 리프 아폴로에서 플라워크랩 먹기

13:30 리틀 인디아 아케이드 구경하기

14:30 아추 디저트에서 달달한 디저트 먹기

15:30 아랍 스트리트로 이동해
      말레이 헤리티지 센터 관람하기

17:00 술탄 모스크와 아랍 스트리트,
      하지 레인 관광하기

19:00 고잉 옴에서 저녁 겸 맥주 한잔하기

21:00 블루 재즈에서 재즈 음악 듣기

DAY 5 **오차드 로드, 티옹바루**

09:00 호텔 체크아웃 하기

09:30 보타닉 가든에서 아침 산책하기

11:30 티옹바루 베이커리 혹은 포티 핸즈
      커피에서 크루아상과 커피 마시기

13:00 티옹바루의 작은 부티크 숍 쇼핑하기

15:00 오차드 로드의 쇼핑몰 구경하기

17:30 쇼 하우스 안의 산푸테이 라멘 먹기

21:00 창이 국제공항으로 출발하기

PLANNING 02
여자끼리
떠나는
쇼핑과
미식 여행
| 4박 5일 |

누가 뭐래도 싱가포르
여행은 쇼핑과 미식이 최고
라고 생각하는 여자들을
위한 여행 코스. 싱가포르를
여러 번 가본 사람들에게
추천한다.

PLAN
오차드 로드에 즐비한 쇼핑몰에서 쇼핑하는 것은 기본, 하지 레인이나 티옹바루의 숨은 부티크 숍까지 찾아 다닐 수 있는 쇼핑 마니아들을 위한 일정이다.
여기에 먹는 것도 포기할 수 없는 미식가들까지 충족시킬 수 있는 대표 맛집까지 쇼핑지 부근에서 알차게 꼽았다.

숙소
싱가포르는 호텔 요금이 비싼 편이다. 4~5성급 체인 호텔보다는 차이나타운의 부티크 호텔이나 시내의 서비스 아파트먼트를 선택하는 것이 더 효율적이다. 이곳에 사는 듯한 기분을 느끼고 싶다면 로버슨키에 있는 서비스 아파트먼트가 좋겠다.

식사
대형 쇼핑몰 안에서도 맛있기로 손꼽히는 유명한 맛집을 찾는 것이 중요하다. 수십 가지 음식이 있지만, 푸드 코트 안에서 가장 인기 있는 집, 대체로 줄이 길게 서 있는 집을 집중 공략하자.

이동
버스나 MRT로 이동한다. 택시는 쇼핑 후 짐이 많을 때 이용한다.

주의사항
싱가포르의 물가가 결코 한국보다 싼 것은 아니다. 세일 기간이 아닌 때에는 가격 차이가 별로 없다.
그러나 아직 한국에 들어오지 않은 브랜드가 많고, 유럽에서 공수해오는 독특한 제품의 부티크 숍들이 많으므로, 지름신이 오지 않게 각별히 주의하자. 공항에서 택스 리펀도 꼭 받을 것.

DAY 1 리버 사이드

14:20 싱가포르 도착
16:00 호텔 체크인 하기
17:00 로버슨키 레드 하우스에서 페퍼
크랩으로 저녁 먹기
19:00 리버 사이드 산책하기
20:00 래플스 호텔 안의 롱 바에서
싱가포르 슬링을 마시며
첫날 마무리하기

DAY 2 오차드 로드

10:00 오차드 로드에서 쇼핑 시작하기
13:00 아이온 오차드 TWG 티 가든에서 차와
런치 세트 즐기기
14:30 오차드 로드 쇼핑 다시 시작!
18:00 아이온 오차드의 리신 테오추 피시볼
누들스에서 저녁 식사하기
20:30 올드 시티의 루프에서
칵테일 한잔 즐기기

DAY 3 마리나베이

10:00 래플스 시티 쇼핑센터 구경하기
11:00 시티 링크 지하도 통해 에스플러네이드
몰로 이동해 쇼핑. 혹은 킨키에서
마사지를 받으며 휴식 취하기
13:00 고든 램지의 브레드 스트리트 키친에서
런치 세트 먹기
14:30 마리나베이 샌즈 숍스 구경하기

16:00 아트 사이언스 뮤지엄 관람하기
18:00 세라비에서 노을 감상하기
20:00 라오파삿 페스티벌 마켓 옆
사테 스트리트에서 사테와 맥주를
마시며 하루를 마무리하기

DAY 4 부기스, 아랍 스트리트

10:00 무스타파 센터에서 지인들에게 나누어줄
기념품 구입하기
12:00 부기스의 브런치 명소인 시메트리에서
점심 식사와 플랫 화이트 마시기
14:00 부기스 정션과 부기스 스트리트 마켓
쇼핑하기
16:00 술탄 모스크, 하지 레인 골목 구경하기
18:00 칸다하르 스트리트에 있는 이탈리안
레스토랑 치케티에서 파스타 먹기
20:00 아틀라스 바에서 진귀한 진토닉 즐기기

DAY 5 차이나타운, 티옹바루

09:00 차이나타운의 야쿤 카야 토스트 본점에서
전설의 토스트와 커피로 아침 때우기
09:30 차이나타운에 왔으니 불아사에는
꼭 가보기
10:30 차이나타운에서 쇼핑 마지막 쇼핑 만끽하기
12:30 호커찬에서 점심 먹기
14:30 티옹바루로 이동, 부티크 숍 구경하기
18:00 더 부처스 와이프에서 저녁 식사하기
21:30 창이 국제공항으로 출발하기

PLANNING 03

아이와 함께 떠나는 가족 여행

| 4박 5일 |

아이를 동반한 가족에게도 최고의 여행지로 손꼽히는 싱가포르! 오히려 아이들과 즐길 것이 너무 많다는 게 함정이다. 엄선된 인기 어트랙션 위주로 아이들의 눈높이에 맞춘 코스를 소개한다.

PLAN 거대한 테마파크 섬인 센토사 위주로 일정을 짰다. 싱가포르에서 경험할 수 있는 다양한 체험으로 추억 만들기에 큰 비중을 두었다.
아이들이 레고를 좋아한다면 싱가포르에서 1시간이면 갔다 올 수 있는, 말레이시아의 조호르바루에 위치한 레고랜드에 다녀와도 좋겠다.

숙소 센토사의 가족형 리조트를 추천한다. 시내 이동이 편리해 관광과 휴양을 동시에 즐길 수 있다.
싱가포르 최대 키즈 클럽이 있는 샹그릴라 라사 센토사 리조트나 아이들을 위한 로프트 침대가 있는 리조트 월드 센토사의 페스티브 호텔이 인기 있다.

식사 유명 맛집은 잠시 잊자. 여유롭게 식사를 즐길 수 있는 곳이 최고이다.
비버리 힐즈 센토사 코브는 아이들을 위한 놀이터와 레스토랑 앞에 산책로가 정비되어 있어 아이와 함께 식사하기에 좋다. 유니버설 스튜디오 근처의 핫케이크 집인 슬래피 케이크는, 직접 만들어 먹을 수 있어 아이들이 좋아하는 곳이다.

이동 지하철을 이용해도 좋지만 택시를 추천한다. 주요 관광지들이 모여 있어 택시만큼 좋은 교통 수단도 없다.
단, 할증 요금이 붙는 시간대에는 지하철을 이용하는 게 낫다. 말레이시아의 조호바루에 있는 레고랜드를 갈 계획이라면 전용 셔틀버스를 예약하자.

주의사항 싱가포르에 도착하자마자 할인 티켓을 사자. 환불이나 교환이 되지 않으므로 신중하게 구매할 것.
동물원이나 레고랜드를 위한 셔틀 버스 예약도 잊지말자. 단, 레고랜드 예약은 여권이 있어야 한다. 실내는 추우므로 긴소매 옷을 준비한다. 동물원에는 물놀이 공간도 있으므로 여벌 옷을 챙겨가면 좋다.

DAY 1 **리버 사이드**

14:20 싱가포르 도착

16:00 호텔 체크인 하기

17:00 덕투어로 싱가포르 둘러보기

18:30 마칸수트라 글루턴스 베이에서
      저녁 식사하기

20:00 싱가포르 플라이어 타기

21:30 멀라이언 파크에서 멀라이언
      동상을 보고 레이저 쇼 관람하기

DAY 2 **서북부**

09:00 싱가포르 동물원 천천히 둘러보기

13:00 리버 사파리의 마마 판다 키친에서
      점심 식사하기

14:00 리버 사파리에서 판다 보고 보트도 타기

18:30 나이트 사파리의 정글 로티세리에서
      저녁 식사하기

19:30 트램을 타고 나이트 사파리 구경하기

DAY 3 **센토사**

09:00 슬래피 케이크에서 직접 핫케이크
      만들어 먹기

10:00 유니버설 스튜디오에서 신나게 놀기

16:00 아빠 멀라이언 동상을 보고
      비치 스테이션까지 산책하기

18:00 센토사 코브에서 저녁 먹기

19:40 윙스 오브 타임 공연 보기

20:40 인기 어트랙션 루지 타기

DAY 4 **센토사**

09:00 리조트 월드 센토사의 토스트 박스에서
      카야 토스트 먹기

10:00 어드벤처 코브 워터 파크에서
      슬라이드 타고 스노클링 하기

13:00 말레이시안 푸드 센터에서 점심 먹기

15:00 S.E.A 아쿠아리움 구경하기

17:00 팔라완 비치에서 놀다가 흔들 다리 건너
      싱가포르 최남단에 가보기

19:00 비보 시티의 노 사인보드 시푸드에서
      칠리크랩으로 저녁 식사하기

20:00 비보 시티의 토이저러스에서
      아이들 장남감 쇼핑하기

DAY 5 **차이나타운, 마리나베이**

09:00 야쿤 카야 토스트 본점에서
      간단히 아침 먹기

10:00 불아사 옥상 정원에서 기도 바퀴 돌리며
      소원 빌기

11:00 시티 갤러리에서 싱시티 프로그램으로
      도시 디자인하기

12:30 징후아에서 딤섬으로 점심 식사를 하고,
      메이 홍 위엔 디저트의 망고 빙수 먹기

14:30 이층 버스를 타고 도심 돌아보기

17:00 가든스 바이 더 베이의 슈퍼 트리 쇼
      관람하기

20:00 마리나베이 샌즈 호텔 구경 후
      쇼핑센터 안에서 저녁 먹기

21:30 창이 국제공항으로 출발하기

연인과 떠나는 로맨틱 여행

| 2박 3일 |

싱가포르를 경유해
빈탄이나 호주로
신혼여행을 떠나는
허니무너들을 위한
일정이다. 짧지만 알차게
싱가포르를 여행할 수 있는
코스를 소개한다.

PLAN

싱가포르의 명소를 구경하고 싶다면 부지런히 다녀야 한다. 유명 관광지보다는 로맨틱한 시간을 원한다면 전망 좋은 루프톱 바나 근사한 레스토랑 위주로 코스를 짠다.
싱가포르는 야경이 아름다운데, 플러톤베이 호텔 쪽과 마리나베이 샌즈 쪽에서 바라보는 야경 중 1곳을 고르거나 2곳을 모두 보는 것도 괜찮다.

숙소

커플이나 허니무너들에게 인기 있는 호텔은 상 그릴라, 플러톤, W센토사 그리고 마리나베이 샌즈 호텔 등을 꼽을 수 있다.
사랑하는 연인과 함께하는 여행이므로, 값비싼 호텔에 투자하는 것을 아까워하지 말자.

식사

가격에 상관없이 양질의 음식을 먹는 것이 여행 포인트. 크랩 요리와 카야 토스트 등 필수 먹을거리와 줄 서서 먹는 맛집은 물론, 미쉐린급 레스토랑에서도 한 끼를 누리는 호사를 부려보자.

이동

일정이 짧은 만큼 신속하게 이동할 수 있는 택시를 이용한다. 가격은 비싸지만, 제 값을 톡톡히 해낸다. 가까운 거리는 MRT와 버스로 다닌다.

주의 사항

센토사를 일정에 넣으면 하루를 꼬박 투자해야 한다. 센토사를 넣을지, 도시 관광을 더 할지를 정해야 한다. 바닷가 휴양지로 여행을 간다면 센토사는 과감하게 건너뛰는 것도 방법이다.

DAY1 **리버 사이드**

14:20 싱가포르 도착

16:00 호텔 체크인 하기

17:00 클락키의 점보 시푸드에서
칠리크랩으로 저녁 식사하기

19:30 클락키에서 리버 크루즈를 타고
멀라이언 파크로 이동해 마리나베이의
레이저 쇼 감상하기

21:00 플러톤베이 호텔의 랜턴 혹은
원 알티튜트에서 칵테일을 즐기며
로맨틱한 시간 보내기

DAY2 **오차드 로드, 마리나베이**

11:00 오차드 로드에 즐비한 거대한
쇼핑센터에서 쇼핑 만끽하기

13:30 샹그릴라 로즈 베란다에서
고급스러운 애프터눈 티 타임 즐기기

15:00 마리나베이 샌즈 숍스 구경하기

17:30 싱가포르 플라이어 타기

19:00 세라비에서 아름다운 야경을 바라보며
저녁 식사 즐기기

21:30 공짜라서 더 신나는 스펙트라 쇼 감상하기

DAY3 **센토사**

10:00 유니버설 스튜디오 또는 호텔
수영장에서 여유로운 오전 시간 보내기

12:00 탄종 비치 클럽에서 점심 먹기

14:00 팔라완 비치의 흔들 다리를 건너
싱가포르 최남단에 가보기

18:00 센토사 코브에서 저녁 식사와
와인을 마시며 둘만의 로맨틱한 시간
보내기

21:30 창이 국제공항으로 출발하기

PLANNING 05

단기 여행자를 위한 속성 코스

| 당일 여행 |

싱가포르를 중간 경유지로 하루 이상 머무는 여행자를 위한 일정이다. 싱가포르 항공의 항공권과 숙박이 포함된 '시아 홀리데이' 상품을 이용해보는 것도 유용하다.

PLAN 시아 홀리데이 이용객이 라면, 이층 관광버스인 시아 홉온 버스SIA Hopon Bus를 24시간 무료로 탈 수 있다. 버스는 20~30분 간격으로 운행한다. 이 버스로 하루 동안 알차게 시내를 관광할 수 있으니 적극 활용하자.

*시아 홀리데이 SIA Holiday
싱가포르항공에서 운영하는 시아 홀리데이 자유 여행 상품이다. 하루 4번 운행하는 싱가포르항공 비행 스케줄에 맞춰 항공편과 예산에 맞는 호텔을 선택할 수 있다.
공항~호텔간 교통편과 주요 관광지를 순환하는 시아 홉온 버스도 무료로 이용할 수 있다. 또 유명 관광지의 무료 입장권이나 할인 티켓도 제공한다.
홈페이지 www.siaholidays. co.kr

숙소 시아 홀리데이 패키지에 포함되어 있는 숙소 중 선택할 수 있다. 시아 홀리데이 베이직 상품에는 시내에서 떨어져 있는 뉴튼 로드의 호텔 로얄Hotel Royal이나 이비스 벤쿨른Ibis Bencoolen 같은 3~4성급 호텔부터 만다린 오리엔탈, 리츠 칼튼 같은 5성급까지 고를 수 있다. 마리나베이 샌즈 호텔이나 리조트 월드 센토사 내의 호텔에서 잘 수 있는 패키지도 있다.

식사 주요 관광지 부근에 있는 맛집들을 공략한다.

이동 시아 홀리데이 패키지를 구매한 사람은 시아 홉온 버스를 첫 탑승 시간부터 24시간 동안 무료로 탈 수 있다. 싱가포르 플라이어에서 출발해 원하는 관광지에서 내렸다가 다시 탈 수 있으니 적극 이용하는 것도 비용을 아끼는 방법이다.

주의 사항 시아 홉온 버스의 원래 가격은 성인 39달러이다. 싱가포르항공을 이용한 사람이 항공권을 제시하면 19.50달러에, 시아 홀리데이를 신청한 사람은 무료로 탈 수 있다.

DAY 1

05:20 싱가포르 도착

07:30 호텔에 짐을 맡긴 후 차이나타운의
       동아 이팅 하우스에서 카야 토스트와
       달달한 커피로 여행 시작하기

09:00 차이나타운에서 시아 홉온 버스를 타고
       시내 돌아보기

10:30 거대한 관람차인 싱가포르 플라이어를
       타고 싱가포르 시내 전경 감상하기

13:00 시아 홉온 버스를 타고 리틀 인디아
       구경하기. 아랍 스트리트의 싱가포르
       잠잠에서 인도네시아식 팬케이크인
       무르타박을 먹는 것도 잊지 말자!

14:00 블루 모스크와 하지 레인 관광하기

16:30 선텍 시티에서 센토사로 가는
       시아 홉온 버스 탑승하기

17:30 싱가포르 플라이어에서 내려
       마리나베이 샌즈 호텔로 이동하기

18:00 마리나베이 샌즈 호텔과 마리나베이
       샌즈 숍스 돌아보기

19:00 헬릭스 브리지 건너 에스플러네이드
       방향으로 걸으며 산책하기

20:00 멀라이언 동상을 보고 라오파삿
       페스티벌 마켓에서 사테와 맥주 마시기

22:00 아름다운 싱가포르의 야경을 감상할 수
       있는 클락키 돌아보기

       ※ 시아 홉온 버스 노선과 스케줄은
         www.siahopon.com에서 확인 가능

무르타박

PLANNING 06

싱가포르
여행 만들기

싱가포르 여행에서 가장
기본적이면서도 중요한
정보들을 모았다. 여행의
큰 그림을 그릴 수 있는
주요 정보를 비롯해
항공과 숙박에 대한 예산과
스케줄을 요약 정리했다.

여행 형태와 여행 기간을 정하자

누구와 어떤 목적으로 가는지에 따라 여행의 성격이 달라진다. 도시 여행을 즐길 것인지, 관광과 휴양을 겸할 것인지, 가이드와 함께 다니는 패키지 여행을 선택할 것인지, 스스로 항공과 숙박을 알아보고 일정을 먼저 정하도록 하자.

주요 관광지만 돌아본다면 2박 3일, 미식과 휴식을 즐긴다면 3박 5일 또는 4박 6일 일정이 일반적이다.

항공권 선택은?

인천 국제공항에서 싱가포르 창이 국제공항까지 약 6시간 소요된다. 대한항공과 아시아나항공이 하루에 2~3차례, 싱가포르항공은 하루에 4차례 운항한다.

특히 싱가포르항공은 인천에서 늦은 밤 출발하는 비행편이 있어 3박 5일 일정이 가능하며, 대

한항공은 싱가포르에서 새벽에 출발하는 비행편이 있어서 마지막 날 온종일 여행할 수 있다.

또한, 저가 항공인 스쿠트항공을 이용하면 저렴하게 싱가포르 항공권을 살 수 있다. 스쿠트항공의 경우 타이완의 타이베이를 경유(약 1시간 체류)하지만, 일반 항공사보다 약 40% 항공권이 저렴하다.

■항공사별 직항 스케줄 (2018년 7월 기준)

항공	인천→싱가포르	싱가포르→인천	비고
SQ	09:00~14:20	08:00~15:35	매일
SQ	16:40~22:05	08:00~15:35	매일
SQ	23:20~04:40	14:55~22:30	매일
SQ	00:35~05:55	08:00~15:35	매일
KE	14:45~19:30	01:10~08:25	매일
KE	18:40~23:55	11:00~18:35	매일
KE	23:30~05:00	22:35~05:55	수~일
OZ	16:10~21:30	22:40~06:10	매일
OZ	09:00~14:20	02:40~10:15	주 3회

SQ: 싱가포르항공 KE: 대한항공 OZ: 아시아나항공

여행 시기, 언제가 좋을까?

일 년 내내 습도와 기온이 높은 아열대성 기후를 보인다. 평균 기온은 섭씨 24~32도. 가장 더운 달은 6~8월이며, 11~1월에는 스콜이 자주 내린다. 여행에 지장을 줄 정도는 아니지만 2~3시간씩 올 때도 있으므로 우산이 필요하다. 스콜이 잦은 겨울철은 제법 서늘하다.

싱가포르 화폐와 여행 예산

싱가포르 달러 SGD(또는 달러)로 계산. 1싱가포르 달러는 약 817원(2018년 12월 기준). 환율은 수시로 바뀌지만 보통 1달러=약900원으로 계산한다. 지폐 단위는 2, 5, 10, 20, 50, 100달러로 구성, 동전은 싱가포르 센트(SC)로 표시한다.

신용카드

비자Visa, 마스터Master 등을 사용할 수 있다. 대부분의 상점이나 장소에서 신용카드 사용이 수월하지만, 음식값이 저렴한 호커 센터나 현지 식당에서는 현금만 받는 곳이 대부분이다.

항공권 가격은 얼마 정도?

직항 노선의 경우 유류 할증비 포함 비수기에는 60만 원대, 성수기에는 80만 원대다. 성수기에 닥쳐서 항공권을 사려면 100만 원이 넘는 항공권이 대부분. 경유편을 이용하거나 저가 항공을 이용하면 항공료는 저렴하나, 비행 시간이 6시간 이상 걸리므로 시간 대비 효율이 떨어진다. 마일리지를 이용할 경우, 싱가포르항공은 비수기와 성수기에 마일리지 차감에 대해 차등을 두지 않는다. 성수기에 마일리지를 사용한다면 싱가포르항공이 유리하다.

숙박비는 얼마 정도?

싱가포르는 숙박비가 비싸다. 특급 체인 호텔은 30만 원대, 소문난 부티크 호텔은 20만 원대이다. 호텔 역시 일찍 예약해야 저렴하다. 숙박료가 부담스럽다면 교통이 편리한 지역의 호스텔이나 게스트하우스를 추천한다. 깔끔하고 시설 좋은 곳이 많다. 1박 당 10만 원대의 비즈니스 호텔이나 아파트먼트도 괜찮은 곳이 많으니 인터넷을 검색해보자.

1일 여행 비용은 얼마 정도?

어디서 무엇을 먹고 즐기느냐에 따라 비용이 크게 달라진다. 저렴한 호커 센터에서만 밥을 먹고 대중교통만 이용한다면 하루 2만 원이면 충분하다. 하지만 칠리크랩을 먹고 마사지를 받으며 택시를 탄다면 하루 15만 원은 필요하다. 특히 싱가포르는 각종 관광지 입장료와 센토사의 어트랙션 요금이 비싸므로, 할인 티켓 구매를 추천한다. 무엇을 보고 먹고 싶은지 계획을 잡아 예산을 산정하는 것이 중요하다.

비자는?

90일 이내는 무비자로 머물 수 있다. 단, 여권의 유효 기간이 6개월 이상 남아 있어야 한다.

신청하면 유용한 카드나 서비스는?

싱가포르를 경유해 다른 나라로 가거나 싱가포르에서 5시간 이상 머무는 환승객이라면 2시간 코스의 무료 싱가포르 투어를 신청할 수 있다. 입국심사대를 지나기 전에 트랜짓 홀Transit Hall 혹은 출국장Departure Hall에 있는 프리 시티 투어 카운터에서 신청하면 된다. 단, 싱가포르 관광청에서 주관하는 무료 투어이므로 사진을 찍거나 쇼핑을 할 수는 없다. 싱가포르항공 이용자는 항상 여권과 보딩패스를 가지고 다니자. 점보 시푸드, 래플스 호텔의 롱 바, 유니버설 스튜디오, 나이트 사파리, 싱가포르 플라이어 같은 곳에서 약 10~20% 할인 받을 수 있다.

PLANNING **07**
싱가포르 대중교통 완전 정복

가장 편리하게 이용할 수 있는 교통 수단은 역시 지하철인 MRT이다. 버스와 택시,
싱가포르강을 오가는 유람선, 이층 투어버스까지 다양한 교통 수단을 소개한다.

1. MRT

관광객들이 가장 많이 이용하는 대중교통으로 시설이 쾌적하다. 대부분의 관광지가 MRT역과 가깝다. 노선의 색과 목적지 방향만 알면 환승도 쉽다. 최근 다운타운 라인이 새로 생기면서 기존에 MRT로 가기 불편했던 곳까지 쉽게 갈 수 있어 더욱 편리해졌다.

티켓은 스탠더드 티켓, 이지링크 카드, 투어리스트 패스가 있다. 지하철 내에서는 금연(흡연 시 벌금 1,000달러)이며, 음식이나 음료를 마셔도 안 된다(위반 시 벌금 500달러).

홈페이지 www.smrt.com.sg,
www.transitlink.com.sg

스탠더드 티켓 Standard Ticket

1회용 승차권. 30일 내에 같은 티켓으로 6번까지 충전할 수 있다. 매번 탈 때마다 충전해야 하지만, 보증금 환급과 할인 혜택이 있다.

이지링크 카드 Ez-Link Card

충전식 교통카드이다. 지하철, 버스, 모노레일(센토사 익스프레스) 모두 사용할 수 있다. 매번 티켓을 사지 않아도 되며, 복잡한 요금 계산과 잔돈을 준비하지 않아도 되어서 편리하다. 요금도 할인되므로 대중교통을 많이 이용하는 경우 추천.

요금은 12달러로, 실제 사용 가능한 7달러와 카드 요금 5달러가 포함된 금액이다. 10달러 이상 충전할 수 있으며, 유효 기간은 5년이다. 지하철역과 세븐일레븐 등의 편의점에서 구매 및 충전할 수 있다.

싱가포르 투어리스트 패스
Singapore Tourist Pass

정해진 날짜만큼 무제한으로 지하철과 버스를 이용할 수 있다. 1일권(20달러), 2일권(26달러), 3일권(30달러)이 있으며, 보증금 10달러를 포함한 가격이다. 구입 후 5일 이내에는 보증금을 돌려 받을 수 있다.

짧은 기간 동안 대중교통을 많이 이용할 여행자에게 추천한다. 단, 센토사로 가는 모노레일은 사용할 수 없다.

홈페이지 thesingaporetouristpass.com.sg

Tip **MRT 어린이 요금**

만 7세 이상의 어린이는 키를 기준으로 요금을 받는다. 0.9m 이하 무료, 0.9m 이상은 성인 티켓을 사야 한다. 7세 미만의 어린이는 요금이 무료로, MRT역 내 티켓 오피스에서 여권을 제시하면 어린이용 무료 이지링크 카드를 발급받을 수 있다.

2. 시내버스

싱가포르 버스 노선 애플리케이션인 싱가포르 맵스 Singapore Maps를 사용하면 버스 이용이 편리하다. 나의 현재 위치에서 목적지까지 가는 방법을 택시, 대중교통, 도보로 보여주며, 최단 시간 이동 경로도 지도에 표시된다.

요금은 현금, 이지링크 카드, 싱가포르 투어리스트 패스 모두 사용할 수 있으며, 요금은 구간에 따라 다르다. 현금으로 낼 경우, 거스름돈을 주지 않으므로 가급적이면 이지링크 카드를 사용하자. 우리나라의 버스카드와 같이 이지링크 카드도 버스를 탈 때 찍고, 내리기 전에 또 찍으면 된다. 이지링크 카드를 이용하면 현금보다 0.17달러 이상 할인된다.

홈페이지 www.sbstransit.com.sg

3. 택시

싱가포르는 택시 요금이 비싼 편이다. 하지만 도시가 작아서 시내에서는 15달러를 넘는 일이 별로 없다. 요금은 기본요금+미터당 요금+할증 요금으로 구성되며, 시내 중심 지역을 지날 때는 혼잡 통행료를 추가로 지불해야 한다. 시내 중심지에서는 택시 승차장에서만 탑승할 수 있으며, 호텔이나 쇼핑센터의 택시 승차장에서 타는 게 가장 확실하다.

기본요금은 3달러. 미터기에 표시된 최종 요금에 도로 이용료 등 각종 추가 요금이 붙을 수 있으니 참고하자. 추가 요금 목록은 영수증으로 확인할 수 있다.

홈페이지 www.taxisingapore.com

(Tip) *공유 자전거*

이용이 쉽고 가격도 저렴해 현지인들도 많이 이용하는 공유 자전거를 타고 싱가포르를 여행해보자. 스마트폰에 애플리케이션(오바이크oBike, 모바이크Mobike, 오포ofo)를 설치하면, GPS가 탑재된 공유 자전거를 어디에서나 이용할 수 있다. 이미 한국에도 상륙한 오바이크oBike는 싱가포르에 본사를 둔 대표적인 공유 자전거 회사이다.

오바이크

모바이크

- **추천 코스** 리버 사이드, 마리나베이 , 마리나 베라지, 이스트 코스트
- **이용 방법** 애플리케이션 다운 → 계정 만들기(보증금 환급 가능) → 주변 자전거 검색(예약 가능) → 자전거 잠금 해제(QR코드 입력) → 라이딩 → 가까운 자전거 주차장에 주차 → 자전거 잠금 장치 내리기

홈페이지 www.o.bike/kr

그랩 Grab

싱가포르에서 택시 잡기는 쉽지 않다. 그래서 여행자들이 많이 이용하는 것이 그랩이다. 차가 막히거나 할증이 높은 심야에는 택시보다 저렴할 때도 있다. 단, 키가 135cm 미만의 아이가 있다면 반드시 카시트가 있는 차를 선택해야 한다. 이용 방법은 우버와 비슷하다.

※그랩과 공유 자전거를 이용하려면 싱가포르에서 사용 가능한 인터넷과 전화번호가 있어야 한다. 유심 카드 이용자도 가능하며, 미리 애플리케이션을 설치하고 사용 방법을 익혀두자.

크란지
Kranji NS7

마르실링
Marsiling NS8

우드랜즈
Woodlands NS9

애드미럴티
Admiralty NS10

센바
Ser NS

유 티 NS5
Yew Tee

텐 마일 정션
Ten Mile Junction BP14

제라팡
Jelapang BP12

세가르
Segar BP11

사우스 뷰
South View

텍 와이
Teck Whye BP2

피닉스
Phoenix BP4

부킷 판장
Bukit Panjang BP6

센자
Senja BP13

파자르
Fajar BP10

초아 추 캉
Choa Chu Kang NS4 BP1

킷 홍
Keat Hong BP3

페티르
Petir BP7

부킷 곰박
Bukit Gombak NS3

힐뷰
Hillview DT3

캐슈
Cashew DT2

펜딩
Pending BP8

방킷
Bangkit BP9

매리마운트
Marymount

뷰티 월드
Beauty World DT5

칼데콧
Caldecott CC16

킹 앨버트 파크
King Albert Park DT6

식스 애비뉴
Sixth Avenue DT7

스티븐스
Stevens CC17

부킷 바톡
Bukit Batok NS2

텐 카 케
Tan Kah Kee DT8 CC19 DT9

보타닉 가든
Botanic Gardens DT10

노베
Nover

주롱 이스트
Jurong East NS1 DT24

패러 로드
Farrer Road CC20

오차드 NS22
Orchard

NS21 DT

투아스 링크
Tuas Link EW10

텍 카 케
Tan Kah Kee CC20

리틀 인
Little I

투아스 웨스트 로드
Tuas West Road EW32

클레멘티
Clementi EW23

홀랜드 빌리지
Holland Village CC21

서머셋 NS23
Somerset

투아스 크레스켄트
Tuas Crescent EW31

도버
Dover EW22

굴 서클
Gul Circle EW30

부오나 비스타
Buona Vista EW21 CC22

도비갓 NS24 NE
Dhoby Ghaut

8

주 쿤
Joo Koon EW29

원 노스
one-north CC23

커먼웰스
Commonwealth EW20

포트 캐닝
Fort Canning DT20

파이오니어
Pioneer EW28

레이크사이드
Lakeside EW26

켄트 리지
Kent Ridge CC24

퀸스타운
Queenstown EW19

12

NE5 클락키
Clarke Qu

분 레이
Boon Lay EW27

차이니즈 가든
Chinese Garden EW25 EW24

4

레드힐
Redhill EW18

차이나타운
Chinatown NE4 DT19

호 파르 빌라
Haw Par Villa CC25

티옹바루
Tiong Bahru EW17

텔록에이어
Telok Ayer DT18

파시르 판장
Pasir Panjang CC26

오트램 파크
Outram Park EW16 NE3

래플스 플레이
Raffles Pla

래브라도 파크
Labrador Park CC27

탄종 파가
Tanjong Pagar EW15

텔록 블랑가
Telok Blangah CC28

하버프런트
Harbour Front NE1 CC29

6 9

마리나베이 N
Marina Bay

1

2

11

Yio C

싱가포르 MRT 노선도

풍골 포인트 Punggol Point
PW3
PW2 택 리 Teck Lee
사무데라 Samudera
PW4
PW1 샘 키 Sam Kee
니봉 Nibong
PW5
탕감 Thanggam
쿠팡 Kupang
SW3
수망 Sumang
PW7 수 택 Soo Teck
펀베일 Fernvale
SW6
SW2 팜웨이 Farmway
풍골 Punggol
NE17 PTC
다마이 Damai
라야르 Layar
SW4
첸 림 Cheng Lim
코브 Cove
PE7
오아시스 Oasis
통강 Tongkang
SW5
SW8
렌종 Renjong
메리디앙 Meridian
PE2
코랄 엣지 Coral Edge
PE4
카달루르 Kadaloor
셍캉 Sengkang
NE16 STC
PE3
리비에라 Riviera
부양콕 Buangkok
NE15
콤파스베일 Compassvale
SE5
호우강 Hougang
NE14
랑궁 Ranggung
SE4
룸비아 Rumbia
SE2
모 키 오
ng Mo Kio
코반 Kovan
NE13
캉카르 Kangkar
SE3
세랑군 Serangoon
CC14
NE12 CC13
바카우 Bakau
탬피니스 웨스트 Tampines West
로롱 추앙 Lorong Chuan
바틀리 Bartley
CC12
카키 부킷 Kaki Bukit
베독 레저부아 Bedok Reservoir
EW1 파시르 리스 Pasir Ris
파요 Payoh
NE11 우드리 Woodleigh
타이 셍 Tai Seng
CC11
우비 Ubi
DT27
DT29 DT30 DT31
EW2 DT32 탬피니스 Tampines
켕 Keng
NE10 포통 파시르 Potong Pasir
베독 노스 Bedok North
맥퍼슨 Mac Pherson
DT26 CC10
시메이 Simei
EW3
패러 파크 Farrer Park
NE9
마타 Mattar
DT25
파야 레바 Paya Lebar
EW8 CC9
유노스 Eunos
EW7
베독 Bedok
EW6
탬피니스 이스트 Tampines East
DT33
벤데미어 Bendemeer
DT23
겔랑 바루 Geylang Bahru
DT24
알주니드 Aljunied
EW9
켐방안 Kembangan
EW5
EW4
어퍼 창이 Upper Changi
DT34
잘란 베사르 Jalan Besar
DT22
칼랑 Kallang
EW10
다코타 Dakota
CC8
타나 메라 Tanah Merah
창이 Changi
3
DT13
라벤더 Lanvender
EW11
마운트배튼 Mountbatten
CC7
엑스포 Expo
CG1 DT35 CG2
창이 국제공항 Changi Airport
DT21
부기스 Bugis
EW12 DT14
스테디움 Stadium
CC6
에스플러네이드 Esplanade
CC3
니콜 하이웨이 Nicoll Highway
CC5
25
DT15 CC4 프로미나드 Promenade
베이프런트 Bayfront
DT16 CE1

7

	East West Line
	North South Line
	North East Line
	Circle Line
	Downtown Line
	Bukit Panjang LRT
	Sengkang LRT
	Punggol LRT
🚏	버스터미널 연결 역
✈	공항 연결 역

4 이층 버스

시내를 많이 돌아다닐 계획이라면 버스를 하루 동안 무제로 탈 수 있는 원데이 패스를 구입하자. 싱가포르 관광 패스는 히포 투어버스를, 원데이 시티 트래블 패스는 펀비 이층 버스를 제한 없이 탈 수 있다.

펀비 이층 버스 FunVee Open Top Bus		
종류	시티 호퍼 City Hopper: CH	마리나 호퍼 Marina Hopper:MH	센토사 호퍼 Sentosa Hopper:SE
버스 색상	주황색		
운행 코스	초록색 노선 Green Rout	주황색 노선 Orange Rout	빨간색 노선 Red Rout
주요 운행 노선도	싱가포르 플라이어– 에스플러네이드– 클리포드 피어(멀라이언 파크)–라오파삿– 차이나타운–클락키– 트레이더스 호텔–보타닉 가든–오차드 로드– 도비갓역–브라스 바사– 래플스 시티–싱가포르 플라이어	싱가포르 플라이어– 마리나베이 샌즈– 가든스 바이 더 베이– 마리나 베라지–차이나타운– 스리 마리암만 사원– 불아사–클락키– 리틀 인디아– 아랍 스트리트– 팬퍼시픽 호텔– 싱가포르 플라이어	싱가포르 플라이어– 에스플러네이드– 클리포드피어(멀라이언 파크)–라오파삿– 차이나타운–센토사–링크 호텔(티옹바루)–클락키– 오차드 로드–리틀 인디아– 아랍 스트리트–래플스 호텔–싱가포르 플라이어
배차 간격	20~30분	60분	2~4시간
첫차 / 막차	09:00 / 17:00	10:45 / 16:45	09:45 / 17:45
원데이 패스	성인 23.90달러, 어린이 16.90달러		
싱가포르 시티 패스	펀비 이층 버스 무제한 이용+덕투어, 펀비 원데이 시티 관광 패스, 펀비 나이트 어드벤처 투어, 구디백(23달러 상당), 시내 주요 호텔 픽업 서비스 1회 포함된다. **종류** ■1일권 성인 68.90달러, 어린이 55.90달러+추가 혜택(싱가포르 플라이어, 주롱 새공원, 케이블카(왕복), 싱가포르 동물원, 가든스 바이 더 베이(플라워 돔+클라우드 포레스트), 센토사 세그웨이, 센토사 타이거스 타이 타워, 민트 장난감 박물관, 싱가포르 디스커버리 센터&군사 박물관, 원 알티튜드 갤러리 중 2개 선택 ■2일권 성인 69.90달러, 어린이 59.90달러+1일권 추가 혜택+마린 라이프 파크–S.E.A 아쿠아리움, 나이트 사파리, 언더 워터 월드&돌핀 라군, 센토사 4D 어드벤처 랜드 패스, 오 리어리(O'Leary) 세트 런치 중 2개 선택 ■3일권 성인 89.90달러, 어린이 65.90달러+2일권 추가 혜택 내용 +유니버설 스튜디오(왕복 셔틀 포함) 중 3개 선택		
기타	– 한국어 등 오디오 가이드 지원(이어폰은 개별 준비) – 싱가포르 플라이어 허브의 매표소에서 이어폰 구매 가능(1달러) – 이층은 반은 실내, 반은 실외로 비올 때 타도 좋다.		
구매 장소	싱가포르 플라이어 시티 투어 매표소 **주소** #01-05 **홈페이지** www.singaporecitypass.com		

히포 투어 버스 Hippo Tours Bus				
종류	**도심 투어 버스** City Sightseeing Singapore		**오리지널 투어 버스** The Original Tour	**히포 나이트 시티 투어** Hippo Night City tours
버스 색상	빨간색		보라색	빨간색
운행 코스	시티 노선 CS Yellow City Rout	헤리티지 노선 CS Red Heritage Rout	오리지널 노선 The Original Tour	나이트 시티 투어 Night City Tours
주요 운행 노선도	선텍 시티- 싱가포르 플라이어- 마리나베이 샌즈- 플러톤 호텔-아시아 문명 박물관- 클락키-그레이트 월드 시티- 트레이더스 호텔- 보타닉 가든-오차드 로드-싱가포르 아트 뮤지엄-래플스 시티-선텍 시티	선텍 시티-리틀 인디아-세랑군 플라자-캄퐁 글램 -래플스 호텔- 페닌슐라 플라자-보트키- 차이나타운-피플스 파크 센터-홍림 파크-마리나베이 시티 갤러리- 마리나베이 샌즈- 리츠 칼튼 호텔- 선텍 시티	싱가포르 플라이어- 에스플레네이드- 멀라이언 파크- 피플스 파크 센터 -센트럴- 클락키-로버슨키- 그레이트 월드 시티- 만다린 오차드- SVC-도비갓역-리틀 인디아-래플스 시티- 선텍 시티-싱가포르 플라이어	선텍 시티- 차이나타운 푸드 스트리트- 가든스 바이 더 베이- 부기스 스트리트- 오차드 로드- 선텍 시티
배차 간격	13분	20분	30분	3시간
첫차 / 막차	08:30 / 18:30	09:40 / 17:15	09:30 / 18:00	18:30~21:30
가격	성인 39달러, 어린이 29달러		성인 23달러, 어린이 17달러	성인 43달러, 어린이 33달러
싱가포르 사이트싱 패스	히포 투어 버스 무제한 이용+추가 혜택(리틀 인디아, 차이나타운 걷기 투어 무료, 덕앤히포 키즈 클럽 무료, 각종 할인 쿠폰 / **가격** 성인 39달러, 어린이 29달러			
싱가포르 패스	히포 투어 버스 무제한 이용+덕투어, 싱가포르 플라이어, 싱가포르 리버 크루즈, 보타닉 가든(오키드 가든), 아시아 문명 박물관, 싱가포르 아트 박물관, 싱가포르 우표 박물관, 차이나타운 헤리티지 센터, 말레이 헤리티지 센터 및 걷기 투어(차이나타운, 리틀 인디아) **가격** 2일권 1개 성인 97달러, 어린이 77달러 (어린이 3~12세)			
기타	-한국어 등 오디오 가이드 지원 -처음 탈 때 티켓에 날짜와 시간이 찍히며 그 때부터 24시간 동안 무제한 이용 -버스 내 이어폰, 지도 무료 제공. 단, 없는 경우도 있음 -라이노 버스에서 유니버설 스튜디오, S.E.A 아쿠아리움 등 할인 티켓 구매 가능 -빨간색의 도심 관광버스는 탑승 전 노선(시티, 헤리티지)을 반드시 확인하자.			
구매 장소	히포 투어 버스 안에서 구매 가능(현금만 가능) 싱가포르 플라이어 여행 안내소 선텍 시티 **주소 #01-330(DUCK&HiPPO Hub)** 관광 안내 센터 주요 호텔이나 공식 취급점 **홈페이지** www.ducktours.com.sg			

5. 시티 투어 패스

싱가포르의 관광 명소를 짧은 기간 부지런히 다닐 계획이라면 시티 투어 패스를 추천한다. 이층 버스를 온종일 무제한 이용할 수 있는 싱가포르 관광 패스와 시티 관광 패스가 있으며, 여기에 인기 어트랙션들을 추가한 싱가포르 패스와 싱가포르 시티 패스도 있다. 잘만 활용하면 여행 경비를 아낄 수 있으니, 꼼꼼히 따져보고 결정하자.

싱가포르 관광 패스 City Sightseeing Singapore

주요 관광지를 운행하는 히포 투어 버스를 무제한으로 이용할 수 있는 패스이다. 배차 간격이 짧아 교통 수단으로도 활용할 수 있으며, 현지 여행사에서 할인된 가격으로 구매할 수 있어 인기가 많다.

유효 기간	24시간	48시간
가격	성인 39달러, 어린이 29달러(3세~12세)	성인 49달러, 어린이 39달러
할인 티켓	현지 여행사에서 구매 가능(시휠 트래블 등)	
구매 장소	히포 투어 버스 탑승 시(현금 결제만 가능) 싱가포르 플라이어 여행 안내소 선텍 시티 덕앤히포 카운터 클락키(후터스 옆) 온라인 홈페이지 예매	
혜택	모든 히포 투어 버스 무제한 이용, 무료 걷기 투어(리틀 인디아, 차이나타운) 덕앤히포 키즈 클럽 무료, 각종 식사, 쇼핑 할인 쿠폰 제공 2일권(48시간) 구매시 싱가포르 리버 크루즈 무료	
홈페이지	www.ducktours.com.sg	

펀비 시티 관광 패스 Fun Vee 1Day City Travel Pass

주요 관광지를 3개 코스로 운행하는 펀비 투어 버스를 무제한으로 이용할 수 있다. 보트나 싱가포르 플라이어를 함께 탈 수 있는 패키지도 있어, 관광이 목적인 여행자라면 경제적으로 큰 이득을 얻을 수 있는 관광 패스이다.

유효 기간	24시간
가격	성인 23.90달러, 어린이 16.90달러
할인 티켓	펀비 버스+보트(무제한), 펀비 버스+싱가포르 플라이어, 패밀리 패키지로 저렴하게 이용
구매 장소	싱가포르 플라이어 여행 안내소, 홈페이지 예매 등
혜택	모든 펀비 버스 24시간 무제한 이용 시내 주요 호텔 1회 무료 픽업 서비스(픽업 시간 09:00, 11:00)
홈페이지	www.citytours.sg

싱가포르 패스 Singapore Pass

박물관을 좋아하는 사람에게 추천하는 패스이다. 주요 관광지를 4개 코스로 운행하는 히포 투어 버스를 무제한으로 이용할 수 있으며, 정가 대비 최대 65%를 할인받을 수 있다.

유효 기간	2일(48시간)
가격	성인 97달러 , 어린이 77달러(어린이 3~12세), 유아(2세 이하) 2달러
구매 장소	싱가포르 플라이어 여행 안내소 선텍 시티 덕앤히포 카운터 클락키(후터스 옆) 온라인 예매 등
혜택	덕투어, 싱가포르 플라이어, 싱가포르 리버 크루즈, 보타닉 가든(오키드 가든) 히포 투어 버스(3개) 모두 무제한 탑승 아시아 문명 박물관, 싱가포르 아트 박물관, 싱가포르 우표 박물관 차이나타운 헤리티지 센터, 말레이 헤리티지 센터
홈페이지	www.ducktours.com.sg

싱가포르 시티 패스 Singapore City Pass

주요 관광지를 3개 코스로 도는 펀비 이층 버스를 무제한 이용할 수 있으며, 원하는 것을 선택할 수 있어 합리적이다. 시간 여유가 있는 여행자들은 3일권을 이용해보자. 다양한 프로모션을 진행하므로 구입 전 꼭 홈페이지를 확인해볼 것.

종류	2일권	3일권	5일권
유효 기간	24시간	48시간	72시간
가격(온라인)	성인 69.90달러 어린이 55.90달러	성인 89.90달러 어린이 65.90달러	성인 158.90달러 어린이 109.90달러
공통 혜택	덕투어, 펀비 원데이 시티 관광 패스, 펀비 나이트 어드벤처 투어, 구디백(23달러 상당) 시내 주요 호텔 픽업 서비스(1회), 추가 혜택에서 2개(3일권은 3개) 선택		
추가 혜택	싱가포르 플라이어, 주롱 새공원, 케이블카(왕복), 싱가포르 동물원, 가든스 바이 더 베이 (플라워 돔+ 프라우그 포레스트), 센토사 세그웨이, 센토사 타이거스 타이 타워, 민트 장난감 박물관, 싱가포르 디스커버리 센터& 군사 박물관, 원 알티튜드 갤러리	1일권 추가 혜택 + 마린 라이프 파크– S.E.A 아쿠아리움, 나이트 사파리, 언더 워터 월드&돌핀 라군, 센토사 4D 어드벤처 랜드 패스	2일권 추가 혜택 + 유니버설 스튜디오 (왕복 셔틀 포함)
구매 장소	싱가포르 플라이어 여행 안내소, 온라인 홈페이지 예매		
홈페이지	www.singaporecitypass.com		

6. 유람선 타기

워터 B 리버 크루즈&싱가포르 리버 크루즈 Water B River Cruise&Singapore River Cruise

범보트Bum Boat를 타고 싱가포르의 아름다운 야경을 감상하는 것은 이미 관광객들 사이에서는 필수 코스로 자리 잡았다. 클락키, 보트키, 마리나베이를 한 바퀴 도는 리버 익스플로러와 리버 크루즈가 가장 일반적이다. 원하는 곳까지 갈 수 있는 리버 택시와 리버 버스도 있다. 워터 B 리버 크루즈와 싱가포르 리버 크루즈는 탑승 장소와 요금 등 비슷한 듯 달라 구분하기 어려우므로, 헤메지 않도록 주의한다.

유람선				
이름	**워터 B 리버 크루즈** Water B River Cruise		**싱가포르 리버 크루즈** Singapore River Cruise	
특징	가격이 저렴해 인기 있는 크루즈이다. 단, 클락키와 마리나베이 샌즈에서만 탑승할 수 있다. 공식 매표소에서는 현금만 사용 가능가며, 교환 및 환불 불가. 리버 택시는 모든 정류장에서 탑승 가능.		탑승 전 표를 구매해야 한다. 대부분의 정류장에 매표소가 있다. 리버 버스는 구간에 상관없이 모든 요금이 3달러이다. 단, 리버 크루즈와 줄 서는 곳이 다르니 주의해야 한다.	
종류	워터 B 리버 크루즈	리버 택시	싱가포르 리버 크루즈	리버 택시(편도)
배	범보트	버블젯 Bubble Jet	범보트	범보트
첫차 / 막차	09:00 / 22:00	09:00 / 21:00	09:00 / 22:30	08:00~10:00 / 17:00~19:00 일요일 휴무
배차 간격	약 25분	약 20분	약 15분	약 20분(피크 타임 10분)
투어 시간	40분	–	40분	–
요금	성인 25달러 어린이(3~12세) 15달러	데이패스 24hr 30달러	성인 25달러, 어린이 15달러 (어린이 3~12세)	5달러
탑승 장소	4번~2번	1번~13번	모든 선착장에서 탑승 가능	
운행 노선	1. 클락키 Fort Canning 2. 센트럴 Eu Tong Seng 3. 플러톤 호텔 Raffls Place 4. 멀라이언스 파크 Cliifford Pier 5. 마리나베이 샌즈 Bayfront North 6. 싱가포르 플라이어 Promenade		1. 리버 밸리 River Valley 2. 로버슨키 Robertson Quay 3. 로버슨키 주변 Clemenceau 4. 리버 워크 Read Bridge 5. 클락키 Clarke Quay 6. 센트럴, 클락키역 South Bridge 7. 보트키 Boat Quay 8. 플러톤 호텔 Fullerton 9. 에스플러네이드 Esplanade 10. 멀라이언 파크 Merlion Park 11. 마리나베이 샌즈 Bayfront South 12. 싱가포르 플라이어 Promenade 13. 마리나 배라지 Marina Barrage *2,4,5,7,8,9,10,11,12 : 매표소 있음 *탑승 전 매표소에서 티켓 구매	
홈페이지	www.waterb.com.sg		www.rivercruise.com.sg	

※ 스펙트라 쇼(20:00, 21:00, 금·토 22:00)를 보며 범보트를 즐길 수 있다. 범보트는 클락키(19:30, 20:30, 금·토 21:30)에서 탑승한다.
※ 피크 타임에는 배차 간격이 짧아지며, 특별한 날에는 가격이 오르기도 한다.

덕투어

덕투어 Duck Tour

바다와 육지를 자유롭게 다닐 수 있는, 바퀴가 달린 수륙 양용차인 덕투어는 아이들과 함께 즐기기에 안성맞춤인 투어이다. 모두 2개 코스로, 싱가포르 플라이어 또는 선텍 시티에서 출발한다. 육지의 시티 홀과 에스플러네이드 주변의 주요 관광지를 구경한 후, 배로 변신해 마리나베이를 돌아보는 코스다. 투어는 약 1시간 소요되며 가이드가 함께 탑승한다.

덕투어		
이름	덕앤히포 덕투어 Duck&Hippo Duck Tours	캡틴 익스플로러 덕투어 Captain EXplorer Dukc Tours
출발 장소	선텍 시티	싱가포르 플라이어
요금	성인 37달러, 어린이(3~12세) 27달러, 유아(2세 이하) 2달러	성인 33.90달러, 어린이(3~12세) 22.90달러, 유아(2세 이하) 1.90달러
첫차/막차	10:00 / 18:00 (배차 간격 60분)	09:30 / 18:30 (배차 간격 60분)
투어 시간	1시간	1시간
구매 장소	선텍 시티 덕&히포 카운터 홈페이지 예매 등	싱가포르 플라이어 여행 안내소, 홈페이지 예매 등
홈페이지	www.DUCKTOURS.com.sg	www.citytours.sg

Step 03
ENJOYING

싱가포르를 즐기다

ENJOYING 01

페라나칸 문화를 찾아서

17세기 해상 무역의 발달로, 동남아시아는 아랍인, 인도인, 중국인, 유럽인들의 이주가 많았다. 이주민들과 말레이 반도 현지 여성들의 결혼으로 탄생한 문화와 인종을 페라나칸Peranakan이라 일컫는다. 말레이시아 페낭과 말라카 지역, 싱가포르에 페라나칸이 많다. 특히 싱가포르에는 중국 복건성 지역 사람들이 많이 건너와 중국계 페라나칸이 압도적으로 많다. 중국계 남성과 말레이 반도 여성이 낳은 남자는 바바Baba, 여자는 논야Nonya라고 하며, 이들이 만든 페라나칸 문화가 싱가포르에 뿌리를 내렸다.

특히 논야가 만든 페라나칸 음식과 생활 문화는 지금까지 전해 내려온다. 싱가포르에 자리 잡은 독특한 혼합 문화 페라나칸을 찾아 시간 여행을 떠나보자.

페라나칸 뮤지엄 Peranakan Museum

페라나칸의 역사와 문화, 생활 풍습을 소개하는 10개의 전시관으로 구성되어 있다. 특히 논야가 남긴 자수와 구슬 공예품이 많은데, 2층 논야관에서 비즈로 만든 구두, 지갑, 장신구들을 볼 수 있다. 페라나칸인의 결혼 풍습과 혼수품도 인기 전시관 중 하나이다.

정성스럽게 꿰맨 구슬 공예가 돋보이는 구두와 슬리퍼, 그리고 커튼, 식탁보 등의 생활 소품과 주방에서 사용되는 도자기의 오묘하고 과감한 보색의 조화는 그 누구도 쉽게 눈을 떼지 못하는 아름다움을 지녔다(159p).

이스트 코스트의 카통 전통 지구

이스트 코스트는 싱가포르 내에서도 페라나칸 문화가 가장 많이 남아 있는 동네이다. 주치앗 로드에서 쿤생 로드로 들어서면 페라나칸 스타일의 전통 집들이 줄지어 서 있다.
관광객들에게는 여행 사진을 찍는 명소로도 인기 있는 장소이다. 보색을 이루는 파스텔톤 벽과 정교하게 새긴 부조 장식과 타일 등이 집집마다 아름답게 장식되어 있다(403p).

인탄 The Intan

페라나칸 조상의 유산과 문화를 기억하고 알리기 위해 알빈 얍 Alvin Yap 씨가 자신의 집을 개조해 박물관으로 공개하는 곳이다. 현지인에게 더 유명하며, 꼭 사전에 예약을 해야 한다.
소장품은 말라카, 페낭, 인도, 중국, 영국 등지를 돌아다니며 하나씩 모은 것들로 가구부터 접시까지 없는 게 없다(402p).

328 카통 락사 328 Katong Laksa

싱가포르에서 꼭 먹어봐야 할 페라나칸 전통 음식 락사. 특히 328 카통 락사는 싱가포르 내에서도 알아주는 락사 맛집으로, 코코넛밀크가 주 재료인 나시 르막을 맛볼 수 있다.
다른 곳의 락사는 코코넛밀크 맛이 강해 자칫 느끼할 수 있으나, 이 집의 락사는 고소한 코코넛밀크와 매콤한 커리 맛이 잘 어우러져 부담 없이 한 그릇 뚝딱 먹을 수 있다(407p).

페라나칸의 독특한 문화를 체험해보자.

©Art Science Museum

더 깊은 싱가포르 여행, 박물관 투어

동서양의 문물을 실어나르는 중요한 항구로 활약하며 주변 국가의 문화를 편견 없이
수용해온 싱가포르의 다문화 사회를 이해할 수 있는 곳. 박물관은 지루하다고 생각하는
당신에게 바치는 반전의 장소들이다.

Tip 알뜰살뜰, 현명하게 박물관을 즐기는 방법

박물관 무료 개방의 날을 알아두자

싱가포르의 모든 국립박물관은 국경일에 모두 무료로 개방한다. 싱가포르 국립박물관, 아시아 문
명 박물관, 싱가포르 우표 박물관, 싱각포르 국립미술관, 싱가포르 아트 뮤지엄, 페라나칸 뮤지엄
이 이에 해당한다. 싱가포르 국립박물관과 싱가포르 아트 뮤지엄은 특정 요일의 시간 이후에 무료로
개방되므로, 방문 전 무료 관람 시간을 확인해보도록 하자.
*싱가포르 국경일(2019년 기준) 새해(1/1), 중국 새해(2/5~6), 부활절(4/19), 근로자의 날(5/1),
석가 탄신일(5/1), 하리 라야 푸아사(금식 축제, 6/5), 국가의 날(8/9), 하리 라야 하지(무슬림 희
생절, 8/11), 디파발리(힌두교 빛의 축제, 10/27), 크리스마스(12/25)

박물관 패스3Days Museum Pass 이용하기

싱가포르의 대표 박물관 6곳(싱가포르 국립박물관, 아시아 문명 박물관, 페라나칸 뮤지엄, 싱가포르
우표 박물관, 싱가포르 아트 뮤지엄)을 3일 동안 무제한으로 입장할 수 있는 박물관 패스(20달러). 특
히 3명 이상, 5명 이하의 가족이라면, 패밀리 3데이즈 뮤지엄 패스Familly 3Days Museum Pass(50달러)
를 사용하자. 할인 폭이 크다. 박물관 패스에 대한 자세한 정보는 홈페이지(www.nhb.gov.sg)에서
확인할 수 있다.

한국어 해설을 들을 수 있는 박물관 산책에 참여하기

아시아 문명 박물관과 싱가포르 국립박물관, 페라나칸 뮤지엄에서는 한 달에 1번 한국어 해설로 전
시가 진행된다. 한국어 해설은 봉사자들에 의해 진행되며, 박물관 입장료만 지불하면 정해진 시간에
누구나 무료로 참여할 수 있다. 약 1시간 진행되며 별도의 신청 과정 없이 각 박물관의 로비에서 지
정된 시간에 모이면 된다.
아시아 문명 박물관은 매달 첫째 주, 싱가포르 국립박물관은 매달 둘째 주, 페라나칸 뮤지엄은 매달 넷
째 주 목요일 오전 11시 30분에 정기적으로 한국어 해설 전시가 진행된다. 일정표는 한국촌(www.
hankookchon.com) 또는 싱가포르 한인 여성회(www.koreanwomens.org)의 홈페이지에서 확인
할 수 있다.

방문 일순위 박물관

아시아 문명 박물관

Asian Civilization Museum

싱가포르의 한 전시 해설사는 싱가포르의 많은 박물관 중 꼭 한 곳만 가야 한다면 당연히 아시아 문명 박물관을 가야 한다고 강조했다. 아시아의 다양한 문화를 제대로 접한 후 걷는 차이나타운과 리틀 인디아, 아랍 스트리트의 느낌이 완전히 다르기 때문이다.

박물관에는 동남아시아와 서아시아, 중국 등 아시아 국가들의 문화유산이 잘 집약되어 있다. 이 박물관을 시작으로 싱가포르에 대해 좀 더 알고 싶다면 싱가포르 국립박물관으로, 말레이 문화에 관심이 있다면 말레이 헤리티지 센터로, 페라나칸의 문화가 궁금하다면 페라나칸 뮤지엄으로 가보자. 모든 전시품이 각 나라의 문화와 역사를 함축하고 있으므로, 이곳에서만큼은 전시 해설사의 가이드 투어를 꼭 챙겨 들을 것(203p).

싱가포르 최초의 박물관
싱가포르 국립박물관 National Museum of Singapore

싱가포르의 역사와 문화에 대한 궁금하다면 반드시 들러야 하는 곳이다. 1887년 개관한 싱가포르에서 가장 오래된 박물관이지만, 다채로운 영상과 질 좋은 음향 기기 등 최첨단 시스템이 갖춰져 차원이 다른 전시를 경험할 수 있다. 싱가포르 역사를 알 수 있는 히스토리 갤러리는 입장 시 모두에게 영어 오디오 가이드 기능이 있는 미니 태블릿을 나눠준다.

특히 곳곳에 전시되어 있는 10개의 싱가포르 보물은 방문 전 홈페이지에서 확인하고 가면 관람 시 더욱더 유익할 것이다. 테마별로 전시된 리빙 갤러리의 음식관에서는 여러 향신료의 향을 직접 맡아볼 수 있어 재미 있다(158p).

동남아시아 최대의 공공 현대미술관
싱가포르 아트 뮤지엄 Singapore Art Museum

싱가포르는 물론, 동남아시아 작가들의 전시가 지속적으로 열리는 현대미술관이다. 19세기에 지은 가톨릭 학교를 미술관으로 개조했다. 건물 자체로도 매우 이국적이며 고풍스러운 분위기를 풍긴다. 또한 건축물의 좌우 대칭이 아름다워 내셔널 트러스트National Trust(시민들의 성금으로 보전 가치가 큰 유산을 보전하는 운동)로도 지정되었다.

18개로 나누어진 작은 갤러리를 천천히 구경해보자. 회화와 조각, 영상, 사진, 뉴미디어와 사운드 아트 등 예술의 세계가 펼쳐질 것이다(161p).

예술과 과학의 공존
아트 사이언스 뮤지엄 Art Science Museum

독특한 건축부터 화제가 되었던 곳. 구부러진 10개의 손가락처럼 보이는 이 오묘한 건축물은 이스라엘 출신의 세계적인 건축가 모세 사프디Moshe Safdie가 완성했다. 각 손가락 마디가 곧 전시 공간이 되며, 손가락 끝부분에는 유리창을 달아 자연광이 곧 조명이 될 수 있게 했다.

전체 갤러리 수는 21개, 가장 긴 손가락은 높이가 60m에 이른다. '예술과 과학을 분리하지 않고 한 공간 안에 자연스럽게 구현하는 것'이 이곳의 목적인 만큼 특수 조명 효과와 음향, 첨단 멀티미디어 장치를 이용한 인터랙티브 전시가 특히 돋보인다(182p).

신기한 우표들이 한곳에!
싱가포르 우표 박물관 Singapore Philatelic Museum

올드 시티의 소방서에서 페라나칸 박물관으로 가는 길목에 그냥 지나칠 수 있는 작은 국립박물관이 하나 있다. 테마파크에나 있을 듯한 건물 앞 작은 빨간 우체통이 있는 곳, 바로 싱가포르 우표 박물관이다. 독특한 디자인의 우표부터 지금은 구하기 어려운 희귀한 우표까지 어릴 적 우표 좀 모아본 어른들에게 향수를 불러 일으키는 박물관이다. 또한 아이들의 눈높이에 맞춰, 전 세계의 우체통을 미니어처 사이즈로 전시해놓아 가족이 방문하기에 좋은 곳이다.

1층 기념품 숍에서는 이곳만의 특별한 도장이 찍힌 엽서를 판매하므로 한 장 사서 한국으로 부쳐도 좋다. 빨간 우체통 앞에서 인증샷을 찍는 것도 잊지 말자(160p).

싱가포르가 가진 세계 최고 타이틀

싱가포르는 면적은 작은 나라이지만, 세계 최대, 세계 최고의 타이틀을 거머쥔 장소가 많은 곳이다. '억' 소리 나는 크기로 세계인들을 놀라게 한 싱가포르의 흥미진진한 장소들로 안내한다.

돔 건축물로는 세계 최대!
싱가포르 스포츠 허브
Singapore Sports Hub

지름 312m에 달하는 개폐형 돔 구조의 내셔널 스타디움이 화제이다. 그동안 세계 최대 돔 건축물이었던 미국 텍사스의 카우보이 스타디움보다 지름 37m 더 크다.

돔 형태의 스포츠 허브는 무려 35ha의 규모를 자랑한다. 국제 경기, 콘서트가 열릴 뿐만 아니라 일반 시민들에게도 개방된다.

세계 최대 인공 정원
가든스 바이 더 베이
Garden's By The Bay

싱가포르 남쪽 칼랑강 일부를 매립한 땅 위에 30만 평 규모의 인공 정원이다.

최고 높이 25m에 달하는 인공 나무 11그루가 있는 슈퍼 트리 그로브와 돔 내부에 58m 높이의 인공 산을 만든 클라우드 포레스트Cloud Forest가 압권이다. 클라우드 포레스트에는 세계에서 가장 높은 실내 인공 폭포가 있다(176p).

세계에서 가장 큰 아쿠아리움
S.E.A 아쿠아리움 S.E.A Aquarium

기네스북에 당당히 이름을 올린, 세계에서 가장 큰 아쿠아리움이다. 무려 800여 종의 바다 생물 10만여 마리가 총 6만여 톤 규모의 물속에 10개의 테마로 나뉘어 전시된다.

그중 열린 바다Open Sea 전시실은 가로 36m, 세로 8.3m의 투명 아크릴 창으로 된 대형 수족관이 있다. 상어, 가오리 등 5만여 종의 바다 생물이 자유롭게 헤엄치는 모습은 바라만 보아도 바닷속에 있는 듯하다(372p).

전 세계에서 난을 가장 많이 수출하는 나라
내셔널 오키드 가든 National Orchid Garden

싱가포르의 대표 식물원이자 공원인 보타닉 가든에서 유일하게 유료로 입장하는 곳이다.
세계 제일의 난 수출국답게 1,000여 종의 난과 2,000여 종의 개량 난을 보유하고 있다. 넬슨 만델라, 다이애나 왕세자비, 배용준 등 유명인의 이름을 딴 난을 찾아 보는 재미도 있다.

190만L의 물을 담은 최대 수족관
리버 사파리 River Safari

아시아 최초로 강을 주제로 한 새로운 개념의 자연 테마파크다. 12ha의 어마어마한 규모에 세계 8대 주요 강인 양쯔강, 미시시피강, 콩고강, 나일강, 메콩강, 갠지스강, 머리강, 아마존강의 생태를 그대로 재현해놓았다.

가장 규모가 큰 아마존강 전시실은 약 190만L의 세계 최대 담수 수족관으로, 세계에서 가장 큰 민물고기 피라쿠루와 바다의 소라 불리는 매너티 등을 볼 수 있다(422p).

야생 조류 공원도 세계 1등!
주롱 새공원 Jurong Bird Park

세계 최대의 새공원으로 400여 종, 5,000여 마리의 새가 있는 공원. 공원 내 있는 너비 9m, 높이 30m의 주롱 폭포는 자연수를 이용해 초당 140L의 물이 떨어지는, 한때 세계에서 가장 높은 인공 폭포였다(425p).

> **Tip** 세계 최대 타이틀 뺏긴 싱가포르 플라이어
> 2008년 오픈한 세계 최대 규모의 대관람차, 싱가포르 플라이어가 2014년 4월 2위로 밀려났다. 미국 라스베가스의 하이롤러가 3m 더 높은 168m로 지어졌기 때문. 그러나 하이롤러 또한 2016년에 미국 뉴욕의 대관람차(192m)에게 1위를 넘겨줬다.

📢 |Theme|
싱가포르, 이것도 세계 최대였어?

잘 알려지지는 않았지만, 싱가포르에는 흥미진진한 세계 최대 타이틀의 공간들이 더 있다.
알고 나면 더 찾아가 보고 싶은 싱가포르의 세계 최대 장소들을 소개한다.

멀티미디어 쇼 규모도 압도적!
크레인 댄스 Crane Dance @리조트 월드 센토사

10층 높이 크기의 로봇 두루미 한 쌍이 펼치는 멀티미디어 쇼이다. 빛, 분수, 불꽃, 음악이 어우러져 러브 스토리로, 두루미가 구애하는 모습에서 영감을 받아 제작하게 되었다고 한다.

세계적으로 권위 있는 에미상Emmy Awards을 4회 수상한 할리우드의 유명 무대 디자이너 제러미 레이튼Jeremy Railton의 작품으로, 수준 높은 공연이 약 15분간 펼쳐진다. 보통 밤 9시에 무료로 공연하며, 한 번에 800여 명이 관람할 수 있다. 단, 공연하지 않는 날도 있으니 방문 전 홈페이지를 확인할 것(373p).

홈페이지 rwsentosa.com

세상에서 가장 큰 기도 바퀴
부처님 기도 바퀴 Buddha Prayer Wheel @불아사

부처님의 치아가 모셔진 불아사의 옥상 정원Roof Garden에는 세상에서 가장 큰 기도 바퀴가 있다. 기도 바퀴의 손잡이를 잡고 돌면 불교 경전을 모두 읽은 것과 같은 효과가 있다고 전해져 많은 사람들이 이곳을 찾는다.

몇 번을 돌리는지 횟수는 중요하지 않지만, 한 바퀴 돌릴 때마다 작은 소리가 나며 보통 세 바퀴를 돌린다(236p).

세계 최대 크기의 분수

부의 분수 Fountain of Wealth @선택 시티

1998년 기네스북에 세계 최대 크기의 분수로 기록된 분수이다. 거대한 분수 안에 작은 분수가 또 있으며, 일반 분수와는 달리 물이 바깥에서 안쪽으로 뿜어져 들어오는 것이 특이한 점이다. 오른손을 작은 분수 물에 담그고 시계 방향으로 세바퀴 돌면 부자가 될 수 있다는 전설이 있어서 많은 사람들이 찾는다.

밤이 되면 아름다운 음악과 레이저 조명이 어우러진 무료 쇼가 열린다. 쇼 시간과 분수를 만질 수 있는 시간이 정해져 있지만, 변경되는 경우도 있으니 홈페이지에서 반드시 확인하자(191p).

오픈 매일 20:00, 20:30, 21:00 **터치 워터 세션** 09:00~12:00, 14:00~18:00, 19:00~19:50, 21:30~22:00 **홈페이지** sunteccity.com.sg

세계 최대 캔디숍

캔디리셔스 Candylicious @리조트 월드 센토사

세계 최대 캔디숍 브랜드 캔디리셔스. 싱가포르 리조트 월드 센토사 지점은 아시아 최대 크기이며, 세계 최대 캔디숍으로 기네스북에 등재된 지점은 두바이에 있다.

캔디Candy와 딜리셔스Delicious의 합성어인 캔디리셔스는 각종 사탕과 초콜릿, 젤리 등 다양한 과자류를 판매하는 과자의 천국이다.

공짜라서 행복한 싱가포르 여행

싱가포르는 기본적으로 물가가 비싸다. 유명한 곳은 입장료나 이용료도 만만치 않다.
하지만 기죽어 마시라. 공짜로 문을 열거나 돈 안 내고 볼 수 있는 쇼도 많다.

가든스 바이 더 베이의 공짜 슈퍼 트리 쇼

가든스 바이 더 베이의 클라우드 포레스트와 플라워 돔은 입장료를 내야하지만, 야외에 자리한 슈퍼 트리는 무료로 관람할 수 있다.

높이 25m에 이르는 11개의 슈퍼 트리는 영화 〈아바타〉가 연상된다. 기왕이면 빛과 소리를 이용한 야간 쇼가 펼쳐지는 시간에 맞춰가자.

슈퍼 트리 야간 쇼 (1차) 19:45 (2차) 20:45

공공장소에서는 와이파이가 공짜

싱가포르는 공공 장소에는 무료 인터넷 존이 있다. 번화가에 가면 자동으로 뜨는 'wireless@SG.'를 단말기에 등록하면 무료로 와이파이를 사용할 수 있다.

박물관 무료입장 시간을 노려라

박물관 2~3군데 가면 입장료가 2만 원을 훌쩍 넘는다. 박물관은 국경일, 특정 요일과 시간에 무료로 개방하는 곳이 많다. 박물관 무료 개방일에 방문하면 돈도 벌고 문화생활도 즐길 수 있다.

- 볼거리로 넘쳐나는 싱가포르 시티 갤러리는 입장료를 받지 않는다.
- 싱가포르 국립박물관은 매일 오후 6~8시에 리빙 갤러리를 무료로 개방한다.
- 싱가포르 아트 뮤지엄은 매주 금요일 오후 6시 이후에는 입장료를 받지 않는다.
- 싱가포르 국립박물관, 아시아 문명 박물관, 싱가포르 우표 박물관, 페라나칸 뮤지엄, 말레이 헤리티지 센터 등은 국경일에 방문하면 무료이다.

공짜로 보는 야외 레이저 쇼!

무료로 즐길 수 있는 쇼는 3가지! 마리나베이 샌즈 숍스 광장 앞에서 펼쳐지는 빛의 분수 쇼 스펙트라Spectra, 10층 높이의 크레인에서 한 쌍의 두루미가 펼치는 센토사의 크레인 댄스Crane Dance, 화려한 음악에 분수와 불기둥이 어우러지는 레이크 오브 드림즈Lake of Dreams가 있다.
3가지 공연 모두 무료 같지 않은 커다란 스케일과 볼거리를 선사한다. 쇼가 시작되기 전 미리 자리를 잡도록 하자.

스펙트라 쇼 15분 소요/일~목 20:00, 21:00/
금·토 20:00, 21:00, 22:00
크레인 댄스 10분 소요/매일 20:00
레이크 오브 드림 15분 소요/매일 23:00

클럽의 레이디스 나이트를 노려라!

대부분의 싱가포르 클럽은 수요일이면 여자들에게 무제한으로 술을 제공하는 레이디스 나이트 Lady's Night를 운영한다. 입장료를 받는 클럽들도 이날 만큼은 여성들에게 무료입장과 무료 칵테일을 제공한다.

■ **랜턴** 매주 수요일 오후 8~9시 입장하는 여성에게 칵테일 무료 제공.
■ **원 알티튜드** 매주 수요일 여성 무료입장. 밤 9시 이후 선착순 50명의 여성에게 음료 1잔 무료 제공.
■ **아발론** 매주 수요일 여성 무료입장. 음료 3잔 무료 제공.
■ **주크, 애티카, 버터 팩토리** 매주 수요일 여성 무료 입장.

해피 아워 바를 찾아라

싱가포르는 유독 술값이 비싸다. 그래서 많은 바들이 오후 8시부터 9시까지 1잔을 주문하면 1잔을 더 마실 수 있는 해피 아워를 운영한다. 혹은 하우스푸어Housepour(저렴한 브랜드의 술)를 5~6달러 선에 내놓는다.
술값이 가장 저렴한 해피 아워 바를 찾아보자. 해피 아워가 끝나기 바로 전, 술을 한번에 4잔 이상 주문하는 사람들도 볼 수 있다.

■ **주말과 국경일에는 무료로 즐길 수 있는 자전거**
싱가포르의 대표 공유 자전거(051p)인 오바이크oBike는 주말과 국경일에는 무료로 탈 수 있다. 매일 처음 15분도 무료이며, 처음 가입할 때와 추천 코드를 입력해도 무료 쿠폰을 받을 수 있다. 그외에도 다양한 무료 프로모션도 만날 수 있다.
■ **모든 대중교통이 무료인 센토사**
센토사 안을 운행하는 모노레일인 센토사 익스프레스와 비치 트램, 버스가 모두 무료이다. 단, 센토사 익스프레스를 비보 시티에서 탑승할 경우에는 유료.
오차드 로드에서 무료로 즐기기
– **아이온 스카이 전망대** 아이온 오차드ION Orchard에서 당일 20달러 이상 구매한 영수증(식사도 가능)만 있으면 1인 입장 무료(290p).
– **싱가포르 비지터 센터** 나만의 여행 일정을 담은 세상에 하나뿐인 지도, 관광지, 휴대용 가이드북 등 무료(277p).
– **애플 오차드 로드** 충전과 와이파이, 사진, 동영상 등 배울 수 있는 다양한 프로그램도 무료(283p).
■ **여권만 챙기면 러브 록Love Lock이 무료**
클락키에 있는 쇼핑몰 센트럴Central 1층 컨시어지에서 무료 자물쇠를 받자. 단, 1인 1개만 가능(203p).

지금 싱가포르에서 가장 핫한 동네

관광객들은 모르는, 현지인 중에서도
유행을 선도하는 트랜드세터들이
모이는 장소들을 소개한다.
지금 싱가포르에서 가장 잘 나가는
동네만을 모았다.

차이나타운 옆 동네
티옹바루 Tiong Bahru

제2차 세계대전 이후에 지은 낮은 주공아파
트인 HBD 단지와 숍하우스들이 남아 있는
동네로, 싱가포르에서 가장 오래된 주거 지역
이다. 4년 전, 감각적인 독립 서점으로 유명
세를 떨친 북스 액추얼리Books Actually가 티
옹바루로 이사를 오면서 젊은 아티스트들이
이곳으로 모여들기 시작했다. 지금은 작은 독
립 서점과 카페, 숍들이 곳곳에 생겨나면서,
싱가포르에서 가장 핫한 동네가 되었다.
독립 커피 문화를 이끈 포티 핸즈 커피Fourty
Hands Coffee, 스타 셰프가 문을 연 오픈 도어
폴리시Open Door Policy, 전 세계 신진 디자
이너 제품을 만날 수 있는 스트레인지 레츠와
나나&버즈 등이 자리를 잡으면서 힙스터들의
아지트가 되었다. 그 외에도 동네 주민들이
다니는 시장, 죽집 등의 소박한 가게들이 세
련된 공간과 어우러지며 독특한 풍경을 만들
어내고 있다(258p).

싱가포르 힙스터들의 선택!
케옹색 로드 Keong Saik Road

차이나타운역에서 뉴 브리지 로드New Bridge Rd를 따라 관광객들로 북적이는 템플 스트리트Temple St와 스미스 스트리트Smith St를 지나면 다소 한적한 골목이 나온다. 바로 전통과 현대가 오묘하게 조화된 케옹색 로드이다. 구부러진 길을 따라 숍들이 이어진 이 거리는 1960년대 까지는 홍등가였지만, 지금은 레스토랑과 바, 카페, 부티 크 호텔들이 모여 있는 힙 플레이스가 되었다.

특히 케옹색 로드의 상징과도 같은 삼각형 코너 건물(빨 간색 한자로 '동아東亞'라고 적힌 건물)에 비치 클럽으로 유명한 발리의 포테이토 헤드Potato Head가 들어오면서 더욱 세련되고 개성 넘치는 거리로 변신했다. 세계적으로 유명한 셰프들의 창의적인 요 리와 어디서도 볼 수 없는 독특한 칵테일을 원한다면 케옹색 로드가 정답이다(228p).

클락키, 보트키보다 핫한 강변 부두!
콜리어키 Collyer Quay

플러톤베이 호텔 쪽 일대를 말한다. 원래 최 초의 이민자들이 상륙한 부두로 몇 년 전까지 만 해도 유람선이 오가던 선착장이었다. 하지 만 마리나베이 개발 프로젝트로 재개발되면 서 클리포드 피어Clifford Pier와 커스텀 하우스 Customs House 같은 역사적 유적지가 외식과 쇼핑을 위한 공간으로 재탄생했다.

물 위에 떠 있는 플러톤 파빌리온의 카탈루냐 Catalunya와 하얀 등대가 인상적인 커스텀 하 우스의 킨키Kinki 등 마리나베이의 전망을 즐길 수 있는 레스토랑과 바가 많다(196p).

탄종파가의 작은 유럽
덕스턴힐 Duxton Hill

탄종파가 로드에서 골목으로 이어지는 덕스턴 힐은 유럽 분위기의 레스토랑과 바들이 하나 둘 생기면서 새로운 핫스폿으로 떠올랐다. 과 거에는 현지인들도 잘 찾지 않던 지역이었지 만, 지금은 밤이면 외국인들로 북적인다.

특히 프렌치 레스토랑이 즐비한데, 그중에서도 프랑스 파리의 스테이크 체인점인 랑트르코트 L'entrecote가 유명하다. 최근 뎀시힐의 인기 레 스토랑인 티플링 클럽Tippling Club도 이곳으 로 자리를 옮겨 덕스턴힐이 더욱 뜨거워졌다 (230p).

전망 좋은 루프톱 바 5

싱가포르에는 전망이 끝내주는 야외 루프톱 바가 많다.
입장료와 술값이 만만치 않지만, 기꺼이 하늘과 땅의 중간에 오른다.
그리고 마주한 싱가포르의 야경은 기대한 것 이상의 짜릿함을 안겨준다.

세계에서 제일 높은 맥주 양조장

레벨33 Level33

마리나베이 파이낸셜 빌딩 33층에 위치한 루프톱 바. 주로 근처 직
장인들이 퇴근 후 맥주 한잔하기 위해 즐겨 찾는 곳이다. 입구에 들
어서자마자 보이는 커다란 오크통에는 다양한 생맥주가 들어 있다.
특히 오후 5시 이전에는 10달러도 안 되는 가격에 생맥주를 마실
수 있어 가장 저렴한 루프톱 바이기도 하다.
왼쪽의 초고층 빌딩 숲부터 오른쪽 마리나베이 샌즈까지 탄성이 절
로 나오는 최고의 전망을 갖췄다. 런치 세트도 유명해 낮에 가도 좋
다. 야외석이 많지 않아 예약은 필수(216p).

독보적인 도심 전망
세라비 Ce La Vi

많은 루프톱 바들이 마리나베이 샌즈 호텔이 있는 쪽을 전망으로 삼고 있지만, 세라비는 올드 시티를 비롯해 싱가포르의 도심을 정면으로 바라보고 있어서 전망이 독보적이다.
홍콩의 마천루처럼 드라마틱하게 전개되는 야경이 압권인데, 해가 지는 모습부터 감상하는 것도 멋지다. 마리나베이 샌즈 호텔 57층에 위치해 있다(186p).

밤이 더 아름다운 로맨틱 루프톱 바
랜턴 Lantern

플러턴 베이 호텔의 루프톱 바. 높지는 않지만, 야외 수영장이 있어 가장 분위기 좋은 루프톱 바로 꼽힌다. 마리나베이 샌즈 호텔의 레이저 쇼를 즐기기에도 최적의 장소이기도 하다.
프러포즈 장소로 사랑받는 곳이며, 한 달에 1번 있는 브라질리안 나이트(또는 라티노 나이트)는 신나는 댄서들의 공연과 함께 직접 클래식 모히토를 만들 수 있다(217p).

하얀 등대 아래 불타는 밤!
킨키 Kinki

마리나베이의 커스텀 하우스 옥상에 위치한 작은 루프톱 바로 하얀 등대가 포인트이다. 외국인이 많으며, 술잔을 기울이며 시끌벅적한 모습이 즐거워 보인다. 등대 기둥에서 상영되는 다이내믹한 영상과 음악은 마치 야외 클럽에 온 듯하다(216p).

싱가포르에서 가장 높은 루프톱 바!
원 알티튜드 1-Altitude

다른 곳에선 경험할 수 없는 차원이 다른 전망이 펼쳐진다. 282m 상공에서 싱가포르 시내를 360도 조망할 수 있다. 밤 10시 전에는 아이들도 입장할 수 있지만, 10시 이후에는 여성 18세, 남성 21세 이하는 입장할 수 없다. 30달러(음료 1잔 포함)의 입장료를 내야 한다(217p).

싱가포르 최고의 칵테일 바 4

싱가포르의 칵테일 문화는 이미
세계적인 수준에 도달해 있다.
술값이 유독 비싼 싱가포르이지만,
절대 포기할 수 없는 최고의 칵테일 바.
한 잔을 먹더라도 이곳에서 먹어야
후회가 없다.

세상에 단 하나뿐인 진 바

아틀라스 Atlas

싱가포르의 바텐더들이 꼭 가봐야 할 바로 추천하는 곳이다. 오
픈한 지 얼마 되지 않은 이 신생 바를 그토록 열렬히 추천하는 데
에는 바로 바텐더 로만 폴탄과 칼라 다비나 소아레스의 존재 때
문이다. 이들은 2012~2015년 '월드 베스트 바 50World Best
Bar 50'에서 연속 4번이나 1위를 수상한 런던 랭함 호텔의 아티잔
Artesian 바에서 온 바텐더들이다.
실내 분위기 또한 압도적이다. 1920년대 유럽의 웅장한 로비를
재현하기 위해 온통 아르데코 스타일로 장식한 바에는 3층 높이
의 타워와 기둥들이 세워져 있고, 금과 청동 장식이 휘감고 있다.
시대와 시간을 잊게 하는 장소랄까. 게다가 이곳은 800여 개의
진을 보유하고 있는 세계에서 유일무이한 바이다. 수많은 진의 병
을 타워에 진열해놓아 사람들이 구경하러 가기도 한다고.
또 샴페인 전용 셀러에는 250개의 샴페인이 진열되어 있는데, 그중에는 2억 7,500만 원을 호가하
는 전설의 샴페인도 있다. 파크뷰 빌딩 1층에 위치해 있는 아틀라스는 아침 8시에 문을 열며, 티플링
클럽에서 온 셰프가 올데이 다이닝을 선보인다. 가벼운 콘티넨털 조식과 점심, 애프터눈 티, 저녁도
먹을 수 있어 더욱더 즐거운 공간이다(339p).

세계 톱 순위에 드는 칵테일 바
28 홍콩 스트리트 28 Hong Kong Street

사람들의 발길이 뜸한 홍콩 스트리트에 숨어 있는 집. 스피크이지 스타일로 간판도, 이름도 없다. 이집의 주소가 곧 이름이 된다. 2013년 세계 베스트 바 50위 안에 꼽힌 후 2016년에는 1위에 당당히 올랐다. 이곳의 헤드 바텐더인 제레미 추아와 수석 바텐더 피터 추아, 레오 등이 만드는 창작 칵테일을 경험할 수 있으며, 칵테일 메뉴는 몇 달 간격으로 꾸준히 바뀐다. 무얼 시켜야 할지 잘 모르겠다면 바텐더가 권하는 것에 오감을 맡겨보자(212p).

아시아 베스트 바 8위
지거&포니 Jigger&Pony

시대를 초월한 클래식 칵테일을 독창적으로 선보이고 있는 곳으로, 2016년 아시아 베스트 바 8위에 오른 집. 인근 깁슨(22위)과 슈거 홀(48위)도 같은 오너가 운영하는데, 이 3곳 모두 아시아 베스트 바 50위 안에 선정되었다는 사실만으로도 이곳이 얼마나 쟁쟁한 곳인지 가늠할 수 있다. 좁고 긴 내부를 지나 안으로 들어서면 친절한 바텐더들이 친구처럼 말을 걸어온다. 외국의 낯선 여행자가 혼자 앉아도 전혀 어색하지 않다. ㄴ자 바에 앉아 바텐더들의 현란한 쇼를 감상하고, 취향에 맞는 칵테일도 탐험할 수 있는 근사한 바이다(255p).

레스토랑 안에 이런 바가 숨어 있다니!
와쿠긴 바 Wacu Ghin Bar

음식 맛으로나, 가격적으로나 마리나베이 샌즈에서 당연 최고로 꼽히는 와쿠긴 레스토랑. 와쿠긴 레스토랑으로 들어가기 전 먼저 식전주를 만끽할 수 있는 와쿠긴 바가 자리 잡고 있는데, 이곳의 실력이 상상 이상이다. 헤드 바텐더인 카주히로 치Kazuhiro Chi 씨가 진중하게 만드는 칵테일은 어느 싱가포르 칵테일 바에 뒤지지 않는다. 추천하는 음료로는 트러플 마티니, 생와사비가 올라가는 아마오로시 칵테일 등이 있다(186p).

내가 제일 잘 나가!
싱가포르의 베스트 클럽 5

싱가포르의 클럽 문화는 이미 세계 수준이다. 거물급 DJ와 뮤지션들의 공연이 수시로
열리고, 파티 피플들의 열정도 기대 이상이다. 싱가포르의 클럽에 가보고 싶다면 이 페이지의
리스트를 먼저 챙길 것.

도시 속 비치 클럽
탄종 비치 클럽 Tanjong Beach Club

'요즘 가장 물 좋은 클럽' 하면 손꼽히는 곳. 동남아시아 대도시에서는 찾아보기 힘든 해변에 위치한
비치 클럽이다. 싱가포르에 있는 비치 클럽 중 가장 인기 있는 곳이며, 주말마다 열리는 DJ 파티에
는 수영복을 입은 파티 피플들이 놀러 온다. DJ가 틀어주는 신나는 음악에 맞춰 모래사장에서 춤을
추다 수영장으로 다이빙하며 놀다 보면 마치 휴양지에 놀러 온 듯하다. 특히 해마다 3번 열리는 풀문
파티는 탄종 비치 클럽을 유명하게 만든 결정적인 이유이다(385p).

싱가포르 클럽의 양대산맥
아티카 Attica

주크가 이전하기 전까지는 클락키에서 가장 잘나
가던 클럽이다. 1위 자리는 내주었지만, 여전히
현지 클러버들은 주크와 함께 이곳을 추천한다.
최근 중앙 분수대 앞으로 자리를 옮기면서 1층
의 코트 야드와 2층의 댄스 플로어로 새롭게 단
장했다. 일렉트로 음악이 주를 이룬다. VIP룸
이 있으며, 360도 전망을 볼 수 있는 프라이빗
한 스테이지가 있다(218p).

현지 대학생들에게 가장 핫한 클럽
F 클럽 F.Club Singapore

현지 대학생들에게 인기 있는 클럽. 손님들의 연
령대가 어린 편이다. 힙합, R&B 및 차트 리믹스
를 담당하는 루비룸Ruby Room과 보컬 하우스
및 프로그레시브 하우스, 친숙한 팝이 공존하는
다이아몬드 홀Diamond Hall이 있다.
화려한 샹들리에와 예술 작품들로 꾸민 다이아
몬드 홀은 마치 르네상스 시대의 파리에 온 듯한
색다른 분위기를 연출한다(215p).

원 알티튜드 전망을 그대로!
얼티메이트 Altimate

2014년 문을 연 신생 클럽. 세계적으로 유명한
DJ와 최신식 장비로 싱가포르 최고 클럽 대열에
바로 합류했다. 61층에 위치해 싱가포르에서 가
장 높은 클럽이기도 하다.
파노라마로 펼쳐지는 싱가포르 야경도 이곳이 최
고의 클럽임을 인증한다. 주로 관광객들이 많고,
주변의 회사원들도 많이 찾는다. 원 알티튜드에
갈 예정이라면 이곳도 들려보자.

주크가 살아나다
주크 Zouk

25년 동안 영업하며 싱가포르 클럽의 상징으로
손꼽혀온 주크가 클락키로 자리를 옮겼다. 한때
사라질 위기에 처했던 주크는 투자를 받아 지난
2016년 6월 새로운 장소에서 재탄생하였다.
클럽은 수요일부터 토요일까지 파티가 열린다.
내부는 일렉트로 존과 힙합 존이 나누어져 있고,
입장료는 파티에 따라 조금씩 차이가 있다. 입장
료는 30~40달러(214p).

소문난 라이브 바 3

싱가포르의 밤 문화는 화끈하고 열정적이다. 라이브 음악에 대한 애정도 각별하다.
로컬 밴드의 생생한 음악을 들을 수 있는 라이브 바 베스트 3를 소개한다.

톱3에 드는 라이브 재즈 클럽
블루 재즈 카페 Blu Jaz Cafe

아랍 스트리트에 위치한 블루 재즈 카페는 관광객이 너무 많아서 오히려 음악은 제대로 감상할 수 있
을까 하는 선입견을 준다. 하지만 보기 좋게 그 예상을 깨뜨린다. 싱가포르에서 톱3 안에 드는 라이
브 재즈 클럽으로, 주말이면 1층 실내 안에서 다양한 재즈 뮤지션들의 공연이 열린다.
블루 재즈는 거리를 장악하다시피 한 야외 자리가 더 인기가 많아, 물담배를 피우며 맥주 한잔을 즐
기려는 사람들이 낮부터 몰린다. 재즈 공연뿐만 아니라 2층에서는 힙합, 디스코, 로큰롤 등 다양한
주제의 파티가 열리기도 한다(340p).

싱가포르 라이브 바의 전설
팀버 Timber @ Art House

싱가포르의 젊은이들에게 사랑받는 대표 라이
브 바이다. 4개의 분점이 있는데, 관광객들이
많이 찾는 곳은 아시아 문명 박물관 옆에 위치
한 아트 하우스 지점이다. 최초로 싱가포르에
상륙한 래플스 경 동상 아래서 시원한 강바람을
맞으며 초고층 빌딩과 보트키의 아름다운 야경
도 감상할 수 있어서 인기 있다.
싱가포르 아트 뮤지엄 근처의 스위치SWITCH는
팀버에서 운영하는 곳으로 가장 최근에 생긴 라
이브 바이다. 대학가에 위치해 현지 젊은이들이
특히 많이 찾아 힙한 곳으로 유명하다. 또한 페
라나칸 뮤지엄 옆에 있는 서브 스테이션 지점은
정원에 둘러싸여 차분한 분위기에서 라이브 공
연을 즐길 수 있다. 현장에서 문자로 듣고 싶은
곡을 신청할 수도 있다(212p).

로컬 밴드의 패기를 듣다
후드 The Hood

부기스의 플러스 몰 5층에 자리 잡고 있는 후
드. 쇼핑센터 안에 위치해 있어서 관광객들은
잘 모르는 곳으로, 방문하는 사람들도 현지인
들이 대부분이다. 원래 차이나타운에 있었는데
얼마 전 이곳으로 이사를 왔다.
문 닫는 날 없이 매일 현지 젊은 밴드의 공연이
열리며 록과 팝, 블루스 등 연주되는 음악 장르
도 다양하다. 외국 인디록 밴드들의 초청 공연
이 열리기도 한다. 밴드의 음악 수준이 최고 수
준은 아니지만, 패기 넘치는 아마추어 밴드들의
생생한 음악을 듣고 싶다면 이곳만큼 신나는 곳
도 없다. 입장료는 따로 없다. 맥주 한잔을 마시
며 부담 없이 라이브 음악을 즐겨보자(340p).

기왕이면
이때 오자!
싱가포르
축제 캘린더

여러 민족이 모여 사는 나라인 만큼
열리는 축제도 다채롭다. 세계 축제의
축소판 같은 싱가포르의 축제 날을
기억해두자. 더 특별한 여행이
될 것이다.

아시아 최초이자 유일한 빛 축제

아이 라이트 마리나베이 페스티벌 I Light Marina Bay Festival

지속 가능한 에너지로 예술을 만드는, 아시아 최초이자 유일한 빛 축제이다. 2010년 시작되었으며,
2년에 1번 개최한다. 30여 가지의 친환경적인 빛과 조명이 마리나베이 주변 전체를 둘러싸고 전시된
다. 빛과 조명을 이용한 축제인 만큼 해가 지면 시작된
다. 작품들은 터치하면 반응해, 더욱더 생생하게 느낄
수 있다. 특히 아이들이 좋아할 만한 작품이 많아서 가
족 여행자들에게 추천하는 축제이다.

세계 각지에서 작가들이 참여하는데, 작품의 아이디어
가 매우 기발하다. 2012년에는 포르투갈 작가들이 싱
가포르의 상징인 멀라이언의 머리카락과 비닐 하나하
나를 모두 파스텔색으로 물들여 색동옷을 입히기도 했
다. 연꽃을 닮은 아트 사이언스 뮤지엄 외관은 축제 때
마다 하나의 미디어 아트로 화려하게 변모해 작품의 중
심이 된다.

Data 오픈 2년마다 3월 한 달간 19:30~23:00
홈페이지 www.ilightmarinabay.sg

|Theme|
싱가포르 축제 캘린더

1월 타이푸삼 Thaipusam

싱가포르 내의 타밀족이 여는 상징적인 힌두교 축제. 이른 아침에 시작하는 이 의식은 자원한 힌두교도들이 온몸에 바늘이나 쇠꼬챙이를 꽂고 행진한다. 고통을 이겨냄으로써 참회와 속죄에 이르는 의식을 거행하는 것이다. 1월 말~2월 초에 열린다.

2월 싱가포르 리버 홍바오
Singapore River Hongbao

홍바오는 중국어로 '붉은 주머니'란 뜻이다. 중국 설날 전 주에 열리며, 싱가포르강 주변에서 불꽃놀이와 연등 행사가 펼쳐진다.

중국 설날 Chinese New Year

음력 1월 1일로, 중국의 전통 명절이다. 차이나타운에서는 그해 십이지신에 해당하는 동물로 만든 장식들이 도로와 건물마다 내걸려 볼거리를 더한다.

3월 모자이크 뮤직 페스티벌
Mosaic Music Festival

10일 동안 펼쳐지는 싱가포르 최대의 음악 축제. 싱가포르 정부에서 운영하는 행사로, 프로그램 구성이 알차다. 마리나베이를 중심으로 여러 공연이 열린다.

4월 월드 고멧 서킷 World Gourmet Summit

싱가포르의 특급 호텔과 레스토랑을 중심으로 열리는 음식과 와인 축제. 미쉐린급 스타 셰프들도 참석한다.

5월 그레이트 싱가포르 세일
Great Singapore Sale

5월 말부터 7월 말까지 50여 개의 호텔과 1,000여 개의 상점이 진행하는 싱가포르 최대의 세일 기간.

6월 비어 페스트 아시아 Beer Fest Asia

6월 중순에 열린다. 전 세계 300여 종의 맥주를 맛볼 수 있는 축제. 주로 싱가포르 플라이어 근처와 마리나 프로미나드에서 열린다.

7월 싱가포르 음식 축제
Singapore Food Festival

월드 고멧 서킷보다 더 다양한 세계 여러 나라의 요리를 즐길 수 있는 음식 축제로 7월 한 달간 진행된다. 관광 안내소에서 각종 쿠폰을 받아 무료 시식 또는 할인을 받자.

8월 싱가포르 독립기념일
National Day Celebrations

1965년 8월 9일 싱가포르가 말레이시아 연방에서 탈퇴해 독립한 것을 기념하는 날이다.

9월 F1 싱가포르 그랑프리
F1 Singapore Grand Prix

전 세계에서 유일하게 밤에 개최되는 F1. 레이싱 경기뿐만 아니라 음악 공연, 전시, 음식이 어우러진 축제가 함께 열린다. 7월 한 달간 개최.

10월 싱가포르 비엔날레 Singapore Biennale

2년에 한 번 싱가포르 전역에서 펼쳐지는 예술 축제. 10월 말~다음 해 2월까지 열린다.

디파발리 Deepavali

'빛의 행렬'을 뜻하는 디파발리는 힌두교에서 가장 중요한 축제이다. 이 기간에는 새 옷을 입으며 간식을 나눠 먹는다. 매년 10~12월 사이에 열린다.

11월 크리스마스 점등 축제 Christmas Festival

오차드 로드의 화려한 크리스마스 장식은 그 자체로 유명한 볼거리. 11월 부터 1월 초까지 이어진다.

12월 마리나베이 싱가포르 카운트다운
Marina Bay Singapore Countdown

싱가포르강에 1만여 개의 소원의 구를 띄우며 한 해를 마무리하고 새해를 맞는 시간. 마리나베이 앞에서 가장 큰 불꽃놀이가 펼쳐지며 엄청난 인파가 모여든다. 12월 31일 열린다.

Step 04

EATING

싱가포르를 맛보다

EATING 01

싱가포르식 아침 식사, **카야 토스트**

'싱가포르' 하면 자동으로 떠오르는 카야 토스트. 싱가포르의 국민 간식으로 바삭하게 구운 식빵에 카야잼을 바르고 얇게 자른 버터를 얹은 <u>토스트</u>로, 오래전 가난한 이주 노동자들이 열량을 높이기 위해 식사 대용으로 먹던 음식이다. 싱가포르에는 오래전부터 간단한 식사와 음료를 팔던 싱가포르식 카페 코피티암Kopitiam이 많았다. 지금은 많이 사라지긴 했지만, 이 코피티암에서 주로 먹던 것이 카야 토스트이다.

또 카야는 코코넛밀크와 달걀, 설탕, 그리고 판단 잎으로 만든 잼으로 말레이어로 부자Rich라는 뜻도 있다. 카야 토스트는 간장과 후추로 간을 한 반숙란과 함께 먹는 것이 일반적이다. 카야 토스트점에 가면 반숙란과 카야 토스트, 그리고 연유를 듬뿍 넣은 싱가포르식 커피를 세트로 먹는 사람들을 흔히 볼 수 있다. 싱가포르에서 꼭 한 번 먹어봐야 할 카야 토스트, 그 대표 맛집을 꼽아봤다.

Tip **카야 토스트에 대한 궁금증**

1. 카야잼이 아니라 그냥 카야!
일반적으로 카야잼이라고 말하지만 사실은 카야가 맞는 말이다. 카야는 코코넛으로 만든 잼으로 카야라는 말에 이미 잼이라는 의미가 포함되어 있다.

2. 카야의 색깔이 다른 이유
카야 토스트로 유명한 맛집은 저마다 고유의 방법과 재료로 만든 홈메이드식 카야를 판매한다. 달걀노른자나 설탕, 판단 잎의 양에 따라 색이 달라진다. 야쿤 카야 토스트나 동아 이팅 하우스처럼 초록색이 나는 것은 논야 카야로 페라나칸식이며, 토스트 박스는 하이난식 카야로, 설탕의 색깔 때문에 갈색이 나며, 꿀을 넣기도 한다.

3. 싱가포르식 커피 주문하기
진하고 달달한 싱가포르식 커피를 코피Kopi라고 부른다. 코피는 블랙커피에 농축한 우유를 넣은 것이며, 여기에 설탕을 넣으면 코피O, 연유를 더 넣으면 코피C가 된다.

얇고 바삭한 카야 토스트의 원조
야쿤 카야 토스트 Yakun Kaya Toast

1940년대 허름한 커피 가판대에서 시작해 지금은 한국, 홍콩, 일본 등 14개국에서 만날 수 있는 싱가포르의 대표 브랜드. 차이나타운에 위치한 본점은 관광객들의 발길이 끊이지 않는다.
전통 방식으로 만드는 야쿤 카야잼은 인공 색소나 향료를 사용하지 않는다. 버터가 들어간 카야 토스트와 수란, 커피로 구성된 세트A가 가장 인기 있는 메뉴이다(250p).

깔끔하고 세련된 분위기에서 즐기는
토스트 박스 Toast Box

시내 어디서나 볼 수 있는 카야 토스트 맛집. 직사각형의 카야 토스트는 식빵을 얇게 나누지 않고 그대로 그릴에 구워 폭신한 식감이다.
꿀이 첨가된 갈색의 하이난식 카야잼은 많이 달지 않고 토핑도 다양하게 올라간다. 가늘게 말린 어포를 가득 올린 플로스 시크 토스트Floss Thick Toast는 이곳에서만 먹을 수 있다. 달걀은 반숙과 완숙 중 고를 수 있다(100p).

〈뉴욕 타임스〉에도 소개된 맛집
동아 이팅 하우스 Tong Ah Eating House

수십 년 동안 사람들에게 사랑받아온 케옹색로드의 삼각형 건물은 더 이상 동아 이팅 하우스가 아니다. 2013년 8월 건물 주인이 바뀌면서, 이 건물의 맞은편으로 자리를 옮겼다.
〈뉴욕타임스〉 등 각종 매체에 소개되고 싱가포르 맛의 경전이라 할 수 있는 〈마칸수트라〉에서도 여러 차례 최고 평점을 받은 카야 토스트 최고 맛집이다(249p).

야쿤보다 더 오래된 진짜 원조
킬리니 코피티암 Killiney Kopitiam

1919년부터 킬리니 로드에 있던 본점은 허름하고 오래된 코피티암에 불과했으나, 토스트와 따뜻한 음료는 인기가 많았다. 이곳을 좋아하던 한 손님이 1993년 가게를 인수하면서 지금의 이름으로 새롭게 태어났다.
하얀 식빵은 식감이 부드럽고 포만감을 준다. 수란은 껍질째 나오며 커피는 주문할 때 우유나 설탕을 넣을지 물어본다(280p).

EATING 02

이거 먹으러 싱가포르에 간다, **칠리크랩**

가히 중독적인 맛이다. 그래서 사람들이 싱가포르를 갈 때마다 먹는지도 모르겠다.
칠리크랩은 토마토 칠리 소스와 마늘, 생강 등을 넣어 만든 걸쭉한 양념에 통통하게 살이
오른 게를 볶아낸 요리이다. 게를 푹 덮을 정도로 양념이 풍부하게 올려져 나온다. 양념 맛이
강하기 때문에 볶음밥보다는 일반 밥(스팀 라이스)이나 번(구운 빵)과 먹는 것이 잘 어울린다.
칠리크랩과 함께 페퍼크랩도 많이 먹는다. 칠리크랩보다 맛이 깔끔하고 매콤해 더 담백하다.
싱가포르에서 크랩 요리로 손꼽히는 집은 점보 시푸드, 레드 하우스, 노 사인보드 시푸드
등이 대표적이다. 점보 시푸드가 관광객에게 잘 알려진 반면, 레드 하우스와 노 사인보드
시푸드는 현지인들에게 더 사랑받는 곳이다.

Tip **1.** 크랩은 대부분 시가로 계산
한다. 2명 기준 1kg 정도면 배
부르게 먹을 수 있는데, 1kg의 가격
은 대개 50~60달러 선이다. 1kg짜
리 크랩은 '스몰 사이즈'라고 주문해
도 된다. 3명이라면 1.5kg, 4명은
2kg 정도면 된다.
2. 2명이 1kg의 크랩과 밥 한 공기
(혹은 볶음밥), 번 등을 함께 먹으면
적당하다. 여기에 공심채나 모닝글
로리 볶음 하나 정도를 시키면 2명이
배부르게 먹을 수 있다.
3. 싱가포르의 대부분 식당 테이블
위에 놓여있는 땅콩과 물티슈 등은
유료이다. 비싼 금액은 아니지만,
돈을 내야 함을 따로 말해주지 않으
므로, 사용하지 않을 거라면 치워달
라고 말해야 한다.

현지인들에게 더 사랑받는
레드 하우스 Red House

1976년 이스트 코스트에서 시작해 지금은 부기스와 로버슨키까지 3군데의 지점이 있다. 중국풍의 붉은 등으로 장식한 분위기가 이 집의 상징이다. 칠리크랩 종류는 칠리 소스, 화이트페퍼, 블랙페퍼, 달걀노른자 소스를 입힌 에그욕 스타일의 크랩 요리가 있다.

칠리크랩을 이미 먹어본 사람이라면 블랙페퍼나 에그욕크랩에 도전해보길. 블랙페퍼크랩은 뒷맛이 깔끔하고 매콤해 우리의 입맛에도 잘 맞는다(225p).

싱가포르하면 점보 크랩
점보 시푸드 Jumbo Seafood

칠리크랩 하면 점보 시푸드로 통할 정도로 유명한 집이다. 관광객에게 더 알려진 곳으로, 변함없는 맛 때문에 오래도록 명성을 이어가고 있다. 싱가포르에는 총 6개의 지점이 있는데, 그중 클락키 강변 앞에 멋진 전망을 갖춘 리버사이드 포인트 지점이 가장 인기 있다. 예약은 필수 (208p).

크랩 요리의 양대산맥
노 사인보드 시푸드

No Signboard Seafood

점보 시푸드와 함께 싱가포르 크랩 요리의 양대산맥으로 손꼽힌다. 보편적이면서도 감칠맛 나는 칠리크랩은 통통한 게살과 넉넉한 양으로 인기 만점이다. 크랩살 넣은 볶음밥이나 따뜻한 번에 칠리크랩 소스를 비벼 먹어보자.

저녁이나 주말은 예약이 필수이며, 센토사와 가까운 비보 시티 지점이 인기 있다(382p).

최근 재단장한 라오파삿
페스티벌 마켓

싱가포르의 진짜 맛!
호커 센터 BEST 5

싱가포르도 방콕이나 홍콩처럼 길거리에서 음식을 파는 집들이 북적이던 때가 있었다. 그러다 1960년대에 거리를 재정비하면서 정부는 노점상들에게 무상으로 가게를 지원해 주었는데, 그렇게 생긴 곳이 바로 호커 센터이다.

호커Hawker는 큰소리로 호객하는 노점상을 일컫는 말로, 이 호커들이 한곳에 모이면서 형성된 야외 푸드 코트라 보면 된다. 물가가 비싸기로 소문난 싱가포르이지만, 호커 센터에서만큼은 평균 3~5달러 정도면 한 끼를 해결할 수 있다. 음식 또한 말레이식, 인도식, 중국식 등 다양한 서민 음식을 두루 맛볼 수 있다.

Tip **호커 센터에서 음식 주문하기**

1. 원하는 음식을 찾아 줄을 선다(일행이 있다면 먼저 자리를 잡아두는 것이 더 좋다).
2. 음식값을 계산하고 바로 받을 수 있는 음식의 경우는 직접 받아서 자리로 온다. 조리하는 데 시간이 걸리는 것들은 자리로 갖다주기도 한다.
3. 보통 플라스틱 쟁반에 음식을 담아오며, 소스나 수저, 포크 등은 직접 챙겨야 하는 곳도 있다.
4. 휴지와 물이 없다. 물이나 음료는 호커 센터에서 사고, 휴지는 따로 챙겨가자.
5. 호커 센터 안에는 수십 개의 음식점이 있다. 미리 맛있는 집을 알아보고 가는 것이 가장 좋다. 모른 채 갔다면 사람들이 가장 길게 줄을 선 집을 간다. 그 집이 유명한 집이다.

싱가포르의 호커 센터를 소개한 맛집에서 인정한 곳
마칸수트라 글루턴스 베이 Makansutra Glutons Bay

〈마칸수트라〉는 싱가포르 700여 곳이 넘는 호커 센터를 소개한
책이다. 그중 글루턴스 베이는 〈마칸수트라〉에서 소개한 호커 센
터 중 전국 길거리 맛집 10곳만을 엄선한 곳이다. 이곳에서 가장
유명한 집은 삼발 가오리찜을 만드는 레드힐 롱 구앙 비비큐 시푸
드이다(183p).

레드힐 롱 구앙 비비큐 시푸드의
삼발 가오리찜

관광객은 잘 모르는 차이나타운의 인기 호커 센터
홍림 마켓&푸드 센터 Hong Lim Market&Food Centre

차이나타운 포인트Chinatown Point 뒤쪽에 위치한 호커 센터로 현
지인들로 북적이는 곳이다. 미쉐린, 마칸수트라 등 각종 매체에 소
개된 유명한 로컬 맛집들을 착한 가격에 즐길 수 있다(242p).

홍림 마켓&푸드 센터

고든 램지를 이긴 맛
맥스웰 푸드 센터 Maxwell Food Centre

2013년 세계적 요리사 고든 램지와의 요리 대결에서 이긴 티엔티
엔 하이나니스 치킨라이스Tian Tian Hainanese Chicken Rice가 있는
호커 센터로 유명하다. 100여 개 이상의 음식점이 3개 골목으로
나뉘어져 있어, 웬만한 종류의 음식은 모두 맛볼 수 있다(240p).

맥스웰 푸드 센터

싸고 맛있는 칠리크랩은 여기서!
뉴튼 푸드 센터 Newton Food Centre

깨끗하고 분위기가 좋아 외국인들에게 인기 있는 호커 센터. 시푸
드가 유명하며 특히 칠리크랩을 저렴하게 먹을 수 있다. 번호로 맛
집을 말하는데 27번과 31번은 번이 무료이며 한국 관광객들이 많
이 찾는다(279p).

가장 오래된 호커 센터
라오파삿 페스티벌 마켓 Lau Pa Sat Festival Market

래플스 플레이스역 근처에 위치해 중심 업무 지구(CBD)의 회사원
들이 즐겨 찾으며, 밤이 되면 바로 옆 분탓 스트리트Boon Tat St는
사테 스트리트로 변신한다(207p).

뉴튼 푸드 센터의 크랩 요리

EATING **04**

싱가포르에서
가장 줄이 긴 맛집 BEST 7

싱가포르에서 맛있는 집을 찾는 방법은 의외로 쉽다. 사람들이 길게 줄을 선 집을 찾아가는 것이다. 긴 줄을 보고 있으면 뭘 저렇게까지 기다리나 싶겠지만, 그 '롱 큐Long Que'는 절대 줄지 않는다. 싱가폴리안들에게 롱 큐는 일을 하고 밥을 먹는 것처럼 꼭 필요한 일상 중 하나이다. 이런 집들은 심지어 예약도 받지 않는다. 맛있는 한 끼 식사를 먹고 싶다면 긴 줄에 합류하는 것밖에는 다른 방법이 없다.

미쉐린도 인정한 돼지고기 국수집
타이화 포크 누들 Tai hwa Pork Noodle

포크 누들은 싱가포르에서 '박초미Bak Chor Mee'라고 해서 다진 돼지고기 국수를 뜻한다. 부드럽게 다진 돼지고기에 간과 내장, 미트볼, 완탕, 납작하게 튀긴 생선 뼈 등을 고명으로 올리고, 매콤한 삼발 소스와 주인장만의 특별 간장 소스가 들어간다.

현지인들이 흔히 먹는 음식으로, 이 집의 포크 누들은 미쉐린 1스타를 받았다. 1930년대부터 대를 이어 장사하는 이곳은 주인 탕차이셍 씨가 매일 직접 국수를 삶고, 고명을 얹은 국수를 손님들에게 내어준다(338p).

세상에서 가장 저렴한 미쉐린 맛집
홍콩 소야 소스 치킨라이스&누들
Hong Kong Soya Sauce Chicken Rice&Noodle

노점상 최초로 미쉐린 1스타를 받아 유명해졌다. 치킨라이스 가격이 우리 돈 약 2,000원으로 세계에서 가장 싼 미쉐린 맛집이기도 하다. 차이나타운의 허름한 호커 센터 2층에 위치해 있어서 찾아가기 힘들다. 그러나 매일 아침 신선한 재료로 5시간 동안 준비해 만드는 셰프 찬 씨의 특별한 요리를 맛보기 위해 많은 사람들이 기꺼이 2~3시간을 줄을 서서 기다린다. 본점은 보통 오후 2시쯤이면 재료가 소진되어 일찍 문을 닫는다(249p).

싱가포르에서 줄이 가장 긴 딤섬집
팀호완 Tim Ho Wan

홍콩의 허름한 현지 식당으로 시작해 세계적인 딤섬 맛집으로 성장했다. 세계에서 가장 저렴한 미쉐린 스타 맛집 중 하나로, 홍콩이든 싱가포르든 긴 줄을 서야 맛볼 수 있는 유명한 딤섬집이다. 팀호완의 4대 천왕으로 알려진 4가지 메뉴는 그 모습이 평범해 보이지만 맛은 절대 평범하지 않다. 인기 메뉴인 바비큐 포크 번은 베이커리에서 파는 빵처럼 생긴 번 속에 달콤한 바비큐 맛 돼지고기가 들어 있어 묘한 조화를 이룬다. 옆 사람의 이야기가 들릴 정도로 가깝게 붙어 있는 테이블과 친절한 서비스를 기대하긴 힘들지만, 맛과 가격으로 모두 보상된다. 홍콩과 메뉴는 같지만, 특유의 향신료가 덜해 우리 입맛에는 더 잘 맞는다. 예약은 받지 않는다(281p).

어느 시간에 가도 줄을 서야 하는 쌀국수집
남남 누들 바 Nam Nam Noodle Bar

싱가포르 음식은 생각 외로 느끼하다. 싱가포르 현지식을 온종일 먹는다면 속이 니글니글할 정도. 이 집의 깔끔한 베트남식 쌀국수는 그래서 더 사랑받는지도 모른다. 게다가 값도 싸고 빨리 나온다. 휠록 플레이스 지하 2층에 길게 줄을 선 집이 보이면 그곳이 바로 남남 누들 바이다.
최소 30분에서 1시간은 기다려야 한다. 자리가 났다면 여섯 가지 쌀국수 중 고르면 된다. 육수가 진하면서도 뒷맛이 깔끔해 국물을 흡입하게 된다. 래플스 시티(#B1-46/47)와 휠록 플레이스, 선텍 시티 몰(#B1-131)에도 각각 매장이 있다(283p).

농어 요리

프랑스 요리를 말도 안되는 가격에!
사브어 Saveur

제대로 된 프랑스 요리를 부담 없는 가격으로 즐길 수 있다. 부기스 본점과 오차드 로드 분점이 있지만, 2곳 모두 줄을 서야 한다. 인테리어는 소박하지만, 음식만큼은 최고급 레스토랑 못지않다.
사브어의 파스타Original Saveur Pasta는 분홍빛 작은 건새우가 둘둘 말린 칠리 오일 파스타에 올려져 나와 모양도 맛도 입맛을 돋우기에 딱이다. 바삭한 껍질에 속살이 부드러운 오리 요리Signature Duck Confit와 노릇하게 잘 구워진 농어 요리Sea Bass는 메인 요리로 인기 있다. 피스타치오를 듬뿍 올린 피스타치오 패나코타Pistachio Panna Cotta는 달지 않고 부드러워 사람들이 많이 찾는 디저트이다. 예약은 안 되지만, 직접 들러 전화번호와 이름을 남기면 줄을 서지 않아도 된다(289p).

현지인들이 줄서서 먹는 일본 라멘 맛집
돈코츠 킹 Tonkotsu King

만다린 갤러리에 있는 잇푸도와 함께 싱가포르에서 가장 인기 있는 일본 라멘집. 진한 돼지고기 국물의 돈코츠 라멘이 먹고 싶다면 이곳을 추천한다. 커다란 차슈와 송송 썬 파가 올려져 나오는 라멘국물은 진하고 깊은 맛으로 현지인들의 마음을 사로잡았다.

항상 줄이 늘어선 곳이므로 기다리는 동안 주문서를 작성하면 된다. 입장할 때 주문서를 직원에게 주면 그때부터 조리를 시작한다. 오리지널, 블랙 스파이시, 레드 스파이시 3가지 맛 중 블랙 스파이시가 가장 유명하다. 현금 결제만 가능하며, 오후 3시부터 6시까지는 브레이크 타임이다(252p).

소문난 치킨라이스 집
분통키 Boon Tong Kee Little Gourmet

치킨라이스는 싱가포르에서 꼭 먹어봐야 할 음식 중 하나로, 닭고기 육수로 지은 밥과 담백하게 조리한 닭고기를 마늘과 칠리 소스에 찍어 먹는다. 맛이 자극적이지 않아 가볍게 먹기에 좋다.

현지인들은 위난키Wee Nan Kee, 티엔티엔 하이나니스Tian Tian Hainanese, 그리고 분통키의 치킨라이스를 최고로 꼽는다. 분통키의 7개 매장 중 리버밸리 지점과 처음 문을 열었던 발레스티어Balestier점이 가장 맛있다. 음식을 주문하면 일회용 물수건과 땅콩을 주는데 그냥 먹으면 돈을 내야한다. 먹고 싶지 않다면 치워달라고 요청하자(227p).

EATING **05**

여기로 가보자! 푸드 코트별 대표 맛집

쇼핑센터 지하마다 자리한 푸드 코트에 가면 저렴하면서도 맛있는 한 끼를 해결할 수 있다.
문제는 음식점이 너무 많아서 어디를 가야 할지 고르기 힘들다는 것이다.
그럴때 고민 없이 갈 수 있는 맛집을 뽑아 보았다.

아이온 오차드의 푸드 오페라
리신 테오추 피시볼 누들스

Li Xin Teochew Fish Ball Noodles

각종 푸드 어워드에서 매년 톱10 안에 꼽히는 맛
집. 탱글탱글한 피시볼과 담백한 국물이 맛있다.
차슈 피시볼을 하루에 두 번씩 직접 만들어 냉장
보관하지 않고 바로 담아내는 것이 맛의 비결.
면은 달걀면, 넓적한 면, 비훈면 등 원하는 것을
고르면 되고, 이곳만의 특제 소스는 소스 그릇에
따로 담아 먹는다. 아이온 오차드 내 푸드 오페라
에서 간판이 있는 입구로 들어가 오른쪽에 있다.
가장 길게 줄을 선 집을 찾을 것(282p).

다카시마야 백화점 내의 푸드 빌리지
포시즌스 두리안 아이스크림

Four Seasons Durians Ice Cream

푸드 빌리지 안에는 사태, 타코야키 등 가볍게
먹을 수 있는 음식들이 수두룩하다. 그중에서도
가장 눈에 띄는 것이 바로 두리안 아이스크림을
팬에 구워내는 팬케이크다.
우선 팬케이크를 굽고 그 위에 두리안 아이스크
림을 얹어 여러번 뒤집는다. 바삭하고 따뜻한 팬
케이크 안에 두리안 아이스크림이 들어 있어 그
맛이 끝내준다. 다카시마야 백화점의 지하 2층
푸드 빌리지 안에 위치해 있다(283p).

비보 시티의 푸드 리퍼블릭
타이홍 THYE HONG Fried Hokkien Prawn Noodles

2013년 푸드 리퍼블릭 호커킹Food Republic Hawker Kings에서 톱10에 선정된 새우볶음면 맛집이다. 면에 육수를 붓고 끓이다가 새우와 숙주나물 등을 넣고 걸쭉할 때까지 볶아 육수의 진한 맛이 면에 스며들어 우리 입맛에도 잘 맞는다. 야자나무 껍질인 오페이Opei 잎에 담겨나오는 것도 특이하다. 삼발 칠리 소스와 라임이 함께 나오므로 취향에 따라 먹으면 된다.
밀짚모자를 쓰고 현란한 손놀림으로 요리하는 직원들의 모습 또한 볼거리다. 항상 줄이 길지만, 테이블 회전율이 빨라 줄이 금방 줄기도 한다. 포장도 가능하다.

마리나베이 쇼핑몰의 라사푸라 마스터스
응아 시오 바쿠테 Ng Ah Sio Bak Kut Teh

고급 레스토랑이 밀집한 마리나베이 숍스에서 저렴한 한 끼 식사를 할 수 있는 푸드 코트인 라사푸라 마스터스Rasapura Masters(185p).
이곳에서 손꼽히는 바쿠테 맛집인 응아 시오 바쿠테는 현지인들이 많이 찾는 집이다. 리틀 인디아에도 단독 매장이 있다.

> **Tip** **푸드 리퍼블릭의 호커킹** Hawker King
> 싱가포르의 대표 푸드 코트인 푸드 리퍼블릭의 모든 지점에 입점한 음식점 중 최고의 맛집을 뽑는 대회다. 2012년부터 시작했으며, 매년 호커킹을 선발한다. 먼저 일반 시민들의 투표로 10곳이 결승에 선정되며 선정된 10곳의 음식점은 전문가들이 맛(40%), 품질(30%), 프레젠테이션(20%) 서비스(10%)의 기준에 따라 심사를 받아 최고의 맛집 3곳을 선정한다.
> 2013년의 호커킹 우승자 3곳은 코 그릴 앤 스시Koh Grill&Sushi Bar(위스마), 위남키 치킨라이스Wee Nam Kee Chicken Rice(112 카통 몰), 프라그란트 핫팟Fragrant Hot Pot(313@서머셋)이다. 그중 이스트 코스트 112 카통 몰에 있는 위남키 치킨라이스는 최고의 맛집으로 선정되었다.

(EATING **06**)

알고보니 싱가포르
프랜차이즈 맛집

주요 쇼핑몰과 번화가에서 항상 마주치는 프랜차이즈 매장들. 어디가 유명하고 좋은 곳들
일까? 싱가폴리안들이 사랑하는 인기 만점 프랜차이즈 맛집들을 골라봤다.

브레드 토크 Bread Talk

2000년 설립된 싱가포르의 대표적인 베이커리.
우리나라의 파리바게트처럼 어디를 가나 쉽게
볼 수 있다. 한 해에 130만 개가 팔린다는 플로
스Floss의 유명세로 지금은 홍콩, 중국, 미국 등
15개국에 매장이 있다. 같은 요식 그룹인 토스
트 박스 옆에 함께 있는 경우가 많다.

홈페이지 www.breadtalk.com.sg

토스트 박스 Toast Box

2005년 문을 연 카야 토스트 맛집. 카야 토스트
전문점 중에서 매장 수가 가장 많은 프랜차이즈
가 아닐까 싶다. 락사와 커리 치킨 같은 간단한
식사 메뉴도 판매한다. 2013년 카페 부분에서
톱 브랜드로 선정된 인기 프랜차이즈로 브레드
토크, 딘타이펑 등과 같은 계열사이다.

홈페이지 www.toastbox.com.sg

TCC TCC

싱가포르의 스타벅스로 불리는 곳. TCC는
'The Connoisseur Concerto'의 약자로 '커
피 전문가의 협주곡'이라는 의미. 커피 맛이 좋
고 독특한 음료가 많아 비싼 가격에도 불구하고
인기가 많다. 매장마다 콘셉트가 다르고, 디저
트와 식사도 할 수 있다. 2시부터 6시까지 부담
없는 가격에 판매하는 하이 티도 유명하다.

홈페이지 www.theconnoisseurconcerto.com

야쿤 카야 토스트 Yakun Kaya Toast

'카야 토스트' 하면 가장 먼저 떠오를 정도로 유
명한 곳이다. 싱가포르의 국민 간식 카야 토스
트 맛집으로, 싱가포르의 대부분 쇼핑센터에서
쉽게 볼 수 있을 정도로 매장 수가 많다. 한국,
홍콩, 중국 등 14개국에 진출한 싱가포르 대표
프랜차이즈로, 차이나타운에 본점이 있다.

홈페이지 www.yakun.com

TWG TWG

싱가포르를 대표하는 브랜드 중 하나. 전 세계
적으로 차를 재배하는 지역에서 찾아낸 최상급
의 찻잎과 장인의 손길을 거친 블렌딩을 통해
800여 개의 고급 차 컬렉션을 가지고 있다. 차
만 전문으로 하는 것이 아니라 차를 이용해 만드
는 다양한 음식도 만족도가 높다.

홈페이지 www.twgtea.com

크리스털 제이드 Crystal Jade

한국에도 매장이 여럿 있어 우리에게도 친숙한
싱가포르의 유명 프랜차이즈이다. 정통 광둥식
요리를 주로 선보이는 고급 중식당으로, 특히
샤오룽바오와 같은 딤섬 종류와 우육탕면 등의
면 요리가 맛있다. 아시아 10개국에 130개 이
상의 매장이 있다.

홈페이지 www.crystaljade.com

비첸향 Bee Chaeng Hiang

우리에게도 익숙한 비첸향 육포는 홍콩이 아닌
싱가포르가 원조라는 사실. 달달하면서도 쫄
깃한 육포는 숯불에 구워 더 맛있다. 재료 역
시 소고기, 닭고기, 돼지고기 등으로 다양하다.
100g 단위로 판매하므로 간식거리로도 좋고,
바로 사더라도 밀봉해 포장해준다.

홈페이지 www.bch.com.sg

EATING **07**

싱가포르의 대표
맛 대 맛 열전

유명한 맛집에는 적수가 있기 마련. 관광객에게 잘 알려진 싱가포르의 대표 맛집에도 '라이벌'이 있다. 우열을 가리기 힘든 최고의 맛 대 맛 대결. 직접 먹어보고 비교해보자.

코이 버블티 Koi

리호보다 펄이 작고 부드럽다. 코이의 모든 음료는 설탕의 양을 0~120%까지 6단계로 조절할 수 있으며, 맛도 리호보다 더 달다. 싱가포르에서는 공차보다 코이의 버블티가 더 사랑받는 게 사실이다(383p).

리호 버블티 LiHo

코이보다 펄이 쫀득하고 커서 씹는 맛이 좋다. 쌉쌀한 맛이 조금 더 강한 편. 리호의 버블티는 토핑 종류가 다양한데, 특히 치즈 토핑이 인기 있다. 설탕 양은 0~100%까지 5단계로 조절 할 수 있다(383p).

비첸향 육포 Bee Cheng Hiang

홍콩, 대만, 한국에도 매장을 둔 싱가포르의 육포 브랜드. 원조 육포를 찾는 관광객들의 발길이 끊이지 않는다. 비첸향의 육포는 쫄깃하고 달콤하며 기름진 맛이 특징이다. 또한 한 조각씩 작게 진공으로 포장해주므로 갖고 다니며 먹기에 좋다(241p).

림치관 육포 Lim Chee Guan

오직 싱가포르에서만 맛볼 수 있는 육포. 숯불향이 강하고 매콤한 맛으로, 현지에서 가장 인기 있는 육포 가게다. 육포가 식어도 굳지 않아 냉동 후 데워 먹어도 처음 그 맛 그대로 유지된다. 진공으로 포장해 팔지 않는 것이 유일하게 아쉬운 부분(241p).

송파 바쿠테 Song Fa Bak Kut The

싱가포르식 갈비탕인 바쿠테로 유명한 집. 관광
객들에게 인기가 많은 곳으로 늦게 가면 재료가
떨어져 못 먹을 수도 있다. 양이 적어 보이지만,
작은 사이즈는 갈비가 3대, 큰 사이즈는 4대가
나오므로 혼자 먹기에는 넉넉하다. 고기가 쫄깃
하고 국물 향이 진하다(208p).

파운더 바쿠테 Founder Bak Kut The

찾아가기 다소 힘들지만, 현지인뿐만 아니라 싱
가포르의 연예인들도 즐겨 찾는 바쿠테 원조 맛
집이다. 돼지 등갈비가 1대만 나오지만 큼직하
고 부드러운 살코기가 많아 오히려 먹기 편하다.
무엇보다 맑고 깊은 맛을 내는 국물이 끝내준다
(354p).

328 카통 락사 328 Katong Laksa

싱가포르식 커리 국수인 락사의 끝판왕. 싱가포
르에서 가장 맛있는 락사집으로 통한다. 커리의
매콤함과 코코넛밀크의 고소함이 환상의 조화
를 이루어, 어디서도 맛보지 못한 오묘한 국물
맛을 선사한다(407p).

선게이 로드 락사 Sungei Road Laksa

1956년부터 오직 락사 1가지 메뉴만으로 영업
해 온 집이다. 아직도 전통 방식인 숯을 이용해
육수를 만드는 곳으로 유명하다. 면이 짧게 잘려
나와 젓가락 대신 숟가락으로 떠먹는 것이 특징
이다(357p).

 Tip
- **버블티** 부드러운 밀크티에 젤리같이 생긴 쫀득쫀득한 타피오카(펄) 알갱이를 추가한 아이스 음료
- **육포** '박과'라고도 부르는 바비큐 육포는 싱가포르의 대표 간식
- **바쿠테** 돼지고기를 한약재와 허브, 마늘을 넣고 오랜 시간 끓여 우려낸 육수에 큼지막한 돼지 등갈비를 넣어 먹는 요리로 우리의 갈비탕과 비슷하다.
- **락사** 코코넛밀크에 매콤한 커리와 각종 재료를 넣어 만든 국수

EATING **08**

우아하게 즐기는
애프터눈 티

19세기 중반 영국에서 시작된 애프터눈 티. 당시 영국 귀족들은 점심은 간단히, 저녁은 늦은 시간 만찬으로 즐기는 것이 일반적이었다. 그러다 보니 속이 출출해지는 오후 4~5시경에 간단한 디저트와 함께 티 타임을 갖게 되었다. 귀족 부인들은 홍차와 스콘, 케이크 등을 준비해 지인들과 나누어 먹으며 사교 문화를 즐겼다. 애프터눈 티 세트에는 기본적으로 홍차와 우유, 스콘과 클로티드 크림, 잼, 샌드위치, 케이크, 타르트, 초콜릿 등이 핑거 푸드 형태로 3단 트레이에 제공된다.

귀족들의 사치스러운 문화로 자리 잡은 애프터눈 티는 이후 서민층까지 폭넓게 전파되었는데, 서민이 즐기던 차 문화는 애프터눈 티와는 좀 달랐다. 흔히 미트 티 Meat Tea라고도 불리는 하이 티High Tea 로, 일을 다녀온 서민들이 저녁을 일찍 먹는 데서 유래했다. 애프터눈 티가 늦은 오후에 다과의 형태로 즐기는 개념이라면 하이 티는 저녁을 일찍 먹는 식사 개념이다. 동남아시아에서 애프터눈 티가 발달한 곳은 홍콩과 싱가포르처럼 모두 영국의 식민지를 지냈던 나라들이다.

싱가포르에서는 최고급 호텔의 레스토랑에서 캐주얼한 카페에 이르기까지 수준급 애프터눈 티를 즐길 수 있다. 싱가포르 사람들에게 유독 사랑받는 애프터눈 티 명소를 소개한다.

한 가지 차와 다양한 음식
로즈 베란다 Rose Veranda

로즈 베란다는 차와 디저트 외에도 식사가 될 만한 다양한 음식이 뷔페로 차려지는 하이 티 형태이다. 로즈 베란다는 1가지 차와 스콘, 마카롱 같은 기본 핑거 푸드를 비롯해 딤섬, 인도 커리, 락사, 포피아 등의 음식이 함께 나온다. TWG의 164개의 프리미엄 차를 고를 수 있다. 예약 필수(278p).

싱가포르의 대표 티 브랜드
TWG 티 가든 TWG Tea Garden

TWG는 싱가포르가 만든 프리미엄 티 브랜드로 36개의 나라에서 직접 채취한 찻잎과 독자적인 티 블렌딩으로 구성된 800여 종의 차 리스트야말로 완벽한 애프터눈 티를 만들어준다.
올데이 다이닝 메뉴와 함께 티 타임 메뉴가 따로 있으며, 2개의 머핀 또는 스콘과 1가지 차를 마실 수 있는 1837 메뉴(19달러)에서 와규 버거, 푸아그라 버거, 미니 치킨 버거가 포함되는 맨해튼 메뉴(40달러)까지 4가지 세트 메뉴가 있다(182p).

12시부터 여는 애프터눈 티 명소
레스프레소 L'espresso

대부분의 애프터눈 티 카페가 오후 2시 이후에 티 타임을 시작하는 데 반해, 이곳은 주말이면 12시에 문을 연다. 다양한 종류의 차와 다과는 물론 샐러드, 샌드위치, 치킨 등 식사를 대신할 수 있는 메뉴가 뷔페식으로 차려진다. 차나 커피를 2번 마실 수 있는 것도 특징. 맞은 편의 두리안 디저트 전문 델리에서 별도로 주문해 자리로 가져와 먹을 수 있다(280p).

부티크 티 갤러리
아티스티크 Arteastiq

차와 식사를 할 수 있는 티 하우스와 그림을 그릴 수 있는 아트잼 Art Jam이 나란히 있는 부티크 티 갤러리이다. 창밖의 싱그러운 초록색 잎과 파란 꽃무늬 기둥, 화사한 파스텔 톤의 의자 분위기가 차를 즐기기에 더없이 좋은 곳이다.
과일차, 영국의 꽃차, 중국과 일본의 차뿐만 아니라 아이스크림이 올라간 디저트 차와 술로 만든 차도 있다. 요리에 가까운 핑거 푸드, 사과 또는 오렌지 케이크와 함께 2단 트레이가 알차다(288p).

EATING 09
제3의 물결, 커피가 맛있는 집

싱가포르식 달달한 커피와 대형 체인점 커피가 전부였던 싱가포르에 3~4년 전부터 독립
커피의 붐이 일기 시작했다. 지금 싱가포르에는 소규모 독립 카페가 유행하고 있다.

일부러 찾아가는 로스터리 명소

체생 후앗 하드웨어 Chye Seng Huat Hardware

요즘 가장 인정받는 로스터리 카페. 외진 곳에 위치해 있지만, 이
집 주변에 10개가 넘는 카페가 문을 열었다. 카페 이름은 이전 공
업용 기계를 판매하던 가게 이름을 그대로 가져왔다고.
정문이 없을 정도로 작은 카페이지만, 실내는 이보다 더 멋질 수
없게 잘 꾸몄다. 과테말라, 브라질, 코스타리카 등 산지에 따라
각기 다른 방식으로 내리는 핸드 드립 커피 맛이 매우 훌륭하다
(355p).

바리스타 대회 우승자의 카페
오리올 커피+바
Oriole Coffee+Bar

2010년 싱가포르 국내 바리스타 챔피언십 대회에서 1등을 수상한 키스 로Keith Loh 씨의 로스터리 카페이다. 커피를 좀 아는 사람이라면 싱가포르에서 1순위로 찾아야 할 곳이다. 에스프레소보다 진한 리스트레토에 스팀 밀크를 추가한 피콜로가 유명하며, 칠리 초콜릿 모카와 시트러스 신은 이곳에서만 맛볼 수 있는 시그니처 커피이다(289p).

싱가포르의 커피 혁명
포티 핸즈 커피 40 Hands Coffee

호주 퍼스 출신의 바리스타 해리 그로버Harry Grover가 이끄는 포티 핸즈 커피. 4년 전 문을 열며 싱가포르에 새로운 커피 흐름을 몰고 왔다. 대형 커피 체인점이 전부였던 당시 공정 무역을 통한 독립 커피 문화를 전파하기 시작한 것.
포티 핸즈라는 이름은 '커피 재배지에서 컵에 담기까지 20명(40개의 손)의 손길을 거쳐 한 잔의 커피가 만들어진다'는 의미이다. 도시 전체에서도 손꼽힐 만큼 소문난 커피집이다(266p).

장인의 손길이 느껴지는 커피
주얼 카페&바 Jewel Cafe&Bar

탄종 파가의 1호점에 이어 랑군 로드에 2호점을 오픈했다. 특별 수입한 전문 로스팅 기계로 에스프레소를 매일 로스팅하고, 에디오피아, 과테말라, 브라질산 커피는 일주일 3회 로스팅해 신선한 커피를 만든다.
12시간 동안 차갑게 천천히 우려낸 콜드브루 커피에 우유와 크림을 반씩 넣은 샌프란시스코 커피는 진하면서도 부드러운 맛과 향이 일품이다(355p).

어머, 여긴 꼭 가야 해!
싱가포르 최고의 디저트 가게

중국과 페라나칸 문화가 짙게 배어 있는 싱가포르는 디저트 문화도 색다르다. 중국 전통
스타일에서 유럽 스타일의 디저트까지 다양하게 맛볼 수 있는 디저트의 천국이다.

아추 디저트의 수박 사고

중국식 디저트의 지존

아추 디저트 Ah Chew Desserts

달걀과 초콜릿, 우유, 과일 등을 이용해 중국식 디저트를 만드는 집. 밀크 스팀 에그Milk Steamed
Egg가 유명하다. 우유와 설탕을 넣어 달걀찜보다 부드럽고 달콤하다. 푸딩보다 시원하고 상큼한 맛
을 원한다면 포멜로를 넣은 망고 사고나 망고 아이스크림을 넣은 수박 사고 등을 주문하자(337p).

토푸 치즈케이크

디저트의 새로운 변신
케이크 스페이드 Cake Spad

젊은 파티시에의 감각이 돋보이는 작고 아담한 디저트 카페. 가장 인기 있는 토푸 치즈케이크Tofu Cheesecake는 두부처럼 탱글탱글한 식감으로 유명하다. 하얀 치즈케이크 위에 신선한 과일을 가득 올리고 투명한 젤리로 덮어 맛도 모양도 사랑스럽다. 딸기와 복숭아 2가지 맛이 있으며 생과일이 올라간 딸기 맛을 추천한다(252p).

온데 온데

페라나칸 전통 디저트의 보고
갈리시어 패스추리 Galicier Pastry

티옹바루에 있는 전통 베이커리 숍. 페라나칸 떡이라고 할 수 있는 논야 쿠에Nonya Kueh의 종류가 많다. 특히 야자 흑설탕으로 속을 채운 이 집의 온데 온데Ondeh Ondeh는 싱가포르에서 최고로 손꼽을 정도이다. 원래 온데 온데는 판단 잎에서 추출한 도를 사용해 만들어 초록색을 띠지만, 이 집은 고구마를 더해 색이 갈색인 것도 다른 점이다(263p).

망고 빙수의 절대 강자
메이 홍 위엔 디저트 Mei Heong Yuen Dessert

망고 빙수를 먹기 위해 누구나 한 번쯤은 다녀간다는, 싱가포르의 대표 전통 디저트숍. 빙수뿐만 아니라 죽과 떡 등 다양한 간식을 먹을 수 있다. 18개의 빙수 중 망고와 첸돌이 가장 인기 있으며, 포멜로가 들어간 망고 사고와 달걀 푸딩은 현지인들에게 사랑받는 간식이다(244p).

호주 멜버른의 소문난 디저트 카페
브루네티 Brunetti

호주 멜버른의 유명한 디저트 카페의 인테리어와 메뉴를 그대로 싱가포르로 옮겨 왔다. 내부에 들어서면 마치 멜버른에 온 것 같은 착각을 일으킬 정도. 형형색색의 독특한 디자인의 케이크뿐만 아니라, 도넛, 크루아상, 마카롱, 타르트, 젤라토 등 디저트 메뉴가 다채로워 눈길을 사로잡는다. 브런치도 유명하다. 평일 오후 3시부터 6시까지 커피 또는 차와 함께 조각 케이크를 저렴한 가격으로 제공하는 하이 티도 인기 있다(289p).

EATING **11**

싱가포르에서 맛보는
이색 디저트

싱가폴리안들의 달달한 디저트 사랑은 남달라도 너무 남다르다.
밥 배, 디저트 배가 따로 있는 여행자를 위한 싱가포르의 이색 디저트를 대공개한다.

망고 포멜로 사고 Mango Pomelo Sago

망고를 갈아 수프처럼 떠먹는 디저트이다. 쫀득
쫀득한 작은 녹말 알갱이 사고Sago와 중국 자몽
인 포멜로 알갱이가 들어있다. 시원하고 새콤달
콤한 맛으로, 일 년 내내 무더운 날씨가 계속되
는 싱가포르에서 먹기 좋은 디저트이다. 5달러

커리오 Curry'O

튀김 맛집 올드 창키의 대표 메뉴인 카리오는 통통
한 군만두 모양의 치킨 퍼프이다. 커리로 양념한 치
킨, 감자, 삶은 달걀 등이 바삭한 튀김 속에 가득
들어 있어 든든한 한 끼 식사가 된다. 여행으로 출
출해진 배를 채우기에 딱 좋은 간식이다. 1.40달러

빈 커드 Bean Curd

싱가폴리안들이 즐겨 먹는 달콤한 두부 디저트
로, 식감이 푸딩과 비슷해 두부 푸딩이라고도 한
다. 푸딩보다 더 부드러우며, 입안에 넣는 순간
사르르 녹아 없어진다. 1.50달러

아이스 카창 Ice Kachang

싱가포르식 팥빙수. '카창'은 말레이어로 콩을
뜻한다. 팥, 스위트콘 등이 바닥에 깔려 있고 곱
게 간 얼음을 높게 쌓은 후 알록달록한 시럽을
듬뿍 뿌려 먹는다. 2.80달러

첸돌 Chendol

판단 잎으로 만든 초록색 젤리인 첸돌이 들어간다. 코코넛밀크와 야자 흑설탕을 사용해 달고 고소한 맛이다. 3달러

플로스 Flosss

브래드 토크에서 가장 많이 팔리는 빵. 얇고 가는 어포가 빵위에 듬뿍 올려져 있다. 매콤한 돼지고기 플로스도 인기 있다. 1.70달러

에그 타르트 Egg Tart

차이나타운의 인기 베이커리인 통행의 에그타르트는 마름모 모양으로, 겉이 반짝이며 윤이 난다. 바삭한 패스추리에 노란색의 부드러운 필링으로 채워 달걀 맛이 진하다. 1.60달러

아이스크림 샌드위치
Ice Cream Sandwich

싱가포르 번화가에서 쉽게 볼 수 있는 디저트. 네모난 아이스크림을 식빵이나 과자 사이에 끼워 먹는다. 1~1.50달러

온데 온데 Ondeh Ondeh

페라나칸 대표 간식. 동그랗고 쫄깃한 떡에 야자 흑설탕을 넣고 코코넛가루를 겉에 입힌 것. 한 입 베어 물면 달콤한 시럽이 터져 나온다. 0.60달러

토닉 메들러&오스마투스 케이크
Tonic Medlar&Osmanthus Cake

차가운 젤리 속에 물푸레나무 꽃잎과 구기자 열매를 넣은 디저트. 먹으면 입 안에 꽃향기가 퍼진다. 3.50달러

EATING **12**

싱가포르에서 즐기는
이색 음료 열전

더운 나라 사람들은 음료수도 유독 달게 마신다. 일 년 내내 뜨거운 날씨가 계속되는 싱가포르도 예외는 아니다. 동남아시아의 끈적끈적한 더위를 한방에 날릴 수 있는 싱가포르의 이색 마실거리를 총망라했다.

테타릭 Te Tarik

'잡아당기는 차'라는 뜻의 말레이식 밀크티로 홍차에 연유를 넣어 달콤쌉싸름하다. 컵이 차를 당기는 듯 컵에서 컵으로 길게 옮겨 부으며 차를 만들어 거품이 풍성하고 부드럽다.

마일로 다이너소어
Milo Dinosaur

달콤한 초콜릿 맛 마일로 위에 마일로 파우더를 듬뿍 뿌려 수저를 꽂아주는 싱가포르 국민음료. 맥아 음료로 비타민B 등 보리의 영양소가 풍부해 기운이 없을 때 마시면 힘이 난다.

반텅 Bandung

이름도 맛도 생소한 이 음료는 장미향 시럽을 첨가한 핑크색 음료. 부드럽고 달달한 맛으로 여성들이 특히 좋아한다. 호커 센터에서 쉽게 볼 수 있다. 사랑스러운 음료를 원한다면 추천.

> **Tip** **두리안 맥플러리** Durian McFlurry
> 바닐라 아이스크림과 D24 두리안 퓌레 Puree를 혼합하여 만든 맥도널드의 두리안 맥플러리. 우리나라의 맥도널드에서는 판매하지 않는다. 고약한 냄새 때문에 호불호가 갈리는 두리안을 처음 먹어보는 거라면, 달콤하고 부드러운 두리안 맥플러리로 도전해보는 것은 어떨까?

발리 Barley

현지인들이 식사할 때 물처럼 마시는 음료로, 싱가포르식 보리차이다. 한국의 보리차와는 전혀 다른 맛이다. 동과(윈터멜론)가 주재료로, 한국의 식혜와 맛이 비슷하다.

사탕수수 주스
Sugar Cane Juice

기다란 사탕수수를 즉석에서 통째로 갈아 즙을 짠 호커 센터의 인기 음료다. 특별한 맛은 아니지만, 달지 않고 시원해 갈증이 날 때 최고이다.

버블티 Bubble Tea

동글동글 쫀득한 타피오카 알갱이(펄)가 들어간 음료로 주로 밀크티다. 단 음료가 싫다면, 설탕 양을 조절하자. 펄의 양도 넉넉해 출출할 때 마시면 제법 든든하다.

라임 주스 Lime Juice

호커 센터 인기 음료중 하나다. 노란색 주스에 초록빛 라임 조각을 넣어주어 보기만 해도 상큼하다. 싱가포르의 뜨거운 날씨에 지쳐 싱그러운 기분을 느끼고 싶은 사람에게 추천한다.

코코넛 주스
Coconut Juice

열대 과일인 코코넛에 그대로 빨대를 꽂아 마시는 음료이다. 밍밍한 맛이지만 동남아시아 특유의 여유로운 분위기를 만끽하기에는 이만한 음료도 없다.

망고 주스 Mango Juice

더위에 지쳤을 때 생기를 되찾을 수 있는 음료로 생과일 주스만큼 좋은 것도 없다. 특히 생망고를 갈아 만드는 주스는 새콤달콤한 맛으로 금새 싱가포르의 더위를 잊게 만들어준다.

Step 05
SLEEPING
싱가포르에서 자다

여행도 스타일!
부티크 호텔 BEST 10

아시아에서, 싱가포르만큼 감각적인 부티크 호텔이 많은 도시도 없다. 10여 년 전부터 꾸준히 생겨나기 시작한 부티크 호텔은 싱가포르 여행을 더욱 특별하게 즐길 수 있는 요소다.

오래된 호텔의 새로운 변신
젠 탕린 호텔 Jen Tanglin Hotel

상그리아 계열의 부티크 호텔. 중국인 관광객 비중이 높고 오픈한 지 20년이 넘은 호텔이었다. 그러나 2016년 대대적인 리노베이션을 거쳐 재개장했다. 모던한 분위기의 로비, 도쿄 바이크와 협업한 카페, 매일 메뉴가 바뀌는 올데이 다이닝 레스토랑 J65, 아늑한 객실 등 전체적으로 현대적인 감각을 잘 녹였다.

또 탕린 몰의 오너가 운영하는 호텔로, 숙박객은 탕린 몰 옥상의 30m 크기의 수영장을 사용할 수 있다. 수영장 옆에 자리한, 전통 페라나칸 요리를 선보이는 아 호이 키친Ah Hoi's Kitchen은 좋은 평가를 받는 레스토랑이다. 무료 와이파이, 오차드 지역을 오가는 셔틀버스, 넓은 수영장까지 갖춘 젠 탕린은 젊은 여행자부터 가족 여행자까지 두루 만족시킬 수 있는 호텔이다.

Data 지도 274E 구글맵 S 249716 가는 법 MRT NS22 오차드역에서 도보 10분. 1시간에 1번 셔틀버스 운행 주소 1A Cuscaden Rd 요금 디럭스룸 250달러부터 전화 6738-2222 홈페이지 hoteljen.com/Singapore/tanglin

박나래도 반한 가성비 최고의 복층 호텔

스튜디오 M 호텔 Studio M Hotel

인기 TV 프로그램 〈짠내 투어〉에서 박나래가 선택한 호텔이다. 가격 대비 객실이 깔끔하고 시설이 좋아 가성비 좋은 부티크 호텔로 손꼽히는 숙소이다. 전 객실이 복층 구조로, 좁은 공간을 효율적으로 활용했다. 호텔이라기보다는 편안한 오피스텔에 온 듯해 호불호가 갈릴 수 있다.

한 번쯤 혼자만의 공간에서 싱글 라이프를 꿈꿔 본 사람들에게 강력히 추천하는 숙소이다. 친구 또는 연인과 함께 방문해도 좋고 엄마와 딸의 여행 숙소로도 선택해봐도 좋겠다.

Data 지도 223G 구글맵 089845 가는 법 MRT DT20 포트캐닝역에서 로버슨키 방향으로 도보 12분 주소 3 Nanson Rd 요금 152달러부터 전화 6808-8888 홈페이지 millenniumhotels.com

전통과 현재의 시간이 공존
나오미 리오라 호텔 Naumi Liora Hotel

차이나타운의 유명 부티크 호텔인 호텔 1929와 마주 보고 있는 또 하나의 부티크 호텔. 2013년 5월 문을 열었다. 1920년대 상류층 사람들이 살던 주택 건물을 개조한 것으로, 네오클래식한 벽의 조각과 빅토리안 시대의 색과 무늬를 구워 넣은 납화 바닥, 중국식 여닫이 창문 등을 그대로 살렸다. 전통적인 외관과 달리, 객실은 매우 깔끔하고 현대적이다. 스위트룸을 제외한 일반 객실은 대체로 작은 편이니 참고할 것. 영국의 미쉐린 스타 셰프인 제이슨 애더튼Jason Atherton이 운영하는 캐옹색 스낵 레스토랑은 이미 호텔보다 더 유명하다.

Data 지도 234F 구글맵 S 089158 가는 법 MRT NE3/EW16 오트램 파크역 G출구에서 칸톤먼트 로드를 따라 걷다가 네일 로드로 진입한 후 다시 캐옹색 로드로 들어선다. 주소 55 Keong Sai 요금 퀘인트Quaint룸 195달러부터 전화 6403-6003 홈페이지 www.naumiliora.com

싱가포르 디자이너들이 탄생시킨 호텔 작품
뉴 마제스틱 호텔 New Majestic Hotel

싱가포르에서 가장 먼저 유명세를 탄 부티크 호텔이다. 호텔 1929의 문을 열며 이름을 알린 호텔리어 로 릭 펑Loh Lik Peng 씨가 2번째로 오픈한 호텔이며, 이후 원더러스트 호텔까지 오픈하며 싱가포르의 독보적인 부티크 호텔 강자로 자리 잡았다.

30개의 객실은 싱가포르 디자이너들에 의해 아이디어 넘치는 공간으로 완성되었으며, 객실 규모도 넉넉한 편이다. 호텔 홈페이지에서 객실을 보고 선택할 수 있다. 수영장 바닥에 뚫린 유리창을 통해 마제스틱 레스토랑이 보이는 점도 기발하다.

Data 지도 234E 구글맵 S 089845
가는 법 MRT NE3/EW16 오트램 파크역 H출구에서 도보 5분
주소 31-37 Bukit Pasoh Rd 요금 프리미어 풀룸 245달러부터
전화 6511-4700 홈페이지 www.newmajestichotel.com

숍 하우스를 개조한 부티크 호텔
호텔 1929 Hotel 1929

뉴 마제스틱 호텔과 함께 싱가포르 부티크 호텔의 선두주자로 꼽힌다. 전통 숍 하우스를 개조한 호텔이라 일반 싱글룸이나 트윈룸은 상당히 좁은 편이다. 하지만 공간 활용이 돋보이는 구조와 여닫이식의 중국식 창문, 운치 있는 발코니, 타일과 통유리로 된 욕실 등으로 공간의 부족함을 현명하게 채우고 있다.
호텔 오너가 개인적으로 수집한 빈티지 의자가 돋보이며, 호텔 1층에 있는 레스토랑 엠버Amber도 유명하다.

Data 지도 234F
구글맵 S 089154
가는 법 MRT NE3/EW16
오트램 파크역 G출구에서
네일 로드를 따라 두 블록
주소 50 Keong Saik Rd
요금 싱글룸 136달러부터
전화 6347-1929
홈페이지 www.hotel1929.com

방랑자도 주저앉게 만드는 감각
원더러스트 호텔 Wanderlust Hotel

체크인 하면 투숙객은 먼저 '여행 일정표'라고 적힌 수첩을 받는다. 수첩 안에는 호텔 각 층과 시설에 대한 설명, 호텔 주변 지도와 리틀 인디아 지역의 추천 음식점 이름이 적혀 있다. 뒤쪽 페이지를 열면 여권처럼 도장도 찍혀 있다. 이 호텔은 1920년대 학교 건물을 개조해 만든 호텔로 객실은 29개뿐이다.
층마다 다른 테마의 방이 있고 캡슐룸에서 복층까지 디자인도 모두 다르다. 이곳은 호텔 관련 일을 전혀 해보지 않은 디자인 에이전시와 건축 스튜디오에 인테리어를 의뢰했다. 그리고 이들의 새로운 시도는 전혀 색다른 감성과 아이디어의 호텔을 탄생시켰다.

Data 지도 348J
구글맵 S 209494
가는 법 MRT NE7 리틀
인디아역 B출구에서 직진
주소 No2. Dickson Rd
요금 180달러부터
전화 6396-3322
홈페이지 wanderlusthotel.
com

리조트 월드 센토사가 자랑하는 부티크 호텔

페스티브 호텔 Festive Hotel

컬러풀한 색상과 아기자기한 작품들로 꾸며진 호텔로 월드 센토사 내의 호텔 중 단연 돋보이는 부티크 호텔이다. 어디선가 본 듯한, 호텔 내 팝아트 캐릭터들은 브라질 미술가 로메로 브리토의 작품. 강렬한 붉은 벽에 커다란 난초 모양으로 장식한 객실은 부모를 위한 침실과 아이들을 위한 사다리를 타고 올라가는 이층 침대, 그리고 침대로 변신 가능한 소파까지 갖추고 있어 가족 여행객에게 큰 사랑을 받고 있다. 근처의 하드 록 호텔과 호텔 마이클의 수영장 등 기타 부대 시설을 같이 이용할 수 있으며, 아기 전용 수영장도 있다.

Data 지도 368F 구글맵 S 098269 가는 법 센토사 익스프레스 워터프론트역에서 도보 10분
주소 8 Sentosa Gateway 요금 235달러부터 전화 6577-8888 홈페이지 www.rwsentosa.com

티옹바루의 부티크 왕자

왕즈 호텔 Wangz Hotel

티옹바루에 위치한 부티크 호텔이다. 원래 건물을 살려 개보수하고 외관에는 알루미늄 스틸의 독특한 디자인을 덧댔다.
무엇보다 꽃과 야생 동물을 주제로 여러 작가들이 만든 객실 작품들이 멋지다. 41개의 객실은 여느 호텔보다 넓어서 좋은 반응을 얻고 있다. 창문 밖으로는 주민들이 사는 동네 분위기가 잔잔히 전해져 운치가 있다. 6층에 있는 라운지 할로Halo는 최신 루프톱 바로 지금 싱가포르에서 인기몰이중인 바 중 하나이다.

Data 지도 261C 구글맵 S 169040
가는 법 5,16,33,63,195번
버스를 타고 Blk 55에서 하차.
티옹바루 로드 건너편
오트램 로드 코너
주소 231 Outram Rd
요금 228달러부터
전화 6595-1399
홈페이지 www.wangzhotel.
com

산업 재료와 첨단 기술이 결합된 미래 호텔
클랍슨 호텔 Klapsons Hotel

이태리의 디자인 스튜디오 사와야&모로니Sawaya&Moroni의 아트 디렉터인 윌리엄 사와야William Sawaya가 디자인한 부티크 호텔이다. 스틸로 된 둥그런 공 형태의 호텔 리셉션은 물 위에 떠 있는 모습이 우주선을 연상시키기에 충분하다.

17개의 객실에는 재활용 천과 재생 플라스틱 등 산업 재료로 만든 쿠션과 의자를 배치했다. 호텔과 어울리지 않을 것 같은 산업 재료를 실용적이면서도 모던하게 디자인해 세련된 공간을 만들어냈다.

Data 지도 234J
구글맵 S 089316
가는 법 MRT EW15
탄종파가역에서 도보 5분
주소 15Hoe Chiang Rd
요금 이그제큐티브룸 190달러부터
전화 6521-9000
홈페이지 www.klapsons.com

싱가포르 속의 중동 여행
술탄 호텔 The Sultan Hotel

스피커에서 흘러나오는 아잔Azzan(무슬림의 예배 시간을 알리는 외침) 소리가 새벽마다 방에 울려 퍼진다. 경건하면서도 구슬프게 들리던 무에진(아잔을 하는 사람)의 목소리를 잊을 수 없다. 술탄 모스크 근처에 위치한 호텔이기에 할 수 있는 경험이다.

2층의 높고 둥근 기둥과 아치형의 하얀 건물은 그 우아한 분위기로 여행자를 홀린다. 미로처럼 자리한 64개의 객실 중 기본 싱글룸은 4평 정도로 매우 작은 크기이다.

Data 지도 335H 구글맵 S 199002
가는 법 MRT EW11 라벤더역
A출구에서 잘란 술탄까지
직진하다가 좌회전 후 50m
주소 #01-01 101 Jalan
Sultan
요금 플랫폼룸 170달러부터,
술탄 스위트룸 269달러부터
전화 6723-7101
홈페이지 www.thesultan.
com.sg

SLEEPING **02**

도심 속 휴양지,
센토사 리조트 BEST 5

도시 한가운데에서 휴양을 원하는 욕심 많은 여행자라면
센토사의 리조트 호텔이 제격이다. 울창한 열대 우림과
바다, 해변이 펼쳐지는 싱가포르 안의 또 다른 여행지에서
휴식을 만끽해보자.

유일하게 전용 해변을 가진 리조트

샹그릴라 라사 센토사 리조트&스파

Shangri-La's Rasa Sentosa Resort&Spa

싱가포르에서 유일하게 전용 해변을 가진 리조트. 모든 객실에 발
코니가 있어 언덕, 정원, 수영장, 바다 전망 등 여행객이 취향에
맞게 선택할 수 있다. 맛있기로 소문난 조식 뷔페와 아이들의 입
맛과 눈높이에 맞는 키즈 전용 뷔페 코너가 자랑거리. 모로코, 인
디아, 동남아시아를 선보이는 레스토랑과 바도 갖추어져 있다.
싱가포르 호텔 중 가장 큰 규모의 키즈 클럽인 쿨존Cool Zone과 어
린이 전용 슬라이드를 갖춘 야외 풀장은 가족 여행객에게 최고의
리조트로 꼽히는 이유이다. 특히 쿨존은 5~12세까지 무료이며,
헬퍼와 점심 식사가 무료로 제공된다. 부모들은 안심하고 쇼핑을
다녀오거나 휴식을 취하는 등 여유롭게 자유 시간을 누릴 수 있다.
전용 해변과 가까운 야외 풀장, 자쿠지, 스파, 해양스포츠 등 즐길
거리도 많다. 샹그릴라 투숙객을 위한 무료 셔틀버스를 이용하면
센토사 밖으로 나갈 수 있다. 단, 아름다운 실로소 비치와 남중국
해를 바라볼 수 있는 발코니에는 종종 원숭이가 출몰하므로 주의
해야 한다.

Data 지도 368E
구글맵 S 098970
가는 법 비보 시티 로비 F에서
셔틀버스 이용
주소 101 Siloso Rd, Sentosa
요금 342달러부터
전화 6275-0100
홈페이지 www.shangri-la.
com/singapore/
rasasentosaresort

자연과 예술이 흐르는 6성급 호텔
카펠라 싱가포르 호텔
Capella Singapore Hotel

싱가포르에서 가장 럭셔리한 호텔 중 한 곳. 센토사에 위치한 5성급 호텔로, 무엇보다 자연에 둘러싸인 풍경이 값지다. 영국 식민지 시대의 건물과 나무로 굴곡을 이룬 현대적인 건물로 이루어져 있는데, 두 건물 모두 자연과 조화를 이루고 있어 편안하게 쉴 수 있다.

112개의 객실은 현대적 건물 안에 있는 스위트, 빌라, 매너Manor로 구성된다. 이중 빌라와 매너는 작은 야외 풀과 야외 샤워 부스, 테라스 등을 갖추고 있어 완벽한 휴식을 선사한다. 둘만의 은밀하고 독립된 공간을 원하는 허니무너나 커플들에게 추천한다.

별도의 풀이 없다고 서운해할 필요는 없다. 호텔 안에 나눠져 있는 3곳의 수영장에서 얼마든지 평화로운 시간을 보낼 수 있다. 24시간 운영하는 라이브러리는 투숙객이면 누구나 이용할 수 있고, 커피와 빵, 쿠키 등을 즐길 수 있다. 싱가포르의 황홀한 석양을 바라보며 칵테일 한잔하기 좋은 밥스 바 Bob's Bar는 버거와 바 스낵도 부담 없이 즐길 수 있고, 유일하게 달의 주기를 이용한 트리트먼트를 선보이는 오리가 스파Auriga Spa에서는 꼭 한번 사치를 누려보라고 추천하고 싶다.

Data 지도 368F 구글맵 S 098297 가는 법 MRT NE1/CC29 하버프론트역에서 센토사 익스프레스로 환승 또는 임비아역에서 하차 후 도보 10분 주소 1 The Knolls, Sentosa Island 요금 스탠다드룸 639달러부터 전화 6377-8888 홈페이지 www.capellahotels.com/singapore

세계 유일의 아쿠아리움 수중룸
비치 빌라 오션 스위트 Beach Villas Ocean Suites

침실 버튼을 누르면 마치 영화가 시작하듯 조명이 꺼지고 커튼이 올라가면 눈앞에 푸른 바닷속이 펼쳐진다. 세계에서 가장 큰 S.E.A 아쿠아리움의 수족관을 침대에 누워서 바라볼 수 있는 최고급 럭셔리 호텔이다. 침실에서 계단을 오르면 거실이 나오는 타운하우스 구조로 자쿠지를 갖춘 야외 테라스도 있다.

싱가포르에서 가장 비싼 호텔 중 하나이지만, 객실이 11개뿐이어서 빨리 예약해야 한다. 세계 유일의 아쿠아리움 수중룸에서 최고의 허니문을 즐기고 싶은 신혼부부라면 질러볼 만하다. 비치 빌라의 수영장은 매우 한적해 휴가를 보내기에 좋다.

Data 지도 368F 구글맵 S 098269
가는 법 센토사 익스프레스 워터프론트역에서 하차 후 호텔 마이클 로비에서 무료 셔틀버스를 탑승, 에쿠아리우스 호텔에서 하차한다. 또는 에쿠아리우스 호텔 로비에서 체크인 후 버기나 무료 셔틀버스 이용 주소 8 Sentosa Gateway 요금 1,765달러부터 전화 6577-8888 홈페이지 www.rwsentosa.com

휴식마저 섹시해지는 리조트 호텔

W 싱가포르 센토사 코브 W Singapore Sentosa Cove

싱가포르 해협과 이국적인 요트 선착장이 한눈에 내다보이는 호
텔. 호텔을 둘러싼 울창한 야자수와 수영장 풍경은 럭셔리 리조트
의 면모를 유감없이 보여준다. 여기에 W호텔이 갖는 특유의 펑키
한 감각과 디자인은 이곳에서도 역시 빛을 발한다. 밤에 더욱 빛
을 발하는 잔디 모양의 조명들과 바위를 연상케 하는 소파, 싱가
포르의 국화인 양란을 형상화한 문양 등 감각적이다.

또 데미안 허스트와 앤디 워홀 등 유명 작가의 작품을 곳곳에 전
시해 예술적인 분위기도 한껏 더했다. 호텔 밖으로 나가는 시간을
아깝게 만드는 호텔이다.

Data 지도 369L
구글맵 S 098374
가는 법 MRT NE1/CC29
하버프런트역에서 택시 이용 또는
비보 시티와 호텔을 오가는
셔틀버스 이용
주소 21 Ocean Way
요금 스탠다드룸 352달러부터
전화 6808-7288
홈페이지 www.wsingapore
sentosacove.com

우아한 전통과 세련된 현대의 조화

르 메르디앙 싱가포르 센토사

Le Méridien Singapore Sentosa

건물은 1940년대의 콜로니얼 건축을 개조한 헤
리티지윙과 새로 건축된 컨템퍼러리윙으로 이어
져 있다. 유명한 일본 디자인 회사 슈퍼 포테이토
Super Potato가 설계한 객실은 최첨단 시설과 곳
곳에 전통을 살린 장식으로 고급스러움과 편안함을 더했다. 특히 62개의 전 객실이 스위트룸인 헤
리티지윙의 일부 객실은 싱가포르의 상징인 멀라이언 타워가 보인다.

호텔의 시그니처인 프리미엄 온센 자쿠지는 객실과 이어진 야외 테라스에 있어 프라이빗한 온천을
즐길 수 있다. 두 건물 사이에 투명한 유리벽으로 만들어진 직사각형의 야외 수영장은 디자이너의 세
련된 감각이 돋보인다. 위스키바 더 와우The WOW는 최대 위스키 콜렉션으로 기네스 세계 기록을 보
유한 발트하우스 암 제 세인트 모리츠Waldhaus am See St. Moritz가 운영을 맡고 있다.

Data 지도 376F 구글맵 S 098679 가는 법 MRT NE1/CC29 하버프런트역에서 센토사 익스프레스로 환승 또는
임비아역에서 하차 후 도보 2분 주소 23 Beach View, Sentosa 요금 디럭스룸 399달러부터
전화 6818-3388 홈페이지 www.starwoodhotels.com

언제가도 만족스러운,
럭셔리 호텔 BEST 3

아무리 비싸도 항상 예약이 꽉 차 있는 최고급 호텔들이
있다. 죽기 전에 한 번은 머물고 싶은, 싱가포르의 명성
높은 럭셔리 호텔을 골라봤다.

녹음으로 둘러싸인 도심 속 지상 낙원
샹그릴라 호텔 싱가포르 Shangri-La Hotel Singapore

아시아의 대표 럭셔리 호텔 그룹인 샹그릴라가 처음 문을 연 나라
가 바로 싱가포르이다. 오차드 로드에서 살짝 빗겨 난 최적의 자
리에 1971년 문을 연 이래, 한국의 역대 대통령을 비롯해 세계 각
국의 정상들이 애용한 명망 높은 호텔이다. 우거진 나무와 정원,
휴양지 못지않은 싱그러운 수영장이 바쁜 도심을 잊게 해주고, 세
심한 호텔 서비스와 부대시설도 만족스럽다.
객실은 타워윙, 가든윙, 밸리윙 건물에 걸쳐 총 747개가 있다. 현
대적인 분위기의 타워윙, 리조트 풍의 가든윙, 그리고 별도의 진
입로와 로비가 있는 최고급의 밸리윙으로 분위기가 모두 다르다.
그중에서도 열대 아트리움과 수영장 전망을 갖춘 가든윙은 허니
무너에게 인기 있는 객실. 라운지 의자가 있는 객실의 야외 테라
스도 사랑스럽다. 애프터눈 티로 유명한 로즈 베란다와 뷔페 레스
토랑인 더 라인, 중국 요리를 선보이는 레스토랑 샹 팔라스Shang
Palace는 투숙객이 아닌 사람들도 즐겨 찾는 레스토랑이다.

Data 지도 274A
구글맵 S 258350
가는 법 MRT NS22
오차드역에서 휠록 스페이스
쪽으로 나와 도보 10분
주소 22 Orange Grove Rd
요금 타워윙 디럭스룸
395달러부터, 가든윙 풀
뷰룸 515달러부터
전화 6737-3644
홈페이지 www.shangri-la.
com/en/singapore/
shangrila

지상 200m 위의 인피니티 수영장

마리나베이 샌즈 호텔 Marina Bay Sands Hotel

싱가포르의 스카이 라인을 바꾸며 랜드마크로 우뚝 선 마리나베이 샌즈 호텔. 3개의 동을 가로질러 공중에 떠 있는, 57층에 위치한 수영장은 이 호텔에 묵고 싶은 이유로 손꼽힌다.

객실에서 보이는 도심 쪽 풍경도 마리나베이 샌즈 호텔이기에 가능한 전망이다. 마치 카멜레온처럼 낮과 밤 풍광이 다른 모습을 띈다. 객실은 편안하지만, 특별한 점은 없다. 호텔 안에는 2개의 레스토랑과 루프톱 바인 쿠데타가 자리 잡고 있다. 옥상 전망대인 스카이 파크, 대형 카지노, 쇼핑센터도 모두 호텔과 연결되어 쇼핑과 다이닝, 오락과 휴식을 모두 해결할 수 있다.

Data 주소 174D
구글맵 S 018956
가는 법 MRT CE1 베이프런트역
B, C, D출구에서 도보 2분
주소 10 Bayfront
요금 디럭스룸 350달러부터
전화 6688-8888
홈페이지 ko.marinabay-sands.com

필립 스탁의 디자인으로 무장한 럭셔리 호텔

JW 메리어트 호텔 싱가포르 사우스 비치

JW Marriott Hotel Singapore South Beach

힙한 디자인으로 무장한 최고급 호텔이다. 필립 스탁과 영국 건축가 그룹 포스터 앤드 파트너스가 인테리어와 디자인을 맡아 설계했다. 호텔 입구부터 로비, 18층에 위치한 야외 정원까지 30개가 넘는 조각과 작품도 전시되어 있다. 호텔에 들어서자마자 보이는 7m가 넘는 LED 화면의 영상은 한국인 작가 이이남 씨의 작품이며, 페르난도 보테로의 조각품도 눈에 띈다.

호텔이 들어선 자리는 1930년대까지 군대 캠프로 사용되던 곳으로, 3개의 헤리티지 건물과 2개의 최첨단 호텔 건물이 대조를 이루듯 함께 서있다. 헤리티지 건물 역시 호텔의 그랜드 볼룸과 미팅룸으로 쓰이며, 호텔 건물 밖으로 나와서 연결되는 공간에는 올데이 다이닝을 즐길 수 있는 비치 로드 키친과 맞춤 칵테일과 와인을 만끽할 수 있는 코트마샬 바, 미디어 바 등이 자리해 있다. 넉넉한 객실 사이즈에 조말론 어매니티까지, 눈 돌리는 데마다 놀라움과 감동을 선사한다.

Data 주소 174A
구글맵 S 189763
가는 법 MRT CC3
에스플러네이드역 F출구에서
도보 5분
주소 30 Beach Rd,
Access Via Nicoll Highway
요금 디럭스룸 350달러부터
전화 6818-1888
홈페이지 marriott.com/hotels/
travel/sinjw-jw-marriott-
hotel-singapore-south-
beach/

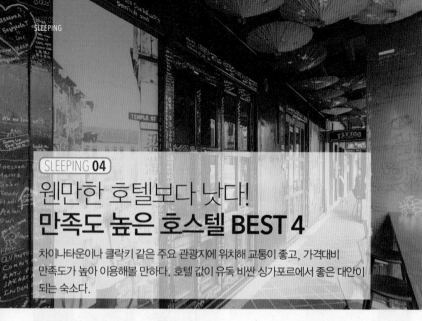

SLEEPING 04

웬만한 호텔보다 낫다!
만족도 높은 호스텔 BEST 4

차이나타운이나 클락키 같은 주요 관광지에 위치해 교통이 좋고, 가격대비 만족도가 높아 이용해볼 만하다. 호텔 값이 유독 비싼 싱가포르에서 좋은 대안이 되는 숙소다.

빨간색 벽에 자유롭게 낙서하는 인기 백패커스 호텔
베드&드림즈 인 Beds&Dreams Inn

이곳을 상징하는 빨간색 벽의 낙서들이 눈에 띈다. 복도나 입구의 붉은 벽에는 누구나 자유롭게 낙서를 해도 된다. 차이나타운 템플 스트리트점에는 4인용 여성 전용 도미토리, 6인 이상 도미토리, 패밀리룸만 있으며, 클락키점은 1, 2인실도 있다.
매일 아침 커피, 차, 토스트를 제공하고, 에어컨과 무료 와이파이를 사용할 수 있다. 남녀 공용으로 사용하는 화장실과 샤워실, 방 대신 복도에 있는 개인 사물함이 불편할 수 있다.

Data 주소 234B 구글맵 S 058597
가는 법 MRT NE4/DT19
차이나타운역 A출구에서 도보 3분
주소 52 Temple
요금 6인 도미토리 40달러,
4인 여성 전용 도미토리 35달러
전화 6438-5146
홈페이지 bedsanddream-sinn.com

마리나베이 샌즈 호텔 전망의 테라스에서 아침을

5 풋웨이 인 프로젝트 보트키 | 5 Footway.Inn Project Boat Quay

'다섯 걸음만 나가면 바로 그 나라의 문화를 만날 수 있도록 한다'
는 취지로 주요 관광지마다 자리한 부티크 호스텔 체인이다. 차
이나타운의 1, 2호점과 부기점, 보트점과 안시앙에 지점이 있다.
이중 보트키점은 싱가포르 유명 사진 작가의 작품으로 꾸민 갤러
리 테라스가 유명하다. 싱가포르강을 바라보며 아침을 먹고 밤이
면 마리나베이 샌즈 호텔의 레이저 쇼도 볼 수 있다. 특히 늦은 밤
까지 클락키의 나이트 라이프를 즐기기에 좋다.

또한 싱가포르 내에서 무료로 인터넷과 시내 통화를 할 수 있는
휴대폰을 빌려준다. 싱가포르강이 보이는 2인실은 인기가 많아
서 예약을 서둘러야 한다. 1인실부터 도미토리, 가족룸까지 객실
이 다양하며 여성 전용 도미토리는 2인실만 가능.

Data 주소 201G
구글맵 S 049864
가는 법 MRT NE5 클락키역
F출구에서 도보 5분
주소 76 Boat Quay
요금 4인 도미토리 22달러부터
(예약 상황에 따라 요금이
변동되므로 홈페이지에서 확인)
전화 6557-2769
홈페이지 www.5footwayinn.
com, cafe.naver.com/
5footwayinn

싱가포르 정부의 허가를 받은 유일한 한인 호스텔

헤리티지 호스텔 Heritage Hostel

한국인을 만날 수 있는 한인 호스텔. 싱가포르 정부로부터 유일하게 정식 인가를 받은 호스텔이다. 차이나타운의 맥스웰 푸드 센터에서 조식을 제공하는 것도 장점. 객실 양쪽 벽에는 여행 관련 정보를 적어놓았는데, 읽는 재미가 있다. 유니버설 스튜디오 등 할인 입장권을 판매(08:00~23:00)한다. 투숙객이 아니어도 구매할 수 있으나, 싱가포르 달러로만 결제가 가능하다.

여성 전용 도미토리가 있으며, 가족이나 커플을 위한 별관도 마련되어 있다. 호스텔에서 직접 결제할 경우에는 싱가포르 달러로만 결제할 수 있다. 매일 두 장의 수건과 세탁 서비스가 무료로 제공되며, 화장실과 샤워실이 다소 부족하나 붐비는 시간을 피하면 불편하지는 않다.

Data 주소 235G
구글맵 S 058808
가는 법 MRT NE4/DT19
차이나타운역 A출구에서
도보 6분
주소 293 South Bridge Rd
요금 도미토리 29달러부터,
4인 가족룸(별관) 170달러
전화 8123-0056
홈페이지 www.heritage-hostel.net

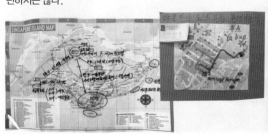

브루웍스 맥주를 마실 수 있는 럭셔리 호스텔

아들러 호스텔 Adler Hostel

2012년 12월 차이나타운에 오픈한 럭셔리 호스텔. 앤티크한 가구와 장식으로 꾸며 분위기가 고급스러우며, 직원도 모두 친절하다. 아들러 호스텔의 시그니처인 캐빈 베드Cabin Bed는 슈퍼 싱글 사이즈로, 2가지 베개 중 편한 것으로 선택할 수 있다. 모든 침대에는 개인 커튼이 설치되어 있다. 개인 옷걸이와 여행 가방을 놓을 수 있는 선반도 있어 여러 명이 함께 쓰는 도미토리지만 혼자쓰는 것 같은 분위기를 느낄 수 있다.

여성 전용 도미토리에는 화장대와 라운지가 있으며 화장실과 샤워실이 룸 안에 있어 편리하다. 싱가포르의 유명한 수제 맥주인 브루웍스 맥주를 직접 마실 수 있는 유일한 호스텔. 조용하고 개인적인 분위기의 호스텔을 찾는다면 제격이다.

Data 주소 235C
구글맵 S 058808
가는 법 MRT NE4/DT19
차이나타운역 A출구에서
도보 5분
주소 259 South Bridge Rd
요금 6인 도미토리 58달러
21인 여성 전용 도미토리 45달러
전화 6226-0173
홈페이지 www.adlerhostel.com

싱가포르 숙소의 종류

특급 호텔

싱가포르의 특급 호텔은 주로 교통이 좋은 올드 시티나 마리나베이 강변에 위치해 있다. 마리나베이의 전망이 한눈에 들어오는 위치에는 래플스 호텔을 비롯한 만다린 오리엔탈, 플러톤, 플러톤베이 등이 최고로 꼽힌다.

도심 속에는 샹그릴라가, 도심을 바라볼 수 있는 바다 위에는 마리나베이 샌즈 호텔이 랜드마크로 우뚝 섰다.

부티크 호텔

싱가포르는 부티크 호텔이 발달한 도시 중 하나이다. 부티크 호텔의 시초인 된 뉴 마제스틱 호텔을 비롯한 호텔 1929, 나오미 리오라 호텔, 더 클럽 호텔 등이 유명하다.

대부분의 부티크 호텔은 차이나타운에 몰려 있다. 리틀 인디아와 부기스, 티옹바루에도 부티크 호텔이 생겨나는 추세이다.

리조트 호텔

도심 속 휴양지로 각광받는 센토사 안에는 전용 해변을 갖춘 리조트 호텔이 몰려 있다.

샹그릴라 라사 센토사 리조트를 비롯한 6성급의 카펠라 싱가포르, 뫼벤픽 호텔&리조트 등이 최고급 리조트 호텔로 꼽힌다.

호스텔

물가가 비싼 싱가포르에서 숙박비만큼 부담스러운 것도 없다. 잠자리에 예민하지 않다면 호스텔을 적극 추천한다. 대부분 관광지에 있어 교통이 편리하며 조식도 포함되어 있다.

이층 침대를 사용하는 도미토리룸이 대부분이며 1인실, 2인실, 가족실 등이 있다. 개인 침대에 커튼이 있는 캡슐 호텔도 인기다.

─── 숙소 예약 사이트 ───

아고다 www.agoda.com/ko-kr
익스피디아 www.expedia.co.kr
부킹닷컴 www.booking.com
트립 어드바이저 www.tripadvisor.co.kr
호스텔 부커스 www.hostelbookers.com
호스텔 월드 www.korean.hostelworld.com

Q&A 싱가포르에서 호스텔 고르는 방법

Q 새벽에 도착했을 때는 어떻게 가야 할까요?
공항 셔틀버스 이용을 추천한다. 호텔 이름이나 주소를 알려주면 택시보다 저렴하게 갈 수 있다.

Q 믹스룸Mix Room이 무엇인가요?
남녀구분 없이 함께 사용하는 도미토리를 말한다. 저렴한 가격과 여성 전용 도미토리가 없을 때 한 번쯤 고민하게 된다. 마음 편하게 숙면하길 원한다면 믹스룸보다는 여성 전용 도미토리를 추천한다.

Q 조식 시간은 정해져 있나요?
대부분의 호스텔은 정해진 시간에 먹고 직접 설거지를 하는 방식이다. 하지만 럭색인처럼 24시간 식빵이나 시리얼을 먹을 수 있는 곳도 있으며, 헤리티지 호스텔은 바로 옆에 위치한 맥스웰 푸드

센터에서 조식을 먹는다.

Q 호스텔을 저렴하게 예약하는 방법은?
아고다나 익스피디아 같은 호텔 예약 사이트를 주로 이용하지만, 5 풋웨이 인처럼 호스텔 홈페이지에서 직접 예약하는 것이 더 저렴한 경우도 있다. 가격이 달라지므로 수시로 체크해 가장 저렴할 때 예약하면 된다.

Q 호스텔을 알아볼 때 꼼꼼히 체크할 사항
❶ 숙박비 결제 방법, 보증금, 환불 조건
❷ 개인 사물함 유무
❸ 수건 대여 및 세탁 서비스
❹ 체크아웃 후 짐 보관 서비스
❺ 객실 남녀구분

Tip 기타 인기 호스텔 리스트

파이브 스톤스 호스텔 Five Stones Hostel
엘리베이터가 있으며 여성 전용 도미토리가 있다. 세탁기와 건조기 무료 사용.
주소 285 Beach Rd
요금 도미토리 30달러부터 전화 9116-3771
홈페이지 www.fivestoneshostel.com

벙크 앳 래디우스 BUNC@Radius
리틀 인디아에 위치한 호스텔. 6인 여성 전용 도미토리가 있으며, 그 외 2, 4, 6, 8, 12인실은 남녀가 함께 사용하는 믹스룸이다.
주소 15 Upper Weld Rd
요금 도미토리 28달러부터 전화 6262-2862
홈페이지 www.bunchostel.com

박스 캡슐 호스텔 Box Capsule Hostel
여성 전용 도미토리와 커플을 위한 도미토리 2인실도 있다. 요가 프로그램에 참여할 수 있으며 안시앙 힐에 위치한다.
주소 39 Ann Sian Rd
요금 도미토리 31달러부터 전화 6423-0237
홈페이지 www.matchbox.sg

윙크 호스텔 Wink Hostel
조용한 분위기로 여성들에게 인기 있다. 여성 전용, 커플 도미토리 있음.

주소 8A Mosque St, Chinatown
요금 도미토리 40달러부터 전화 6222-2940
홈페이지 www.winkhostel.com

시크 캡슐 오텔 CHIC Capsule Otel
차이나타운역에서 도보 2분. 투숙객 전용 개인 스마트 TV 제공. 한국어는 지원되지 않는다.
주소 13 Mosque St, Chinatown
요금 도미토리 32달러부터 전화 9154-6893
홈페이지 www.facebook.com/chicc-apsulesotel

더 포드 부티크 캡슐 호텔
The Pod Boutique Capsule Hotel
세탁, 수건 무료. 침대에 개인 블라인드 있음. 부기스 역에서 도보 10분 거리로 바로 앞에 버스 정류장이 있다. 실내용 슬리퍼 챙기면 좋다.
주소 289 Beach Rd
요금 도미토리 39달러부터 전화 6298-8505
홈페이지 www.thepod.sg

쿼터스 호스텔 Quarters Hostel
보트키에 위치해 교통이 편리하다. 외국 백패커들에게 인기 있다. 여성 도미토리 있음.
주소 12 Circular Rd
요금 도미토리 33달러부터 전화 6438-5627
홈페이지 www.stayquarters.com

Step 06

SHOPPING

싱가포르를 남기다

PRADA

ion
ORCHARD

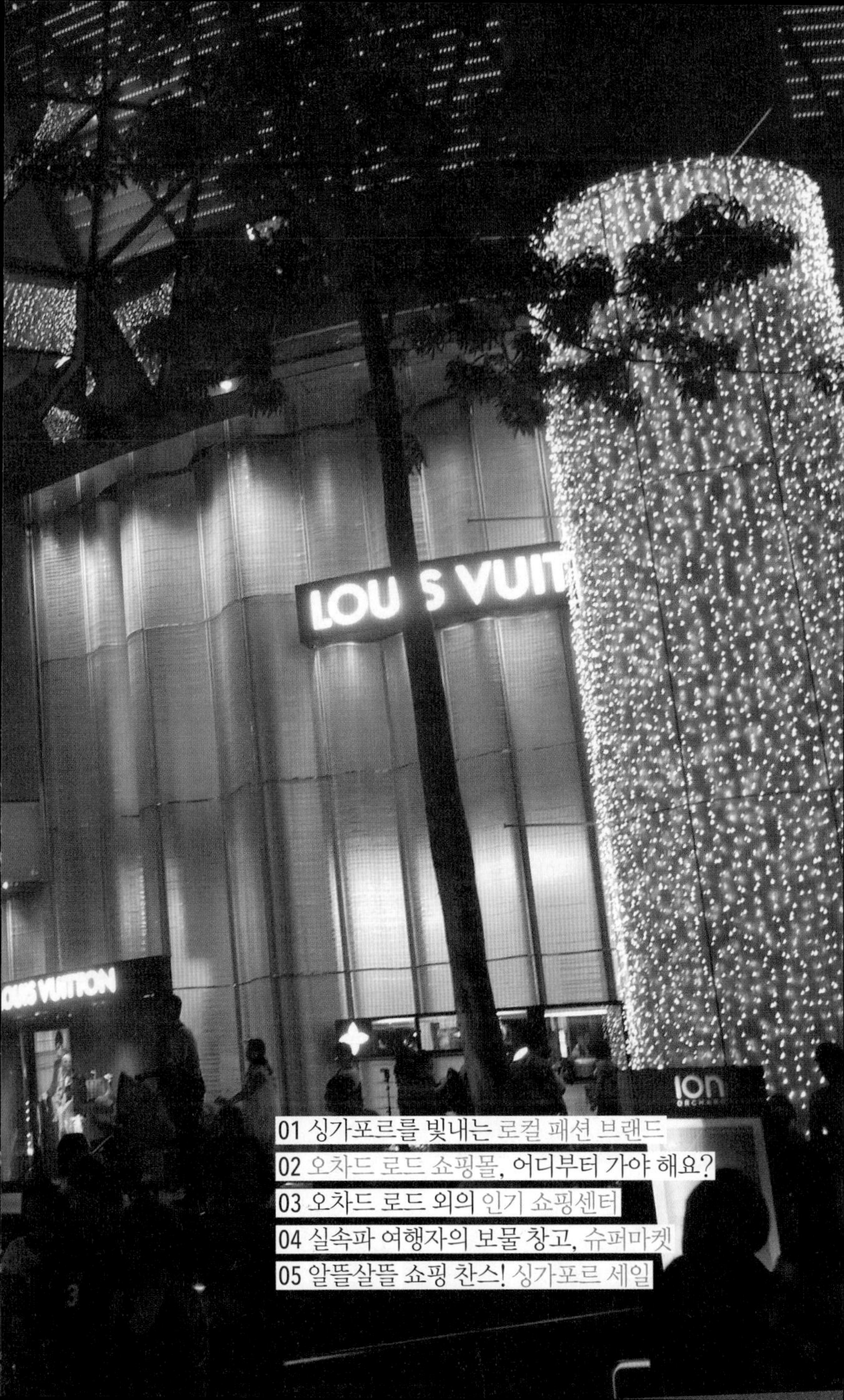
ion

싱가포르를 빛내는
로컬 패션 브랜드

그 도시의 창의적이고 실력 있는 로컬 패션 브랜드를 만나는
일은 아직 세상에 알려지지 않은 보석을 발견하는 일과 같다.
그런 보석을 나만 차고 있다면 얼마나 폼나는 일인가! 싱가포
르에서 찾은 인기 만점 로컬 브랜드를 소개한다.

싱가포르 가면 사와야 하는 브랜드
찰스앤키스 Charles&Keith

싱가포르에서 꼭 사야 하는 브랜드. 세련된 디자인과 편안한 착화감, 거기에 가격
까지 저렴해 이미 여행자들 사이에서는 유명하다. 편안한 플랫슈즈와 세련된 디
자인의 샌들, 하이힐, 웨지힐 등의 구두, 감각적인 가방까지 상품이 다양하다.
가격은 샌들 46.9달러부터로 한국 매장보다 훨씬 저렴하다. 세일 기간까지
겹친다면 그야말로 횡재나 다름없는 가격으로 제품을 구입할 수 있다. 위스마
아트리아, 비보 시티, 부기스 정션 등 주요 쇼핑몰에는 대부분 입점해 있다.

찰스앤키스와 양대산맥 구두
파지온 Pazzion

찰스앤키스만큼 인기 있는 싱가포르의 구두&
가방 브랜드로, 한국에도 매장이 입점해 있다.
주로 가죽 소재의 여성용 구두와 가방을 선보이
며, 화려하게 장식한 제품이 많다.
가격대는 기본 69달러부터 시작한다. 한국 매
장보다 훨씬 저렴하지만, 찰스앤키스보다는 살
짝 가격대가 높다. 세일하면 40달러선, 마지막
세일 날에는 20~30달러까지 내려간다.

패션과 라이프 스타일을 한 번에
인 굿 컴퍼니 In Good Company

4명의 로컬 디자이너가 협업해 만든 브랜드. 싱
가포르 브랜드 중 가장 성공한 브랜드 중 하나이
다. 입기 쉬우면서도 흥미로운 디자인 요소를 가
진 옷을 지향하며, 다양한 분야의 브랜드와 컬래
버레이션 하는 것으로도 유명하다.
단순한 패션 숍이 아닌, 인테리어와 커피, 음식
등의 전반적인 라이프 스타일을 보여주는 브랜드
숍이다.

쇼핑 고수가 찾아가는 집
라울 Raoul

남성 셔츠 레이블로 시작한 라울은 여성복과 액
세서리 라인을 갖추고, 2010년 뉴욕과 파리 컬
렉션을 거쳐 인터내셔널 브랜드로 데뷔했다.
디자인은 단순하고 기본적이지만, 기하학적인
그래픽 패턴과 포인트가 되는 컬러 배치로 라울
만의 독특함을 뽐낸다.

싱가포르산 최고 명품 악어백
콴펜 Kwanpen

80년 전통을 자랑하는 싱가포르의 명품 악어백 브
랜드이다. 악어 복부 가죽만을 엄선해 최고 품질
과 미를 갖춘 악어 가방을 생산한다.
예전에는 싱가포르에서 사오면 많이 저렴해서 예
단백으로 인기가 많았으나, 지금은 한국 매장과
가격 차이가 크지 않다.

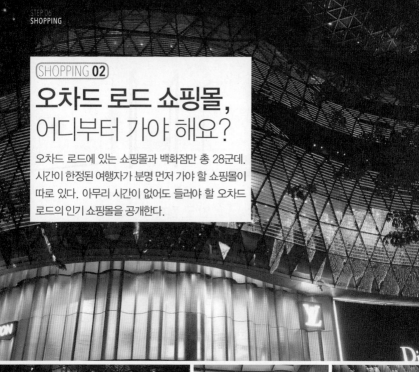

SHOPPING 02

오차드 로드 쇼핑몰,
어디부터 가야 해요?

오차드 로드에 있는 쇼핑몰과 백화점만 총 28군데.
시간이 한정된 여행자가 분명 먼저 가야 할 쇼핑몰이
따로 있다. 아무리 시간이 없어도 들러야 할 오차드
로드의 인기 쇼핑몰을 공개한다.

오차드 로드의 쇼핑몰 대명사
아이온 오차드 Ion Orchard

명실상부 오차드 로드 최고의 쇼핑몰이다. 규모만 큰 것이 아니라, 입점해 있는 브랜드와 매장들도 그 어느 쇼핑몰보다 고급스럽고 특별하다. 총 400여 개의 명품, 인터내셔널, 로컬 브랜드 숍과 레스토랑이 자리 잡고 있다.

세계적으로 유명한 싱가포르의 차茶 브랜드인 TWG 티 살롱&부티크, 스웨덴 문구점 키키케이Kiki.K, 명품 악어백 콴펜, 영국 왕실이 인정한 향수 펜할리곤스 등의 매장을 눈여겨볼 것. 유리와 거울 벽면으로 되어 있는 건축 외관도 독특하다(290p).

최신 쇼핑몰 중 단연 으뜸!
로빈슨 Robinsons

과거 고급 백화점으로 이름을 날렸던 히렌이 최근 리노베이션을 마치고 로빈슨으로 새롭게 태어났다. 특히 200여 개의 브랜드가 한눈에 들어오는 디스플레이가 인상적이다. 할리우드 스타들에게 사랑받는 뉴욕의 차세대 브랜드 레베카 밍코프Rebecca Minkoff와 맛있는 이탈리안 젤라토 전문점인 르 쇼콜라티에 등 오직 로빈슨에서만 만날 수 있는 브랜드들로 꽉 차있다.
지하 1층은 커피, 차, 치즈, 오일 등 식품류가 진열되어 있으며, 영국의 스타 셰프 제이미 올리버의 레시피북과 다채로운 주방 용품도 만날 수 있다(302p).

젊은이들의 아지트
313@서머셋 313@Somerset

자라, 망고, 포에버21, 유니클로 등 우리에게도 친숙한 영캐주얼 브랜드 위주로 입점해 있어, 젊은 층에게 사랑받는 쇼핑몰이다.
싱가포르 아이들의 로망인 문구 브랜드인 스미글과 타이포도 있다. 푸드 리퍼블릭과 허니문 디저트도 이곳에 있다. MRT 서머셋역과 바로 연결되어서 편리하다(299p).

진짜배기 쇼핑몰
플라자 싱가푸라 Plaza Singapura

대중적인 쇼핑몰. 갭, 세포라 등 인기 브랜드뿐만 아니라 카르푸, 스포트라이트, 다이소, 골든 빌리지가 입점해 있는 종합 쇼핑몰이다.
또한 나라별 대표 맛집들이 많다. 타이 익스프레스, 스키니 피자, 모스 버거, 돔 카페 등이 있으며, 팀호완이 1층에 있다. MRT 도비갓역과 연결되어서 접근성이 좋다(294p).

SHOPPING 03

오차드 로드 외의
인기 쇼핑센터

최고의 쇼핑몰은 오차드에만 있는 것이 아니다.
쇼핑의 천국답게 싱가포르 곳곳에 멋진 쇼핑몰이 많다.
오차드 로드 외에 꼭 들러야 할 인기 쇼핑몰 4곳을 꼽았다.
해당 지역에 간다면 꼭 들러야 할 필수 쇼핑센터이다.

마리나베이 샌즈의 럭셔리 대형 쇼핑몰

마리나베이 샌즈 숍스 The Shops at Marinabay Sands

둥근 유리 천장에 자연 채광이 온전히 들어오는 마리나베이 샌즈 숍스는 그 어느 쇼핑몰보다 고급스러우면서도 화사하다. 지하 2층에는 마카오의 베네시안 호텔의 운하를 본떠 인공 운하가 흐르고, 24시간 운영하는 대형 카지노와 컨벤션 센터, 아이스 링크, 공연장까지 갖추고 있다.

쇼핑몰에는 300여 개에 달하는 유명 브랜드 매장과 울프강 퍽, 다니엘 블리 등 스타 셰프의 레스토랑이 입점해 있어 미식의 장소로도 대접받는다. 화려한 인테리어로 다른 지점보다 훨씬 럭셔리하게 꾸며져 있으며, 딘타이펑, 토스트 박스, TCC, TWG 티 살롱&부티크, 푸드 코트인 라사푸라 마스터스 등 부담스럽지 않은 가격대의 음식점과 카페도 많이 들어서 있다(188p).

싱가포르에서 한 군데의 쇼핑몰만 꼽으라면?
비보 시티 VivoCity

비바 시티Viva City에서 유래된 비보 시티는 이름처럼 활기가 넘치는 대형 쇼핑몰이다. 센토사가 보이는 해안에 위치하며, 옥상에는 야외 공연장과 아이들이 물놀이 할 수 있는 공간이 많아 쇼핑뿐만 아니라 휴식과 엔터테인먼트까지 만족시킨다. MRT 하버프런트역과 바로 연결되어 교통도 편리하다. 무엇보다 센토사로 가기 위한 모노레일과 보드워크가 비보 시티에서 출발하므로 센토사로 갈 때 함께 일정에 넣으면 좋다.

여성들의 로망인 탕스 백화점과 대형 마트인 비보 마트, 장난감 천국 토이저러스, 스미글 등 브랜드가 다양하게 입점되어 있어 지름신 강림에 주의해야 한다. 파라다이스 다이너스티, 노 사인보드 시푸드, 마르셰 등 인기 프랜차이즈부터 각국의 음식을 먹을 수 있는 푸드 리퍼블릭도 유명하다(394p).

젊은 세대의 인기 쇼핑몰
부기스 정션 Bugis Juntion

MRT 부기스역과 연결되는 부기스 정션은 2층 다리를 통해 부기스 플러스와도 함께 이어진다. 부기스 정션은 싱가포르에서 유리 돔 천장으로 만들어진 첫 번째 쇼핑몰이었으며, 과거 일루마 Iluma였던 부기스 플러스는 크리스털 모양의 독특한 외관으로 2012년 재개장하였다.

부기스 정션이 더 밝고 화사해 쇼핑하기에 좋다. 2곳 모두 1020세대에게 인기 있다. 부기스 정션에는 톱숍과 같은 인기 브랜드에서 바이시 BYSI, 찰스앤키스 등 중저가 로컬 브랜드가 입점해 있다(341p).

두리안을 닮은 종합 예술 단지와 쇼핑몰
에스플러네이드 몰 Esplanade Mall

마리나베이에 위치한 쇼핑센터로 두리안을 형상화한 건축물로 더 유명하다. 쇼핑 공간만 있는 것이 아니라 2천명을 수용할 수 있는 극장과 콘서트홀, 비주얼 아트 스페이스 등이 함께 자리 잡고 있는 복합 예술 단지다.

마에스트로 기타와 우쿨렐레를 파는 악기점과 영화 포스터, 엽서 등을 파는 팝콘, 독특한 주얼리 숍 시자르 럭스Csar Luxe 등의 숍과 쿠키 숍 겸 카페인 쿠키 박물관, 칠리크랩 집으로 유명한 노 사인보드 시푸드, 겐코 스파 마사지 숍 등이 자리해 있다. 마리나베이 샌즈 호텔과 멀라이언 동상을 한눈에 볼 수 있는 3층의 옥상 테라스와 도서관도 있다(186p).

실속파 여행자의 보물창고, 슈퍼마켓

여행을 간 도시에서 슈퍼마켓을 가는 일은 그 도시의 일상을 보는 것과 같다.
현지인들의 생활을 공감할 수 있고, 슈퍼마켓에서 사온 용품들을 집에서 사용하며
여행의 향수를 느껴보는 것도 은근 즐거운 일이다.

히말라야 수분 크림
Himalaya Nourishing Skin Cream
한국에서도 판매하는 인도 화장품.
싱가포르에서 구매하면 좀 더 저렴
하다. 무스타파 센터가 가장 싸다.

타이거 밤Tiger Balm
일명 호랑이 연고. 벌레 물린데, 머
리 아플때, 근육통까지 이 연고 하나
로 끝낼 수 있다. 중화권 나라의 가
정 상비약.

타이거 파스Tiger Balm Plaster
타이거 밤에서 나오는 파스. 색상은
2가지, 붙이면 시원한 것과 뜨거운
것으로 나뉜다. 어깨, 허리, 손목, 무
릎 통증에 붙이면 효과가 탁월하다.

프리마 락사 라면
Prima Laksa La Mian
일단 락사를 먹어본 사람은 사야 한
다. 호불호가 갈리는 음식이지만,
싱가포르를 추억하기에는 이만한
아이템도 없다.

칠리크랩 소스Chilli Crab Sauce
싱가포르의 대표 음식 칠리크랩을
추억하게 하는 소스이다. 조리법도
간단하고 맛있어, 1개만 산다면 후
회할 수도 있다. 프리마 제품이 인기
있으며, 기내 반입 금지 상품이다.

아울 커피 Owl Coffee
일명 '부엉이 커피'라고도 부르는 싱
가포르의 대표 믹스 커피이다. 오리
지널, 헤이즐넛, 무설탕 커피 등 종류
가 다양하며 코코넛 슈거가 인기 있
다. 국내에서는 구하기 힘들다.

테 타릭Teh Tarik
싱가포르에서 즐겨 마시는 밀크티
로, 연유가 들어가 조금 달지만 그럼
에도 커피 못지 않은 인기를 누리고
있다. 아울Owl과 립톤이 대표적인
브랜드.

달리 치약Darlie Toothpaste
싱가포르, 홍콩, 대만 여행 시 슈퍼
마켓에서 꼭 사야 하는 미백 치약 브
랜드. 청량감이 좋아 찾는 사람이 많
다. 크기가 작아 부담 없이 선물하기
에도 좋다.

네슬레 마일로 Nestle Milo
싱가포르의 국민 음료. 다이소 위
에 듬뿍 올려주는 바로 그 가루이다.
초콜릿맛 맥아 음료로, 보리의 영양
소를 그대로 담아 성장기 청소년에
게도 좋다.

📢 |Theme|
싱가포르의 대표 슈퍼마켓

무스타파 센터 Mustafa Center

싱가포르 사람들은 좀 과장된 말로 무스타파 센터에는 집과 자동차 빼고 다 살 수 있다고 말한다. 그 정도로 없는 게 없는 대형 슈퍼마켓이다. 싱가포르의 슈퍼마켓 중에서 상품의 가격이 가장 저렴하며, 물건 종류도 많은 편이다. 싱가포르에 사는 외국인들도 자국의 생활용품을 가장 저렴하게 살 수 있기 때문에 자주 간다고 한다(360p).

페어 프라이스 Fair Price

싱가포르 정부에서 운영하는 슈퍼마켓이다. 체인점이 가장 많으며, 콜드 스토리지보다 가격이 조금 더 저렴하다. 24시간 영업하는 매장도 많다.

비보 마트 Vivo Mart

2층 높이의 천장 덕분에 1층에서 에스컬레이터를 타고 내려가면 지하 2층이 된다. 1층에는 비보 마트와 가디언, 콜드 스토리지가 있고, 지하 2층에는 비보 마트와 싱가포르에 대형 슈퍼마켓인 자이언트가 있다. 페어 프라이스보다 물건이 다양하며, 센토사를 오가는 길에 들르는 여행객들이 많이 방문한다(420p).

콜드 스토리지 Cold Storage

페어 프라이스 다음으로 체인점이 많으며 유명 쇼핑센터 안에서 쉽게 찾을 수 있다. 접근성이 좋아 사람들이 가장 많이 가는 슈퍼마켓이다. 일반 제품보다 저렴한 자체 생산 브랜드도 많이 가지고 있다(189p).

비보 마트

SHOPPING 03

알뜰살뜰 쇼핑 찬스!
싱가포르 세일

현명한 쇼핑객은 싱가포르의 세일 기간을 절대 놓치지
않는다. 쇼핑객들이 열광하는 그레이트 싱가포르 세일
에 관한 모든 것! 택스 리펀드까지 받으면 똑똑한 쇼핑의
노하우는 끝.

이날을 기다려왔다!
그레이트 싱가포르 세일 Great Singapore Sale(GSS)

매년 5월 말부터 7월 말까지 8주간 진행되는 싱가포르 최대 쇼핑 축제이다. 이 세일에 참여한 브랜
드상품은 최대 70% 할인된 가격에 만날 수 있다. 주요 쇼핑 지역인 오차드 로드와 마리나베이를 비
롯해 부기스의 작은 노점까지 싱가포르 곳곳에서 세일 행사가 진행된다.
패션 의류, 액세서리, 전자 제품 등 참여하는 브랜드도 다양하며, 스파, 호텔, 레스토랑 등도 다양한
프로모션을 선보인다. 행사 기간 동안 개최되는 각종 이벤트도 빼놓을 수 없는 볼거리이다.

홈페이지 www.greatsingaporesale.com.sg

💬 |Talk|
알뜰한 쇼핑의 마무리!
택스 리펀드(세금 환급) 방법

GST란? 'Goods&Services Tax'의 약자로 싱가포르에서 구매한 상품에 대해 붙는 '상품 및 서비스 세금'을 돌려받는 제도이다. 싱가포르에 거주하지 않는 관광객이 100달러 이상의 제품을 구매하고, 2개월 안에 출국한다면 이 부가세를 환급받을 수 있다.

GST를 환급 받으려면 물건을 살 때 관련 영수증을 꼭 챙겨두고, 창이 국제공항 내 택스 리펀드 창구에서 구매한 물건을 보여주면 된다. 하지만 물건을 보여주는 절차는 생략될 때가 많다. 그래도 혹시 모르니 반드시 짐을 부치기 전에 신청하도록 하자.

세금 환급 신청 절차

1. 매장에서 물건을 살 때
우선 물건을 사기 전 GST 리펀드가 되는 가게인지 확인 후, 하루에 한 가게에서 구매한 영수증의 합계가 100달러 이상이라면 계산할 때 여권을 보여주며 'GST Refund, Please' 라고 말하면 된다. 카드 영수증, 물품 영수증과 별도로 GST 리펀드 영수증을 꼭 받아야 한다.

2. 창이 국제공항에 도착해서(발권하기 전)
창이 국제공항에 오자마자 GST 리펀드 영수증과 구입 물품, 여권을 가지고 'GST Refund' 표지판을 따라가 글로벌 리펀드 체크를 받는다. 한글이 지원되는 세금 환급 기계를 이용해 스스로 하는 방법도 있다.

3. 발권 후 출국장에서(비행기 탑승 전)
영수증을 여권과 함께 제출하면 세금을 돌려준다. 부쳐야 하는 짐의 크기가 아니라면, 또는 부피가 작은 고가의 아이템이라면 처음부터 이곳에서 택스 리펀드를 받을 수도 있다. 택스 리펀드는 현금 또는 카드로 받을 수 있다.

Tip *그레이트 싱가포르 세일(GSS)을 똑똑하게 즐기는 법*

1. 공식 홈페이지를 꼼꼼히 살펴보자. 그레이트 싱가포르 세일에 참여하는 지역별, 쇼핑몰별, 브랜드별 할인 정보가 잘 정리되어 있으며 각종 프로모션과 이벤트 및 e쿠폰도 챙길 수 있다. 그레이트 싱가포르 세일의 공식 애플리케이션인 'GoSpree'를 설치하면 더 편리하다.
2. 신상품은 세일 품목에서 제외되는 경우도 많다. 바로 이때 사용하면 좋은 게 프리빌리지 카드Tourist Privilege Card. 그레이트 싱가포르 세일은 기간 동안 관광객에게 제공되는 혜택으로, 일부 유명 쇼핑센터의 안내 데스크에 여권을 가지고 가면 바로 발급해준다.
3. 공식 홈페이지에서 그레이트 싱가포르 세일 기간 동안 프로모션이 있는 호텔을 확인할 수 있으며 직접 예약도 할 수 있다. 또한 아고다 등 호텔 예약 사이트에서도 그레이트 싱가포르 세일를 위한 프로모션을 진행한다.
4. 쇼핑객을 위한 반나절 투어 상품과 추가로 유니버설 스튜디오, 동물원 등을 선택할 수 있는 다양한 패키지 상품도 선보인다.
5. 그레이트 싱가포르 세일 기간 동안 공식 신용카드를 사용하자.
6. 쇼핑을 많이 할 계획이라면 하나의 쇼핑몰을 정해서 하는 것이 좋다. 쇼핑몰 멤버십 카드를 만들면 바로 할인 받을 수 있다. 멤버십 카드로 작은 혜택까지 챙겨보자.
7. 히말라야 수분 크림 같은 머스트 아이템도 세일이 적용되며, 와코루 등의 인기 속옷 브랜드도 저렴하다. 찰스앤키스는 일단 담고 보는 대박 쇼핑 아이템.

SINGAPORE BY

AREA

Singapore By Area

01

올드 시티

OLD CITY

영국 식민지 시절에 지어진 건축물이 많이
남아 있는 지역으로, 싱가포르 관광의 중심지이다.
가장 이국적이면서도 오랜 역사를 간직한 곳.
콜로니얼 양식의 건축물과 박물관 투어, 우아하게
티 타임을 즐기기 좋은 고풍스러운 지역이다.

Old City
PREVIEW

*래플스 호텔, 차임스, 세인트 앤드류 성당 등 영국 식민지 시대의 건축이 가장 많이 남아 있는 지역.
대표 박물관들이 모여 있으며 국회의사당, 시청, 대법원, 시청 등 관공서도 많아 싱가포르의
심장과 같은 곳이다. 또한 싱가포르 경영대학이 있어 국립도서관이 가깝고
젊은 학생들이 즐겨 찾는 맛집과 술집도 곳곳에 숨어 있다.*

SEE

싱가포르에 대해 더 알고 싶다면 싱가포르 국립박물관, 싱가포르 아트 뮤지엄, 싱가포르의 독특한 혼합 문화가 궁금하다면 페라나칸 뮤지엄, 아이와 함께라면 싱가포르 우표 박물관이나 민트 토이 박물관이 좋다. 래플스 호텔, 차임스, 세인트 앤드류 성당 등 콜로니얼 양식의 건축물도 아름답다.

EAT

퍼비스 스트리트에는 현지인들에게 인기 있는 진정한 맛집들이 모여 있다. 저렴한 가격에 프랑스 가정식 요리를 즐기는 사브어, 맛으로 승부하는 타이 음식점 잉타이 팰리스, 미슐랭 스타 셰프의 군더스까지 어디를 가야 할지 행복한 고민에 빠지게 된다. 래플스 호텔의 티핀 룸은 투숙객이 아니어도 하이 티를 즐길 수 있다. 래플스 시티 안의 베트남 음식점 남남 누들 바도 유명하다.

ENJOY

박물관에서 전시 해설을 듣는 것과 안 듣는 것은 하늘과 땅 차이다. 만약 한국어 전시 해설이 있는 날이라면 무조건 참여하자. 밤이 되면 콜로니얼 양식의 이국적인 차임스에서 시원한 맥주 한 잔을 하거나 래플스 호텔의 롱 바에서 원조 싱가포르 슬링을 마셔볼 것. 분위기 좋은 루프톱 바인 루프나 싱가포르의 멋진 야경을 자랑하는 뉴 아시아 바에서 칵테일을 즐겨도 좋다.

 어떻게 갈까?

래플스 호텔이나 페라나칸 뮤지엄을 보려면 MRT 시티홀역에서, 싱가포르 국립박물관이나 싱가포르 아트 뮤지엄을 가려면 MRT 브라스 바사역에서 내리면 좋다. 맛집이 모여 있는 퍼비스 스트리트를 가려면 MRT 부기스역에서 내린다. 오차드 로드나 마리나베이, 리버 사이드, 부기스에서 도보로 갈 수 있다.

 어떻게 다닐까?

낮에 가면 썰렁할 수 있는 차임스는 밤에 가야 제 맛! 만약 세인트 앤드류 성당을 간다면 미사가 있는 주말은 피하는 게 좋다. 박물관은 1~2개만 선택해 천천히 둘러보거나 무료 관람이 가능한 시간에 보는 것도 여행 경비를 절약하는 방법이다. 래플스 호텔은 사진 찍기에 좋은 최고의 스폿이다.

Old City
ONE FINE DAY

올드 시티는 역사적인 건축물과 박물관, 미술관이 모여 있어 산책하기에 좋다.
한낮에는 뜨거운 더위도 피할 겸 관심 있는 박물관이나 미술관을 관람하고,
래플스 호텔의 롱 바에서 원조 싱가포르 슬링을 마시는 것도 좋겠다.
이국적인 분위기의 차임스는 밤에 가야 제대로 즐길 수 있다.

10:00
싱가포르 아트 뮤지엄
둘러보기

도보 3분

11:30
잉타이 팰리스에서
점심 먹기

도보 7분

13:00
싱가포르 국립박물관
관람하기

도보 5분

18:00
사브어에서 저녁으로
프랑스 가정식 먹기

도보 8분

17:30
세인트 앤드류 성당
둘러보기

도보 7분

15:30
페라나칸 뮤지엄 또는
싱가포르 우표 박물관 보기

도보 3분

19:30
톰스 팔레트에서
아이스크림 맛보기

도보 3분

20:00
래플스 호텔 산책 및
쇼핑하기

도보 1분

21:00
롱 바에서 싱가포르
슬링 마시기

리틀 인디아 방면

올드 시티
Old City

N

0   200m

오차드 로드 방면

Rochor Rd

Queen St

EW12 DT14
부기스역
Bugis

부기스 플러스
Bugis+
S

부기스 정션
Bugis Junction

North Bridge Rd

Orchard Rd

NS24 NE6 CC1
도비갓역
Dhoby Ghaut

Queen St

St. Joseph's Church

코피티암
Kopitiam

싱가포르 아트 뮤지엄
Singapore Art Museum

Bain St

군더스
Gunther's R

Middle Rd

잉타이 팰리스 R
Yhingthai Palace

사브어 R
Saveur

Fort Canning Tunnel

싱가포르 국립박물관
National Museum of
Singapore

스위치 바이 팀버
Switch by Timbre E

Parts St

캣 소크라테스 E
Cat Socrates

민트 장난감 박물관 R
Mint Museum of Toys

Seah St

톰스 팰레트 R
Tom's Palette

Hotel Fort
Canning H

브라스 바사역
Bras Basah
CC2

SMU

루프 E
The Loof

비치 로드 Beach

포트 캐닝 파크
Fort Canning Park

칼튼 E
Calton hotel

롱 바 E
롱 바

티핀 룸 S
티핀 룸

래플스 호텔 아케이드 S
래플스 호텔 아케이드

선텍 시티
Suntec City

Armenian St

차임스
Chijmes

Bras Basah Rd

래플스 호텔 R
Raffles Hotel

Nicoll Highway

부
Fountain Of

Timbre@Substation R

빅토리아 스트리트 Victoria St

Stamford Rd

래플스 시티 쇼핑센터 S
Raffles City Shopping Centre

아르메니안 교회
Armenian Church

시티홀역
City Hall
EW13 NS25

스위소텔 스탬퍼드 H
Swissotel
The Stamford

에스플러네이드역
Esplanade
CC3

싱가포르 우표 박물관
Singapore Philatelic Museum

세인트 앤드류 성당
St. Andrew's Cathedral

War Memoria Park

부
Fountain Of

Central Fire Station

Citylink Mall

Raffles Blvd

뉴 아시아 바 R
에퀴녹스 R

High St

North Bridge Rd

Peninsula Excelsior Hotel H

Funan DigitaLife Mall S

City Hall

내셔널 키친 바이
바이올렛 운
National Kitchen by
Violet Oon

Mrina Mandarin Hotel H

마리나 스퀘어
Marina Square

Raffles Ave

송파 바쿠테
Song Fa Bak Kut Teh

Supreme Court

아트 하우스
The Arts House

National Art Gallery

Parliament House

Esplanade Park

에스플러네이드
Esplanade

NE5
클락키역
Clarke Quay

차이나타운 방면

팀버 R
Timbre

래플스 경 상륙지

Esplanade Dr

마칸수트라 글루턴스 베
Makansutra Gluttons Bay

Hong Lim Park

보트키
Boat Quay

인도차인
IndoChine

아시아 문명박물관
Asian Civilisations Museum

샘립 II R
Siem Reap II

스타벅스 R
Starbucks

멀라이언 파크 Merlion Park

싱가포르강
Singapore River

앤더슨 브릿지
Anderson Bridge

플러튼 호텔 H
Fullerton Park

마리나베이
Marina Bay

SEE

싱가포르 호텔의 전설

래플스 호텔 Raffles Hotel 2019년 중순까지 재단장

터번을 두른 도어맨이 상징인 호텔이다. 싱가포르에서 가장 오래된 호텔로, 싱가포르 호텔의 전설이라고 말할 정도로 역사가 깊은 곳이다. 또한, 싱가포르 정부에서 지정한 문화유산이기도 하다. 1887년 아르메니아의 부호에 의해 설립되었으며, 제2차 세계대전 당시에는 '쇼난 료칸'이라고 불렸다.

명성답게 최고의 서비스는 기본. 최고급 호텔로 투숙객들에게는 롱바의 싱가포르 슬링이 웰컴 드링크로 제공되고, 조식은 하이 티로 유명한 티핀 룸에서 먹는다. 투숙하지 않아도 티핀 룸과 싱가포르 슬링이 최초로 탄생한 롱 바를 이용할 수 있다. 쇼핑 아케이드의 기념품 숍에서 도어맨 그림이 그려진 가방과 싱가포르 슬링 미니어처, 롱 바의 땅콩도 구입할 수 있다. 우아한 콜로니얼 양식의 건축물로 현지인들의 웨딩 촬영 장소로도 인기 있는 곳이다.

Data 지도 154D **구글맵** S 189673 **가는 법** MRT EW13/NS25 시티홀역 A출구에서 도보 5분, 노스브리지 로드를 지나 브라스 바사 로드로 우회전 래플스 시티 맞은 편 **주소** 1 Beach Rd **전화** 6337-1886 **홈페이지** www.raffles.com/singapore

로맨틱한 다이닝 스폿
차임스 Chijmes

1841년에 세워진 고딕 양식의 건물로 131년 동안 가톨릭의 수도원으로 사용되었다. 1983년 수도원을 이전하면서 멋진 다이닝 공간으로 변신했다. 지금도 수도원 건물의 프레스코 벽화와 스테인드 글라스는 꼭 챙겨봐야 할 정도로 유명하다. 축구 경기라도 있는 날이면 차임스 지하 1층 광장은 많은 축구팬들이 모이는 집합 장소가 된다. 밤에는 그 어느 곳보다 활기찬 곳이지만, 낮에는 조용하다. 여러 레스토랑과 바 등이 있으며, 그중에서도 세뇨르 타코Senor Taco가 맛있다.

Data 지도 154C 구글맵 S 187996 가는 법 MRT EW13/NS25 시티홀역 A출구에서 도보 4분, 노스브리지 로드를 지나 브라스 바사 로드로 좌회전한다. 래플스 시티 맞은 편 주소 30 Victoria St 오픈 11:00~23:00(매장에 따라 다름) 전화 6337-7810 홈페이지 www.chijmes.com.sg

기념 사진 찍기 좋은 곳
세인트 앤드류 성당 St. Andrew's Cathedral

1830년에 지어진 싱가포르 최초의 성당으로, 원래는 헌법재판소였다. 그 당시에 사용했던 새하얀 건물의 뾰족하게 솟은 지붕이 인상적이다. 월요일부터 토요일까지는 하루 2회 무료 가이드 투어가 진행된다. 밤이면 조명이 들어와 더욱 아름다워지며 현지인들의 결혼식장으로도 많이 이용된다.

Data 지도 154C 구글맵 S 178959 가는 법 MRT EW13/NS25 시티홀역 B출구에서 도보 2분 주소 11 St Andrew's Rd 오픈 07:00~18:00 전화 6337-6104 홈페이지 www.livingstreams.org.sg

문화 공간으로 탈바꿈한 국회의사당

아트 하우스 The Arts House

구 국회의사당 건물로 1827년 건축된 싱가포르에서 가장 오래된 정부 청사 건물이다. 원래는 헌법 재판소였으며, 그 당시 사용했던 의자가 남아 있다. 2004년 아트 하우스로 새롭게 탄생하면서 지금은 회화, 음악, 연극, 사진 등 다양한 전시와 공연이 열리는 문화 공간이 되었다.

2층에는 싱가포르의 초대 수상 리콴유Lee Kuan Yew 등의 사진과 함께 싱가포르의 역사에 대한 전시가 있으며, 건물 입구 앞 검은색의 코끼리 동상은 1871년 태국 국왕이 선물한 것이다.

Data **지도** 154E **구글맵** S 179429 **가는 법** MRT EW14/NS26 래플스 플레이스역 H출구에서 도보 13분 **주소** 1 Old Parliament Lane **오픈** 월~금 10:00~22:00, 토 11:00~20:00 **휴무** 일요일 **전화** 6332－6900 **홈페이지** www.theartshouse.sg

요새의 흔적이 남아 있는 공원

포트 캐닝 파크 Fort Canning Park

약 40만km² 면적으로 시내 중심에 위치해 있어서 센트럴 파크라고도 부른다. 제2차 세계대전 때는 중요한 요새로 사용되었다. 이곳을 지나 반대편으로 내려가면 클락키가 나온다. 보타닉 가든까지 갈 여유가 없다면, 이곳에서 잠시 산책하거나 데이트 코스로 좋다. 공원 유일한 호텔인 포트 캐닝은 아담한 규모에 한적한 분위기를 좋아하는 사람에게 강력히 추천한다.

Data **지도** 154C **구글맵** S 179037 **가는 법** MRT CC1/NE6/NS24 도비갓역에서 도보 10분, 싱가포르 국립박물관 뒤편 **주소** 70 River Vally Rd **오픈** 07:00~19:00 **요금** 무료입장 **전화** 471－7300 **홈페이지** www.nparks.gov.sg

Writer's Pick!

싱가포르에서 꼭 가봐야 할 박물관
싱가포르 국립박물관
National Museum of Singapore

싱가포르 최대 박물관이다. 하얀색 콜로니얼 양식의 건물과 돔 천장의 스테인드글라스가 인상적이다. 싱가포르의 발전 과정을 한눈에 볼 수 있는 역사 갤러리와 음식, 패션, 영화, 사진 등 싱가포르의 생활 문화를 엿볼 수 있는 리빙 갤러리로 나뉘어져 있다.

지하 1층에서는 다양한 특별 전시가 열린다. 박물관을 관람하다가 전시품 옆에 노란색 별표가 있다면 유심히 살펴보자. 이곳에서 지정한 싱가포르의 10대 보물이라는 표시이다. 히스토리 갤러리는 오후 6시 30분에 입장을 마감할 뿐만 아니라, 줄을 서서 기다리기도 하므로 서두르는 것이 좋다.

Data 지도 154C
구글맵 S 178897
가는 법 MRT CC2 브라스
바사역 B출구에서 도보 5분
주소 93 Stamford Rd
오픈 히스토리 갤러리
10:00~19:00(입장 마감 18:15)
리빙 갤러리 10:00~20:00
(입장 마감 18:30)
요금 성인 15달러, 학생(학생증 필수)
10달러, 6세 이하 무료
전화 6332-3659
홈페이지 www.national-museum.sg

Tip 싱가포르 국립박물관의 *10가지* 보물 Treasures of the National Museum

❶ 싱가포르 돌 The Singapore Stone 10~14세기, 싱가포르 〈History Gallery〉
❷ 포비든힐(포트 캐닝 힐)에서 발견된 금 장신구 Gold Ornaments from the Forbidden Hill
14세기, 싱가포르 〈History Gallery〉
❸ 싱가포르 은판 사진 Daguerreotype of Singapore by Alphonse-Eugene-Jules Itier
1844년, 싱가포르 〈Living Galleries – Photography〉
❹ 문시 압둘라의 유언 Will of Munshi Abdullah
1854년, 싱가포르 〈History Gallery〉
❺ 프랭크 경의 초상화 Portrait of Sir Frank Athelstane Swettenham
1904년, 싱가포르 〈History Gallery〉
❻ 싱가포르의 황금 메이스 The Mace of the City of Singapore
1953년, 싱가포르 〈History Gallery〉
❼ 록키 포인트에서 본 싱가포르 풍경 Singapore from the Rocky Point
1819년, 싱가포르 〈History Gallery〉
❽ 중국 인형극 무대 The Xin Sai Le Puppet Stage
20세기, 남중국 〈Living Galleries – Film & Wayang〉
❾ 쉔튼 토마스경의 초상화 Portrait of Sir Shenton Thomas
1939년, 싱가포르 〈History Gallery〉
❿ 윌리엄 파커의 자연사 회화집 The William Farquhar Collection of Natural History Drawings
1800년대, 말라카 〈History Gallery〉

페라나칸 문화의 역사를 보다
페라나칸 뮤지엄 Peranakan Museum

싱가포르의 혼합 문화인 페라나칸이 궁금하다면 이곳으로 가보자. 페라나칸의 역사, 결혼식, 종교, 음식 등을 접할 수 있다. 2층의 논야관에서는 숨겨진 전시품을 찾을 수 있다. 한쪽에 마련된 수화기를 들면 아리따운 논야의 목소리도 들을 수 있다. 박물관 입구에 준비된 동그란 스탬프 종이에 관마다 마련된 스탬프를 찍는 것도 또 하나의 즐거움이 된다.

Data 지도 154C 구글맵 S 178897
가는 법 MRT CC2 브라스
바사역 B출구에서 도보 5분
주소 39 Armenian St
오픈 월~목·토·일 10:00~19:00,
금 10:00~21:00
요금 성인 10달러, 학생(학생증 필수)
6달러, 가족(최대 5명) 30달러/
금요일 19:00~21:00 성인 5달러,
어린이 3달러, 6살 이하 무료
전화 6332-7591
홈페이지 www.peranakan-
museum.org.sg

아이들이 더 좋아하는 박물관
싱가포르 우표 박물관 Singapore Philatelic Museum

다채로운 우표 전시와 함께 설명을 들을 수 있는 재미있는 국립박물관으로, 아이들과 함께 방문하기에 좋은 곳이다. 스와로브스키 우표, 레코드 모양 우표, 야광 우표, 심슨 우표 등 독특하고 신기한 우표를 만날 수 있다. 2층의 헤리티지룸은 각 시대별 우표를 통해 싱가포르의 역사를 설명하고, 그 당시의 모습을 재현해놓아 또 다른 재미를 느낄 수 있다.

싱가포르 국경일에 방문하면 특별한 기념 스탬프를 우표에 찍을 수도 있다. 1층에는 다양한 기념 우표와 엽서 등을 판매하는 기념품 숍이 자리하고 있다.

Data 지도 154C
구글맵 S 179807
가는 법 MRT CC2 브라스
바사역 B출구에서 도보 7분
주소 23-B Coleman St.
오픈 10:00~19:00
(입장 마감 18:30)
요금 성인 8달러,
어린이(3~12세) 6달러
전화 6337-3888
홈페이지 www.spm.org.sg

동남 아시아 최대의 공공 현대 미술관

싱가포르 아트 뮤지엄 Singapore Art Museum

19세기 콜로니얼 스타일로 지은 가톨릭 학교를 1996년 미술관으로 개조해 문을 열었다. 돔 지붕과 순백색의 외관이 유명하다. 싱가포르와 동남아시아의 현대미술 작품 7,000여 점을 전시하고 있으며, 회화와 조각, 영상, 사진, 뉴미디어와 사운드 아트 등 다양한 현대미술을 경험할 수 있다. 매주 금요일 저녁에는 밤 9시까지 문을 열고, 오후 6시부터 무료로 입장할 수 있으므로 꼭 챙겨가면 좋을 곳이다.

Data 지도 154C
구글맵 S 189555
가는 법 MRT CC2 브라스
바사역 A출구에서 도보 3분
주소 71 Bras Basah Rd
요금 성인 6달러, 학생 3달러,
금 18:00~21:00 무료
오픈 월~목·토·일 10:00~19:00,
금 10:00~21:00 전화 6589-9580
홈페이지 www. singapore
artmuseum.sg

어른을 위한 추억의 박물관

민트 장난감 박물관 Mint Museum of Toys

이곳은 상상과 향수를 자극하는 장난감 천국이다. 미국, 영국, 독일 등 40여 개국에서 수집한 5만개 이상의 장난감은 박물관 관장이 직접 모은 것들이라고 한다. 북치는 광대, 아톰, 뽀빠이, 미키마우스 등 대부분 빈티지한 장난감들로 구성되어 있어서 아이들보다 어른에게 더 흥미로울 수 있다.
단, 협소한 공간에 많은 것들을 보여주려다 보니 정리가 안 된 점이 아쉽다. 혼자 입장 시 할인되는 등 다양한 프로모션이 진행되므로 방문 전 홈페이지를 확인하도록 하자.

Data 지도 154D
구글맵 S 188382
가는 법 MRT EW13/NS25
시티홀역 A출구에서 도보 6분
주소 26 Seah St
오픈 09:30~18:30
요금 성인 15달러,
어린이(2~12세) 7.50달러,
60세 이상 7.50달러
전화 6339-0660
홈페이지 www.emint.com

EAT

Writer's Pick!

가격도 사랑스러운 프랑스 요리집
사브어 Saveur

주치앗의 허름한 이팅 하우스에서 시작해 현지인들에게 입소문
난 캐주얼 프렌치 레스토랑. 분위기와 가격은 가볍지만 맛은 결코
가볍지 않다. MRT 시티홀역과 부기스역 사이 퍼비스 스트리트에
위치하는 본점으로 실내가 넓지는 않지만, 분위기가 좋아 20대들
의 데이트 장소로 인기 있다.

전식 메뉴로 사랑받는 사브어 파스타Original Saveur Pasta와 바삭
한 껍질에 속살이 부드러운 오리 다리 요리 덕 콩피Duck Confit, 노
릇하게 잘 구워진 농어 요리Sea Bass 등이 추천 메뉴이다. 곁들여
나오는 감자마저 맛있다. 오차드 로드 지점도 있으며 2곳 모두 예
약은 받지 않는다.

Data 지도 154D
구글맵 S 188584
가는 법 MRT EW13/NS25
시티홀역 A출구에서 도보 10분
주소 #01-04, 5 Purvis St
가격 사브어 파스타 4.90달러,
덕 콩피 12.90달러
오픈 월~토 12:00~14:15,
18:00~21:15/일 18:00~21:00
전화 6333-3121
홈페이지 www.saveur.sg

사브어 파스타

덕 콩피

피스타치오
패나코타
Pistachio Panna Cotta

우아하게 즐기는 티 타임
티핀 룸 Tiffin Room 2019년 중순까지 재단장

이곳의 시그니처 메뉴인 하이 티는 3단 트레이와 함께 딤섬, 디저트, 과일, 음료 등을 함께 즐길 수 있는 뷔페가 추가된다. 티핀 룸은 래플스 호텔 투숙객이 조식을 먹는 곳이기도 하다. 투숙하지 않더라도 잠시나마 싱가포르 최고의 호텔인 래플스 호텔을 즐길 수 있는 특별한 경험이 될 것이다.

반바지나 민소매, 슬리퍼와 같이 가벼운 옷차림은 입장이 제한될 수 있다. 하이 티를 마친 후 래플스 호텔 아케이드를 산책해도 좋다. 하이 티를 이용할 때 롱 바에서 싱가포르 슬링을 주문할 수도 있다.

Data 지도 154D 구글맵 S 189673
가는 법 MRT EW13/NS25 시티홀역 A출구에서 도보 5분, 래플스 호텔 1층 주소 Beach Rd, Raffles Hotel
오픈 15:00~17:30 가격 하이 티 성인 62달러, 어린이(6~12세) 30달러(택스 별도)
전화 6412-1190 홈페이지 raffles.com

세 손가락 안에 드는 수제 아이스크림집
톰스 팔레트 Tom's Palette

아이스크림이 맛있는 집을 찾아다니는 사람들을 위한 알짜배기 맛집. 찾기 어려운 곳에 위치해 있지만, 수고스럽게 찾아간 보람이 있는 곳이다. 베리, 커피와 같은 친근한 맛도 있지만, 솔티드 에그욕, 리치 등 싱가포르 사람들의 취향을 담은 특별한 아이스크림이 가득하다.

모든 아이스크림은 달걀과 우유, 크림, 설탕을 사용해 주인 부부가 직접 만들며, 매달 1가지씩 새로운 아이스크림 맛을 개발해 현재는 90여 가지의 맛을 선보이고 있다.

Data 지도 154D 구글맵 S 189702 가는 법 MTR EW12 부기스역 C출구에서 비치 로드로 길을 건너 샤우 타워Shaw Tower 1층 주소 #01-25 Shaw Leisure Gallery, 100 Beach Rd
가격 작은 컵 3.4달러, 중간 컵 4.2달러, 싱글 스쿱 콘 4.4달러 오픈 월~목 12:00~21:30, 금·토 12:00~22:00, 일 13:00~19:00 전화 6296-5239 홈페이지 tomspalette.com.sg

합리적인 가격에 즐기는 모던 프렌치 퀴진
군더스 Gunther's

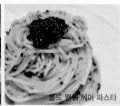

콜드 엔젤 헤어 파스타

퍼비스 스트리트Purvis St는 미식가들이 사랑하는 거리이다. 합리적인 가격에 멋진 프랑스 요리를 만날 수 있기 때문이다.

2010년 세계 100대 레스토랑으로 선정된 군더스도 그중 하나이다. 심플하면서도 고급스러운 분위기로 테이블이 6개뿐이어서 예약은 필수이다. 드레스 코드가 있으니 민소매 옷이나 반바지, 슬리퍼는 피하자. 트러플 오일과 캐비어가 토핑된 콜드 엔젤 헤어 파스타The Cold Angel Hair Pasta는 군더스의 시그니처 애피타이저로 인기가 많다. 부담이 덜한 런치 코스를 추천한다.

Data 지도 154D 구글맵 S 188613 가는 법 MRT EW13/NS25 시티홀역 A출구에서 도보 10분 주소 36 Purvis St, #01-03 오픈 월~금 12:00~14:30, 월~토 18:30~22:00 가격 런치 코스 38달러(택스 별도) 전화 6338-8955 홈페이지 gunthers.com.sg

인기 타이 음식점
잉타이 팰리스 Yhingthai Palace

맛집들이 모여 있는 퍼비스 스트리트에 있는 타이 음식점으로 현지인들도 즐겨 찾는 맛집이다. 올리브 볶음밥은 고수를 넣지 않아 깔끔한 맛으로 우리의 입맛에도 잘 맞는다. 그린 커리와 레드 커리도 유명하다.

Data 지도 154D 구글맵 S 188613 가는 법 MRT EW13/NS25 시티 홀역 A출구에서 도보 10분 주소 36 Purvis St.#01-04 오픈 런치 11:30~14:00, 디너 18:00~22:00 가격 솜땀 18달러, 그린 커리 20달러 전화 6337-1161 홈페이지 www.yhingthai.com.sg

싱가포르 대표 페라나칸 레스토랑
내셔널 키친 바이 바이올렛 운
National Kitchen by Violet Oon

일명 '페라나칸 요리의 어머니'로 불리는 바이올렛 운이 운영하는 곳. 싱가포르 국립미술관 2층에 위치해 있다. 제대로 된 페라나칸 요리를 경험할 수 있다. 오후 3시부터 5시까는 음료만 판매.

Data 지도 154F 구글맵 S 178957 가는 법 MRT EW13/NS25 시티홀역 D출구에서 도보 5분. 내셔널 갤러리 2층 주소 1 St. Andrew's Rd #02-01, National Gallery 오픈 점심 12:00~14:30/애프터눈 티 15:00~17:00/저녁 18:00~22:30 가격 비프 렌당 23달러, 드라이 락사 22달러 전화 9834-9935 홈페이지 www.violetoon.com

ENJOY

최고의 전망을 갖춘 루프톱 바
뉴 아시아 바 New Asia Bar

싱가포르에서 가장 높은 건물 중 하나인 스위소텔 71층에 위치해 있다. 300여 명이 입장할 수 있는 넓은 공간으로 싱가포르의 스카이 라인을 한눈에 볼 수 있는 최고의 스폿 중 하나이다. 360도 통유리를 통해 보이는 화려한 야경과 함께 맥주나 칵테일 마시기에 안성맞춤인 곳이다.

주말 밤이면 입장료를 받는 핫한 클럽으로 변신. 70층 에퀴녹스에서 내려 한 층만 계단을 오르면 뉴 아시아 바가 있다. 해피 아워(월~일 17:00~21:00)에는 좀 더 저렴한 가격으로 야경과 칵테일을 만끽할 수 있다. 드레스 코드는 스마트 캐주얼이며, 반바지나 슬리퍼는 입장이 제한된다.

Data 지도 154D 구글맵 S 178882 **가는 법** MTR EW13/NS25 시티홀역 A출구에서 도보 5분
주소 2 Stamford Rd **오픈** 일~화 17:00~다음날 01:00, 수 · 목 17:00~다음날 02:00, 금 · 토 · 국경일 전날
17:00~다음날 03:00, 매달 마지막 목요일 17:00~다음날 04:00 **가격** 입장료 25달러
전화 9177-7307 **홈페이지** www.swissotel.com/hotels/singapore-stamford/bars/new-asia

현지 대학생들의 아지트
스위치 바이 팀버 Switch by Timbre

싱가포르 경영대학과 가까운 곳에 위치해 학생들이 주로 찾는다. 월요일부터 토요일 밤은 인디밴드의 라이브 공연이 열리며, 시간과 공연 정보는 홈페이지에서 확인할 수 있다.

매일 오후 6시부터 9시는 해피 아워로 더욱 저렴하게 이용할 수 있다. 월요일은 8시 이후부터 해피 아워다. 페라나칸 뮤지엄 근처에 팀버 앳 서브스테이션Timbre@Substation에도 있다.

Data 지도 154C 구글맵 S 189556 **가는 법** MRT CC2 브라스 바사역
A출구 바로 앞 코너 건물 1층 **주소** 73 brasah Basah Rd,
NTUC Trade Union House **오픈** 월~목 18:00~다음 날 01:00,
금 · 토 18:00~다음 날 02:00 **휴무** 일요일 **가격** 버팔로윙 15달러
전화 6336-7739 **홈페이지** www.switchmusic.sg

 Writer's Pick!

칵테일이 특별한 루프톱 바

루프 The Loof

루프는 싱가포르의 초고층 루프톱 바들에 비하면 전망이 그리 뛰어난 편은 아니다. 그러나 야외 바를 운치 있게 감싸고 있는 나무들은 마치 정원에 온 듯 느긋함을 전해주고, 여느 루프톱 바보다 저렴한 칵테일이 기분 좋은 곳이다.

싱가포르 특유의 재료와 맛을 이용한 칵테일이 유명하고, 루프만의 비밀 소스를 뿌린 람리 버거, 오이와 고추냉이 소스, 커리, 케첩, 겨자 등을 뿌린 감자튀김, 멸치와 라임을 넣고 볶은 삼발 소스를 뿌린 치킨윙 등 입에 착착 감기는 안주도 맛있다. 주말에는 라이브 디제잉과 함께 더욱 활기 넘치는 밤이 펼쳐진다.

Data 지도 154D 구글맵 S 188720
가는 법 MRT NS25/EW13
시티홀역 B출구에서 노스 브리지
로드로 우회전한 후 도보 5분
주소 #03-07 Odeon Towers
Extension Rooftop 331
North Bridge Rd
오픈 월~목 17:00~다음 날
01:00, 금 · 토 17:00~
다음 날 03:00 휴무 일요일
가격 페낭 파디 칵테일 17달러
전화 6338-8035
홈페이지 www.facebook.com
/looftopbar

싱가포르 슬링의 원조 바

롱 바 Long Bar 2019년 중순까지 재단장

비싼 가격에도 불구하고 원조 싱가포르 슬링을 마시기 위해 많은 관광객들이 찾아온다. 12m가 넘는 긴 바를 가지고 있어서 롱 바라고 부르며 계속 움직이는 천정의 부채도 독특하다.

롱바에서 싱가포르 슬링만큼 유명한 것이 있는데, 바로 곁들여 나오는 땅콩이다. 고소한 맛이 아니라 바닥에 껍질을 마음껏 버릴 수있기 때문. 깨끗하고 벌금이 엄하기로 유명한 싱가포르에서 색다른 경험으로 남는 건 어쩌면 당연하다.

Data 지도 154D 구글맵 S 189673
가는 법 MRT EW13/NS25 시티홀역 A출구에서 도보 5분.
래플스 호텔 2 · 3층 **주소** 1 Beach Rd
오픈 일~목 11:00~24:30, 금 · 토 11:00~다음 날 01:30
가격 싱가포르 슬링 27달러, 무알콜 싱가포르 슬링 14달러
전화 6412-1816
홈페이지 www.raffles.com/singapore/dining/long-bar

> **Tip** **싱가포르 슬링의 유래**
> 1915년 래플스 호텔의 바텐더 니암 통 분Ngiam Tong Boon이 처음으로 만든 칵테일. 싱가포르의 아름다운 석양을 표현한 것으로, 영국 작가 서머셋 몸Somerset Maugham이 '동양의 신비'라고 극찬한 칵테일. 체리 블랜디, 라임 주스, 설탕 등으로 만들며 붉은 빛의 새콤달콤한 맛으로 처음부터 여성 고객을 타깃으로 만들어졌다고 한다.

BUY

실속 있는 쇼핑센터
래플스 시티 쇼핑센터 Raffles City Shopping Centre

쌍용건설이 지은 쇼핑센터로 래플스 호텔 맞은편에 있으며, 지하철 시티홀역과 바로 연결된다. 뉴 아시아 바와 에퀴녹스 레스토랑이 있는 스위소텔 스탬퍼드 호텔, 페어몬트 호텔과도 이어진다. 대형 백화점 로빈슨이 입점되어 있으며, 명품 브랜드보다는 최신 유행을 따르는 실속 있는 브랜드가 많다. 지하 1층에는 유명 베트남 음식점 남남 누들 바와 각종 디저트숍, 문구 팬시, 마켓 플레이스 등이 입점해 있다.

Data 지도 154D
구글맵 S 179103
가는 법 MRT EW13/NS25
시티홀역에서 연결
주소 252 North Bridge Rd
오픈 10:00~22:00
(매장에 따라 다름)
전화 6338-7766
홈페이지 www.rafflescity.
com.sg

고양이가 손님을 맞는 팬시 문구점
캣 소크라테스 Cat Socrates

브라스 바사 콤플렉스 2층에 있는 귀여운 숍. 빈티지 장난감, 에코백, 쿠션, 그릇, 직접 만든 카드와 동물 그림, 책들이 쌓여 있다. 들어서는 순간 이걸 언제 다 둘러보나 하는 생각이 들 정도이다. 보헤미안의 자유로운 분위기가 물씬 풍기는 이곳은 고양이 소크라테스가 살고 있어 유명하다. 소크라테스를 직접 찍은 사진부터 고양이 엽서, 카드, 고양이 얼굴을 한 목걸이와 다양한 동물이 그려진 카드, 생활 용품이 특히 사랑스럽다. 찬찬히 둘러보면 사고 싶은 것들 투성이다.

Data 지도 154D
구글맵 S 180231
가는 법 EW13/NS36
시티홀역에서 도보 7분
주소 #02-25 Bras
Basah Complex, 231Bain St
오픈 월~토 12:00~20:00,
일 13:00~19:00
전화 6333-0870
홈페이지 catsocrates.com

야경이 멋져 사진 찍기에도 좋은

래플스 호텔 아케이드 Raffles Hotel Arcade 2019년 중순까지 재단장

래플스 호텔에 있는 쇼핑 아케이드로 1층부터 3층까지 70여 개의 매장이 입점해 있다. 최고급 호텔답게 고급 시계와 보석, 루이비통, 티파니 등 명품 숍들이 주를 이룬다. 그 외에도 아기자기한 기념품과 다양한 차와 찻잔, 티폿, 트레이, 쿠션, 에코백 등 리빙용품을 판매하는 숍들도 있어 구경하며 걷기에 좋다. 한국의 인기 화장품 브랜드인 설화수도 입점해 있다.

롱 바나 티핀 룸을 갈 때 함께 들르기에 좋다. 저녁이면 조명이 켜져 예쁜 야경도 볼 수 있다. 단, 드레스 코드가 있는 매장도 있으니 복장에 신경 쓰자. 호텔에 투숙하지 않아도 이용할 수 있다.

Data 지도 154D
구글맵 S 179103
가는 법 MRT EW13/NS25
시티홀역 A출구에서 도보 5분,
래플스 호텔 1~3층
주소 Beach Rd.,
Raffles Hotel
오픈 11:00~20:30
홈페이지 raffles.com

02

마리나베이&
에스플러네이드

MARINA BAY&
ESPLANADE

싱가포르의 상징인 멀라이언 동상을 시작으로
두리안을 형상의 에스플러네이드를 지나
마리나베이 샌즈 호텔까지 이어지는 항구주변을
모두 마리나베이라 할 수 있다. 그러나 오랜
관광지로 익숙한 멀라이언 동상 쪽을 빼고,
새로운 관광 명소로 떠오른 에스플러네이드 몰과
마리나베이 샌즈, 싱가포르 플라이어, 가든스 바이
더 베이를 한 지역으로 묶어 소개한다.

Marina Bay&Esplanade
PREVIEW

마리나베이를 둘러싸고 있는 주변 지역(멀라이언 동상과 플러톤 호텔 포함)을
모두 마리나베이라고 할 수 있다.
하지만 이 책에서는 에스플러네이드를 시작으로 싱가포르 플라이어와
가든스 바이 더 베이, 마리나베이 샌즈가 있는 곳까지 아우른다.

SEE

마리나베이 샌즈가 들어선 후 이 지역은 싱가포르의 대표 관광 명소가 되었다. 건축 자체로 이미 독특한 마리나베이 샌즈 호텔 꼭대기에는 누구나 한 번쯤 가보고 싶어하는 수영장인 인피니티 풀과 도심 쪽 전망을 볼 수 있는 스카이파크가 있다. 싱가포르 플라이어, 가든스 바이 더 베이도 입장료가 아깝지 않은 최고의 놀거리이다. 이 지역에서 바라보는 도심의 야경도 빼놓을 수 없다.

EAT

에스플러네이드 쪽 쇼핑몰 안에 다양한 레스토랑과 카페가 많다. 전국에서 최고의 길거리 음식점만을 모아놓은 마칸수트라 글루턴스 베이도 꼭 챙겨가야 할 호커 센터. 마리나베이 샌즈 쇼핑몰로 들어오면 울프강 퍽, 와쿠다 테츠야 등 세계 스타 셰프들이 오픈한 레스토랑들이 모여 있다. 대체로 가격대가 비싸지만, 24시간 여는 푸드 코트도 있으니 안심할 것.

BUY

오차드 로드 다음으로 고급 쇼핑몰이 모여 있는 지역이다. 쇼핑몰 대부분은 호텔과 연결되어 있어 먹고 자고 쇼핑 등 원한다면 이 안에서 모두 해결할 수 있다. 왠만한 명품 브랜드를 모두 만날 수 있는 마리나베이 샌즈 숍스는 쾌적하고 우아하게 쇼핑을 즐길 수 있는 최적의 장소. 오차드 로드보다 붐비지 않아 여유롭게 다닐 수 있다.

 어떻게 갈까?

에스플러네이드 몰과 선텍 시티 몰, 마리나 스퀘어 등의 쇼핑몰이 모여 있는 쪽으로 가려면 MRT CC3 에스플러네이드역에서, 마리나베이 샌즈 호텔과 마리나베이 샌즈 숍스 쪽으로 가려면 MRT CE1 베이프런트Bayfront역에서 내리는 것이 가깝다. 이름이 같다고 해서 MRT CE2 마리나베이역에서 내리지 않는 것이 관건이다. 그곳은 거의 볼 것이 없다.

어떻게 다닐까?

마리나베이 주변을 산책하고 싶다면 늦은 오후나 밤을 선택할 것. 낮에는 쇼핑몰 안이나 호텔에서 시간을 보내고, 늦은 오후부터 움직이도록 한다. 싱가포르 플라이어나 가든스 바이 더 베이 모두 오후 5~6시쯤에 가서 밤까지 있으면 낮과 밤의 모습을 모두 즐길 수 있다. 반짝반짝 조명이 들어오는 헬릭스 브리지도 밤에 방문할 것.

Marina Bay&Esplanade
ONE FINE DAY

낮에는 시원한 쇼핑몰 안에서 보내고, 해가 지기 전부터
싱가포르 플라이어나 가든스 바이 더 베이에서 시간을 보내는 일정이 가장 좋다.
가든스 바이 더 베이는 꽤 시원하므로 낮에 가도 무방하다. 밤에는 원더풀 쇼를
공짜로 보고 마리나베이나 에스플러네이드 길을 따라 산책을 즐겨보자.

11:00
마리나베이 샌즈
숍스에서
쇼핑 만끽하기

→ 도보 5분 →

13:00
브레드 스트리트 키친,
혹은 라사푸라 마스터스에서
점심 식사하기

→ 도보 5분 →

15:00
카지노에서 배팅하기,
혹은 아트 사이언스
뮤지엄 관람하기

↓ 도보 5분

20:00
마칸수트라 루턴스에서
칠리크랩을 먹으며
맥주 한잔 즐기기

← 도보 5분

19:30
어둠이 드리워진
에스플레네이드
산책하기

← 도보 10분

17:00
가든스 바이 더 베이에서
저녁까지 시간
보내기

↓ 도보 5분

21:30
무료로 즐길 수 있는
스텍트라 쇼 감상하기

→ 도보 5분 →

22:00
세라비에서 칵테일을
마시며 야경 구경하기

JW 메리어트 사우스 비치 호텔
JW Marriott South Beach Hotel

선텍 시티 몰
Suntec City Mall

비치 로드 키친 R
Beach Road Kitchen

부의 분수
Fountain of Wealth

싱가포르
방문자 센터

S Raffles City Shopping Centre
H Swissotel The Stamford

War Memorial Park

밀레니아 워크
Millenia Walk DT15 CC4

프로메나드역

시티 링크몰(지하도)
City Link Mall

S
Milenia Walk

팬 퍼시픽 싱가포르
Pan Pacific Singapore Hotel

S 마리나 스퀘어 몰
Marina Sqaure Mall

The Ritz-Calton
Millenia Singapore

쿠키 뮤지엄 S
미시모 두티 S
산스 산스 S

H

만다린 오리엔탈 싱가포르
Mandarin Oriental Singapore

에스플러네이드 몰 S
Esplanade Mall

Raffels Ave

R 마칸수트라 글루턴스 베이
Makansutra Gluttons Bay

유람선 선착장

싱가포르 플라이
Singapore Flyer

E 얼티밋 드라C

Outdoor theatre

E 야외 극장
E 콩코스 중앙홀
E 루프 테라스
E 라이브러리
E 겐코
S 시자르 럭스

헬릭스 브리지
Helix Bridge

멀라이언 동상

H The Fullerton Hotel

S One Fullerton

아트 사이언스 뮤지엄
Art Science Museum

Skating
Rink

라사푸라 마스터스 R
Rasapura Masters

루이비통 아일랜드 메종
Louis Vuitton Island Massion

카지노
Casino

시어터
Theatre

스카이파크
Skypark

R 폴른 Pollen

플라워 돔
Flower Dome

스펙트라 쇼

아발론

H The Fullerton Bay Hotel

크리스털 파빌리온
(South)

E

마리나베이
샌즈 숍스
Marina Bay
Sands Shops
S

E 세라비
Ce La Vi

클라우드 포레스
Cloude Fores

마리나베이 샌즈 호텔
Marina Bay Sands Hotel

E 인피니티 풀
Infinity Pool

Event Plaza

Bayfront Link

R 63 에스프레소
63 Espresso

마리나 베이 샌즈 엑스포&
Marina Bay Sands Expo&
Convention Centre

드래곤플라이 브리지
Dragonfly Bridge

가든스 바이 더
Gardens by the Ba

The Pyomontory @ Marina Bay

DT16 CE1

베이프론트역
Bayfront

E 레벨 33
Level 33

E 와쿠긴 바
R 와쿠긴
R 브레드 스트리트 키친
R DB 비스트로 모던
R 컷
R TWG 티 가든
S 라울
레인 오큘러스
S 콜드 스토리지

Marina Blvd

N

마리나베이
Marina Bay

0   200m

SEE

밤에 걷는 낭만의 다리
헬릭스 브리지 The Helix Bridge

에스플러네이드에서 마리나베이 샌즈 호텔로 갈 때 건너는 다리로 싱가포르에서 가장 긴 보행자용 다리이다. '이중 나선형' 구조로 되어 있는 이 다리는 삶과 연속, 부활, 영원한 풍요, 성장을 상징하는 여러 개의 연결 지주들이 함께 연결되어 있으며 사람의 DNA와 같은 형상을 하고 있다.
굳이 이런 철학적 의미를 따지지 않더라도 밤에 조명이 켜진 이 다리를 걷는 기분은 꽤 근사하다. 중간중간 전망대가 설치되어 있어 사진을 찍기에도 좋다. 그러나 낮에는 꿈도 꾸지 말 것. 너무 덥다.

Data 지도 174D **구글맵** S 038981 **가는 법** 에스플러네이드와 마리나베이 샌즈 호텔 사이 **주소** Helix Bridge

싱가포르 도심의 유료 전망대
스카이파크 Skypark

마리나베이 샌즈 호텔 타워 57층에 있는 200m 높이의 유료 전망대. 전망대 중앙에 있는 기념품 숍 위에는 쿠데타 레스토랑과 바가 있다. 360도의 전망은 아니지만, 중요한 도심 전망은 모두 볼 수 있고, 주요 랜드마크와 지역 설명이 한글로 되어 있다.
그러나 가격 대비로 따진다면 싱가포르 플라이어를 타거나 루프톱 바인 쿠데타에서 칵테일 한잔을 마시며, 싱가포르의 아름다운 도심을 구경하는 게 나을 수도 있다.

Data 지도 174D **구글맵** S 018956
가는 법 MRT CEI/DT16 베이프런트역 하차, 마리나베이 샌즈 호텔 타워 3에서 엘리베이터 이용
주소 Skypark at Marina Bay Sands Tower 3, 1 Bayfront Ave
오픈 월~목 09:30~22:00, 금·토 09:30~23:00
가격 어른 23달러, 어린이(2~12세) 17달러 **전화** 6688~8826
홈페이지 ko.marinabaysands.com/sandsskypark-ko.html

Writer's Pick!

싱가포르의 새로운 랜드마크

가든스 바이 더 베이 Gardens by the Bay

시간적 여유가 없더라도, 가든스 바이 더 베이 만큼은 빼놓지 말라고 당부하고 싶다. 싱가포르 남쪽 칼랑강 일부를 매립한 땅 위에 세계 최대 규모의 인공 정원으로, 부지가 매우 넓다. 입장료를 받는 곳은 클라우드 포레스트와 플라워 돔이다. 그 외에는 모두 무료로 입장할 수 있다. 영화 〈아바타〉에 나오는 판도라 행성의 숲과 나무처럼 초현실적으로 만들어진 거대한 슈퍼트리 그로브는 밤에 보면 감동이 2배로 전해진다.

대충 둘러보아도 2~3시간은 금방 간다. 식사를 할 수 있는 식당가도 있으니, 해가 지기 바로 전에 와서 저녁 때까지 느긋하게 시간을 보내도록 하자. 그래야 본전 뽑을 수 있다.

Data 지도 174F 구글맵 S 018953
가는 법 MRT CE1/DT16
베이프런트역 B출구 지하 연결
통로 통해서 드래곤 브리지를
건넌다.
주소 18 Marina Gardens Dr
오픈 09:00~21:00
요금 클라우드 포레스트+
플라워돔 성인 28달러,
어린이(3~12세) 15달러
전화 6420-6848
홈페이지 www.gardensbythe
bay.com.sg

> **Tip** **1** 낮에는 무더워서 클라우드 포레스트와 플라워 돔이 있는 곳까지 걸어가기 쉽지 않다. 가든스 바이 더 베이 입구에서 미니트램을 타면 25분간 곳곳을 둘러볼 수 있고, 클라우드 포레스트 앞에서 내려준다. 티켓 가격은 3달러이며, 트램은 오전 9시부터 오후 9시까지 무제한 탑승할 수 있다.
> **2** 외국인은 클라우드 포레스트와 플라워 돔을 합친 통합 입장권(28달러)만 살 수 있다.
> **3** 클라우드 포레스트와 플라워 돔은 내부가 시원해 낮에 둘러보기에도 수월하지만 나머지 곳들은 한낮에는 둘러보기가 힘들다. 해가 질 무렵에 와서 밤까지 둘러보는 일정이 가장 좋다.

Inside

가든스 바이 더 베이 구석구석 즐기기

슈퍼트리 그로브 Supertree Grove

철근과 콘크리트로 뼈대를 만들고 그 위에 패널을 얹어 16만 개 이상의 진짜 식물을 식재한 인공 나무이다. 20~25m 높이에 달하는 이름 그대로의 슈퍼트리 11개가 세워져 있다. 그중에는 2개의 나무 사이에 다리를 놓아 연결한 OCBC 스카이웨이도 있다. 22m 높이의 공중 산책로로 길이가 무려 128m나 된다. 이곳에 올라가려면 5달러의 별도 요금을 내야 한다.

가장 아름다운 슈퍼트리의 전경은 밤에 만들어진다. 나무마다 색색의 조명이 켜지고 빛과 소리를 이용한 쇼가 2차례(19:45, 20:45) 펼쳐진다. 잔디에 누워 올려다보는 이곳은 단연 신세계이다.

클라우드 포레스트 Cloud Forest

돔 내부에 58m 높이의 인공 산을 만들어 산악 식물을 조성해놓았다. 산처럼 보이며, 세계에서 가장 높은 실내 폭포가 시원하게 떨어져 더욱 신비로움을 더한다. 해발 1,000~3,000m 높이의 고산 지대에서 서식하는 세계의 식물을 만날 수 있다는 것이 압권이다. 꼭대기 7층의 잃어버린 세계Lost World에서 시작해 크리스탈 마운틴, 시크릿 가든의 저지대로 내려오면 된다. 인공 산 안과 밖의 다리를 오가며 내려오는 길이 흥미진진하다.

플라워 돔 Flower Dome

4,800평 규모에 달하는 둥그런 돔 형태의 초대형 식물원이다. 유리 패널로 천장이 이루어져 있어 자연 채광이 그대로 들어오지만, 실내 기온이 23~25도에 맞춰져 있어 쾌적하게 둘러볼 수 있다. 클라우드 포레스트에 비해서는 감동이 좀 떨어지나 아프리카의 바오밥나무를 실물로 보는 일은 충분히 감동적이다.

호주, 남아메리카, 남미, 지중해 등지에서 서식하는 독특한 나무와 꽃, 식물들을 구경할 수 있다.

세계에서 두 번째로 큰 대관람차
싱가포르 플라이어 Singapore Flyer

싱가포르의 여러 어트랙션 중 자신 있게 추천할 수 있는 곳이다. 최고 지점 높이가 무려 165m에 달하는 대관람차. 얼마 전까지는 세계 최대 크기의 대관람차였으나, 라스베이거스의 하이롤러에 밀려 2위가 되었다. 올라가면서 보는 전망보다 내려오면서 마주하는 전망이 훨씬 아름다운데, 특히 마리나베이 지역과 워프프런트, 초고층 빌딩의 상업 지구를 한눈에 볼 수 있다.

총 28개의 캡슐이 있으며, 한 바퀴 도는 데 약 1시간 30분 소요된다. 캡슐 안에는 전망을 편안히 감상할 수 있도록 의자가 설치되어 있으며, 에어컨도 빵빵하게 틀어져 있다. 햇빛이 쨍쨍한 한낮보다는 해 질 녘 풍경이 더 드라마틱하다. 일몰 시간을 알아보고 맞춰 가는 것도 좋은 방법이다.

Data 지도 174D
구글맵 S 039803
가는 법 MRT CC4/DT15
프로미나드역 A출구에서 도보 5분
주소 30 Raffles Ave
오픈 08:30~22:30
요금 어른 33달러,
어린이(3~12세) 21달러
전화 6333-3311
홈페이지 www.singaporeflyer.
com

Inside

싱가포르 플라이어 구석구석 즐기기

메인 건물 1층

싱가포르 플라이어 단지는 꽤 넓다. 관람차를 타러 가는 건물 1층에는 강변 쪽을 바라보고 있는 시푸드 파라다이스 레스토랑과 아이리시 펍이 있으며, 편의점과 야쿤 카야 토스트, 아이스크림 가게 등이 있다.

가장 추천하는 곳은 1960년대 스타일로 꾸며진 푸드 트레일. 부담없이 저렴하게 현지 음식을 먹을 수 있는 호커 센터로, 각 지역의 인기 맛집들을 모여 있다.

메인 건물 2층

보잉 737기종의 조종실 안에 비행 시뮬레이터를 설치, 조종사 체험을 할 수 있는 플라이트 익스피어리언Flight Experience와 모션 시어터에서 6D 라이딩을 즐길 수 있는 XD 시어터, 겐코 리플렉솔로지&피시 스파 등이 들어서 있다.

캡슐 고르기

대관람차 안에서 특별한 이벤트를 할 수도 있다. 캡슐 안에서 버틀러가 4코스의 요리를 내주는 풀 버틀러 스카이 다이닝World's Fist Full Butler Sky Dining(19:30, 20:30)을 경험할 수도 있다. 특별히 샴페인 색으로 조명 장식된 캡슐 안에서 모엣샹동을 마시거나, 싱가포르 슬링, 하이 티(15:30)를 마시는 패키지를 선택할 수

도 있다.

얼티밋 드라이브

공식 F1서킷이 플라이어 바로 옆에 위치해 있다. 이 서킷 안에서 스파이더나 람보르기니를 타고 15분 동안 질주할 수 있는 스트리트 서킷 투어(248달러), F1서킷과 ECP고속도로에서 30분, 60분 주행할 수 있는 스트리트 투 프리웨이 투어(30분, 398달러)가 준비되어 있다.

홈페이지 www.ultimatedrive.com

공짜로 볼 수 있는 물과 레이저 쇼
스펙트라 쇼 Spectra Show

15분간 진행되는 무료 쇼. 분수가 만들어내는 물보라가 배경이 되고, 그 위에 레이저와 빛을 쏴서 만들어내는 워터&레이저 쇼이다. 피라미드형, 아치형, 화산형 등 다양하게 뿜어져 나오는 물줄기 자체가 쇼가 되기도 하고, 조명을 받은 물줄기가 물인지, 불인지 모르게 신비롭게 펼쳐진다. 인기 TV프로그램 〈짠내투어〉에서 박나래팀의 관광 코스로 등장해 더 유명해진 공짜 코스.

Data 지도 017F 구글맵 S 018972 주소 2 Bayfront Ave, Event Plaza 오픈 토·일 20:00, 21:00, 22:00 요금 무료 전화 6688-8868 홈페이지 marinabaysands.com

예술과 과학을 함께 즐기는 박물관
아트 사이언스 박물관 Art Science Museum

연꽃 모양, 혹은 사람의 열 손가락 모양을 연상케하는 건축부터 독특하다. '예술과 과학의 공존'을 테마로 특별 전시와 상설 전시를 개최한다. 타이타닉, 해리포터, 앤디워홀, 달리에 관한 세계 투어 전시가 열렸으며, 첨단 멀티미디어가 결합된 인터랙티브 전시가 훌륭하다.

Data 지도 174D 구글맵 S 018974
가는 법 MRT CE1 베이프런트역 C번 출구에서 마리나베이 샌즈 숍스로 들어와서 광장으로 나온다. 도보 10분 주소 6 Bayfront Ave
오픈 10:00~19:00 요금 전시마다 다름
전화 6688-8328 홈페이지 www. marinabaysands. com/museum.html

EAT

한국과 인연이 깊은 스테파노 총괄 셰프가 운영
비치 로드 키친 Beach Road Kitchen

JW 메리어트 호텔 싱가포르 사우스 비치 안에 있는
올데이 다이닝 레스토랑. 아침부터 저녁까지 뷔페로
즐길 수 있으며, 알라카르트 메뉴도 주문할 수 있
다. 치즈 스테이션부터 시푸드 코너, 고기 파트까지
호텔 뷔페에 기대하는 모든 수준을 보장한다.

JW 메리어트 호텔 싱가포르에는 비치 로드 키친을 비롯해 총 8개의 레스토랑과 바가 자리해 있다.
한국인 셰프 백승우가 오픈한 아키라백과 미디어 바Media Bar, 중식당 마담 판Madame Fan, 바 코트 마
셜Court Martial과 토닉Tonic, 와인 바 스테그스 룸Stags' Room, 최근 재개장한 쿨 캣츠Cool Cats까지 갖
추어져 있다. 하얗고 반들반들한 타일의 화덕이 중앙에 자리한 비치 로드 키친의 조식으로 싱가포르
의 하루를 시작해보는 것도 좋겠다.

Data 지도 174A 구글맵 S 189763 가는 법 MRT CC3 에스플러네이드역 F출구에서 도보 3분
주소 30 Beach Rd 오픈 06:00~22:00 가격 런치 뷔페 58달러, 저녁 뷔페 78달러
전화 6818-1913 홈페이지 marriott.com/hotels/travel/sinjw-jw-marriott-
hotel-singapore-south-beach/

플라워 돔이 정원인 파인 다이닝
폴른 Pollen

1층에서는 파인 다이닝을, 2층에서는 올데이 다이
닝과 애프터눈 티를 즐길 수 있다. 다른 곳보다 폴
른이 특별한 이유는 가든스 바이 더 베이 안에 있는
플라워 돔과 한 지붕을 사용한다는 것이다. 천장의
유리 패널을 통해 자연채광이 들어와 내부가 환하
고 식물들로 가득하다. 게다가 폴른에서 식사를 한 사람들에게는 플라워 돔 입장이 무료. 단, 플라
워 돔의 식물 관리 때문에 온도를 매우 낮게 유지해 레스토랑 실내가 춥게 느껴질 수 있다.

고든 램지에서 요리 경력을 쌓은 셰프 스티브 알렌Stveve Allen이 새로 주방을 맡아 지중해에서 영감
을 받은 모던 프렌치 퀴진을 선보인다. 저녁 코스는 가격이 꽤 나가지만, 점심은 가격이 합리적인편.

Data 지도 174D 구글맵 S 018953 가는 법 MRT CE1/DT16 베이프런트역에서 가든스 바이 더 베이
메인 앤트런스까지 도보 20분 또는 메인 앤트런스에서 폴른에 연락하면 버기를 보내준다.
주소 Flower Dome, 18 Marina Gardens Dr, 01-09 오픈 월 12:00~14:30, 18:00~22:00/
화 15:00~17:00/수~일 12:00~14:30, 15:00~17:00, 18:00~22:00
가격 런치 3코스 55달러, 저녁 7코스 155달러 전화 6604-9988
홈페이지 www.pollen.com.sg

싱가포르 최고의 푸드 헌터가 선택한
63 에스프레소 63 Espresso

마리나베이의 유명 레스토랑 63 셀시우스63 Celsius에서 직영으로 운영하는 커피 전문점으로, 근처 회사원들에게 인기가 많은 곳이다. '63'이라는 숫자는 달걀 요리를 위한 가장 완벽한 온도를 뜻하며, 제철 재료로 최적의 온도에서 제대로 된 요리를 제공한다는 의미를 담고 있다.

63 에스프레소는 매주 시드니에서 들여오는 신선한 원두를 사용하여 차별화된 커피를 선보인다. 아이스 카페라테에 작은 커피 원두 알갱이가 쌉싸름하게 씹히는 63V는 오직 63 엑스프레소에서만 만날 수 있는 시그니처 커피이다. 최근 오차드 로드의 파라곤 4층에도 문을 열었다.

Data 지도 174E 구글맵 S 018987
가는 법 MRT DT17 다운타운역 A출구에서 마리나 블라바드 방면으로 도보 3분, 세일The Sail 지하 1층
주소 #B1-06 The Sail@ Mrina Bay, 2 Marina Blvd
오픈 월~금 07:30~18:00 휴무 토 · 일요일 **가격** 63V 6.50달러, 민트 모카 7.50달러 **홈페이지** www.63espresso.com

상주하는 티 마스터가 취향에 맞는 차를 추천
TWG 티 가든 TWG Tea Garden

마리나베이 샌즈 숍스에는 2개의 TWG 매장이 있다. 한 곳은 푸른 색 운하의 다리 위에 자리한 TWG 티 살롱&부티크(B2 65호), 또 다른 곳은 정원처럼 꾸며진 TWG 티 가든이다. 어느 지점을 가나 보이는 노란색의 커다란 차 통 장식은 TWG의 고급스럽고 우아한 분위기를 대변해준다.

전 세계 36개국의 1,000여 곳의 차밭에서 채취한 찻잎과 숙련된 장인의 손을 거쳐 나오는 800여 종의 차 리스트가 완벽한 애프터눈 티를 만들어준다. 티 가든 옆에는 차를 살 수 있는 숍이 있다. 싱가포르에만 8개의 단독 매장이 있다.

Data 지도 174D 구글맵 S 018972
가는 법 마리나베이 샌즈 숍스 지하 2층 89호
주소 The Shoppes at Marina Bay Sands 2 Bayfront Ave, B2-65 /68A
오픈 월~목 · 일 10:00~23:00, 금 · 토 10:00~24:00
가격 토 · 일 티 타임 세트 메뉴 1인 29달러
전화 6565-1837
홈페이지 www.twgtea.com

Writer's Pick!

〈마칸수트라〉 맛집 가이드북에서 선정한 10곳
마칸수트라 글루턴스 베이
Makansutra Gluttons Bay

싱가포르의 베스트 호커 센터에 꼽히는 곳이다. 〈마칸수트라〉 맛집 소개서에서 최고로 인정한 10곳의 호커 센터를 모아놓았다. 칠리크랩과 삼발 가오리찜을 만드는 레드힐 롱 구앙 비비큐 시푸드와 순리 프라이드 호키엔 프론미, 게리스 그릴 등이 유명하다.

Data 지도 174C
구글맵 S 039802
가는 법 에스플러네이드 몰 바로 옆
주소 #01-15, 8 Raffles Ave
오픈 월~목 17:00~다음 날 02:00,
금·토 17:00~다음 날 03:00,
일 16:00~다음 날 01:00
가격 게리스 그릴 사테 세트 7달러,
삼발 가오리찜 12달러
전화 6438-4038
홈페이지 www.makan
-sutra.com

삼발 가오리찜

명품 쇼핑몰 안의 호커 센터
라사푸라 마스터스 Rasapura Masters

싱가포르의 유명한 호커 음식점들이 모여 있는 푸드 코트. 현지인에게 인기 있는 응아 시오 바쿠테와 쫄깃한 국수 전문점인 지아 시앙 미Jia Xiang Mee, 바비큐가 맛있는 필리핀의 대표 프랜차이즈, 게리스 그릴Gerry's Grill 등이 자리해 있다.
다른 지역의 푸드 코트보다 가격대가 높은 편이지만, 파인 다이닝 레스토랑이 즐비한 마리나베이 샌즈 숍스에서 그래도 10달러 안으로 음식을 먹을 수 있는 곳이다.

Data 지도 174D
구글맵 S 039802
가는 법 마리나베이 샌즈 숍스
지하 2층 50호, 아이스링크 옆
주소 B2-50 Canal level,
2 Bayfront Ave
오픈 매장마다 다름
가격 10달러 정도
전화 6506-0161
홈페이지 www.rasapura.
com.sg

ENJOY

쿠데타가 사라지다
세라비 Ce La Vi

싱가포르의 유명 클럽 중 하나였던 쿠데타는 최근 이름을 세라비로 바꾸었다. 사실 이곳은 발리의 쿠데타와는 아무 연관이 없는 독자적인 곳이었다. 그동안 이름 때문에 분쟁이 있었고, 그 결과 이름을 세라비로 바꾸게 되었다. 이름을 바꿨지만 변한 것은 많지 않다. 마리나베이 샌즈 호텔 57층에서 내려다보는 환상적인 시내의 야경도, 시크한 분위기 속에서 음식과 칵테일, 혹은 샴페인을 즐길 수 있다.

레스토랑에서 저녁 식사를 80달러 이상으로 먹어야 하는 기준도 이전과 같다. 금요일과 토요일 밤 9시 이후에는 38달러의 입장료가 있다. 낮 12시부터 문을 여는 점이 다른 라운지 바와 다른 점.

Data 지도 174D 구글맵 S 018971 가는 법 MRT CEI/DT16 베이프런트역에서 하차, 마리나베이 샌즈 호텔 타워 3에서 엘리베이터 이용 주소 B2-50 Canal level, 2 Bayfront Ave 오픈 레스토랑 점심 12:00~15:00, 저녁 18:00~23:00/클럽 라운지 11:00~부정기적 가격 호가든 생맥주 16달러, 게이샤 칵테일 22달러 전화 6688-7688 홈페이지 ko.marinabaysands.com/restaurants/modern-asian/ce-la-vi.html

바 고수들에게 200%의 만족감을 주는 곳
와쿠긴 바 Waku Ghin Bar

와쿠긴 레스토랑은 워낙 비싼 곳이라 정말 큰맘을 먹고 가야 한다. 하지만 와쿠긴 레스토랑으로 들어가기 전에 있는 이곳은, 그 어느 바보다 훌륭한 칵테일을 선보이면서도 가격은 합리적이어서 바를 찾아다니는 고수들에게는 보석과도 같은 곳이다. 보통은 와쿠긴 레스토랑으로 들어가기 전, 식전주로 가볍게 마시고 가는 사람들이 많아 붐비지 않는다는 것도 장점. 마치 다도의 예법을 따르듯 절제되고 진중한 자세를 보여주는 헤드 바텐더 카주히로 치Kazuhiro Chi 씨의 칵테일 만드는 모습은 깊은 인상을 남긴다.

시즈오카산 생와사비를 그 자리에서 직접 갈고, 와사비를 우려서 만든 사케를 넣어 만든 와사비 진과 신선한 크림, 카카오 화이트 크림을 섞어 만드는 칵테일 야마오로시는 황홀한 맛을 안겨준다. 와사비의 톡 쏘는 맛이 먼저 오고, 크리미한 맛이 뒤에서 부드럽게 잡아주다가, 거의 다 먹을 때 즘 씹히는 간 와사비의 잔재가 먹는 이를 감동시킨다.

Data 지도 174D 구글맵 S 018956 가는 법 마리나베이 샌즈 숍스 아트리움 2층 L2-01호 주소 10 Bayfront Ave 오픈 17:30~22:30 가격 킨 마티니 23달러, 야마오로시 23달러 전화 6688-8507 홈페이지 marinabaysands.com/restaurants/waku-ghin

BUY

부의 분수에서 소원을 빌어보세요
선텍 시티 몰 Suntec City Mall

길을 잃을 정도로 규모가 큰 쇼핑센터로 300여 개의 숍이 입점해 있다. 5개의 타워와 컨벤션 센터로 이루어져 있으며, 풍수지리설에 따라 설계된 건물은 하늘을 향해 벌린 손바닥 모양과 비슷하다. 그 가운데 위치한 세계에서 가장 큰 분수인 부의 분수Fountain Of Wealth를 구경하는 것도 잊지 말자.

또한 이곳은 히포앤덕투어가 출발하는 곳으로 티켓을 구매할 수 있다. 토이저러스와 카르푸, 푸드 리퍼블릭이 있으며 갭, 자라, 톱숍 등 인기 브랜드 숍과 레스토랑이 위치해 있다.

Data 지도 174A
구글맵 S 038983
가는 법 MRT CC4/DT15
프로미나드역 C출구에서 연결
주소 3 Temasek Blvd
오픈 11:00~21:00
전화 6337-2888
홈페이지 www.sunteccity.com.sg

건축부터 주목받는 예술 단지
에스플러네이드 몰 Esplanade Mall

열대 과일 두리안을 형상화한 독특한 외관으로 유명한 예술 단지.
약 2,000명을 수용할 수 있는 극장과 콘서트홀, 스튜디오와 비
주얼 아트 스페이스, 야외 극장, 쇼핑몰 등으로 이루어져 있다.
음악, 무용, 연극, 전시 등의 다양한 문화 공연이 전방위적으로
열리고 있다. 쇼핑몰 안에는 악기와 음악을 테마로 한 기념품 숍
과 여러 레스토랑과 카페, 도서관 등이 자리해 있어서 모든 것을
한 곳에서 해결할 수 있어 편리하다.

Data 지도 174A
구글맵 S 038981
가는 법 MRT CC3
에스플러네이드역 D출구에서
도보 5분
주소 1 Esplanade Dr
오픈 10:00~22:00
전화 6828-8377
홈페이지 www.esplanade.com

Plus 합리적인 가격대가 만족스런 스파
겐코 Kenko Reflexology&Spa

싱가포르에서 가장 대중적인 마사지숍 중 하나이다. 물가가 비싼 싱가포
르에서 만족스럽게 발 마사지와 스파를 받을 수 있다. 발의 혈을 눌러 지
압하면서 몸의 상태를 체크하는 발마사지가 가장 유명하다. 발마사지를
위해 앉는 의자도 거의 누워있는 듯한 자세를 취할 수 있어 편안하다.
에스플러네이드 몰에 위치한 이곳은 에센셜 오일과 아로마를 이용한 다
양한 스파 프로그램을 받을 수 있다.

Data 지도 174A 구글맵 S 038981
가는 법 에스플러네이드 몰 2층 21호 주소 #02-21, 8 Raffles Ave 오픈 월~목 10:00~22:00,
금~일 10:00~23:00 가격 발 리플렉솔로지(40분) 59달러, 어깨 마사지(40분) 59달러,
시그니처 바디 마사지(60분) 120달러 전화 6363-0303 홈페이지 www.kenko.com.sg

Inside

에스플레네이드 몰의 주요 스폿

야외 극장 Outdoor Theatre

에스플레네이드에서 해변 산책로 쪽으로 향하고 있는 야외 공연장. 450개의 좌석이 갖추어져 있고, 크고 작은 공연이 해가 지면 열린다. 밤에는 연인과 가족들의 산책 코스로 인기 있다. 무료 공연 스케줄은 홈페이지에서 확인 가능.

콩코스 중앙홀 Concourse

에스플레네이드의 정문에서 들어오면 보이는 것이 중앙홀이다. 매일 저녁 아마추어 작가들의 음악과 춤, 공연이 열리는 장소이기도 하다. 젊은 예술가들의 공연 장소로 열려 있는 곳. 대부분의 공연은 무료이다.

루프 테라스 Roof Terrace

에스플레네이드 몰 3층에 있는 옥상 테라스. 마리나베이 샌즈 호텔에서 플러톤 호텔, 멀라이언 동상까지 항구를 둘러싼 전경을 감상할 수 있다. 무료로 개방하는 곳이라 인기가 많다. 이곳 역시 밤에 가야 멋지다.

라이브러리 Library

싱가포르의 첫 번째 공연 예술 관련 전문 도서관. 음악과 댄스, 연극, 영화에 관한 다양한 자료와 DVD, CD를 갖추고 있고, 도서관에서 직접 듣거나 볼 수도 있다.
도서관에 들어갈 때 따로 가방을 맡기지 않아도 된다. 북카페처럼 친근한 분위기이다.

Data 가는 법 에스플레네이드 3층 1호
오픈 11:00~21:00 전화 6332-3255
홈페이지 www.esplanade.com/
about_the_centre/library/index.jsp

시자르 럭스 Csar Luxe

프랑스의 톱 패션 액세서리와 주얼리를 비롯해 유럽의 여러 도시에서 선별해온 휴대폰 케이스, 각종 문구 소품 등이 진열되어 있다. 20년 넘게 스와로브스키의 크리에이티브 디렉터로 일해온 스테판 소모기Somogyi의 크리스털 제품과 주얼리, 뉴욕 메트로폴리탄 뮤지엄에도 입점되어 있는 스페인의 조이다르트Joid'art 제품들이 여심을 사로잡기에 충분하다.

Data 가는 법 에스플레네이드 몰 2층 11호
오픈 12:00~21:00 전화 6336-8786
홈페이지 www.csarluxe.com

명실상부 싱가포르의 최고급 쇼핑몰
마리나베이 샌즈 숍스 The Shoppes at Marina Bay Sand

300여 개에 달하는 유명 브랜드 매장과 미쉐린급 레스토랑, 푸드 코트와 아이스링크까지 들어서 있는 복합 쇼핑몰이다. 구조상 쇼핑 몰이라기 보다는 쇼핑 아케이드에 더 가까우며, 지하 2층에서 지상 4층에 걸쳐 쇼핑 공간이 길게 늘어서 있다. 한쪽 끝에서 다른 쪽 끝 까지 이동하면 적어도 15분은 쉬지 않고 걸어야 할 만큼 규모가 엄 청나게 큰 쇼핑몰이다. 오차드 로드 쇼핑몰보다 덜 붐벼서 쇼핑을 즐기기에는 이곳이 훨씬 더 여유롭다.

지하 2층에는 마카오의 베네시안 호텔처럼 운하도 만들어져 있으 며, 곤돌라도 탈 수 있다. 샤넬, 구찌, 프라다 등의 명품 브랜드 플래그십 스토어와 자라, 바나나 리퍼블릭 같은 유명 브랜드 매장 도 빠짐없이 들어서 있다.

Data 지도 174D
구글맵 S 018956
가는 법 MRT CEI/DT16
베이프런트역 C번 출구 이용
주소 10 Bayfront Ave
오픈 10:00~22:00
전화 6688-8868
홈페이지 ko.marinabay-
sands.com/shoppes-
ko.html

Tip *마리나베이 샌즈에서 공유 자전거 타기*

마리나베이 샌즈 숍스 입구나 가든스 바이 더 베이, 마리나 베라지 등에서 공유 자전거를 대여할 수 있다. 무더운 날씨 의 싱가포르에서 걸어서 가기에는 부담스러운 거리를 공유 자전거를 타고 가보자. 마리나베이 샌즈 건물과 시내 전경 이 한눈에 들어오는 마리나베이의 풍경을 즐길 수 있고, 가 든스 바이 더 베이의 무료 물놀이장, 푸드 코트인 사테 바이 더 베이도 공유 자전거를 빌려 다녀올 수 있다.
가장 좋은 건, 자전거를 타고 가다가 구경하고 싶은 곳에 내려 공유 자전거를 반납하고 또 다른 곳에서 빌려 탈 수 있다는 사실. 공유 자전거는 애플리케이션을 다운 받은 후 바코드만 찍으면 된다(051p).

Data 가는 법 마리나 베라지에서 마칸수트라까지 이동 가능 오픈 24시간 이용 가능 가격 1시간 1달러 정도

마리나베이 샌즈 숍스의 주요 스폿

카지노 Casino

세계적인 카지노 그룹인 샌즈Sands에서 운영하는 곳으로, 600개가 넘는 테이블 게임과 1,500개가 넘는 슬롯머신이 갖춰져 있다. 싱가포르의 카지노는 리조트 월드 센토사의 카지노와 함께 이곳 뿐이다. 카지노에 들어온 사람들은 물과 커피 등의 무료 음료를 마실 수 있고, 흡연도 가능하다. 만 21세 이상만 입장 할 수 있다.

Data 오픈 24시간(입장시 여권 필요)

레인 오큘러스 Rain Oculus

마리나베이 샌즈 숍스의 지하 2층에 있는 운하로 물을 떨어뜨리는 커다란 반원형의 아크릴 구조물이다. 미국의 예술가 네드 칸이 만든 작품으로 직경 22m에 달하는 반원형 구에 200t의 물을 모을 수 있고, 가운데 구멍을 통해 쇼핑몰의 운하로 물이 폭포처럼 떨어진다.

라울 Raoul

FJ 벤자민과 더글라스가 이끄는 라울은 싱가포르의 브랜드로 2002년 남성으로 시작해 여성 패션과 가죽 제품까지 아우르는 브랜드로 성장했다. 특히 여성복이 사랑스러운데, 디자인은 단순하고 기본적이지만 그래픽 패턴과 컬러의 조화가 남다르다.

Data 가는 법 마리나베이 샌즈 숍스 지하 2층 17호 오픈 일~목 10:00~23:00, 금 · 토 10:00~24:00 전화 6509-4296 홈페이지 www.raoul.com

콜드 스토리지 Cold Storage Specialty

싱가포르의 유명한 체인 식료품점으로 신선한 과일과 샐러드, 스시, 카야잼, 선물로 좋은 초콜릿, 여행 기념품 등을 살 수 있다. 마리나베이 점은 콜드 스토리지에서 오픈한 첫 번째 특별 매장이다.

Data 가는 법 마리나베이 샌즈 숍스 지하 2층 46호 오픈 일~목 09:00~23:00, 금 · 토 09:00~24:00 전화 6634-5261 홈페이지 www.coldstorage.com.sg

반얀트리 스파 Banyan Tree Spa

반얀트리 스파는 명성대로 최고의 트리트먼트와 만족감을 선사하는 스파이다. 우선 입구에 들어서면 생명의 나무를 상징하는 반얀트리와 벽 장식이 먼저 눈길을 끈다.

반얀트리 스파 아카데미에서 전문 훈련 코스를 거친 전문가들이 아시안 블렌드, 발리니즈, 아일랜드 듀, 텐더 터치 등의 다양한 트리트먼트를 제공한다. 천연 허브, 약초, 아로마 오일 등을 이용한 동양의 전통과 기법을 이용한 테라피로 최고 수준을 경험할 수 있다.

Data **가는 법** 마리나베이 샌즈 호텔 타워1 55층 **주소** 10 Bayfront Ave **오픈** 10:00~23:00 **요금** 아시안 블렌드(60분) 200달러, 아일랜드 듀(60분) 200달러 **전화** 6688-8825 **홈페이지** ko.marinabaysands.com/hotel/amenities/banyan-tree-spa-ko.html

루이비통 아일랜드 메종 Louis Vuitton Island Maison

마리나베이 샌즈 숍스 앞 강변에는 푸른 유리로 된 외벽에 뾰족하게 뻗은 2개의 크리스털 파빌리온이 있다. 그중 아트 사이언스 뮤지엄과 가까운 건물이 루이비통 아일랜드 메종이다.

세계 12번째 아일랜드 매장으로 오픈한 루이비통 아일랜드 메종은 마리나베이 샌즈 숍스의 지하에서 수중 통로를 통해 들어갈 수도 있다. 매장 안에는 마리나베이의 풍경을 내다볼 수 있는 테라스와 아트 갤러리, 서점도 갖추어져 있다.

Data **지도** 174C **구글맵** S 018972 **가는 법** 아트 사이언스 뮤지엄 옆 **주소** 2 Bayfront Ave. #B1-38 Crystal Pavilion North **오픈** 일~목 10:00~23:00, 금·토 10:00~24:00 **전화** 6788-3888 **홈페이지** www.louisvuitton.com

마리나베이 샌즈 숍스 안의 스타 셰프 레스토랑 4

**마리나베이 샌즈 숍스 안에는 6곳의 스타 셰프들이 낸 레스토랑이 있다.
그중 베스트 레스토랑 4곳을 선정했다.**

와쿠긴 Waku Ghin

호주 최고의 레스토랑 테츠야Tetsuya's의 오너 셰프 와쿠다 테츠야 아시아에 낸 첫 번째 레스토랑. 미식가를 위한 10코스의 테이스팅 메뉴만 가지고 있으며, 저녁에 두 타임으로 나눠 운영한다. 한 타임당 정원은 25명. 최상급 와규 와사비의 황홀한 맛은 절대 잊혀지지 않는 맛의 호사를 누리게 해준다.

Data **가는 법** 마리나베이 샌즈 숍스 아트리움 2층, L2-01호
오픈 17:30~20:00, 20:30~22:30 **휴무** 월요일 **가격** 디너 10코스 400달러 **전화** 6688-8507
홈페이지 www.marinabaysands.com/restaurants/waku-ghin.html

컷 CUT

미쉐린 2스타에 빛나는 스파고Spago를 운영중인 스타 셰프 울프강 퍽 Wolfgang Puck이 오픈한 첫 번째 해외 레스토랑이다. 고전적인 스테이크 하우스 메뉴를 현대적으로 변형시킨 메뉴가 주를 이룬다. 최상급 고베 비프 스테이크를 경험할 수 있는 곳.

Data **가는 법** 마리나베이 샌즈 숍스 갤러리아 레벨, B1-71호 **오픈** 저녁 일~목 18:00~22:00,
금 · 토 18:00~23:00/바&라운지 17:30~24:00 **가격** 립아이 스테이크 99달러(395g)
전화 6688-8517 **홈페이지** www.marinabaysands.com/restaurants /cut.html

브레드 스트리트 키친 Bread Street Kitchen

고든 램지의 체인 레스토랑으로, 아시아에는 홍콩과 싱가포르에 지점이 있다. 피시앤칩스, 셰퍼드 파이와 삶은 양고기 같은 영국의 음식 외에도 그 도시의 음식이나 재료에서 영감을 얻어 만든 음식들을 맛볼 수 있다. 오후 4시까지 제공하는 런치 세트가 가성비가 좋다. 지하와 1층에 모두 자리가 있다.

Data **가는 법** 마리나베이 샌즈 숍스 베이 1층 **오픈** 런치 월~금 11:30~16:00/디너 일~수 17:00~22:30,
목~토 17:00~23:00 **가격** 런치 세트 스페셜 40달러부터, 3코스 48달러부터
전화 6688-5665 **홈페이지** ko.marinabaysands.com/restaurants/celebrity-chefs

DB 비스트로 모던 DB Bistro Moderne

스타 셰프 다니엘 블리의 레스토랑. 프렌치 비스트로를 캐주얼하게 바꾼 이곳에서는 푸아그라, 갈비살, 송로버섯 등을 넣은 DB 버거가 필수 메뉴이다.
Data **가는 법** 마리나베이 샌즈 숍스 갤러리아 레벨, B1-48호
오픈 점심 월~일 12:00~17:00/저녁 일 · 월 17:30~22:00,
화~토 17:30~23:00 **가격** DB 버거 45달러 **전화** 6688-8525
홈페이지 www.marinabaysands.com/restaurants/db-bistro-moderne.html

3곳의 호텔과 연결된 쇼핑몰

마리나 스퀘어 몰 Marina Square Mall

만다린 오리엔탈 싱가포르와 마리나 만다린, 팬 퍼시픽 호텔과 연결되어 있는 대형 쇼핑센터이다. 마리나베이 숍스가 오픈한 이후 이곳을 찾는 방문객이 부쩍 줄었지만, 지금도 300여 개의 숍들이 지상 4층에 걸쳐 자리 잡고 있다.
MRT 에스플러네이드역과 연결되는 마리나 링크가 생겨 찾아가기가 수월해졌고, 다른 쇼핑센터에 비하면 비교적 한산한 편이어서 여유롭게 쇼핑할 수 있다.

Data 지도 174A
구글맵 S 039594
가는 법 MRT CC3 에스플러네이드역과 연결된 마리나 링크의 지하도를 따라 도보 5분
주소 6 Raffles Blvd, Marina Square
오픈 10:00~22:00
전화 6339-8787
홈페이지 www.marina-square.com.sg

마리나 스퀘어 몰의 주요 스폿

쿠키 뮤지엄 Cookie Museum

르네상스 시대의 그림과 고풍스러운 가구로 꾸며진 쿠키 숍 겸 카페. 박물관이라 해도 손색없을 만큼 다양한 쿠키 종류와 퀄리티를 갖추고 있다. 스트로베리 펄스, 베리 라이트와 같은 과일향 쿠키부터 나시르막, 싱가포르 사테, 락사처럼 싱가포르 스타일의 쿠키도 있다. 4개 정도의 테이블이 있어 잠시 쉬었다 갈 수 있다. 쿠키와 어울리는 차를 추천해준다.

Data 가는 법 마리나 스퀘어 몰 2층 280호
오픈 월~목 11:00~21:30, 금·토 12:00~23:30, 일 12:00~21:00
전화 6333-1965 **가격** 쿠키 1상자 35~45달러(250g)
홈페이지 www.thecookiemuseum.com

마시모 두티 Massimo Dutti

스페인의 유명 브랜드인 자라Zara의 모기업 인디텍스 그룹이 소유한 남녀 패션 브랜드. 클래식한 스타일을 고수하며, 소재가 좋은 것이 특징이다. 세련된 스타일에서 편안한 캐주얼까지 다양한 스타일의 패션을 만날 수 있다.

Data 가는 법 마리나 스퀘어 2층 129-131호
오픈 10:00~22:00 **전화** 6337-6088
홈페이지 www.massimodutti.com

산스 산스 Sans Sans

중국 시장을 겨냥한 패션을 전략적으로 선보이는, 주목받고 있는 싱가포르 여성 브랜드 중 하나이다. 동양적인 무늬나 장식들이 살아있으면서도 전체적으로는 현대적인 느낌이 드는 여성 옷과 액세서리가 많다. 싱가포르의 패션 트랜드를 알 수 있는 곳.

Data 가는 법 마리나 스퀘어 2층 342/343호
오픈 10:00~22:00 **전화** 6509-8909
홈페이지 www.sans-sans.com.sg

03

리버사이드

클락키&보트키&콜리어키
로버슨키&자이온로드

CLARKE QUAY
& BOAT QUAY & COLLYER QUAY
ROBERTSON QUAY & ZION ROAD

밤이 되면 마술처럼 변신하는 리버사이드.
고요하던 싱가포르강은 형형색색의 조명으로
물들고 썰렁했던 거리들이 언제 그랬냐는 듯
시끌벅적해지기 시작한다. 팝콘 터지듯 펍과 바,
클럽들이 문을 열고 본격적으로 심장이
바운스되는 시간! 리버사이드의 밤은
한낮의 무더위보다 뜨겁고 자유롭다.

클락키&보트키&콜리어키
Clarke Quay & Boat Quay & Collyer Quay

이른 아침이나 해 질 녘, 싱가포르강을 따라 이어지는 산책로를 천천히 걸어보자. 무역의 중심지였던 옛모습을 보여주는 보트키의 조형물들, 개성 있고 독특한 콜리어키의 현대 작품들은 걷다 보면 보물찾기 하듯 만나게 되는 유명 포토 스폿이다. 늦은 밤 클락키의 화려한 조명들이 싱가포르강에 물드는 환상적인 야경의 모습도 놓치지 말자.

어떻게 갈까?

클락키와 보트키는 MRT 클락키역에서, 콜리어키는 MRT 래플스 플레이스역에 내린다. 로버슨키와 클락키에는 일방통행 도로가 많으니 걸어갈 것을 권한다. 차이나타운은 지하철 한 정거장 거리이다. 리버 보트나 리버 버스는 마리나베이나 로버슨키에서 움직일 때 편리하다.

어떻게 다닐까?

클락키, 보트키, 콜리어키로 이어지는 리버사이드는 모두 도보 약 10분 거리이다. 먼저 콜리어키를 둘러보고 밤이 되면 보트키를 지나 클락키로 가면 좋다. 보트키는 강변을 따라 일직선으로 이어지지만 클락키는 블록 A~E로 나뉘어져 있다. 클락키에서 콜리어키까지는 산책 코스로도 좋다.

Plus

19세기 추억의 교통 수단 트라이쇼 제대로 즐기기!

'사람의 힘으로만 움직이는 차'라는 뜻의 릭샤Ricksha는 인력거를 말한다. 최초의 대중교통 수단으로 인기 있었지만, 오늘 날에는 자전거나 모터를 합체한 삼륜 자전거인 트라이쇼 Trishaw로 변형되어 관광객들에게 큰 사랑을 받고 있다.

알버트 몰
트라이쇼 파크

트라이쇼 엉클 Trishaw Uncle

부기스, 리틀 인디아, 아랍 스트리트 지역을 좁은 골목까지 운행하며 편안하게 구경할 수 있다. 코스에 따라 약 30~45분 소요되며, 티켓 구매 및 탑승은 부기스에 위치한 알버트 몰 트라이쇼 파크Albert Mall Trishaw Park에서 할 수 있다. 싱가포르에는 정부에서 인가한 유일한 업체인 트라이쇼 엉클과 클락키, 마리나베이 등 주요 관광지에서 개인이 운영하는 트라이쇼가 있다.

Data 지도 330F 구글맵 S 188542
가는 법 MRT EW12/DT14 부기스역 C출구에서 도보 5분
주소 63 Queen St 오픈 11:00~21:00
요금 성인 39~49달러, 어린이(3~12세) 29~39달러(코스에 따라 다름)
전화 6337-7111 홈페이지 www.trishawuncle.com.sg

트라이쇼 엉클

클락키 트라이쇼 Clarke Quay Trishaw

트라이쇼 엉클이 관광 코스를 돌아본다면, 클락키 트라이쇼는 늦은 밤 숙소까지 데려다주는 교통 수단이다. 거리에 상관없이 인당 요금을 받으며, 흥정도 가능하다. 탑승 전 반드시 요금 및 보험 등을 확인하도록 한다.

Data 지도 330F 구글맵 S 179022
가는 법 클락키 택시 탑승장(레드 하우스 앞)
주소 3C River Valley Rd, #01-02/03,
#02-07/08, The Cannery
오픈 19:00~05:00(업체에 따라 다름) 요금 1인약 25달러

클락키
트라이쇼

Clarke Quay & Boat Quay&Collyer Quay
PREVIEW

싱가포르강을 따라 이어지는 리버사이드는 래플스 경이 처음 상륙한 곳으로
해상 무역의 중심지였다. 하지만 물건을 실어 나르던 범보트는
관광객들을 태운 유람선이 되고, 무역상들이 오가던 오래된 숍하우스는
레스토랑과 펍을 찾는 사람들로 북적인다.

SEE

보트키 맞은 편에는 싱가포르 건국의 아버지 래플스 경이 첫 발을 내딘 곳이다. 이곳에 우뚝 선 래플스 경 동상과 멀라이언 파크는 인기 포토존. 아시아 문명 박물관은 모든 박물관의 시작이며, 바로 앞 앤더슨 다리는 싱가포르에서 가장 오래된 다리이다. 과거 우체국이었던 플러튼 호텔, 100번째 스타벅스가 들어선 1919 워터보트 하우스 등 역사적 건축물도 놓치지 말자. 강변의 독특한 조각품들과 콜리어키의 예술 의자들은 걷다보면 만나게 되는 깨알같은 재미이다.

EAT

싱가포르하면 칠리크랩! 칠리크랩하면 점보 시푸드! 점보 시푸드는 클락키에만 2곳이 있다. 송파 바쿠테는 늦게 가면 요리를 맛볼 수 없다. 클락키에는 늦은 새벽까지 문을 여는 라멘집과 바쿠테집도 있다. 라오파삿 페스티벌 마켓은 부담없이 식사할 수 있는 호커 센터이며, 바로 옆에 위치한 사테 스트리트는 맥주 한잔하기 좋은 곳. 전망 좋은 레스토랑과 바는 콜리어키 쪽에 모여 있다.

ENJOY

불타는 밤을 보내고 싶다면 클락키로 가자. 거대한 지붕이 덮혀 있어 비가 와도 상관없다. 브루웍스에서 직접 만든 맥주도 마셔보고, 살사 좀 춰본 사람들은 모두 모이는 쿠바 리브레에서 가장 맛있는 모히토도 시켜볼 것.
클럽 부럽지 않은 분위기의 라이브 바는 펌프, 강바람이 시원한 야외 라이브 바는 팀버다. 어떤 클럽을 갈지 고민이라면 줄이 긴 곳으로 가보자.

Tip **스탬퍼드 래플스 경 Sir Stamford Raffles**

래플스 경(1781~1826년)은 1819년 1월 28일 영국 런던의 자바 부총독으로, 싱가포르에 최초로 상륙하여 근대 무역항으로 발전시킨 사람이다. 그래서 싱가포르에는 호텔, 학교, 병원 등 최고의 명칭에는 래플스가 많이 들어간다. 하지만 사실 래플스 경이 처음 발을 디딘 장소에 있는 하얀색 동상은 원본을 카피한 것이다. 진짜 래플스 경 동상은 1887년에 토마스 울너Thomas Woolner가 청동으로 만든 동상이며, 근처 빅토리아 극장Victoria Theatre 앞에 있다.

래플스 경 원본 동상

Clarke Quay&Boat Quay & Collyer Quay
ONE FINE DAY

클락키나 보트키는 펍과 바들이 즐비한 곳으로 낮에는 썰렁하므로 가까운
마리나베이나 차이나타운, 올드 시티를 둘러본 후 저녁에 가는 것이 진리이다. 콜리어키는 최고의
전망을 자랑하는 루프톱 바들이 많아 해 질 녘에 가면 좋다. 전통 범보트를 타고
야경에 취해보는 것은 필수 코스! 시원한 강바람 맞으며 강변을 산책하는 것도 괜찮다.

09:00
싱가포르 유명 맛집인
송파 바쿠테에서
든든하게 아침 먹기

도보 6분 →

10:30
래플스 경 상륙지에서
SNS 업로드용
인증샷 남기기

도보 1분 →

11:00
아시아 문명 박물관에서
한국인이 들려주는
전시 해설 듣기

도보 1분 ↓

15:00
멀라이언 파크에서 사진을
찍고 클락키까지 산책하기

← 도보 2분

14:00
1919 워터보트 하우스의
스타벅스에서 드립 커피 마시기

← 도보 3분

12:30
라오파삿 페스티벌 마켓에서
점심 먹기

도보 2분 ↓

18:00
저녁은 점보 시푸드에서
칠리크랩으로 즐기기

도보 2분 →

19:30
리버 크루즈를 타고
야경 감상하기

유람선 40분 →

20:30
클락키에서 불타는
밤 보내기

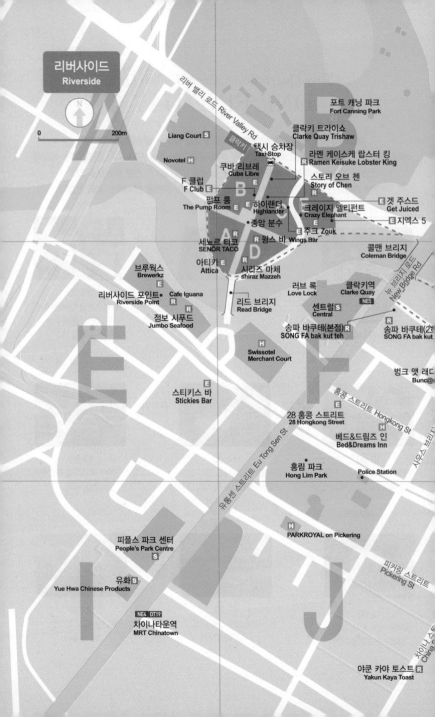

리버사이드
Riverside

N

0 ——— 200m

리버 밸리 로드 River Valley Rd

포트 캐닝 파크
Fort Canning Park

클라키 트라이쇼
Clarke Quay Trishaw

Liang Court S

클락키

택시 승차장
Taxi Stop

라멘 케이스케 랍스터 킹
R Ramen Keisuke Lobster King

Novotel H

쿠바 리브레
Cuba Libre

스토리 오브 첸
Story of Chen

F 클럽
F Club

E

하이랜더
Highlander

크레이지 엘리펀트
Crazy Elephant

겟 주스드
Get Juiced

E 지엑스 5

펌프 룸
The Pump Room

E

중앙 분수

주크 Zouk

세뇨르 타코
SEÑOR TACO

E

윙스 바 Wings Bar

콜맨 브리지
Coleman Bridge

브루워스
Brewerkz

아티카
Attica

E

시라즈 마체
shiraz Mazzeh

러브 록
Love Lock

클락키역
Clarke Quay

뉴 브리지 로드 New Bridge Rd

리버사이드 포인트
Riverside Point

Cafe Iguana

E

센트럴
Central

NE5

R

점보 시푸드
Jumbo Seafood

리드 브리지
Read Bridge

송파 바쿠테(본점)
SONG FA bak kut teh

R

송파 바쿠테(2
SONG FA bak kut

Swissotel
Merchant Court

벙크 앳 래디
Bunc@

스티키스 바
Stickies Bar

28 홍콩 스트리트
28 Hongkong Street

홍콩 스트리트 Hongkong St

베드&드림즈 인
Bed&Dreams Inn

H

유통센 스트리트 Eu Tong Sen St

홍림 파크
Hong Lim Park

Police Station

피플스 파크 센터
People's Park Centre

S

PARKROYAL on Pickering

H

유화
Yue Hwa Chinese Products

S

피커링 스트리트
Pickering St

NE4 DT19

차이나타운역
MRT Chinatown

야쿤 카야 토스트
Yakun Kaya Toast

R

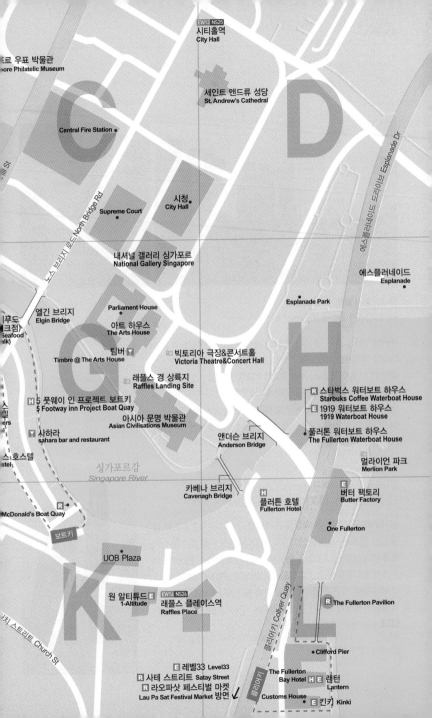

SEE

엄마와 아기 멀라이언이 있는 곳
멀라이언 파크 Merlion Park

머리는 사자, 몸은 물고기 모양인 멀라이언은 사자Singa의 도시 Pura를 의미하는 싱가포르의 옛 이름 싱가푸라에서 영감을 얻어 만들어졌다. 높이 8.6m, 무게 70t의 거대한 몸으로 시원하게 물줄기를 뿜어 내는 멀라이언은 엄마 멀라이언이라고도 부르며, 뒤쪽에는 아기 멀라이언도 있다. 아빠 멀라이언은 센토사에 있다. 아름다운 마리나베이에 위치해 마리나베이 샌즈 호텔을 배경으로 사진을 찍기에도 좋다.

> **Data** 지도 201H
> 구글맵 S 179555
> 가는 법 MRT NS26/EW14 래플스 플레이스역 B출구에서 도보 5분
> 주소 1 Fullerton Rd
> 오픈 24시간
> 홈페이지 www.ura.gov.sg

싱가포르 건국의 아버지
래플스 경 상륙지 Raffles Landing Site

싱가포르 근대화에 큰 역할을 한 래플스 경이 1819년 최초로 발을 디딘 장소로, 그의 동상이 우뚝 섰다. 동상 뒤로 흐르는 싱가포르강과 보트키의 오래된 숍하우스, 그리고 래플스 플레이스의 초고층 빌딩들을 배경으로 래플스 경과 인증샷을 남겨보자. 아시아 문명 박물관 옆에 위치해 함께 들리거나 라이브 공연으로 유명한 팀버에서 시원한 강바람 맞으며 맥주 마시는 것도 좋겠다.

> **Data** 지도 201G 구글맵 S 179555
> 가는 법 MRT NS26/EW14 래플스 플레이스역 H출구에서 도보 5분, 아시아 문명 박물관 옆

 Writer's Pick!

모든 박물관의 시작
아시아 문명 박물관 Asian Civilisations Museum

중국, 동남아시아, 남아시아, 서아시아의 다양한 문화와 종교를 엿볼 수 있는 싱가포르의 국립 박물관. 각국의 전시품들은 많은 이야기를 담고 있다. 점심 시간 투어(영어 진행, 월~금 12:00), 갤러리 투어(월·목 13:00), 영어 투어(월~목 11:00·14:00, 금 19:00, 토·일 11:00·14:00·15:00) 등 다양한 해설 프로그램이 있으니 이용할 것을 추천한다.

한국어 전시 해설도 제공한다. 매달 첫 번째 수요일 오전 11시 30분 로비에서 시작되며, 입장권을 가진 사람이라면 누구나 무료로 참여할 수 있다. 또 페라나칸 뮤지엄과 함께 티켓을 구매할 경우 할인 받을 수 있다(단, 7일 이내 사용해야 함).

Data 지도 201G 구글맵 S 179555
가는 법 MRT NS26/EW14 래플스 플레이스역 G출구에서 도보 5분
주소 1 Empress Pl
오픈 월~목·토·일 10:00~19:00, 금 10:00~21:00
요금 성인 8달러, 학생 4달러, 6세 이하 무료/
금 19:00~21:00 50% 할인
전화 6322-7798
홈페이지 www.acm.org.sg

사랑의 증표
러브 록 Love Lock

서울의 남산타워보다 규모는 작지만 싱가포르에도 러브 록이 있다. 연인의 이름을 적은 후 자물쇠를 잠그고, 그 열쇠를 던져 버리면 둘의 사랑이 영원하다고 해 커플들의 필수 코스이다. 프랑스 예술의 다리에서 시작해 이탈리아, 독일, 한국, 중국에도 있다. 자물쇠는 개인이 준비해야 한다. 센트럴의 러브 게이트에 있는 자판기에서 구매(4달러)도 가능.

Data 지도 200F
가는 법 MRT NE5 클락키역 G출구에서 도보 1분
주소 6 Eu Tong Sen St
홈페이지 www.thecentral.com.sg

싱가포르의 새로운 랜드마크

내셔널 갤러리 싱가포르 National Gallery Singapore

2016년 11월에 문을 연 동남아시아 최대 현대미술관이다. 세계에서 가장 많은 동남아시아의 현대 예술 작품을 소장하고 있으며, 다양한 특별전과 체험 프로그램도 즐길 수 있다. 1920년대 지은 시청과 구대법원 건물을 연결하여, 고풍스러운 외관은 살린 채 현대적으로 리노베이션했다.

동남아시아를 대표하는 근현대 예술 작품과 세계적인 특별전을 볼 수 있다. 아이들을 위한 체험 프로그램도 많아 가족 단위 방문자가 많다. 무엇보다 옥상 정원에서는 파노라마처럼 펼쳐지는 마리나베이의 멋진 풍경을 절대 놓쳐서는 안 된다.

Data 지도 201G
구글맵 S 178957
가는 법 EW13/NS25
시티홀역에서 도보 6분
주소 1 St Andrew's Rd
오픈 토~목 10:00~19:00,
금 10:00~21:00
전화 6271-7000
홈페이지 nationalgallery.sg

3년간의 리노베이션으로 재탄생

빅토리아 극장&콘서트홀 Victoria Theatre&Concert Hall

에스플러네이드와 함께 싱가포르를 대표하는 공연장이다. 1862년 지은 시청 건물로 영국 빅토리아 여왕의 죽음을 기리며 1901년 극장으로 재탄생했으며, 1979년부터 빅토리아 콘서트 홀로 불리고 있다. 총 673석 규모로 크지는 않지만 싱가포르 심포니 오케스트라의 연주회가 자주 열린다. 주말이면 극장 앞은 사람들로 붐비며, 가끔은 영화를 상영하기도 한다.

Data 지도 201G
구글맵 S 179556
가는 법 MRT NS26/EW14 래플스
플레이스역 G출구에서 도보
10분. 아시아 문명 박물관 옆
주소 9 Empress Pl
오픈 10:00~21:00
전화 6908-8818
홈페이지 vtvch.com

EAT

조금은 특별한 싱가포르 100번째 스타벅스

스타벅스 워터보트 하우스 Starbucks Coffee Waterboat House

역사적인 건축물인 플러톤 워터보트 하우스Waterboat House에 싱가포르의 스타벅스 100번째 매장
이 문을 열었다. 파노라마처럼 이어진 창 밖으로 멀라이언 파크와 에스플러네이드 전망이 펼쳐진다.
현지인들이 많이 찾는 로컬 플레이스며, 내부에는 차분한 분위기가 흐른다. 매장 한쪽에서는 슬로우
커피 바가 설치되어 있어 드립 커피도 마실 수 있다.

무엇보다 이곳이 특별한 이유는 자폐우들이 그린 그림으로 만든 텀블러를 판다는 것이다. 그 수익금
의 일부를 다시 그들을 위해 쓰는 싱가포르 최초의 기브백 스토어Give-Back Store이기도 하다. 멀라
이언 파크로 가는 길에 잠깐 들러 시원한 커피를 마시기에 좋은 곳이다. 그리고 특별한 텀블러 구매
해 좋은 일에도 동참해보자. 단, 와이파이가 안 되는 게 함정.

Data 지도 201H 구글맵 S 049215 가는 법 MRT NS26/EW14 래플스 플레이스역
G출구에서 도보 3분, 플러톤 호텔 지나 워터보트 하우스 2층
주소 3 Fullerton Rd, #02-01/02/03
오픈 일~목 08:00~23:00, 금 · 토 · 국경일 전날 08:00~24:00
가격 텀블러 21.90달러(5달러는 자폐 아동 센터에 기부)
전화 6536-0849 홈페이지 www.starbucks.com.sg

다양한 사테를 골라 먹는 재미

Writer's Pick! **사테 스트리트** Satay Street

분탓 스트리트Boon Tat St는 밤이 되면 싱가포르식 꼬치구이인 사
테를 파는 거리로 변신한다. 도로 위에는 자동차 대신 테이블이
놓이며, 양쪽으로 10여 개의 사테 가게가 문을 연다. 가게마다 번
호가 있으며, 마음에 드는 가게 앞 테이블에 앉으면 주문을 받으러
온다. 소고기, 양고기, 돼지고기, 새우 등 원하는 것을 고르면 된
다. 숯불에 직접 구워주며, 소스가 대체로 달달하고 맛있다.
그중에서도 7번과 8번인 베스트 사테Best Satay는 유일하게 새
우 껍질이 벗겨져 나오며, 직접 만든 땅콩 소스가 맛있어서 인기
있는 집이다. 먹방에 자신 있는 여행자라면 6번 사테 파워Satay
Power에서 사테 챌린지에 도전해보자. 현재 기록 보유자는 2011
년에 사테 108개를 20분 만에 먹은 호주인이다.

Data 지도 201L
구글맵 S 048582
가는 법 MRT NS26/EW14
래플스 플레이스역 출구에서
로빈슨 로드 따라 도보 5분
주소 18 Raffles Quay
오픈 사테 스트리트
19:00~다음 날 01:00
가격 베스트 사테
세트A(닭고기10+양 or
소고기10,새우6) 24달러/
세트B(닭고기15+양 or
소고기15+새우10) 38달러

금융 중심가에 위치한 세련되고 깔끔한 호커 센터

라오파삿 페스티벌 마켓 Lau Pa Sat Festive Market

19세기에 지은 오래된 호커 센터로, '텔록 에이어 마켓Telok Ayer
Market'이라고도 부른다. 팔각형 모양의 독특한 구조로 구 국회의
사당 등 싱가포르의 유명 건축물들을 설계한 영국의 건축가 조지
콜맨George Coleman의 작품이다.

다국적 기업이 주를 이루는 금융 중심 지구에 위치해 한국, 태국,
인도, 일본 등 메뉴도 다국적이다. 바로 옆 사테 스트리트가 시작
되는 밤이면 관광객까지 함께 해 더 활기찬 분위기이다.

Data 지도 201L 구글맵 S 048582
가는 법 MRT NS26/EW14
래플스 플레이스역 F출구에서
로빈슨 로드 따라 도보 5분
주소 18 Raffles Quay
오픈 24시간(가게마다 다름)
가격 하와이안 미니 피자 4달러,
프리미엄 누들 4달러
전화 6220-2138
홈페이지 laupasat.biz

도쿄 라멘 챔피언 대회에서 우승한 라멘 장인의 맛!

라멘 케이스케 랍스터 킹

Ramen Keisuke Lobster King

사실 클락키에 줄을 서서 기다리는 클럽은 많아도 맛집은 흔하
지 않다. 하지만 이곳은 주말이면 기본 2시간 이상은 기다려야
할 정도로 인기 있는 라멘 맛집이다.

일본에서 4만 명 이상이 참가한 도쿄 라멘 챔피언 대회에서 우
승한 케이스케 타케다Keisuke Takeda 씨의 가게로, 20kg의 랍
스터를 6시간 이상 우려낸 국물이 이 집의 포인트이다. 그러므
로 라면에 랍스터가 없다고 실망하지 말자.

Data 지도 200B 구글맵 S 179022
가는 법 MRT NE5 클락키역 G출구에서 도보 5분,
리드 브리지에서 중앙 분수대를 지나 오른쪽
주소 3C River Valley Rd, Clarke Quay, #01-07 The
Cannery 오픈 18:00~다음 날 05:00
가격 랍스터 라멘 13.90달러, 스파이시 미소 랍스터 라멘 15.90 달러
전화 6255-2928
홈페이지 keisuke.sg

Writer's Pick!

싱가포르식 국민 돼지갈비탕
송파 바쿠테 Song Fa Bak Kut Teh

클락키에서 점보 시푸드와 함께 관광객들이 가장 많이 찾는 곳이
다. 1969년부터 이어온 전통 있는 맛집으로, 현지인들도 즐겨 찾
는다. 본점에서 몇 걸음만 가면 2호점이 나올 정도로 인기 있는
집으로, 언제나 많은 사람으로 북적인다.
바쿠테는 음료와 밥이 함께 나오며, 채소 요리를 곁들여 먹어도 좋
다. 고기를 많이 먹고 싶다면 큰 사이즈로 주문하자. 바쿠테 국물은
무제한 제공된다. 테이블 착석 시 제공되는 물티슈는 사용료(0.20
달러)를 지불해야 하므로, 사용하지 않을 거라면 치워달라고 말하
자. 바쿠테 국물 맛을 내는 향신료(22달러)도 판매한다.

Data 지도 200F
구글맵 S 059383
가는 법 MRT NE 클락키역
E출구에서 도보 1분
주소 #01-01, 11 New
Bridge Rd
오픈 07:00~22:00 휴무 월요일
가격 돼지 바쿠테 6.50달러(소),
8.50달러(대), 발리 1.60달러,
밥 0.70달러 전화 6533-6128
홈페이지 www.songfa.com.sg

불타는 밤의 마무리는 클락키 바쿠테로!
스토리 오브 첸 Story of Chen (小陈故事)

연초록문이 길게 이어진 제법 넓고 깨끗한 바쿠테 맛집이다. 검은
간판에는 한자만 적혀 있어 클락키 바쿠테라고도 부른다.
바쿠테 외에도 다양한 메뉴가 있는데, 특히 미소 수프나 비훈 수
프 같은 면 요리가 인기 있는 메뉴이다. 새벽까지 영업하므로 송
파 바쿠테가 문을 닫은 시간이라면 이곳으로 발길을 돌려보자.

Data 지도 200B
구글맵 S 179024
가는 법 MRT NE5 클락키역
F출구에서 도보 5분
주소 3E, River Valley Rd,
#01-08 오픈 월~토 11:00~
다음 날 06:00, 일 11:00~22:00
가격 바쿠테 6.80달러(소),
8.80달러(중), 10.80달러(대),
전화 6336-0939

이란식 케밥은 어떤 맛일까?
시라즈 마체 Shiraz Mazzeh

쇠꼬챙이에 끼워진 닭고기, 소고기, 양고기를 얇게 썰어
여러 가지 채소와 함께 토르티아에 싸서 먹는 케밥 전문점
이다. 터키 케밥과 비슷해 보이지만, 이란 스타일의 케밥
으로 우리가 알던 케밥과는 만드는 방법과 맛이 조금 다르
다. 채식주의자를 위한 케밥도 있으며, 감자튀김이나 탄
산 음료와 함께 나오는 콤보 메뉴도 있다. 케밥은 양이 많
으므로 둘이서 반씩 나눠 먹으면 딱이다. 독일식 소시지
도 있으며 번 또는 샐러드와 함께 나온다.

오차드 로드의 니안 시티, 포럼, 플라자 싱가푸라에서도 만날 수 있다. 넓은
실내 공간과 야외 테이블에서 더 나은 서비스로 이란 음식을 즐길 수 있다.

Data 지도 200F 구글맵 S 238884 가는 법 MRT NE5 클락키역 G출구에서 도보 3분
주소 #01-06 3A River Valley Rd 오픈 12:00~다음 날 02:00
가격 닭고기 케밥 9.20달러, 닭고기 케밥 콤보 13.20달러, 타이거 맥주 8.50달러
전화 6334-2282 홈페이지 www.shirazfnb.com

칠리크랩 = 점보 시푸드
점보 시푸드 Jumbo Seafood

칠리크랩 레스
토랑 중에서 가
장 유명한 곳이
다. 이곳 말고도
유명한 집이 많지만,
오랜 시간 동안 그 명성을 잃지 않는 제대로 된
맛집이기도 하다. 유명세게 예약 없이는 자리
를 잡기 힘들다. 예약 없이 방문할 경우에는 한
시간 이상 기다리는 것을 감수해야 한다. 특히
강변의 야외 테이블은 인기 절정.
처음 왔다면 당연히 칠리크랩에 도전해보자. 여
자 2명이면 1kg의 게와 볶음밥(또는 번), 그외
채소 요리 한 접시면 충분히 배부르다.

Data 지도 200E 구글맵 S 058282
가는 법 MRT NE5 클락키역 E출구에서 도보 4분
주소 #01-01/02, 30 Merchant Rd, River Point
오픈 점심 12:00~15:00, 저녁 18:00~24:00
가격 칠리크랩 55~70달러 전화 6532-3435
홈페이지 www.jumboseafood.com.sg

클락키에서 치맥이 땡긴다면
윙스 바 Wings Bar

클락키에서 가장 맛있는 버팔로윙을 먹을 수 있
는 웨스턴 바이다. 시그니처 메뉴인 버팔로윙과
칠리 소스로 양념된 싱가포르윙 등 윙의 종류만
도 10여 가지나 된다.

Data 지도 200B 구글맵 S 179023
가는 법 MRT NE5 클락키역 G출구에서 도보 5분
주소 #01-02 3D River Valley Rd
오픈 일~화 · 목 17:00~다음 날 02:00,
수 · 금 · 토 17:00~다음 날 04:00
가격 윙 8.90달러(6조각), 16.90달러(12조각)
전화 6333-4460
홈페이지 www.wingsbar.sg

Writer's Pick! 타이거 맥주 말고 다른 맥주는 없어?

 브루웍스 Brewerkz

맥주 마니아라면 반드시 들러야 하는 곳. 직접 만든 맥주는 세계 맥주 대회에서 수상했을 정도로 맛있다. 넓은 실내는 양조 공장에 온 듯한 분위기이다. 커다란 통에서 맥주를 만들며, 실외에는 싱가포르강의 아름다운 야경이 펼쳐져 분위기 또한 최고이다.

산뜻한 골든 에일과 과일향이 상큼한 인디아 페일 에일이 인기 있으며, 캐러멜 맛이 나는 흑맥주 오트밀 스타우트는 브루웍스만의 시그니처 맥주이다. 10여 개의 맥주 중 어떤 것을 마실지 고민이라면 4가지를 선택하여 맛볼 수 있는 비어 샘플러를 추천한다.

맥주 가격은 시간대별로 달라진다. 같은 날 마셔도 시간대에 따라 2배 이상 가격 차이가 나기도 한다. 낮 12시부터 3시까지가 가장 저렴하며, 밤 8시부터 11시가 가장 비싸다. 독일, 영국, 벨기에 등 유럽의 유명 맥주도 있다.

Data 지도 200E
구글맵 S 058282
가는 법 MRT NE 클락키역
G출구에서 도보 5분
주소 #01-05/06 Riverside
Point , 30 Merchant Rd
오픈 일~목 12:00~24:00,
금·토·국경일 전날
12:00~다음 날 01:00
가격 비어 샘플러(4가지X125ml)
14달러, 나초 22달러, 골든 에일
500ml 7달러(12:00~15:00),
16달러(20:00~23:00)
전화 6438-7438
홈페이지 www.brewerkz.com

일찍 갈수록 술값이 싸다!

스티키스 바 Stickies Bar

낮부터 술을 마시는 사람들로 북적거리는 바가 있다. 그 이유는 일찍 갈수록 가격이 저렴해지는 파격적인 해피 아워 때문이다. 오후 2시부터 정오까지가 해피 아워로, 오후 2시는 2달러, 3시는 3달러, 11시는 11달러로 시간에 따라 생맥주 가격이 1달러씩 오른다. 와인은 3시부터 해피 아워가 적용된다.

단, 술을 너무 많이 마셔 토를 하게 되면 벌금으로 50달러를 내야 한다. 버거나 피자 등 간단한 식사도 판매한다. 예약은 필수.

Data 지도 200E
구글맵 S 059608
가는 법 MRT NE5 클락키역
B출구에서 도보 5분
주소 11 Keng Cheow St,
#01-10
오픈 12:00~24:00
(해피 아워 14:00~24:00)
가격 생맥주 2~11달러,
팝콘 치킨 11달러
전화 6443-7564
홈페이지 www.stickiesbar.com

작고 아담한 루프톱 바

1919 워터보트 하우스 1919 Waterboat House

마리나베이에 크고 화려한 루프톱 바가 부담스럽다면 1919 워터보트 하우스로 가보자. 이름에서 알 수 있듯이 1919년에 지어진 워터보트 하우스는 1960년대까지 싱가포르 항구 본부로 사용되었던 곳이다. 그 당시에 페리 운항이 활발하여 교통적으로 중심이 되는 지역에 위치해 멋진 뷰를 자랑한다.

싱가포르의 대표 관광지 이름을 따서 만든 멀라이언 펀치Merlion Punch와 오차드The Orchard가 시그니처 칵테일이다. 오후 7시까지 선셋 프로모션 등 다양한 혜택으로 저렴하게 이용할 수 있다.

Data 지도 201H 구글맵 S 049215
가는 법 MRT NS26/EW14
래플스 플레이스역 G출구에서
도보 3분
주소 3 Fullerton Rd, #03-01
오픈 월~토, 12:00~14:30,
금·토·월 18:00~23:00
가격 멀라이언 펀치 16달러,
오차드 16달러 전화 6538-9038
홈페이지 1919waterboathouse.
com

스코틀랜드의 밤
하이랜더 Highlander

타탄 체크부터 사슴의 뿔로 만든 샹들리에, 하기스Haggis까지 스코틀랜드에 관한 모든 것을 보여주는 고급스러운 바이다.

야외 테이블에서는 클락키의 활기찬 밤을 만끽할 수 있고, 실내에서는 라이브 밴드의 신나는 공연이 매일 밤(일요일 제외) 10시 30분부터 펼쳐진다. 이곳에서 직접 만든 하이랜더 맥주나 300여 종의 위스키의 세계에 흠뻑 빠져보자.

Data 지도 200B
구글맵 S 179021
가는 법 MRT NE5 클락키역
G출구에서 도보 5분
주소 Block 3B The Foundry
#01-11 Clark Quay,
River Vallery Rd
오픈 일~목 17:00~다음 날 02:45,
금·토 18:00~다음 날 03:45
가격 하이랜더 라거 맥주 17달러,
스카치 위스키 17~24달러,
칵테일 21.25달러
전화 6235-9528
홈페이지 www.highlander-
asia.com

래플스 경 동상 아래 펼쳐지는 라이브 바
팀버 Timbre @ The Arts House

래플스 경이 처음 상륙한 곳에 있는 팀버 아트 하우스점은 주변 경관이 아름답고 찾아오기 쉬워 관광객들에게 인기가 많다. 물론 현지 젊은이들도 많이 찾는다.

래플스 경 동상 아래서 강바람 맞으며 마시는 맥주 한 잔에 하루의 피로가 모두 잊혀진다. 공연과 프로모션은 홈페이지에서 확인하자. 저녁 6시부터 9시는 매일 해피 아워이다.

Data 지도 201G 구글맵 S 179429
가는 법 MRT NS26 래플스 플레이스역 G출구에서
도보 5분 주소 1 Old Parliment Lane #01 -04
오픈 월~목 18:00~다음 날 01:00,
금·토 18:00~다음 날 02:00 휴무 일요일
가격 타이거 맥주 11달러 전화 6336-3386
홈페이지 www.timbre.com.sg

2016년 아시아 최고의 바로 등극
Writer's Pick! ### 28 홍콩 스트리트
28 Hong Kong Street

2016년 아시아 베스트 바 50 중 당당히 1위에 올랐다. 좁고 긴 바는 매일 밤 붐비며, 활기차고 에너지가 넘친다. 원하는 스

타일을 말하면 칵테일을 만들어준다. 혹여 만족스럽지 않다면 그것도 말하라. 다른 칵테일을 만들어줄 것이다.

Data 지도 200F 구글맵 S 059667
가는 법 MRT NE5 클락키역 E출구에서
도보 5분 주소 28 Hongkong St
오픈 월~수 18:00~다음 날 02:00, 목·금 18:00~
다음 날 03:00, 토 18:00~24:00 휴무 일요일
가격 시그니처 칵테일 21~23달러
전화 6533-2001 홈페이지 www.28hks.com

맥주 맛도 라이브 공연도 최고!
펌프 룸 The Pump Room

실력 있는 라이브 밴드의 수준급 공연으로 그 어떤 클럽보다도 핫한 분위기가 난다. 게다가 마이크로 브루어리가 있어 직접 만든 맥주도 맛볼 수 있다. 화학적 첨가물이나 향신료를 넣지 않고 곡물과 홉, 이스트, 물로만 만든 신선한 맥주를 놓치지 말자.
해피 아워뿐만 아니라 수요일의 레이디스 나이트, 목요일의 보틀스 나이트 등 매일매일 다양한 할인과 프로모션을 진행하고 있으니 방문 전 홈페이지 확인은 필수!

Data 지도 200B
구글맵 S 179021
가는 법 MRT NE5 클락키역
G출구에서 도보 5분
주소 #01-09 3B River
Valley Rd
오픈 일~목 15:00~다음 날
03:00, 금 15:00~다음 날 05:00,
토 15:00~다음 날 04:00
가격 생맥주 7달러(해피 아워),
금·토 나쵸 10달러,
입장료 남성 25달러, 여성 20달러
(음료 1잔 포함)
전화 6334-2628
홈페이지 www.pump-
roomasia.com

프리미엄 록앤롤 블루스 바
크레이지 엘리펀트 Crazy Elephant

수준급 밴드의 록과 블루스의 라이브 공연을 즐길 수 있는 오래된 펍. 60~70년대의 분위기의 음악을 좋아한다면 추천한다. 매주 일요일은 여러 연주자들의 록과 블루스 공연이 있다. 클락키 강변에 위치해 분위기도 좋다.

Data 지도 200B 구글맵 S 179024
가는 법 MRT NE 5 클락키역 F출구에서 도보 5분
주소 3E River Valley Rd, #01-03/ 04
Clarke Quay
오픈 화~목 17:00~다음 날 02:00, 금~일 17:00~
다음 날 03:00, 월 17:00~다음 날 01:00
가격 음료 12달러부터 전화 6337-7859
홈페이지 www.crazyelephant.com

싱가포르에서 모히토가 가장 맛있는
쿠바 리브레 Cuba Libre

라임 향이 진한 싱가포르 최고의 모히토를 원한다면 이곳이 진리이다. 쿠바 콘셉트의 라이브 바로 실력 있는 라이브 밴드의 음악은 듣기만 해도 몸이 들썩거린다. 하지만 DJ의 댄스 음악이 흐르면 어느새 신나는 분위기의 클럽으로 변신한다. 쿠바 리브레와 카이피리냐, 카이 피로시카도 인기 있는 메뉴이다. 파히타Fajita와 버거 등 식사도 가능. 오후 6시부터 9시는 해피 아워이며 쿠바산 시가도 판매한다.

Data 지도 204B 구글맵 S 179021
가는 법 MRT NE5 클락키역 G출구에서 도보 5분
주소 Block B #01-13 Clarke Quay,
River Valley Rd
오픈 일~화 17:00~다음 날 02:00, 수·목 17:00~
다음 날 03:00, 금·토 17:00~다음 날 04:00
가격 클래식 모히토 24달러, 쿠바 리브레 17달러
전화 6338-8982 홈페이지 cubalibre.com.sg

싱가포르 최초의 캐시리스 클럽
겟 주스드 Get Juiced

스마트폰에 애플리케이션을 설치한 후 음식이나 음료를 자유롭게 주문 및 결재하는 시스템으로 운영해, 현금이 필요 없는 클럽이다. 또한 주문한 메뉴가 준비되면 스마트폰에 알림이 울리기 때문에 힘들게 줄을 설 필요도 없다. 편안하게 힙합과 EDM 음악이 흐르는 댄스 플로어와 라이브 바, 라운지, 다트 게임 등 다채로운 공간을 만끽하면 된다.

현금과 신용카드 결재도 가능하나 애플리케이션을 이용하면 다양한 혜택이 있다. 와이파이를 무료로 사용할 수 있어서 데이터 걱정은 안 해도 된다. 일찍 문을 열므로 클럽에 가기 전 가볍게 들리면 좋다.

Data **지도** 200B **구글맵** S 179024
가는 법 MRT NE5 클라키역 G출구에서 도보 5분 **주소** 3E River Valley Rd, Block E Clarke Quay, #02-01
오픈 화 18:00~다음 날 01:00, 수 · 금 18:00~다음 날 03:00, 목 18:00~다음 날 02:00, 토 19:00~다음 날 04:00 **휴무** 일 · 월요일 **가격** 무료입장, 맥주 5달러부터 **전화** 6208-7293 **홈페이지** www.getjuiced.sg

세계 100대 클럽 중 3위!
주크 Zouk

싱가포르를 대표하는 클럽임에도 불구하고 문을 닫을 상황에 처했던 주크. 이제 클락키에서 새로운 역사를 시작한다.

규모는 이전보다 작아졌지만, 수요일부터 토요일 새벽까지 새로운 파티 이벤트가 주크의 전설을 이어가고 있다. 2018년 DJ 맥 DJ Mag에서 뽑은 세계 100대 클럽 3위에 올랐다.

Data **지도** 200B **구글맵** S 179088 **가는 법** MRT DT20 포트 캐닝역에서 리버 밸리 로드를 따라 도보 5분 또는 NE5 클라키역 F출구에서 리버 밸리 로드를 따라 도보 10분 **주소** 3C River Valley Rd, The Cannery
오픈 수 22:00~다음 날 03:00, 목 22:00~다음 날 02:00, 금 22:00~다음 날 04:00, 토 22:00~다음 날 03:45
휴무 일~화요일 **가격** 입장료 30~40달러
전화 6738-2988 **홈페이지** www.zoukclub.com

현지 대학생들이 가장 많이 찾는 클럽
F 클럽 F Club

현지 대학생들이 추천하는 클럽으로 한국 유학생들이 많은 편이
다. 입장하면 바로 나오는 다이아몬드 홀은 르네상스 바로크 시대
를 모티브로 꾸민 메인 공간이다. 중앙에 큰 칵테일 바가 있어 이
용이 편리하다. 친숙한 팝 리믹스, EDM 음악과 함께 가끔은 케
이팝K-Pop 떼창도 들을 수 있다.

또 다른 공간인 루비룸은 힙합, R&B 마니아층을 위한 곳이다. 특
히 여성이라면 무료로 입장할 수 있을 뿐만 아니라, 음료 10잔을
무료로 제공하는 레이디스 나이트를 놓치지 말자. 매주 수요일이
면 선착순 400명에게만 제공하므로 서둘러야 한다. 신청은 홈페
이지에서 할 수 있다.

Data 지도 200B 구글맵 S 179021
가는 법 MRT NE5 클락키역 G출구에서 도보 5분 주소 3B River Valley Rd, 01-08
오픈 수 21:00~다음 날 04:00, 금·토 22:00~다음 날 04:00 휴무 일~화·목요일 가격 입장료 30~40달러
전화 6338-3158 홈페이지 www.f-club.sg

싱가포르 클럽의 양대산맥
아티카 Attica

최근 클락키 중앙 분수 앞으로 옮기면서 규모가 작아졌지만, 여전
히 사람들이 많이 찾는 클럽이다. 관광객과 현지 외국인들이 많은
편이며, 규모가 큰 클럽이 부담스럽다면 이곳을 추천한다.

입장 후 좁은 길을 따라 걷다 보면 만나는 코트 야드는 예전의 아
티카가 기억나는 모습이 남아 있어 반가운 곳이다. 밤하늘의 별을
보며 춤을 출 수 있는 2층 댄스 플로어에서 뜨거운 열기를 잠시 식
히며 쉬기에 좋다. 매주 수요일 레이디스 나이트에는 여성들에게
무료입장과 함께 무료 음료 쿠폰을 제공한다.

Data 지도 200F
구글맵 S 179020
가는 법 MRT NE5 클락키역
G출구에서 도보 5분
주소 3A River Valley Rd
#01-03 Clarke Quay
가격 입장료 30~40달러
오픈 화~목 22:30~다음 날
03:00, 금·토 22:30~다음
날 04:00 휴무 일·월요일
전화 6333-9973
홈페이지 www.attica.com.sg

요즘 제일 뜨는 루프톱 바!
킨키 Kinki

요즘 가장 핫한 루프톱 바. 주로 회사를 마치고 온 현지 외국인들이 많이 찾는다. 하얀 등대 기둥에서는 다이내믹한 패션쇼가, 등대 아래 디제이 박스에서는 신나는 댄스곡이 흐른다.
시끌벅적한 모습과, 좁은 테이블 사이에서 음악에 취해 자유롭게 춤을 추어도 어색하지 않은 곳. 마리나베이 샌즈 호텔과 초고층 금융가를 배경으로 하고 있다. 해피 아워에는 음료가 1+1.

Data 지도 201L
구글맵 S 049323
가는 법 MRT NS26/EW14
래플스 플레이스역 J출구에서
도보 5분
주소 70 Collyer Quay
가격 목테일 10달러
오픈 월~토 12:00~15:00,
18:00~23:00 휴무 일요일
전화 6533-3471
홈페이지 www.kinki.com.sg

세계에서 제일 높은 맥주 양조장
레벨33 Level33

마리나베이 파이낸셜 빌딩 33층에 위치한 레벨33. 오후 5시 이전에 방문하면 10달러도 안되는 가격에 생맥주를 마실 수 있다. 백만 불짜리 야경도 볼 수 있다. 야외석이 많지 않아 예약은 필수! 33달러에 즐기는 런치 코스 메뉴도 인기 있으며, 애피타이저와 디저트는 뷔페로 마음껏 먹을 수 있다. 최근에 다운타운 라인이 개통되면서 지하철 역에서 쉽게 갈 수 있게 되었다.

Data 지도 174E 구글맵 S 018981
가는 법 MRT DT17
다운타운역에서 도보 5분
주소 #33-01 Maria Bay Finacial
Centre Tower 1
오픈 월~목 11:30~24:00,
금·토 11:30~다음 날 02:00,
일 12:00~24:00
가격 블론드 생맥주 12.33 달러
전화 6834-3133
홈페이지 www.level33.com.sg

Writer's Pick!

레이져 쇼를 즐기기에 최적인 곳
랜턴 Lantern

Data 지도 201L 구글맵 S 049326
가는 법 MRT NS26/EW14 래플스
플레이스역 J출구에서 도보 5분
주소 1 Fullerton Rd, The
Fullerton Bay Hotel
오픈 일~목 08:00~다음 날
01:00, 금·토 08:00~다음
날 02:00 **전화** 6597-5299
가격 레드 랜턴 24달러,
생맥주 17달러
홈페이지 www.fullertonbay-
hotel.com

마리나베이에 떠있는 최고급 플러톤 베이 호텔에 자리 잡고 있는 고급 루프톱 바이다. 높은 곳에 위치하지는 않았지만, 야외 수영장이 있는 럭셔리한 분위기이다. 한국인 직원이 있으며, 키즈밀 세트가 있어 아이들과도 올 수 있다.

매주 수요일 밤 8시부터 9시까지는 레이디스 나이트로 여성은 칵테일 무료. 한 달에 1번 있는 브라질리안 나이트(라티노 나이트)는 인기가 많아, 홈페이지나 이메일로 날짜를 확인 후 예약해야 한다.

360도 조망이 가능한 갤러리 바
원 알티튜드 1-Altitude

해 질 녘 하늘에서 싱가포르 슬링이 만들지는 풍경을 만나게 되는 곳. 사방이 뻥 뚫린 전망을 원한다면 무조건 원 알티튜드로 가자. 1층 입구에는 항상 잘 차려 입은 사람들의 긴 줄의 행렬이 이어진다.

나이 제한(여자 21세, 남자 25세 이상)과 드레스 코드도 확실하다. 아이와 함께라면 밤 10시 이전에 가야 하며, 슬리퍼와 반바지 차림은 입장이 제한될 수도 있다. 수요일은 레이디스 나이트로, 선착순 50명의 여자들에게 무료입장과 음료 1잔을 제공한다.

Data 지도 201K 구글맵 S 048616 **가는 법** MRT NS26/EW14 래플스 플레이스역 B출구에서 도보 1분
주소 1 Raffles Pl **오픈** 수·금·토 18:00~다음 날 04:00, 목·일~화 18:00~다음 날 02:00
가격 입장료 30달러(음료 1잔 포함) **전화** 6438-0410 **홈페이지** www.1-altitude.com

클락키의 다리맥을 아시나요?
리드 브리지 Read Bridge

클락키 초입에 위치해 있는 리드 브리지는 밤이 되면 편의점에서 맥주를 사다 놓고 자유롭게 다리맥을 즐기던 명소였다. 하지만 2015년 4월 1일 법이 바뀌면서 저녁 10시 30분부터 오전 7시까지 싱가포르의 모든 공공장소에서의 음주가 금지되었다. 예전만큼은 아니지만 해 질 녘 캔 맥주 한 잔을 즐기기에 여전히 근사한 장소이다.

Data 지도 200F
구글맵 S 179023
가는 법 MRT NE5 클락키역 G출구에서 도보 5분
주소 1B Clarke Quay,
오픈 24시간(22:30~다음 날 07:00 음주 금지)
홈페이지 eresources.nlb.gov.sg

구경만해도 짜릿하다
지엑스 5 GX-5 Extreme Swing

50m 상공에서 120km/h 이상의 속도로 떨어지는 아찔한 어트랙션. 직접 버튼을 눌러 정상에서 낙하하는 시스템으로, 극한의 스릴을 경험할 수 있다. 최근 새롭게 오픈한 트램펄린 번지 Trampoline Bungy는 5분 동안 최대 공중 8m까지 솟아 오르는 어트랙션으로 나이 제한이 없다.

Data 지도 200B 구글맵 S 179024
가는 법 MRT NE5 클락키역 F출구에서 도보 5분
주소 3 River Valley Rd 오픈 11:00~24:00
요금 지엑스5 성인 45달러, 학생 35달러(키 1.2m, 만 12세 이상)/트램펄린 번지 15달러(몸무게 10~90kg)
전화 6338-1766 홈페이지 www.gmaxgx5.sg

MRT 클락키역과 연결된 쇼핑몰
센트럴 Central

싱가포르강을 사이에 두고 클락키와 마주하고 있다. 찰스앤키스, 미추 스타벅스, 야쿤 카야 토스트, 버거킹, TCC 등 인기 매장이 지하 1층부터 5층까지 연결된다. 노사인 보드 시푸드나 중국요리로 유명한 통록 시그니처 같은 유명 맛집이 들어서 있다. 샤오미 매장도 인기 있다.

Data 지도 200F 구글맵 S 059817
가는 법 MRT NE5 클락키역에서 바로
주소 6 Eu Tong Sen St
오픈 11:00~22:00 전화 6532-9922
홈페이지 www.clarkequaycentral.com.sg

로버슨키&자이온 로드

Robertson Quay & Zion Road

클락키와 보드키가 관광객들로 붐비는 지역이라면, 로버슨키와 자이온 로드는
현지인들의 아파트와 싱가포르에 장기 투숙하는 외국인들을 위한 콘도가 많은
거주 지역이다. 로번슨키강 주변에 세련된 브런치 맛집과 바가 몰려 있고,
자이온 로드로 가면 현지인이 즐겨 찾는 호커 센터와 맛집들을 찾을 수 있다.
클락키보다 조용한 동네로, 한가롭게 다니고 싶은 여행자들에게 딱 맞는 동네이다.

Robertson Quay& Zion Road
PREVIEW

로버슨키는 조용한 동네이다. 외국인들이 머무는 아파트와 콘도가 많아 이들이 즐겨 찾는 세련된 카페와 레스토랑이 많다. 로버슨키에서 더 서쪽으로 강변을 따라 걸으면 나오는 자이온 로드 역시 현지인들에게 소문난 맛집과 호커 센터가 자리해 있다.

SEE

로버슨키와 자이온 로드가 지나는 리버 밸리 지역은 외국인이 많이 사는 거주 지역이다. 일본인과 한국인도 모여 사는 곳이기도 해서 별다른 볼거리는 없다. 포트 캐닝 파크가 그나마 가까운 공원이며, 자이온 로드에서는 티옹바루가 가깝다. 저녁 무렵 강을 따라 산책하며 조명이 비친 강을 감상하기에 좋다.

EAT

로버슨키와 자이온 로드를 오는 이유는 딱 하나. 싱가포르강을 보며 식사를 할 수 있는 세련된 카페나 레스토랑, 그리고 현지인들이 많이 찾는 맛집들이 모여 있기 때문이다. 프레이저 플레이스에 있는 로빈슨 워크 몰과 광장, 그리고 UE 스퀘어 안에 외국인들과 젊은 친구들이 즐겨 찾는 레스토랑과 바들이 줄지어 서 있다. 크랩 요리로 유명한 레드 하우스 등 여러 나라의 다채로운 요리를 경험할 수 있는 동네이다.

BUY

로버슨키에는 이렇다 할 쇼핑 장소가 없다. 로버슨 워크Robertson Walk 몰이 있지만, 요가나 마사지 공간이 대부분이다. 로버슨키에서 서쪽으로 약 15분 걸어가면 리버 밸리에 사는 현지인들이 즐겨 가는 쇼핑몰인 그레이트 월드 시티 Great World City가 있다. 생각보다 꽤 많은 숍과 레스토랑과 콜드 스토리지 같은 마트까지 잘 갖춰져 있다. 사실 이 안에서만 있어도 부족한 게 없을 정도이다. 그레이트 월드 시티는 오차드 로드 시내까지 오가는 셔틀버스도 운행한다.

어떻게 갈까?

클락키에 들렀다가 로버슨키까지 걸어가기보다는 아예 따로 찾아가는 경우가 더 일반적이다. 오차드 시내에서 123번 버스를 타고 해브록 로드Havelock Rd에서 내려 사이부Saiboo 다리를 건너 가거나 143번 버스를 타고 UE 스퀘어가 있는 클래맨쇼 애비뉴에서 내려 로버슨키까지 걸어가는 것이 일반적이다.

어떻게 다닐까?

로버슨키는 강변을 따라 산책하기 참 좋은 곳이다. 단, 저녁 무렵이나 해가 지고 난 이후에는 산책하거나 조깅을 하는 사람들이 대부분이다. 밤에는 클락키에서 로버슨키까지 걸어도 좋고, 혹은 로버슨키에서 브런치를 먹거나 저녁 식사를 한 후 그레이트 월드 시티 쇼핑몰이 있는 자이온 로드까지 걸어도 좋다.

Robertson Quay& Zion Road
HALF FINE DAY

로버슨키와 자이온 로드에서만 하루를 보내는 일정은 나오지 않는다. 맛집들이 포진해
있으니, 로버슨키에서 브런치를 먹고 클락키로 넘어가거나, 오차드 로드나 티옹바루에서
시간을 보내다 자이온 로드에 잠깐 들러 식사를 하고 다시 다른 지역으로 가는 것이 좋다.

택시 5분 →

택시 5분 →

14:00
부메랑 비스트로
앤 바에서 피자로
점심 식사하기

16:00
싱가폴리안의 생활을
엿볼 수 있는
티옹바루 구경가기

18:00
자이온 로드의 호커 센터에서
차퀘이터우 먹기

도보 10분 ↓

도보 15분 ←

20:00
와인 커넥션에서
와인을 마시며
밤을 즐기기

19:00
저녁 무렵 로버슨키
강변을 따라 타박타박
산책하기

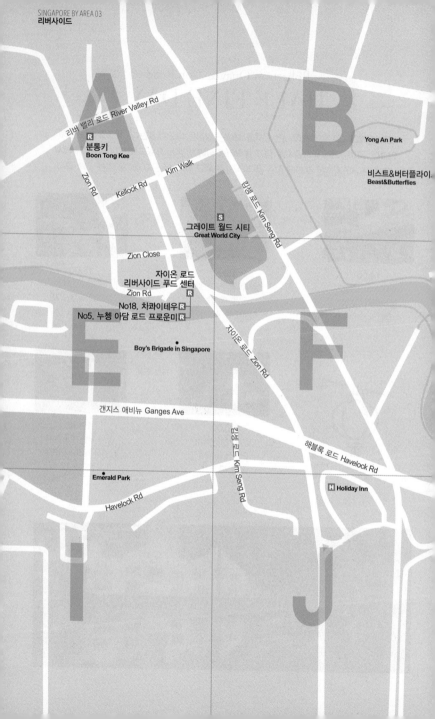

A

리버 밸리 로드 River Valley Rd

B

Yong An Park

R
분통키
Boon Tong Kee

비스트&버터플라이
Beast&Butterflies

Zion Rd

Kellock Rd

Kim Walk

킴셍 로드 Kim Seng Rd

S
그레이트 월드 시티
Great World City

Zion Close

자이온 로드
리버사이드 푸드 센터
Zion Rd

No18. 차콰이테우 R
No5. 누쳉 아담 로드 프로운미 R

E

자이온 로드 Zion Rd

F

● Boy's Brigade in Singapore

갠지스 애비뉴 Ganges Ave

킴셍 로드 Kim Seng Rd

해블록 로드 Havelock Rd

● Emerald Park

H Holiday Inn

Havelock Rd

G

I

J

로버슨키&자이온 로드
Robertson Quay&Zion Road

N

0   200m

리버 밸리 로드 River Valley Rd

River Valley Close

Kim Rd

Tong Watt Rd

모하메드 술탄 로드 Mohamed Sultan Rd

유니티 스트리트 Unity st.

Tank Rd

Martin Place

Merbau Rd

UE 스퀘어몰
S UE Square
S Shopping Mall

S River Gate Grocer

Martin Rd

로버슨 워크 **S**
Robertson Walk

북카페
R The Book Cafe

레드 하우스 **R**
Red House

클레멘소 애비뉴 Clemenceau Ave

H Robertson
Quay Hotel

스튜디오 M 호텔 **H**
Studio M Hotel

H M 소셜 **M Social**

Nanson Rd

싱가포르강
Singapore River

R 와인 커넥션
Wine Connection

R 비스트&버터플라이스
Beast&Butterflies

Brussels Sprouts
R

R 브뤼셀 스프라우츠
Brussels Sprouts

H Gallery Hotel
Singapore

E 엠버 넥타
Amber Nectar

H Hotel Singapore

Palau Saigon Bridge

R 부메랑 비스트로&바
Boomarang Bistro&Bar

E 파인 스피릿츠
Fine Spirits

C D
G H
K L

EAT

| **로버슨키** |

Writer's Pick!

와인 값이 저렴한 바
와인 커넥션 Wine Conncetion

술값이 비싼 싱가포르에서 마음 편하게 와인을 마실 수 있는 와인 바. 아마 싱가포르에서 와인이 가장 저렴한 곳 중 하나일 것이다. 30~50달러 선에서 꽤 괜찮은 와인들을 마실 수 있다. 또한 푸아그라 테린 플래터Foie Gras Terrine Platter나 숯불에 구운 양고기인 그릴 램 커틀랫Grilled Lam Cutlet과 같이 와인과 잘 어울리는 요리도 준비되어 있다.

잔으로 마실 수 있는 와인 종류만 30여 가지가 있으며, 잘 알려지지 않은 와인들도 나라별로 구비하고 있다. 10가지의 수제 맥주 리스트도 탐난다. 로버슨키에서 가장 인기 있는 술집 중 하나로 와인 커넥션 만큼 물 좋고 분위기 좋은 곳도 드물다.

Data 지도 223H 구글맵 S 237995 가는 법 MRT DT20 포트 캐닝역에서 리버밸리 로드로 나와 클레맨쇼 애비뉴를 건너 유니티 스트리트로 우회전 주소 #01-19/20, 11 Unity St, Robertson Walk 오픈 월~목 11:30~다음 날 02:00, 금·토 11:30~다음 날 03:00, 일 11:30~23:00 가격 피시앤칩스 16달러, 피자 12~14달러, 푸아그라 테린 플래터 19달러, 그릴 램 커틀랫 24달러, 글라스 와인 6~14달러 전화 6235-5466 홈페이지 www.wineconnection.com.sg

호주식 레스토랑 겸 바
부메랑 비스트로&바 Boomarang Bistro&Bar

싱가포르는 지리적으로 가까운 호주의 식문화에서 많은 영향을 받았다. 이곳은 호주인 주인과 셰프가 의기투합해 문을 연 호주식 레스토랑이다. 캥거루 고기로 만든 버거와 피자, 호주의 국민 맥주인 포엑스XXXX 맥주까지 맛볼 수 있다. 이른 아침부터 늦은 밤까지 영업하므로, 언제든지 방문할 수 있어 편리한 곳이다.

Data **지도** 223G **구글맵** S 238252 **가는 법** 123번 버스를 타고 해버록 로드에서 내려 로버슨 워크 쪽으로 다리를 건넌다. **주소** 60 Robertson Quay, #01-15, The Quayside **오픈** 06:00~다음 날 03:00 **가격** 샐러드 18~24달러, 똠얌 프라운 피자 18달러, 페퍼드 캥거루 피자 16달러, 카푸치노 5달러 **전화** 6738-1077 **홈페이지** boomarang.com.sg

크랩 요리의 3대 명소 중 하나
레드 하우스 Red House

싱가포르의 크랩 요리 맛집은 점보 시푸드, 레드 하우스, 노 사인 보드 시푸드가 대표적이다. 그중에서 1976년 문을 연 레드 하우스는 관광객보다는 현지인들에게 인기 있는 곳으로 맛이 보장되는 곳이다. 여러 메뉴가 있지만, 강한 불에 볶은 양념과 깔끔하게 매운 맛의 후추가 어우러진 페퍼크랩을 추천한다.
얼마 전 리노베이션을 마치고 새롭게 문을 열어 실내가 깔끔하다. 싱가포르에는 로버슨키를 포함해 총 3곳의 지점이 있다.

Data **지도** 223H **구글맵** S 238252 **가는 법** 123번 버스를 타고 해버록 로드에서 내려 로버슨 워크 쪽으로 다리를 건넌다. **주소** #01-14 The Quayside 60, Robertson Quay **오픈** 월~금 15:00~22:30, 토·일 11:30~22:30 **가격** 칠리스튜크랩 55달러, 번 5.40달러 **전화** 6735-7666 **홈페이지** www.redhouseseafood.com

현지인들의 브런치 명소
북카페 The Book Cafe

주변의 흰색 빌딩들과 달리, 갈색으로 되어 있는 유리 건물
1층에 자리한 이 카페는 아늑하고 편안한 분위기로, 브런치
가 유명하다. 느슨한 책장과 푹신한 소파에 앉아 책을 읽거
나 노트북을 가져가 작업하기에 좋다.

무엇보다 미디엄 로스트한 브라질, 캄보디아, 인도네시아
산 커피가 맛있으며, 아침 식사 세트도 인기 있다.

Data 지도 223G 구글맵 S 239070 가는 법 MRT DT20 포트 캐닝역에서 도보 5분. 리버 밸리 로드를 걷다가
모하메드 술탄 로드로 진입해 도보 5분 주소 #01-02, 20 Martin Rd 오픈 일~목 08:30~다음 날 02:30,
금·토 08:30~24:30 가격 아침 식사와 메인 요리 11~20달러
전화 6887-5430 홈페이지 thebookcafe.com.sg

로버슨키의 쇼핑몰의 맛집을 찾아서
로버슨 워크 Robertson Walk

프레이저 플레이스 아파트 앞에 붙어 있는 라이프 스타일
몰이다. 광장을 둘러싸고 여러 레스토랑과 펍이 들어서 있
는데, 벨기에식 홍합 요리인 브뤼셀 스프라우츠 Brussels
Sprouts와 야외 테라스가 큰 엠버 넥타 Amber Nectar 비어 가
든, 와인 커넥션, 가격은 비싸지만 명품 위스키를 즐길 수
있는 파인 스피릿츠 Fine Spirits 등이 가볼 만하다.

Data 지도 223H 구글맵 S 237995 가는 법 64, 123, 143번 버스를 타고 클래맨쇼 애비뉴 하차 주소 11 Unity S
오픈 11:00~다음 날 01:00 전화 6834-2465 홈페이지 www.fraserscentrepointmalls.com

필립 스탁이 디자인한 호텔 레스토랑
비스트&버터플라이스 Beast&Butterflies

세계적인 디자이너 필립 스탁이 디자인한 호텔인 M 소셜
호텔M Social Hotel에 자리한 레스토랑 겸 바. 모양이 각기
다른 8개의 샹들리에와 40여 개의 태블릿 PC를 세로로 설
치한 벽면, 화려한 패턴의 패브릭, 필릭 스탁의 감각적인
가구들까지 인테리어가 매우 화려하다.

추천 메뉴로는 샐러드나 오늘의 수프, 4가지 메인 요리 중
하나를 선택할 수 있는 이그제큐티브 런치가 있다.

Data 지도 223G 구글맵 S 238259 가는 법 MRT NE5 클락키역 C출구에서 도보 15분. 강을 따라 걷다가
로버슨키 브리지 건너편 주소 90 Robertson Quay 오픈 11:30~14:30, 17:00~22:30
가격 이그제큐티브 런치 22달러 전화 6206-1888

| 자이온 로드 |

싱가포르의 유명 호커 센터
자이온 로드 리버사이드 푸드 센터 Zion Road Riverside Food Centre

싱가포르에서 신세를 졌던 친구의 집이 자이온 로드 근처였기 때문에 집앞 슈퍼에 가듯 자이온 로드 푸드 센터에 갈 수 있었다. 처음에는 동네의 작은 호커 센터인 줄 알았는데, 알고 보니 싱가포르에서 톱 10 안에는 드는 유명한 푸드 센터였다. 도시 전체에서 손꼽히는 맛집도 여럿 있다.

차콰이테우를 만드는 넘버 18번 집이 바로 그곳. 가게 번호 5번의 누청 아담 로드 프라운미Noo Cheng Adam Road Prawn Mee의 주인은 새우와 고기 내장이 듬뿍 들어간 국수 요리를 내준다.

Data **지도** 222E **구글맵** S 247792 **가는 법** 16번 버스를 타고 킴생 로드에서 하차. 그레이트 월드 시티를 통과해 자이온 로드가 끝나는 곳에서 길 건너 왼쪽에 위치 도보 5분 **주소** 70 Zion Rd **오픈** 12:00~14:30, 18:30~23:00 **가격** 3~10달러

누청 아담 로드 프라운미의 국수 요리

치킨라이스하면 바로 여기!
분통키 Boon Tong Kee

치킨라이스로 유명한 집이다. 싱가포르에 7개 매장이 있으며, 이중 리버 밸리점이 가장 맛있다. 리버 밸리점은 저녁 식사 시간이나 주말이면 길게 줄을 선다.

치킨라이스

주문을 하면 일회용 물수건과 땅콩을 주는데, 그냥 사용하면 모두 돈을 내야 하는 것들이다. 사용하고 싶지 않다면 직원에게 치워달라고 말해야 한다.

Data **지도** 222A **구글맵** S 248324 **가는 법** 14, 175번 버스를 타고 리버 밸리 파크 콘도미니엄에서 하차 **주소** 425 River Valley Rd **오픈** 11:15~16:00, 16:45~다음 날 04:00 **가격** 치킨라이스 13달러(반 마리), 25달러(한 마리)/크리스피 로스트 치킨 14.80달러(반 마리) **전화** 6736-3213 **홈페이지** www.boontongkee.com.sg

04

차이나타운&
티옹바루

CHINATOWN&
TIONG BAHRU

다양한 민족들이 어울려서 살아 가는
차이나타운은 싱가포르에서 가장 흥미진진하고
갈 곳이 많은 지역 중 하나이다.
과거와 현재, 동양과 서양이 공존하는 지역으로
관광객과 현지인이 모두 즐겨 찾는 차이나타운의
매력에 빠져보자.

차이나타운
Chinatown

초기 중국 이민자들이 정착해 살았던 차이나타운은 가장 중국적이면서도, 유행을 선도하는 힙스터들이 많이 찾는 곳이다. 오래된 숍하우스부터 세련된 인테리어가 돋보이는 핫플레이스까지 골목골목 숨어 있어 볼거리가 넘쳐나는 곳이다. 불교, 힌두교, 이슬람교 등 다양한 종교 사원이 서로 가깝게 위치해 있는 것도 이색적인 장면이다.

차이나타운
Must do

①~② 차이나타운에 위치한 불교, 이슬람, 힌두 사원을 모두 돌아보자. **③** 싱가포르의 변화 과정을 볼 수 있는 싱가포르 시티 갤러리도 놓치지 말자. **④~⑤** 현지인들의 아침 식사도 체험해보자.

Chinatown
PREVIEW

전통 사원과 시끌벅적한 상점들로 관광객이 주로 찾던 차이나타운이 변화하고 있다.
중국 속의 작은 유럽이라 불리는 덕스턴힐은 외국인들로 북적이며,
주말에는 브런치를 먹기 위해 긴 줄의 행렬에 동참해야 한다.
한국 음식점들이 모여 있는 탄종파가 로드는 최근 유행의 거리로 떠오르고 있다.

SEE

차이나타운에는 부처님의 치아를 모셔둔 불아사와 가장 오래된 힌두 사원, 그리고 이슬람 사원인 자마에 모스크가 나란히 한 도로에 자리해 있다. 차이나타운이 형성되기 전에 인도인들이 살았던 지역으로, 그 흔적이 많이 남아 있어 볼거리가 풍부하다. 못을 사용하지 않고 건설한 티안 혹 켕 사원은 건축학적으로도 중요하며, 싱가포르 시티 갤러리와 레드닷 디자인 뮤지엄은 싱가포르에서 꼭 가봐야 할 필수 갤러리로 손꼽히는 곳이다.

EAT

저렴하게 현지 음식을 먹으려면 맥스웰 푸드 센터나 홍림 마켓&푸드 센터로 가면 된다. 줄이 긴 집이 맛집이다. 한국 음식이 그리울 땐 한글 간판들이 즐비한 탄종파가 로드로, 유럽풍의 레스토랑을 찾는다면 덕스턴힐로 가면 된다. 불 타는 밤을 보낼 수 있는 클럽 스트리트와 안시앙힐은 금요일과 토요일 밤에는 차량 출입이 통제된다. 요즘 가장 핫한 곳은 케옹색 로드다.

BUY

파고다 스트리트 주변은 각종 기념품들을 사기 좋으며 흥정도 할 수 있다. 색다른 쇼핑을 원한다면 케옹색 로드나 어스킨 로드로 발걸음을 돌려보자. 세계적인 체인점 틴틴 숍은 구경만해도 눈이 즐겁다.

어떻게 갈까?

MRT 차이나타운역 A출구로 나오면 바로 파고다 스트리트가 시작되며 주요 관광지나 호커 센터로 갈 수 있다. 레드닷 디자인 박물관과 시티 갤러리는 탄종파가역과 가까우며, 새로 생긴 다운타운 선의 텔록아이어역은 야쿤 카야 토스트 본점이나 티안 혹 켕 사원에 갈 때 이용하면 편하다. 케옹색 로드는 오트램 파크역에서도 가깝다.

어떻게 다닐까?

차이나타운만 하루 날잡아서 볼 계획이라면 아침 일찍 야쿤 카야 토스트 본점의 달달한 카야 토스트와 진한 커피로 시작하자. 근처의 티안 혹 켕 사원부터 시티 갤러리, 불아사 등 주요 관광지를 둘러본 후 한적하게 케옹색 로드나 덕스턴힐 같은 골목을 거닐면 좋다. 클럽 스트리트나 안시앙힐은 금요일이나 토요일 밤에 가야 제대로 즐길 수 있다.

Chinatown
ONE FINE DAY

주요 관광지만 둘러볼 계획이라면 반나절이면 충분하지만,
제대로 즐기고 싶다면 하루 코스를 추천한다. 중국스럽게 하루를 보낼 수도 있으며,
현지인들에게 인기 있는 곳들을 찾아가 보는 것도 좋겠다.
사실 미식 투어만으로도 갈 곳이 넘쳐난다.

08:30
야쿤 카야 토스트
본점에서 토스트 먹기

도보 5분 →

10:00
티안 혹 켕 사원의
건축물 감상하기

도보 6분 →

11:00
싱가포르 시티 갤러리
관람하기

도보 2분 ↓

15:00
스리 마리암만 사원에서
가족의 건강 빌기

← 도보 1분

13:30
불아사에서 부처님에게
소원 빌기

← 도보 1분

12:30
호커찬에서 홍콩
소야 소스 누들 먹기

도보 1분 ↓

15:30
자마에 모스크
둘러보기

도보 8분 →

17:00
기념품 쇼핑 후
저녁 식사하기

도보 18분 →

21:00
안시앙힐에서
맥주 한잔하기

Pearl's Hill City Park

피플스 파크 센터
People's Park Centre

레인보 라피스
Rainbow Lapis

시휠 트래블
Sea Wheel Travel

림치관
Lim Chee Guan

차이나타운역 NE4 DT19
Chinatown

오리엔탈 차이니스 레스토랑(동방미식)
Oriental Chinese Restaurant

비쳰항
Bee Cheng Hiang

Bee Cheng H

5 풋웨이 인
5 Foot

메이 홍 위엔 디저트
Mei Heong Yuen Dessert

베드&드림즈
Bed&Dreams Ir

호커찬
Hawker Chan

Smith St

홍콩 소야 소스 치킨라이스&누들
Hong Kong Soya Sauce Chicken Rice&Noodle

차이나타운
Chinate

Chinatown Vistor Centre

유 통 셍 스트리트 Eu Tong Sen St

뉴 브리지 로드 New Bridge Rd

케옹 섹 로드 Keong Saik Rd

Relic T

호텔 1929
Hotel 1929

포테이토 헤드 포크
Potato Head Folk

번트 엔스
Burnt Ends

오트램 파크역
Outram Park
EW16 NE3

나오미 리오라 호텔
Naumi Riora Hotel

쓰리 번스
Three Buns

징후아
Jing Hua Restaurant

동아 이팅 하우스
Tong Ah Eating House

스튜디오 1939
Studio 1939

루프톱
Roof Top

티플링 클럽
Tippling Club

리터드 위드 북스
Littered with Books

뉴 마제스틱 호텔
New Majestic Hotel

Keong Saik Rd

Bukit Pasoh Rd

덕스턴힐 Duxton Hill

라테리아 모차렐라 바
Latteria Mozzarella Bar

닐 로드 Neil Rd

Craig Rd

앙트레코테
L'Entrecote Restaurant

덕스턴 로드 Duxton Rd

그룹 테라피
Group Therapy

케이크 스페이드
Cake Spade

차이나타운
Chinatown

얀칫 로드 Yan Kit Rd

Tanjong Pagar Rd

클랍슨 호텔 방면
Klapson Hotel

↓

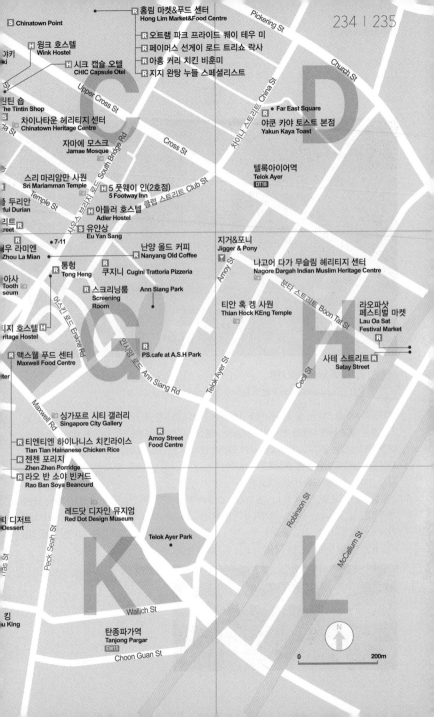

S Chinatown Point

R 홍림 마켓&푸드 센터
Hong Lim Market&Food Centre

Pickering St

H 윙크 호스텔
Wink Hostel

R 오트램 파크 프라이드 퀘이 테우 미

H 시크 캡슐 오텔
CHIC Capsule Otel

R 페이머스 선게이 로드 트리쇼 락사

R 아훙 커리 치킨 비훈미

R 지지 완탕 누들 스페셜리스트

• Far East Square

차이나타운 헤리티지 센터
Chinatown Heritage Centre

R 아쿤 카야 토스트 본점
Yakun Kaya Toast

자마에 모스크
Jamae Mosque

Cross St

텔록아이어역
Telok Ayer
DT18

스리 마리암만 사원
Sri Mariamman Temple

R 5 풋웨이 인(2호점)
5 Footway Inn

H 아들러 호스텔
Adler Hostel

S 유안상
Eu Yan Sang

지거&포니
Jigger & Pony

• 7-11

R 우 라미엔
Zhou La Mian

R 난양 올드 커피
Nanyang Old Coffee

나고어 다가 무슬림 헤리티지 센터
Nagore Dargah Indian Muslim Heritage Centre

R 통헝
Tong Heng

R 쿠지니
Cugini Trattoria Pizzeria

Ann Siang Park

티안 혹 켕 사원
Thian Hock KEng Temple

라오파삿
페스티벌 마켓
Lau Oa Sat
Festival Market

R 스크리닝룸
Screening
Room

H 리티지 호스텔
ritage Hostel

R 맥스웰 푸드 센터
Maxwell Food Centre

R PS.cafe at A.S.H Park

사테 스트리트
Satay Street
R

싱가포르 시티 갤러리
Singapore City Gallery

R Amoy Street
Food Centre

R 티엔티엔 하이나니스 치킨라이스
Tian Tian Hainanese Chicken Rice

R 젠젠 포리지
Zhen Zhen Porridge

R 라오 반 소야 빈커드
Rao Ban Soya Beancurd

레드닷 디자인 뮤지엄
Red Dot Design Museum

Telok Ayer Park

Wallich St

탄종파가역
Tanjong Pargar
EW15

Choon Guan St

N

0   200m

SEE

싱가포르 최대의 불교 사원

Writer's Pick! **불아사** Buddha Tooth Relic Temple&Museum

부처님의 치아를 모시는 불교 사원이다. 1층은 웅장하고 화려한 불당인 백룡당이 자리 잡고 있으며, 2·3층은 불교 관련 유물을 전시하는 박물관, 4층은 부처님의 치아를 모신 420kg의 순금 사리탑이 보관되어 있는 곳이다. 3·4층은 사진 촬영이 금지되어 있으니 주의하도록 한다. 사리탑이 보관되어 있는 4층의 방은 온통 순금으로 도배되어 있는데, 이곳을 방문하는 불교 신자들이 금색 주화를 사서 기부한 돈으로 도배한 것이라고 한다.

4층 방 계단을 오르면 초록색 나무들과 난으로 가득한 옥상정원과 연결된다. 옥상정원에는 1만여 개의 작은 불상들에 둘러싸인, 세계에서 가장 큰 기도 바퀴Buddha Prayer Wheel가 있다. 천천히 돌리며 소원을 빌어보는 것도 좋겠다. 민소매나 반바지, 짧은 치마 등의 살이 많이 보이는 옷을 입은 사람들은 1층에 준비되어 있는 천을 두르고 입장해야 한다.

Data 지도 235G 구글맵 S 058840
가는 법 MRT NE4/DT19
차이나타운역 A출구에서 도보 5분
주소 288 S Bridge Rd
오픈 07:00~19:00,
3층 09:00~18:00
요금 무료입장 전화 6220-0220
홈페이지 www.btrts.org.sg

싱가포르에서 가장 오래된 힌두 사원
스리 마리암만 사원 Sri Mariamman Temple

전염병과 질병을 치료해주는 여신인 마리암만을
위해 1827년에 지어졌다. 피라미드 모양의 높은
탑으로 장식된 큰 문은 수많은 신과 사람, 동물들
이 조각되어 있어 독특하면서도 인상적이다.
인도의 큰 축제인 디파발리 때는 신자들이 직접
만든 음식을 사원을 찾은 사람들에게 나눠주며
가족의 건강을 기원하기도 한다. 입장 시 신발을
벗어야 한다.

Data 지도 235C 구글맵 S 058793 **가는 법** MRT NE4/DT19 차이나타운역 A출구에서 도보 3분
주소 242 S Bridge Rd **오픈** 07:30~20:30 **요금** 무료입장 **전화** 6223-4064 **홈페이지** www.heb.gov.sg

차이나타운에서 가장 오래된 이슬람 사원
자마에 모스크 Jamae Mosque

차이나타운의 이슬람 유적지 중 가장 오래된 곳
이다. 1827년에 남인도 이슬람교도인 출리아족
이 세워 마지드 출리아Majid Chulia라고도 하며,
1974년에 국가 기념물로 지정되었다.
모스크는 이슬람교의 공동 기도 의식을 위한 공
간이다. 노출이 심한 복장은 입구에 마련된 초록
색 가운을 입어 살을 가려야 한다. 여자들을 위
한 기도실은 따로 있다.

Data 지도 235C 구글맵 S 058767
가는 법 MRT NE4/DT19 차이나타운역 A출구에서
도보 3분
주소 218 South Bridge Rd
오픈 10:00~18:00 **요금** 무료입장
전화 6221-4165

싱가포르에서 가장 오래된 중국 사원
티안 혹 켕 사원 Thian Hock Keng Temple

도교, 불교, 유교를 모두 아우르는 사원. 지금
은 간척 사업으로 육지가 된 사원 앞이 바다였을
당시, 무사히 항해를 마치고 돌아온 것을 바다
의 여신에게 감사하기 위해 찾던 사원이다.
중국 복건성 지역에서 온 호키엔들에 의해 지어
져 전통적인 남중국 양식이며, 건축 시 못을 사
용하지 않아 건축학적 가치가 높다. 1973년에
국가기념물로 지정되었으며, 유네스코 아시아
태평양 문화유산 대회에서 최고 상도 받았다.

Data 지도 235H 구글맵 S 068613
가는 법 MRT DT18 텔록아이어역에서 도보 1분
주소 158 Telok Ayer St **오픈** 07:30~17:30
요금 무료입장 **전화** 6423-4616
홈페이지 www.thianhockkeng.com.sg

Writer's Pick!

싱가포르의 변화 과정을 보는 도시 갤러리
싱가포르 시티 갤러리 Singapore City Gallery

싱가포르의 지난 50여 년간의 변화 과정을 10개의 테마에 따라 보여주는 도시 갤러리다. 싱가포르의 과거와 현재, 미래를 이해할 수 있는 최적의 명소이므로, 꼭 들러보기를 추천한다. 1999년에 처음 문을 열어 지금까지 매년 약 20만 명의 방문자가 다녀갔다.

미니 모형으로 재현된 싱가포르의 도시 입체 지도를 보면 이 도시를 한눈에 파악할 수 있고, 여행을 시작할 때 위치 파악에도 도움이 된다. 직접 도시 계획자가 되어보는 싱 시티Sing City 프로그램은 아이들에게 인기 있다. 홈페이지에서 전시 안내 팸플릿을 다운받을 수 있다.

Data 지도 235G 구글맵 S 069118
가는 법 MRT EW15 탄종파가역 G출구에서 도보 5분
주소 45 Maxwell Rd, URA Centre, Levels 1~3
오픈 월~토 09:00~17:00 휴무 일요일
요금 무료입장 전화 6321-8321
홈페이지 www.ura.gov.sg/uol/citygallery

1950년대 차이나타운으로 회귀
차이나타운 헤리티지 센터 Chinatown Heritage Centre

파고다 스트리트에 위치한 3층짜리 숍하우스에서 1950년대의 차이나타운을 체험할 수 있다. 실제로 누군가가 살고 있을 것만 같은 오래된 집에서 낡고 바랜 흑백사진과 그림들, 허름한 가구와 이젠 골동품이 되어버린 소품들로 소소한 재미를 느낄 수 있다.

Data 지도 235C
구글맵 S 059207
가는 법 MRT NE4/DT9
차이나타운역 A출구에서 도보 1분
주소 48 Pagoda St
오픈 09:00~20:00
가격 성인 10달러,
어린이(3~12세) 6달러
전화 6221-9556
홈페이지 www.chinatown-
heritagecentre.sg

아시아 유일의 레드닷 수상작 전시 공간
레드닷 디자인 뮤지엄 Red Dot Design Museum

레드닷 어워드는 세계 3대 디자인 대회 중 하나로, 매년 60여 개국에서 1만여 작품이 출품되는 국제 행사이다. '프로덕트 디자인'과 '커뮤니케이션 디자인', '디자인 콘셉트'의 3개 부문에 걸쳐 수상작을 선정하고 발표하며, 수상작들은 1년간 독일과 싱가포르에 있는 레드닷 디자인 박물관에 전시된다. 이곳은 아시아에서 유일하게 레드닷 수상 작품을 직접 만나볼 수 있는 현장이라 더 특별하다.

Data 지도 235K
구글맵 S 018940
가는 법 MRT EW15 탄종파가역
G번출구에서 도보 5분
주소 28 Maxwell Rd
오픈 월·화·금 11:00~18:00,
토·일 11:00~20:00
휴무 수·목
요금 성인 8달러, 학생 4달러
전화 6327-8027
홈페이지 Museum.red-dot.sg

싱가포르 최초의 이슬람 사원
나고어 다가 인디안 무슬림 헤리티지 센터

Nagore Dargah Indian Muslim Heritage Centre

티안 혹 켕 사원 오른 편에 위치한 이슬람 사원이다. 싱가포르 최초의 인도계 이슬람교도가 지었으며, 1974년 건축학적으로 아름다움을 인정받아 국가 기념물로 지정되었다. 2007년 리노베이션을 통해 지금은 인디언 무슬림 헤리티지 센터로 운영 중이다. 다양한 유물들과 함께 그들의 역사를 엿볼 수 있다. 'Nagore Durgha Shrine'으로 검색되기도 한다.

Data 지도 235H
구글맵 S 068604
가는 법 MRT DT18 텔록아이어
역에서 도보 1분
주소 140 Telok Ayer St
오픈 월~금 10:00~18:00,
토 10:00~14:00
요금 무료입장
전화 8591-5724

EAT

Writer's Pick!

가장 최근에 재개장해서 깨끗한 곳
차이나타운 푸드 스트리트
Chinatown Food Street

먹자 골목인 스미스 스트리트Smith St가 오랜 공사를 마치고 재오픈하면서 차이나타운의 새로운 명소로 떠오르고 있다. 맥스웰 푸드 센터에 비해 음식이 다양하지는 않지만, 엄선된 메뉴와 쾌적한 환경으로 이미 줄을 서서 먹는 인기 호커 센터가 되었다.
직접 요리하는 모습을 바로 앞에서 볼 수 있다. 3층 건물의 숍하우스 사이의 야외에 위치해 있으며, 숍하우스 안에 숨은 맛집들이 자리하고 있다.

Data 지도 235C
구글맵 S 058938
가는 법 MRT NE4/DT19
차이나타운역 B출구에서 도보 2분
주소 Smith St, Chinatown
오픈 11:00~23:00
가격 노점에 따라 다름

주말에는 새벽까지 여는
맥스웰 푸드 센터 Maxwell Food Centre

차이나타운의 대표적인 호커 센터이다. 추천 맛집은 티엔티엔 하이나니스의 치킨라이스와 젠젠 포리지 등이 위치해 있다. 현지인들도 줄을 서서 먹는 맛집으로 늦게 가면 문을 닫았을 수도 있다. 주말에는 새벽까지 문을 여는 곳도 있어 야식을 먹으러 가기에도 좋다.

Data 지도 235G
구글맵 S 069184
가는 법 MRT NE4/DT19
차이나타운역 A출구에서 도보 5분
주소 1 Kadayanallur St
오픈 07:00~24:00
(매장에 따라 다름)

현지인이 좋아하는 육포 맛
림치관 Lim Chee Guan

현지에서는 비첸향보다 더 유명한 육포 맛집. 이제는 관광객에게도 알려진 곳이어서 매장 앞은 항상 사람들로 붐빈다. 부드러운 육포 맛이 궁금하다면 반드시 들려야 하는 곳이다.

Data 지도 234B 구글맵 S 059429
가는 법 MRT NE4/DT19 차이나타운역 A출구에서 뉴 브리지 로드 방향으로 직진. 도보 1분
주소 People's Park Complex
오픈 09:00~22:00 **가격** 300g 14.40달러, 600g 28.80달러 **전화** 6227-8302
홈페이지 www.limcheeguan.com.sg

육포의 명대사
비첸향 Bee Cheng Hiang

육포의 대명사 비첸향의 본점이다. 넓은 매장에서 직접 구운 육포를 맛볼 수 있으며, 그 종류가 매우 다양하다. 달콤한 맛을 좋아한다면 추천. 육포는 국내 반입이 안 된다. 실컷 먹어두자.

Data 지도 234B 구글맵 S 059422
가는 법 MRT NE4/DT19 차이나타운역 A출구에서 뉴 브리지 로드 방향으로 직진. 도보 1분
주소 189 New Bridge Rd
오픈 10:00~22:00 **가격** 600g 30달러, 1kg 50달러
전화 6533-4720
홈페이지 beechenghiang.com.sg

일본식 붕어빵집
오요제! 타이야키 Oyoge! Taiyaki

일본식 붕어빵 타이야키를 파는 곳이다. 빵은 쫀득하고, 속은 일본산 팥, 녹차, 검은깨, 초코, 치즈 케이크, 딸기 등으로 다양하게 채웠다. 주문을 받으면 바로 굽기 때문에 10분 정도 기다려야 한다. 10개 이상은 미리 주문할 수 있으며, 3개를 구입하면 차 1잔을 무료로 제공한다.

Data 지도 234B 구글맵 S 059423 **가는 법** MRT NE4/DT9 차이나타운역 A출구에서 도보 1분
주소 191 New Bridge Rd **오픈** 10:30~22:00 **가격** 타이야키 2.50달러부터 **전화** 9099-0318

미쉐린 가이드 추천 맛집들은 여기에!

홍림 마켓&푸드 센터 Hong Lim Market&Food Centre

1978년에 문을 연 차이나타운에서 가장 오래된 호커 센터이다. 2011년 리노베이션을 통해 테이블 수도 늘리고 통풍도 개선하였지만, 다른 호커 센터에 비해 깔끔한 편은 아니다. 그럼에도 불구하고 오래도록 현지인들에게 사랑받는 이유는 바로 싸고 맛있는 진짜 맛집들이 많기 때문. 사실 100여 개의 음식점이 모여 있는 이곳에서 살아남으려면 웬만한 맛으로 버티기 힘들다.

이곳에는 지지 완탕 누들 스페셜리스트처럼 20년 이상 자리를 지켜온 가게도 쉽게 찾을 수 있다. 게다가 가격도 다른 호커 센터에 비해 조금 더 저렴하다. 관광객들이 주로 가는 비슷비슷한 호커 센터의 메뉴가 식상하다면, 이곳이 정답이 될 수 있겠다. 페이머스 선게이 로드 트리쇼 락사, 커리 치킨 비훈미 등 신세계를 경험할 수 있을 것이다. 단, 점심시간은 줄이 길고, 자리 잡기도 힘들어 피하는 것이 좋다.

Data 지도 235C
구글맵 S 051531
가는 법 MRT NE4/DT19
차이나타운역 F출구에서 도보 1분
주소 531A Upper Cross St
오픈 월~토 11:30~17:30
(매장에 따라 다름)

Inside

홍림 마켓&푸드 센터 대표 맛집

오트램 파크 프라이드 퀘이 테우 미 Outram Park Fried Kway Teow Mee

꼬막살, 어묵, 달걀, 숙주나물 등을 넣은 볶음면인 프라이드 퀘이 테우 미Fried Kway Teow Mee가 한 접시에 단돈 3달러! 단, 기다리는 줄이 길다. 10달러 이상은 전화 주문도 가능. 대신 배달은 안 된다. 돈을 추가하면 꼬막살이나 달걀을 추가할 수 있다.

Data **가는 법** 홍림 마켓&푸드 센터 2층 48, 49번
오픈 월~토 06:00~16:00 **휴무** 일요일
가격 프라이드 퀘이 테우 미 3달러, 꼬막살·달걀 추가 1달러·0.50달러 **전화** 9838-7619

페이머스 선게이 로드 트리쇼 락사 Famous Sungei Road Trishaw Laksa

2016년 미쉐린 가이드 추천 맛집으로, 특히 시그니처 메뉴인 프루트 주스 크레이피시 미시암Fruit Juice Crayfish Mee Siam은 새콤, 달콤, 매콤한 맛으로 오직 이곳에서만 먹을 수 있다. 보통 점심시간이 지나면 다 팔리므로 서둘러야 한다.

Data **가는 법** 홍림 마켓&푸드 센터 2층 66번
오픈 월~토 11:30~18:30 **휴무** 일요일 **가격** 프루트 주스 크레이피시 미시암 3~5달러, 크레이 피시 추가한 미시암 7달러 **전화** 9750-8326

아흥 커리 치킨 비훈미 Ah Heng Curry Chicken Bee Hoon Mee

2016 미쉐린 가이드 추천 맛집. 닭, 감자, 유부, 숙주, 어묵 등을 넣고 팔팔 끓인 국물에 면과 부드러운 닭고기를 얹은 커리 치킨 수프 하나만 판매한다. 코코넛밀크와 커리 맛이 조화를 이루는 색다른 맛이다. 면은 가느다란 면, 두꺼운 면, 노란색 면 3가지 중 1가지를 선택할 수 있다.

Data **가는 법** 홍림 마켓&푸드 센터 2층 57, 58번 **오픈** 월~금 10:00~21:00, 토·일 08:00~21:00
가격 4.50달러부터 **전화** 9879-0563

지지 완탕 누들 스페셜리스트 Ji Ji Wanton Noodle Specialist

국물이 없는 드라이 완탕 누들로 유명하다. 차슈, 새우, 닭고기, 버섯 등이 들어간 다양한 면 요리가 유명하며, 국물이 있는 완탕 누들 수프도 있다. 그릇 사이즈에 따라 가격이 달라진다. 국물 없는 차슈 완탕면이 인기 메뉴.

Data **가는 법** 홍림 마켓&푸드 센터 2층 48, 49번
오픈 월~토 6:30~20:30, 일 6:30~18:30
가격 차슈 완탕 누들 4~8달러 **전화** 9750-8326

Writer's Pick! 망고 빙수의 지존
메이 홍 위엔 디저트
Mei Heong Yuen Dessert

망고 빙수로 관광객에게 유명한 디저트 숍. 18개의 빙수와 29개의 싱가포르 전통 디저트를 맛볼 수 있다. 직접 카운터에서 주문과 계산을 한 후 앉은 자리 번호를 말하면 된다. 음식은 자리로 가져다준다. 코코넛 맛의 첸돌 빙수도 인기.

Data 지도 234B 구글맵 S 058611
가는 법 MRT NE4/DT19 차이나타운역 A출구에서 도보 3분 **주소** 67 Temple St
오픈 10:30~21:00
가격 망고 스노우 아이스 5달러,
첸돌 스노우 아이스 6달러 **전화** 6221-1156
홈페이지 meiheongyuendessert.com.sg

페라나칸 디저트 가게
레인보 라피스 Rainbow Lapis

현지인들이 즐겨 먹는 간식 중 하나인 페라나칸식 떡인 논야쿠에를 파는 체인점이다. 손으로 직접 만들어 쫀득쫀득하고 맛있다. 다양한 카야잼과 칠리 소스도 판매한다.

Data 지도 234B 구글맵 S 058358
가는 법 MRT NE4/DT19 차이나타운역 D출구에서 도보 1분, 피플스 파크 센터 1층
주소 101 Upper Cross St. Level 1 Push Cart, People's Park Centre
오픈 월~일 09:30~20:30
가격 오덴 오덴 1박스(6개) 2달러, 논야쿠에 1개 0.80달러, 3개 2.20달러
전화 6244-8719
홈페이지 rainbowlapis.com

비닐 장갑이 필수!
원더풀 두리안 Wonderful Durian

주인이 직접 운영하는 말레이시아 농장에서 싱싱한 두리안을 바로 공수해오는 것이 이 집의 인기 비결이다. 두리안은 종류에 따라 맛과 가격이 달라진다. 영국의 식민지 시절 영국 왕실에 바쳤던 레드 프라운 Red Prawn과 가장 값이 비싼 킹 오브 킹 King of King, 저렴하고 무난한 D24 등 종류가 다양하다.

특히 킹 오브 킹은 마음의 준비를 단단히 하고 도전해야 한다. 첫 맛은 삭힌 홍어를 먹었을 때처럼 역한 맛이지만, 끝 맛은 부드럽고 달콤하다. 두리안을 처음 먹어본다면, 가볍게 두리안 밀크셰이크로 시작해보는 것도 좋겠다.

Data 지도 235C 구글맵 S 058469 **가는 법** MRT NE4/DT19 차이나타운역 A출구에서 도보 5분
주소 15 Trengganu St **오픈** 10:00~23:00
가격 킹 오브 킹 68달러, 두리안 밀크셰이크 5달러 **전화** 6747-0191
홈페이지 www.wonderfuldurian.com.sg

클락키 본점의 명성 그대로
송파 바쿠테 Song Fa Bak Kut Teh

이미 관광객들에게도 잘 알려진 클락키의 송파 바쿠테
가 차이나타운에 분점을 냈다. 차이나타운역에서 가까
울 뿐만 아니라, 본점보다 시설이 쾌적해 큰 인기를 얻
고 있다. 본점만큼 대기 시간이 길다. 대기 줄은 정문
반대편에도 있으니 참고하자. 어느 쪽이 줄이 짧은지
확인한 후 줄을 서는 것이 좋다.

Data 지도 200J 구글맵 S 059413
가는 법 MRT NE4/DT19 차이나타운역 E출구에서 도보 1분
주소 133 New Bridge Rd #01-04, Chinatown Point
오픈 10:30~21:30
가격 돼지 바쿠테 7달러부터
전화 6443-1033
홈페이지 www.songfa.com.sg

 Writer's Pick!
수타 자장면이 생각날 때
란저우 라미엔 Lan Zhou La Mian

란저우식 수타면 요리집으로 한국식 수타 자장면
과 비슷하다. 좁은 식당의 벽에는 각종 매체에 소
개된 사진들이 가득하며, 베테랑 요리사가 직접
면을 뽑는 모습도 볼 수 있다.
주문할 때 '자장면'이라고 말하면 된다. 샤오롱바
오나 군만두를 곁들여 먹어도 좋다.

Data 지도 235G 구글맵 S 058933
가는 법 MRT NE4/DT19 차이나타운역 B출구.
푸드 스트리트 내 오른쪽 숍하우스 1층
주소 19 Smith St **오픈** 12:00~22:30
가격 수타 자장면 6.80달러, 군만두(8개) 8.80달러
전화 6327-1286

중국 전통 빵집
통헝 Tong Heng

약 100년의 전통을 자랑하는 차이나타운 헤리
티지 브랜드. 마름모 모양으로 유명한 에그타
르트는 많이 달지 않고 부드러우며 겉은 바삭바
삭하다. 단 것을 좋아한다면 코코넛 에그타르트
를 추천한다.

Data 지도 235G
구글맵 S 058833
가는 법 MRT NE4/DT19 차이나타운역 A출구에서
도보 5분 **주소** 285 South Bridge Rd
오픈 09:00~22:00
가격 에그타르트 1.60달러
전화 6223-3649

미쉐린 1스타 본점 인기를 그대로
호커찬 Hawker Chan

미쉐린 1스타 식당인 홍콩 소야 소스 치킨라이스&누들의 첫 체인점. 본점의 유명세에 힘입어 인기 맛집으로 등극했다. 미쉐린 1스타의 주인공 찬혼밍Chan Hon Meng 셰프의 이름을 따서 가게 이름도 '호커찬'이다. 본점에서 도보 3분 거리에 있다.
80개의 좌석을 갖춘 넓고 시원한 단독 매장으로, 본점보다 일찍 시작하고 늦게 닫는다. 본점이 문을 닫았거나 깔끔한 환경을 원한다면 이곳으로 가보자.

Data 지도 234B
구글맵 S 058972
가는 법 MRT NE4/DT19
차이나타운역 A출구에서 도보 3분
주소 78 Smith St
오픈 10:00~20:00
휴무 수요일
가격 치킨라이스 3.80달러,
치킨 누들 4.50달러
홈페이지 facebook.com/
hongkongsoyasaucec
hickenricenoodle

새콤달콤 중국식 탕수육인 꿔바로우 맛집
오리엔탈 차이니스 레스토랑(동방미식)
Oriental Chinese Restaurant │ 东方美食

우리의 찹쌀탕수육과 비슷한 꿔바로우Pan Fried Meat가 맛있는 집. 다양한 중국요리를 착한 가격에 즐길 수 있어 관광객뿐만 아니라 현지인들도 많이 찾는다. 대부분의 직원들이 영어를 못하지만, 메뉴판에 음식 사진, 영어 이름, 번호가 적혀 있어 주문이 어렵지는 않다. 늦은 새벽까지 영업하며 고추잡채Shredded Meat with Hot Chilli와 양꼬치도 인기 메뉴이다.

Data 지도 234B
구글맵 S 059425
가는 법 MRT NE4/DT19
차이나타운역 A출구에서 도보 1분
주소 195 New Bridge Rd
오픈 11:00~다음 날 07:00
가격 꿔바로우 12.80달러,
고추잡채 10달러
전화 6227-7769

간단히 한 끼 식사를 때우고 싶다면
젠젠 포리지 Zhen Zhen Porridge

맥스웰 푸드 센터에서 가장 인기 있는 곳 중 하나이다. 싱가포르식 죽인 포리지를 선보이는 집으로, 치킨 포리지와 피시 포리지가 현지인들에게 큰 사랑을 받고 있는 메뉴. 이른 아침에 문을 열어 출근 전 간단히 아침을 먹으러 오는 사람들이 많다. 오랜 시간 닭고기와 쌀을 푹 끓인 후 잘게 썬 파와 닭고기를 올려주는 치킨 포리지는 단돈 3달러이며, 먹고 나면 제법 든든하기까지 하다.

Data 지도 235G 구글맵 S 069184
가는 법 MRT NE4/DT19
차이나타운역 A출구에서 도보 5분
주소 1 Kadayanallur St, #01-54
오픈 수~월 05:30~14:30
휴무 화요일
가격 치킨 포리지 · 피시 포리지
3달러부터

이탈리아에서 온 셰프의 요리
쿠지니 Cugini Trattoria Pizzeria

고급 이탈리안 레스토랑으로 하늘색의 테라스가 산뜻하다. 소금에 절여 말린 숭어알 보타르가를 곁들인 스파게티와 송로버섯과 감자로 채운 라비올리 등 이탈리아 남부 요리가 주를 이룬다. 새우가 들어간 오징어 먹물 파스타 페투치네도 추천. 주말 밤이면 도로에 테이블을 내놓는다.

Data 지도 235G 구글맵 S 069455
가는 법 MRT NE4/DT19 차이나타운역
A출구에서 도보 5분
주소 87 Club St. #01-01
오픈 12:00~14:45, 18:30~23:30
가격 라비올리 26.90달러, 페투치네 27.90달러
전화 6221-3791 **홈페이지** www.cugini.com.sg

덕스턴 로드의 브런치 카페
 Writer's Pick!
그룹 테라피 Group Therapy

요즘 새롭게 뜨는 동네인 덕스턴 로드에서 사람들의 발길이 끊이지 않는 카페이다. 분위기가 편안하고 커피가 맛있다. 특히 주말의 브런치는 가격이 합리적이며 맛도 좋다.
혼자서 책을 읽으며 커피를 마시기에도 좋고 친구와 이야기 나누며 시간 보내기에도 좋다.

Data 지도 234J 구글맵 S 089513
가는 법 MRT NE4/DT19 차이나타운역 A출구에서
도보 10분 **주소** 49 Duxton Rd #02-01
오픈 화~목 11:00~18:00, 금 · 토 11:00~23:00,
일 · 국경일 10:00~18:00 **휴무** 월요일
가격 아메리카노 4.80달러, 포치드 에그 15달러
전화 6222-2554 **홈페이지** gtcoffee.com

Writer's Pick! 붉은색 건물이 인상적인 로컬 커피 체인점

난양 올드 커피 Nanyang Old Coffee

차이나타운 푸드 스트리트 초입 코너에 있는 붉은색 건물로, 내부까지 모두 붉은색이다. 여러 개의 체인점을 갖고 있는 전통 로컬 커피 전문점으로 이곳이 본점이다. 달콤한 싱가포르식 전통 커피Kopi를 좋아한다면 꼭 들러보길. 카야 토스트, 바쿠테, 나시르막, 판단 케이크 등 싱가포르 전통 메뉴도 판매한다. 현지인들이 즐겨 마시는 유안양YuanYang은 커피, 차, 연유를 함께 넣은 밀크티 같은 음료이다. 바로 옆에 작은 커피 박물관에서는 과거에 사용했던 커피 내리는 도구들과 가게의 모습, 간식들을 미니어처로 꾸며놓았다. 소소한 즐거움도 놓치지 말자.

Data 지도 235G **구글맵** S 058817 **가는 법** MRT NE4/DT19 차이나타운역 A출구에서 도보 5분 **주소** 268 South Bridge Rd **오픈** 07:00~18:00 **가격** 아이스커피 2.20달러, 유안양 1.70달러 **전화** 6221-6973 **홈페이지** www.nanyangoldcoffee.com

---

Writer's Pick! # 징후아 Jing Hua Restaurant

관광객보다 현지인들이 더 많이 찾는 곳으로, 저녁이면 줄을 서서 먹는 딤섬 맛집이다. 딤섬 만큼이나 유명한 크리스피 레드빈 팬케이크Crispy Red Bean Pancakes는 바삭하면서도 쫀득쫀득해 인기 있다.
단, 이곳은 현금 결제만 가능하다. 부기스와 오차드 로드에도 지점이 있다.

Data 지도 234F **구글맵** S 088814 **가는 법** MRT NE4/DT19 차이나 타운역 A출구에서 도보 6분 **주소** 21 Neil Rd **오픈** 11:30~15:00, 17:30~21:30 **휴무** 수요일 **가격** 크리스피 레드빈 팬케이크 10달러, 덤플링(10개) 8달러, 면 요리 5달러 **전화** 6221-3060 **홈페이지** www.jinghua.sg

티 챕터 Tea Chapter

1989년 영국 엘리자베스 여왕 2세가 다녀간 전통 찻집. 2층의 여왕이 앉았던 자리는 특히 인기 있으며, 한국식과 일본식 자리도 있어 원하는 분위기에서 차를 즐길 수 있다.
각종 차와 다기 등을 파는 1층에는 한때 세계에서 가장 컸던 차 주전자도 있다. 6종류의 다양한 차와 디저트가 나오는 패키지 메뉴도 있다.

Data 지도 234F **구글맵** S 088808 **가는 법** MRT NE4/DT19 차이나타운역 A출구에서 도보 7분 **주소** 9 Neil Rd **오픈** 일~목 11:00~22:30, 금·토·국경일 11:00 ~23:00 **가격** 녹차 16~24달러 **전화** 6226-1175 **홈페이지** teachapter.com

세상에서 가장 저렴한 미쉐린 1스타

홍콩 소야 소스 치킨라이스&누들 Hong Kong Soya Sauce Chicken Rice&Noodle

2016년 세계 최초로 미쉐린 1스타를 받은 싱가포르 노점 2곳 중 하나이다. 차이나타운 콤플렉스 2층에 있는 허름한 가게에서 싱가포르의 6,000개가 넘는 노점을 모두 제치고 미쉐린의 입맛을 사로잡은 메뉴는 바로 광동식 치킨 요리이다. 고수 등의 향신료를 넣어 만든 간장 소스에 닭을 하룻밤 푹 재워 껍질이 진한 갈색이 될 때까지 삶은 후 밥을 곁들여 먹는 치킨라이스의 맛은 환상적이다.
문을 열기 전부터 줄을 서서 2~3시간씩 기다리는 것은 어쩌면 당연하다. 최근 근처에 분점을 내면서 이곳이 본점이 되었다. 미쉐린 1스타를 받은 다른 한 곳은 라벤더역에서 가까운 힐스트리트 타이화 포크 누들Hill Street Tai Hwa Pork Noodle이다.

Data 지도 234B 구글맵 S 050335
가는 법 MRT NE4/DT19
차이나타운역 A출구에서 도보 5분
주소 #02-127 Chinatown
Complex, 335 Smith St
오픈 11:00~재료 소진 시 마감
휴무 수요일 가격 치킨라이스
2달러, 치킨 누들 2.50달러
홈페이지 facebook.com/
hongkongsoyasaucec
hickenricenoodle

현지인의 사랑이 여전한

동아 이팅 하우스 Tong Ah Eating House

Data 지도 234F 구글맵 S 089140
가는 법 MRT NE4/DT19
차이나타운역 A출구에서 도보 8분
주소 35 Keong Saik Rd
오픈 11:00~14:30,
17:00~22:00 휴무 격주 수요일
가격 카야 토스트 3.20달러,
커피 1달러, 반숙란 1.20달러(2개)
전화 6223-5083

케옹색 로드의 상징과도 같았던 삼각형 코너 건물의 동아 이팅 하우스가 맞은 편 로즈시트론 쪽으로 새롭게 이전하였다.
별다른 홍보 없이 오로지 입소문만으로 유명해진 카야 토스트 맛집으로, 현지인들이 간단하게 식사하러 오는 곳이다. 장소는 바뀌었지만 주인도 그대로 맛도 그대로이다.

〈뉴욕 타임스〉도 인정한 치킨라이스의 성지

티엔티엔 하이나니스 치킨라이스
Tian Tian Hainanese Chicken Rice

맥스웰 푸드 센터에 위치해 있는 치킨라이스 전문점. 세계적인 셰프인 앤서니 브루댕과 고든 램지가 극찬한 맛집이다. 진한 닭 육수로 지은 밥 위에 부드러운 치킨을 올린 이 집의 치킨라이스는 현지인들도 사먹기 힘들 정도로 유명하다.

입안에서 살살 녹는 치킨과 적당히 간이 된 밥의 조화는 이미 예술의 경지를 넘어섰다. 칠리 소스와 맑은 닭 육수가 곁들여 나온다. 점심시간이 지나면 재료가 모두 소진되어 일찍 문을 닫을 때도 있으므로, 이른 시간에 방문하는 것이 좋다.

Data 지도 235G 구글맵 S 069184
가는 법 MRT NE4/DT19 차이나타운역 A출구에서 도보 5분
주소 1 Kadayanallur St, #01– 10/11 Maxwell Food Center
오픈 화~일 10:00~20:00 휴무 월요일
가격 치킨라이스 3.50달러부터 전화 9691–4852
홈페이지 www.tiantian-chickenrice.sg

원조 카야 토스트

야쿤 카야 토스트 본점 Yakun Kaya Toast

싱가포르 여행자들이 성지순례하듯 반드시 방문하는 맛집이다. 얇은 식빵을 바삭하게 굽고 그 위에 달콤한 카야잼을 발라 먹는 카야 토스트는 싱가포르식 진한 커피를 곁들여 먹으면 최고의 아침 식사가 된다. 출출할 때 간식으로 먹기에도 안성맞춤.

한글로 된 메뉴판이 준비되어 있어서 주문도 편리하다. 가게 한 켠에서 판매하는 카야잼은 여행 기념품으로 인기. 찾아가는 길이 어려워 다소 헤맬 수도 있다. 새로 생긴 지하철인 다운타운 라인을 이용하도록 하자.

Data 지도 235D
구글맵 S 049560
가는 법 MRT DT18
텔록아이어역에서 도보 4분
주소 18 China St
오픈 월~금 07:30~19:00,
토 07:30~16:30,
일 08:30~15:00
가격 카야 토스트 2.40달러,
커피 1.80달러, 세트 5.60달러
전화 6438-3638
홈페이지 www.yakun.com

아시아 베스트 레스토랑에 연속으로 선정된
번트 엔스 Burnt Ends

싱가포르에서 요즘 가장 핫한 고메 바비큐 레스토랑. 오픈 키친으로 바로 앞에서 요리 과정을 볼 수 있다. 호주 출신 데이비드 핀트David Pynt 셰프가 개발한 거대한 직화 오븐으로 구워 육즙이 살아 있는 바비큐뿐만 아니라 한입에 먹기 좋은 작은 크기의 요리들을 선보인다.

단점은 예약이 힘들다는 것. 3개월 전부터 예약할 수 있다. 모두가 좋아하는 긴 테이블 자리는 예약을 서둘러야 한다. 파와 비슷한 릭을 그릴에 구운 릭 헤이즐넛 앤드 브라운 버터Leek Hazelnut and Brown Butter와 돼지 어깨살을 통째로 구워 만든 번트 엔스 버거Burnt End's Sanger가 시그니처 메뉴이다.

Data 지도 234F 구글맵 S 088391 가는 법 MRT NE4/DT19 차이나타운역 A출구에서 도보 6분 주소 20 Teck Lim Rd 오픈 수~토 11:45~14:00, 18:00~24:00, 화 18:00~24:00 휴무 일 · 월요일 가격 번트 엔스 버거 20달러, 릭 헤이즐넛 앤드 브라운 버터 16달러 전화 6224-3933 홈페이지 burntends.com.sg

손꼽히는 영국식 파인 다이닝
티플링 클럽 Tippling Club

2014년부터 해마다 아시아 베스트 레스토랑 50에 순위를 올리는 영국식 파인 다이닝 레스토랑. 몇 년 전 뎀시힐에서 탄종파가로 자리를 옮기면서 더 많은 사람들이 찾고 있다.

예약은 필수. 만약 레스토랑을 예약하지 못했다면 바로 연결 되어 있는 바를 찾아도 좋다.

Data 지도 234F
구글맵 S 088461
가는 법 MRT NE4/DT19 차이나타운역 A출구에서 도보 7분 주소 38 Tanjong Pagar Rd
오픈 런치 월~금 12:00~15:00/
디너 월~토 18:00~부정기적
가격 런치 2코스 42달러, 3코스 57달러
전화 6475-2217
홈페이지 www.tipplingclub.com

덕스턴힐의 모차렐라 치즈 요리의 전문점
라테리아 모차렐라 바

Latteria Mozzarella Bar

다양한 모차렐라 치즈로 만든 이탈리안 요리를 경험할 수 있다. 특히 모차렐라와 크림으로 직접 만든 담백하고 고소한 수제 브라타Burrata 치즈가 유명하다. 또한 디저트로 최고의 인기를 누리는 컵에 나오는 티라미수 컵도 강추!

Data 지도 234J 구글맵 S 089618
가는 법 MRT NE4/DT19 차이나타운역 A출구 사우스 브리지 로드에서 탄종파가 로드로 진입 후 덕스턴힐로 우회전하여 직진한다. 도보 10분
주소 40 Duxton Hill
오픈 런치 일~금 12:00~14:30/
디너 월~일 18:00~23:00 가격 런치 28달러, 일요일 브런치 48달러, 티라미수 컵 16달러
전화 6866-1988 홈페이지 www.latteriamb.com

파리지앵들의 인기 맛집
랑트르코트 L'Entrecote Restaurant

프랑스에서도 줄을 서서 먹는 유명한 스테이크 맛집이다.
스테이크를 2번에 나눠내므로, 육즙이 살아 있는 따뜻한 스
테이크를 즐길 수 있다. 곁들여 나오는 감자튀김은 무제한
으로 제공된다. 합리적인 가격에 질 좋은 스테이크를 맛보고
싶다면 이곳을 찾아가 볼 것. 덕스턴힐 지점은 예약을 받지
않는다. 예약을 할 거라면 선텍 시티 몰 지점을 이용할 것.

Data 지도 234J 구글맵 S 089614 가는 법 MRT NE4/DT19
차이나타운역 A출구에서 도보 10분 주소 36 Duxton Hill
오픈 일~금 12:00~22:30, 토 18:00~22:30
가격 스테이크 29.90달러, 푸아그라 21달러
전화 6690-7561 홈페이지 lentrecote.sg

인기 만점 일본 라멘집
돈코츠 킹 Tonkotsu King

탄종파가에서 유일하게 줄을 서는 라멘집이다.
일본인 셰프들이 요리하며, 돼지고기 뼈를 우려
진한 국물 맛이 인상적인 돈코츠 라멘이 맛있다.
취향에 따라 국물, 토핑, 면을 고를 수 있으며,
삶은달걀은 무료로 무제한 제공된다.
라멘과 같이 마시기 좋은 일본의 녹차콜라도 잊
지 말고 맛보도록 하자. 현금으로만 결제 가능.

Data 지도 234J 구글맵 S 078867
가는 법 MRT EW15 탄종파가역 A출구에서 도보 5분,
오키드 호텔 1층 주소 1 Tras Link #01-19
Orchid Hotel 오픈 11:30~15:00, 18:00~22:30
가격 돈코츠 라멘 11.90달러, 녹차콜라 3.80달러
전화 6636-0855 홈페이지 www.facebook.com
/KeisukeTokyoSG

젊은 파티시에의 디저트 카페
케이크 스페이드 Cake Spade

오키드 호텔 1층에 자리한 작은 디저트 카페로,
두부 치즈케이크Tofu Cheese Cake가 유명하다.
두부 치즈케이크는 진짜 두부로 만든 것이 아닌
식감이 두부와 비슷한 치즈케이크로, 딸기와 복
숭아 2가지 맛이 있다. 젊은 파티시에의 개성적
인 메뉴를 맛보고 싶은 사람들에게 추천한다.

Data 지도 234J 구글맵 S 088504
가는 법 MRT EW15 탄종파가역 A출구에서
도보 5분, 오키드 호텔 1층 주소 1 Tras St
오픈 월~목 12:00~20:00, 금·토 12:00~22:00
휴무 일요일, 국경일
가격 두부 치즈케이크 5.90달러,
레드 벨벳 케이크 5.90달러 전화 6444-3868
홈페이지 www.cakespade.com

Writer's Pick! 케옹색 로드의 대표적 힙플레이스

포테이토 헤드 포크 Potato Head Folk

1939년에 세워진 삼각형 코너 건물에 있어 찾기도 쉽다. 사실 이곳은 오랫동안 카야 토스트로 유명한 동아 이팅 하우스가 있던 자리이다. 그래서 아직도 건물에는 '동아東亞'라는 한자가 적혀 있다. 포테이토 헤드 포크는 식사와 칵테일을 즐길 수 있는 공간으로 1층과 2층은 버거와 칵테일을 파는 쓰리 번스, 3층은 라운지 바 스튜디오 1939, 4층 옥상은 루프톱 바로 이루어졌다. 고풍스러운 건물 외관과 달리 세련되고 개성 넘치는 인테리어와 소품들로 꾸며져 구경하며 사진을 찍기에도 좋다. 포테이토 헤드 포크의 모든 공간이 궁금하다면 3, 4층 바가 문을 여는 오후 5시 이후에 가는 것이 좋다.

Data 지도 234F 구글맵 S 089143 가는 법 MRT NE4/DT19 차이나타운역 A출구에서 6분 주소 36 Keong Saik Rd 오픈 화~일 11:00~24:00 휴무 월요일 전화 6327-1939 홈페이지 pttheadfolk.com

---

Inside

포테이토 헤드 포크 주요 스폿

쓰리 번스 Three Buns

수제버거 맛집으로 칵테일도 판매한다. 치즈버거 베이비 휴이 Baby Huey, 치킨버거 홍키통 Honky-Tonk이 인기 메뉴. 매운 맛을 좋아하면 버닝 맨Bunning Man을 먹어보자. 감자튀김에 소고기 칠리를 올린 너티 프라이Naughty Fries도 맛있다. 평일 11시부터 3시까지는 런치팩도 있다.

Data 오픈 11:00~24:00
가격 버거 16~36달러, 너티 프라이즈 12달러, 런치팩 28달러

스튜디오 1939 Studio 1939

앤티크한 바로, 친구들과 칵테일을 한잔하며 편안하게 이야기를 나누기에 좋은 장소이다. 판단 향의 위스키 베이스에 아몬드 시럽과 커피향을 첨가한 야쿤 카야Yakun Kaya 칵테일은 이곳에서 만든 창작 칵테일로 꼭 맛봐야 할 메뉴이다.

Data 오픈 07:00~24:00
가격 야쿤 카야 칵테일 22달러

루프톱 Roof Top

30석 규모의 작은 도심 속 루프톱 바. 멋지고 화려한 뷰는 아니지만 평일에도 자리가 없을 정도로 핫플레이스이다. 이름도 비주얼도 맛도 범상치 않은 시그니처 칵테일 '좀비 #36 Zombie #36는 중독성 강한 압생트Absinthe가 들어 있어 딱 한 잔만 추천한다.

Data 오픈 17:00~24:00
가격 좀비 #36 23달러, 코코작 21달러

부드러운 식감의
오리지널 빈커드

빈커드 원조 맛집
라오 반 소야 빈커드
Lao Ban Soya Beancurd

빈커드豆花는 콩을 갈아 응고시켜 먹는 푸딩으로,
싱가포르 사람들이 좋아하는 디저트 중 하나이다.
달달한 우유 맛이 나며, 고단백 저칼로리 음식으로
남녀 모두에게 인기 있다. 이 집은 소야(콩)Soya 빈커드
맛집으로, 첨가물을 거의 넣지 않고 만들어 추천할
만한 곳이다. 또한 콩 본연의 맛과 부드러우면서도
탱글탱글한 식감을 잘 살렸다.

라오 반 소야 빈커드는 현재 홍콩, 일본, 중국, 뉴욕 등
전 세계로 뻗어 나가며 유명세를 떨치고 있는 중이다. 현
지인들이 많이 찾는 맥스웰 푸드 센터에 자리 잡고 있으
며, 올드 에어포트 로드 호커 센터에 본점이 있다.

Data 지도 235G 구글맵 S 069184
가는 법 MRT NE4/DT19 차이나타운역 A출구에서 도보 5분
주소 1 Kadayanallur St, #01–91 Maxwell Food Centre
오픈 월~토 11:30~18:30 **휴무** 일요일
가격 오리지널 빈커드 1.5달러, 아몬드 빈커드 2달러
전화 8299–8211

ENJOY

2016년 아시아 베스트 바 8위
Writer's Pick!
지거&포니 Jigger&Pony

지거&포니는 바로 옆에 자리한 슈가홀(48위)과 인근에 있는 깁슨(22위)까지, 모두 같은 오너가 운영하는 칵테일 바이다. 이 3곳의 바 모두가 2016년 아시아 베스트 바 50위 안에 들어 있다는 사실만으로도 믿고 갈 수 있는 곳이다.

더티 마티니, 올드 패션드와 같은 클래식 칵테일뿐만 아니라 빈티지 산 진이나 위스키 등으로 만드는 빈티지 칵테일, 사쿠라 사쿠라 같은 시그니처 칵테일까지 취향에 따라 즐길 수 있다.

Data 지도 235H 구글맵 S 088539
가는 법 MRT NE4
차이나타운역에서 도보 10분
주소 101 Amoy St
가격 시그니처 칵테일 22달러
(택스 별도)
오픈 18:00~다음 날 01:00
전화 6223-9101
홈페이지 jiggerandpony.com

영화를 테마로 한 바
스크리닝 룸 Screening Room

지하 1층부터 4층까지 바, 레스토랑, 미니 스튜디오, 영화를 볼 수 있는 룸과 루프톱 바가 있으며, 계단을 오르는 동안 영화 포스터와 필름으로 꾸민 인테리어가 인상적이다. 특히 4층 옥상에 있는 루프톱 바 라 테라차La Terraza는 차이나타운의 야경을 보며 칵테일을 만끽하기에 좋다.

3층은 영화를 볼 수 있는 작은 방이 있으며 주로 생일 파티 같은 이벤트에 이용된다. 매일 상영되는 영화가 다르며 홈페이지를 통해 시간과 제목을 확인할 수 있다.

Data 지도 235G 구글맵 S 069692
가는 법 MRT NE4/DT19 차이나타운역 A출구에서 도보 5분 주소 12 Ann Siang
오픈 레스토랑 월~목 12:00~23:00, 금 12:00~24:00, 토 17:00~24:00/라운지&루프톱 바
월~목 18:00~다음 날 01:00, 금 · 토 18:00~다음 날 03:00 휴무 일요일 가격 메인 요리 24달러
전화 6221-1694 홈페이지 www.facebook.com/screeningroom.sg

BUY

틴틴 만화의 캐릭터가 한 자리에!

틴틴 숍 The Tintin Shop

우리에게도 친숙한 캐릭터 틴틴에 관련된 각종 피큐어와 책 등을 판매하는 곳으로, 마치 작은 틴틴 박물관 같다. 1929년 벨기에 신문에 〈틴틴의 모험〉이라는 제목으로 처음 연재되면서 큰 인기를 얻기 시작해 지금까지 총 25권의 책이 60개국에서 번역되었다. 틴틴에 영감을 얻어 영화 〈인디아나 존스〉가 탄생했다. 소장용으로도 가치가 높아 가격이 비싼 편이다. 매장에서는 촬영 금지.

Data 지도 235C
구글맵 S 059188
가는 법 MRT NE4/DT19
차이나타운역 A출구에서 도보 1분
주소 56 Pagoda St
오픈 11:00~21:00
전화 8183-2210
홈페이지 www.tintin.-
sgstore.com.sg

중국 전통 건강 식품점

유얀상 Eu Yan Sang

중국, 홍콩, 말레이시아, 싱가포르 등 전 세계에 300개가 넘는 분점을 가지고 있는 글로벌 중국 전통 건강 식품점이다. 싱가포르에서도 중국 건강 식품을 쉽게 만날수 있다.
중국 의약품과 각종 건강 식품뿐만 아니라 1,000여 가지의 다양한 허브 제품도 구매할 수 있다. 부모님께 드리는 효도 선물이나 여행 기념품 등, 어른들이 좋아하는 상품들이 다채롭게 판매되고 있다.

Data 지도 235C
구글맵 S 058822
가는 법 MRT NE4/DT19
차이나타운역 A출구에서 도보 5분
주소 269A South Bridge Rd
오픈 월~토 08:30~18:00
휴무 일요일 전화 6749-8830
홈페이지 www.euyansang.
com

홍콩에 처음 설립된 중국 백화점 체인
유화 Yue Hwa Chinese Products

싱가포르에는 유일하게 차이나타운에만 유화 매장이 있다. MRT 차이나타운역에서 가까운 곳에 위치해 있어 교통이 편리하며, 중국 제품들을 믿고 구입할 수 있는 곳이다.

중국에서 온 의류와 차, 의약품, 골동품, 음식 등이 한 곳에 모여 있어 쇼핑하기에 좋다. 특히 2층의 식품점은 구경만 해도 시간 가는 줄 모른다. 1층에서는 타이거 의약품 등을 구입할 수도 있다.

Data 지도 234B
구글맵 S 059805
가는 법 MRT NE4/DT19
차이나타운역 E출구에서 도보 1분
주소 70 Eu Tong Sen St
오픈 일~금 11:00~21:00,
토 11:00~22:00
전화 6538-4222
홈페이지 www.yuehwa.com.sg

각종 입장료를 싸게
시휠 트래블 Sea Wheel Travel

싱가포르에 도착하면 가장 먼저 와야 할 곳으로, 각종 입장료를 할인된 가격으로 구매할 수 있다. 공식 허가를 받은 여행사로 홈페이지에 다양한 프로모션도 있다. 환불이나 교환은 안된다. 유효 기간과 탑승 장소도 체크할 것.

Data 지도 234B 구글맵 S 058357
가는 법 MRT NE4/DT19 차이나타운역
D출구에서 도보 1분. 피플스 파크 센터 3층
주소 101 Upper Cross St. #03-61, People's
Park Centre 오픈 월~금 09:00~ 20:00,
토 · 일 09:00~19:00 전화 6538-5557
홈페이지 www.seawheel.com.sg

작은 서점이 주는 여유
리터드 위드 북스 Littered with Books

덕스턴 로드에 있는 2층짜리 숍하우스에 있는 작은 서점이다. 책들은 장르별로 모아져 있으며, 어떤 책은 줄거리나 평이 적힌 종이가 붙어 있기도 하다. 대형 서점에서 느낄 수 없는 소소한 즐거움이 있는 곳이다.

Data 지도 234F 구글맵 S 089486
가는 법 MRT NE4/DT19 차이나타운역
A출구에서 도보 8분 주소 20 Duxton Rd
오픈 월~목 12:00~20:00, 금 12:00~21:00,
토 11:00~21:00, 일 11:00~20:00
전화 6220-6824
홈페이지 www.litteredwithbooks.com

티옹바루
Tiong Bahru

싱가포르에서 가장 오래된 거주지 중 하나였던 티옹바루는 이제
힙스터들의 동네가 되었다. 정부로부터 보존 지역으로 지정 받아
오래된 건물이 많이 남아 있고, 그 낮고 작은 건물들 안에
독특한 카페와 숍, 독립 서점들이 들어섰다. 주중은 한적하고,
주말은 외지인들로 북적대지만, 여전히 평화로운 공존을 이루고 있다.

Tiong Bahru
PREVIEW

싱가포르에서 가장 오래된 주거지 중 하나이다. 1930년대에 지어진 5층짜리 아파트 20여 동이 그대로 남아 있고, 동네에는 오래된 시장과 맛집들이 자리해 있다. 이 평범한 동네는 작은 독립서점과 로스터리 카페, 독특한 숍들이 들어서면서 지금은 싱가포르에서 가장 뜨는 동네가 되었다.

SEE

주거지이기 때문에 관광객을 위한 볼거리는 특별히 없다. 하지만 반세기가 넘은 오래된 아파트는 그 자체로 충분히 흥미롭다. 동그렇게 툭 튀어나온 발코니와 건물 뒤쪽의 나선형 계단 등 지금 건물에는 거의 남아 있지 않아 더욱 특별하다. 2003년 이후 티옹바루는 보존 지역으로 지정되어 함부로 건물을 부수거나 지을 수 없다. 동네를 산책하듯 느긋하게 둘러보는 것이 색다른 재미를 준다.

EAT

응훈 스트리트와 용색 스트리트에 유명한 카페와 레스토랑들이 몰려 있다. 응훈 스트리트에서는 티옹바루 베이커리, 갈리시어 패스추리, 동네 재래시장인 티옹바루 시장 안의 호커 센터 맛집 등이 유명하고, 용색 스트리트에서는 핸드 드립 커피로 유명한 포티 핸즈 커피와 100% 글루텐 프리의 더 부처스 와이프, 컵케이크가 맛있는 플레인 바닐라, 와인이 저렴한 PS카페 등 분위기 좋고 감각 있는 카페들이 포진해 있다.

BUY

평범한 거주지를 힙스터들의 동네로 만든 것은 작은 독립 서점인 북스 액추얼리었다. 북스 액추얼리에 이어 문을 연 나나&버드는 응훈 스트리트에 플래그십 스토어를 따로 오픈했고, 직접 만든 유기농 잼 등을 판매하는 카페겸 숍들이 생겨났으며, 현지 작가 작품과 해외에서 공수해오는 희귀한 아이템을 파는 숍들도 많이 생겼다.

어떻게 갈까?

MRT 티옹바루역이 있지만, 티옹바루까지는 걸어서 15~20분 정도 걸린다. 시내에서 5, 16, 33, 63, 123, 195, 851번 등의 버스를 타고 티옹바루 플라자나 블록 Blk 55 앞에서 내리는 것이 훨씬 편리하다.

어떻게 다닐까?

독립 서점과 카페, 숍들이 생기기 시작한 용색 스트리트와 티옹바루 베이커리, 그리고 오래된 티옹바루 시장이 함께 있는 응훈 스트리트가 번화가이다. 응훈 스트리트는 Blk 55 버스 정거장이 가까우므로 이 거리를 시작으로 용색 스트리트까지 걸어가는 것이 좋다.

Tiong Bahru
ONE FINE DAY

동네 사람들만 오가는 평일 낮은 매우 한산한 편이지만,
주말이 되면 외지인들로 활기차게 변한다. 카페는 사람들로 붐비며,
브런치를 먹기 위해서는 예약이 필수이다.
주말에는 대부분 문을 열지만, 평일에 문을 닫는 곳도 있다.
특별히 가고자 하는 곳이 있다면, 쉬는 날을 확인하고 가는 것이 좋다.
저녁 때 간단히 술 한잔 할 수 있는 바와 카페도 여럿 있다.

10:00
티옹바루 베이커리에서
갓 구운 크루아상과
커피로 아침 즐기기

도보 15분 →

11:30
티옹바루의
오래된 주공아파트를
구경하고 사진 찍기

도보 5분 →

11:50
유명한 독립 서점인
북스 액추얼리에서
여유롭게 책보기

도보 1분 ↓

14:30
나나&버드 1호점에서
액세서리 쇼핑

← 도보 5분

13:00
더 부처스 와이프에서
건강한 점심 식사하기

← 도보 5분

12:40
그림책 전문 서점인
우즈 인 더 북스
구경하기

도보 7분 ↓

15:30
포티 핸즈 커피나 플레인
바닐라에서 커피 마시기

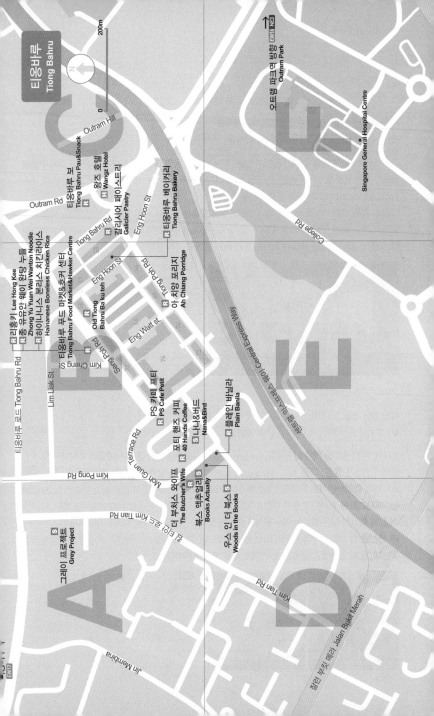

티옹바루
Tiong Bahru

200m

0

Outram Hill

EW16 NE3
오트램 파크역 방향
Outram Park

Singapore General Hospital Centre

College Rd

10번 고속도로 AYE Central Expressway

R 티옹바루 보
Tiong Bahru Pau&Snack

H 왕즈 호텔
Wangz Hotel

갈리시어 페이스트리
Galicier Pastry

Eng Hoon St

R 티옹바루 베이커리
Tiong Bahru Bakery

Outram Rd

Tiong Poh Rd

R 아 치앙 포리지
Ah Chiang Porridge

Tiong Bahru Rd

Eng Hoon St

R 올드 티옹
Old Tiong
Bahru Ba ku teh Centre

R 리홍키 Lee Hong Kee
R 종 우 얀 웨이 완탕 누들
Zhong Yu Yuan Wei Wanton Noodle
R 하이나니스 본리스 치킨라이스
Hainanese Boneless Chicken Rice

티옹바루 푸드 마켓&호커 센터
Tiong Bahru Food Market&Hawker Centre

Eng Watt st.

76

Kim Cheng St

Seng Poh Rd

Lim Liak St.

티옹바루 로드 Tiong Bahru Rd

R PS 카페 프티
PS Cafe Petit

포티 핸즈 커피
40 Hands Coffee

S 나나&버드
Nana&Bird

R 플레인 바닐라
Plain Banila

Moh Guan Terrace Rd

Kim Pong Rd

더 부처스 와이프
The Butcher's Wife

S 북스 액추얼리
Books Actually

S 우스 인 더 북스
Woods in the Books

킴 티안 로드 Kim Tian Rd

Kim Tian Rd

S 그레이 프로젝트
Grey Project

Jln Membina

잘란 부낏 메라 Jalan Bukit Merah

EW17

EAT

티옹바루의 인기를 실감할 수 있는 명품 베이커리 숍
티옹바루 베이커리 Tiong Bahru Bakery

주말 아침이면 긴 줄의 행렬이 끊이지 않는, 티옹바루의 유명 베이커리이다. 파리와 도쿄에서 셀레브리티 제빵사로 통하는 곤트란 셰리에Gontran Cherrier가 싱가포르의 유명 F&B 그룹인 스파 에스프리 그룹Spa Espritit Group과 협업해 문을 열었다.

프랑스 정통 크루아상과 바삭한 페이스트리, 브리오슈는 이곳에서 꼭 먹어봐야 할 빵들. 직접 로스팅하고 뽑는 커피 맛도 매우 훌륭하다. 먼저 카운터에서 주문하면 테이블로 빵과 음료를 가져다준다. 래플스 시티 쇼핑몰 센터와 오차드 로드 탕스 몰에도 각각 분점이 있다.

Data 지도 261B 구글맵 S 160056
가는 법 Blk55의 버스 정거장에서 내려 뒤에
바로 보이는 건물 사잇길로 들어와서 왼쪽
주소 #01-70, 56 Eng Hoon St
오픈 08:00~22:00
가격 아몬드 브리오슈 3.50달러,
아몬드 크루아상 3.70달러, 롱 블랙 커피 4.80달러
전화 6220-3430
홈페이지 www.tiongbahrubakery.com

40년 넘은 소문난 포리지
아 치앙 포리지 Ah Chiang's Porridge

1971년부터 영업을 해온 티옹바루의 소문난 포리지 맛집으로 항상 많은 사람들로 북적이는 집이다. 동네 주민들은 물론, 다른 지역 사람들도 이 집의 포리지를 맛보기 위해 일부러 찾아온다. 광동 지방 스타일로 걸쭉하면서도 부드러운 식감의 싱가포르의 죽인 포리지 맛이 일품이다. 재료는 닭고기, 생선, 돼지고기 등 원하는 것을 추가할 수 있다. 저녁 식사로 먹어도 든든할 만큼 양도 푸짐하다.

이 집의 특이한 점은 곁들여 먹는 음식으로 회가 있다는 것. 이칸 파랑Ikang Parang이라 불리는 청어과 생선을 참기름에 살짝 버무리고 채 썬 생강과 파, 고수를 올려서 먹는다. 고추냉이 간장에 찍어 먹는데, 우리 입맛에도 잘 맞는다. 가격도 매우 저렴한 편이다.

Data 지도 261B 구글맵 S 160065
가는 법 16, 123, 14번 버스를 타고 Blk 18에서
하차 후 도보 7분 주소 #01-38, Blk 65 Tiong
Poh Rd 오픈 07:00~23:30
가격 포리지 4.50~5.50달러, 이칸 파랑 5달러,
발리 차 1달러 전화 6557-0084
홈페이지 www.facebook.com/
ahchiangporridgesg

쿠에 다다

정겨운 페라나칸 빵집
갈리시어 패이스트리 Galicier Pastry

페라나칸 전통 디저트를 직접 만들어 파는 오래된 제과점. 페라나
칸 떡이라고 할 수 있는 논야 쿠에와 온데 온데가 유명하다.
그밖에 코코넛 타르트와 아몬드 체리 타르트, 판단 타이오카, 쿠
에 다다Kueh Dar Dar의 맛도 훌륭하다. 아삭하게 씹히는 코코넛과
쫄깃하면서도 부드러운 온데 온데의 껍질을 한입 베어물면 단물
이 흘러나온다. 앉아서 먹는 테이블은 따로 없다.

Data 지도 261C 구글맵 S 160055
가는 법 시내에서 6, 16, 123, 174번
버스를 타고 티옹바루 Blk 55
정거장에서 내려 왼쪽 숍하우스 끝
주소 #01-39, Block 55,
Tiong Bahru Rd
오픈 09:00~20:00 휴무 월요일
가격 온데 온데 0.60달러,
쿠에 다다 0.80달러,
전화 6324-1686

차슈 바오

대를 이어 찾아오게 만드는 찐빵 맛
티옹바루 보 Tiong Bahru Pau&Snack

오트램 로드에 자리한 티옹바루 포는 대를 이어 운영하고 있는 찐
빵 가게이다. 돼지고기를 넣은 차슈 바오Char Siew Pau와 단팥 찐
빵이 인기 있다. 그 외 스프링롤과 에그타르트 같은 스낵도 있다.
이 집을 아는 젊은이들에게는 퇴근길에 아버지가 항상 이곳 찐빵
을 사가지고 온 어린 시절의 추억이 배어 있다. 테이블은 없다.

Data 지도 261C 구글맵 S 169041
가는 법 오트램 로드 쪽 왕즈 호텔
바로 오른쪽 옆
주소 #02-09, 237 Outram Rd
오픈 08:00~20:00
가격 찐빵 0.80~0.90달러
전화 6222-7656

티옹바루의 오래된 재래시장

티옹바루 푸드 마켓&호커 센터 Tiong Bahru Food Market&Hawker Centre

어느 시장보다 재료와 과일이 신선하다. 2층의 호커 센터도 다른 동네에서 찾아올 만큼 유명하다. 맛집이 여럿 있는데 그중에서도 훈제 오리가 수준급인 리훙키Lee Hong Kee(#02-60)와 종 유유안 웨이 완탕 누들Zhong Yu Yuan Wei Wanton Noodle(#02-30), 하이나니스 본리스 치킨라이스 Hainanese Boneless Chicken Rice(#02-82) 등이 가장 인기 있는 곳이다.

이중 완탕면 집은 30년이 넘은 맛집으로 아침 8시 30분에 문을 열어 오후 1시 30분이면 항상 음식이 동이 난다. 꼬들꼬들한 면에 도톰한 차슈 완탕 누들을 맛보려면 아침 일찍 부지런을 떨어야 한다.

Data 지도 261B
구글맵 S 168898
가는 법 16, 123, 143 버스 타고
Blk 18에서 내려 도보 3분
주소 30 Seng Poh Rd

와인 값이 저렴한 핫 플레이스

PS 카페 프티 PS Cafe Petit

PS 카페들 중 가장 감각적인 매장이 아닌가 싶다. 어느 유럽의 고급 바를 떠올리게 하는, 검은색의 클래식한 분위기가 흐르는 내부는 많은 와인병과 조명으로 반짝반짝 빛이 난다. 실내 뒤편에 숨어 있는 초록빛의 작은 정원은 마치 비밀의 화원처럼 사랑스럽다.

지역 주민들을 위해 피자와 커피를 포장 판매하고, 와인 가격도 여느 PS 카페에 비해 저렴한 편이다. 30~40달러 정도면 꽤 괜찮은 와인을 고를 수 있다. 낮술이나 초저녁에 와인을 마시며 기분을 돋을 수 있는 좋은 공간이다.

Data 지도 261B 구글맵 S 160078
가는 법 16, 123,14번 버스를 타고 Blk 18에서 하차 후 도보 5분 주소 #01-41, Blk 78 Guan Chuan St
오픈 월~금 11:00~23:00, 토 · 일 09:30~23:00 가격 피자 24~34달러, 파스타 24달러,
글라스 와인 6~8달러 전화 9226-7088 홈페이지 www.pscafe.com/pscafepetittb/

100% 글루텐 프리에 도전하다
더 부처스 와이프 The Butcher's Wife

2011년 문을 열었던 오픈 도어 폴리시 자리에 지난 6월, 새로운
레스토랑이 문을 열었다. 티옹바루에서 7년 넘게 인기 레스토랑으
로 자리했던 오픈 도어 폴리시가 문을 닫은 것은 꽤 서운한 일이지
만, 같은 주인이 더 건강해진 음식으로 더 큰 모험을 시작한 것.
헤드 셰프인 디에고 카를로스Diego Carlo와 컨설턴트 디에고 자
크를 주축으로 한 이 레스토랑의 가장 큰 특징은 100% 글루텐
프리의 음식을 선보인다. 당근&키노아 타르타르, 완두콩 허무
스, 구운 낙지, 글루텐이 함유되지 않은 체스너트 파파델 파스타
Chestnuts Papardelle Pasta 등 애피타이저 메뉴부터 메인 메뉴, 그
리고 바질 샤베트가 든 딸기 파블로바, 화이트 초콜릿과 같은 디저
트 메뉴까지 모두 글루텐 프리로 구성했다. 이미 오픈 도어 폴리시
에서 입증된 것처럼, 음식 수준은 역시 기대 이상이다.

Data 지도 261A 구글맵 S 168650 가는 법 MRT EW17
티옹바루역 A출구에서 뒤돌아 걷다가 킴퐁 로드에서 우회전한 후
용색 로드까지 걷는다. 도보 10~15분 주소 19 Young Siak St.
오픈 화~금 18:00~23:00, 토·일 11:00~15:00
가격 당근&키노아 타르타르 18달러, 완두콩 허무스 19달러,
구운 낙지 28달러, 부처스 와이프 버거 29달러
전화 6221-9307 홈페이지 www.thebutchers-wifesg.com/

오소부코
위에 수란을
올린 로스트

해리 그로버 바리스타의 손맛
포티 핸즈 커피 40 Hands Coffee

티옹바루 베이커리와 함께 포티 핸즈는 싱가포르의 유명 F&B 그룹인 스파 에스프리 그룹에서 운영하는 곳이다. 북스 액추얼리와 함께 티옹바루의 부흥을 가장 먼저 이끈 주역이기도 하다.

호주 퍼스 출신의 유명 바리스타 해리 그로버Harry Grover가 책임을 지고 있으며, 싱가포르에 소규모 독립 커피의 문화를 주도한 초창기의 가게라는 점에서 주목할 만하다. 주말에는 합리적인 가격대의 브런치 메뉴로 인기를 모으고 있다.

Data 지도 261B
구글맵 S 163078
가는 법 더 부처스 와이프 맞은편
주소 #01-12 Blk 78 Yong Siak St
오픈 화~목 · 일 08:00~19:00,
금 · 토 08:00~22:00
가격 브런치 19~28달러,
롱블랙 커피 4달러
전화 6225-8545
홈페이지 www.40hands-coffee.com

싱가포르에서 손꼽히는 컵케이크 전문점
플레인 바닐라 Plain Banila

꽃집을 겸하고 있는 매장 앞의 싱그런 꽃들과 자연 채광이 들어오는 야외 테이블이 예쁜 곳. 안으로 들어서면 당일 만든 컵케이크와 케이크 진열대, 그 뒤로 넓은 주방이 한눈에 들어온다. 킨포크 Kinfolk의 인기 비주얼들이 눈 앞에 잘 차려진 듯한 분위기이다. 프렌치 버터와 마다가스카라 버본 바닐라, 벨기에산 초콜릿 등의 질 좋은 재료로 만드는 컵케이크를 먹으며 달달한 오후에 빠질 수 있는 최고의 장소이다.

Data 지도 261E
구글맵 S 168641
가는 법 북스 액추얼리 왼쪽
주소 1D Yong Siak St
오픈 화~토 08:00~19:00,
일 09:00~18:00
전화 6465-5942
홈페이지 www.plain vanillabakery.com

티옹바루의 부흥을 이끈 곳
북스 액추얼리 Books Actually

원래 차이나타운의 클럽 스트리트에 있던 유명한 독립 서점으로, 3년 전 티옹바루로 새롭게 둥지를 틀었다. 이곳을 드나들던 아티스트와 디자이너들이 서점을 따라 티옹바루로 옮겨왔고, 서점이 들어선 응훈 스트리트는 티옹바루에서 가장 힙한 거리가 되었다. 소설과 시, 에세이, 저널 등의 문학 서적을 전문으로 취급하며, 여행, 영화, 요리, 디자인 관련 서적도 두루 갖추고 있다.

〈매스 페이퍼 프레스Math Paper Press〉라는 이름 아래 독자적인 출판사를 운영하며 문학 서적도 출간하고 있다. 동시에 버즈&코Birds&Co라는 문구 브랜드를 만들어 손으로 직접 꿰맨 디자인 공책과 엽서 등도 판매한다. 서점 뒤편으로는 옛날 유럽 간판과 사진, 엽서, 빈티지 그릇, 조그만 장난감 등의 골동품을 모아놓은 공간이 나온다.

Data 지도 261B 구글맵 S 168645
가는 법 MRT EW17 티옹바루역 A출구에서 뒤돌아 걷다가 킴퐁 로드가 나오면 우회전, 용색 스트리트가 나올 때까지 걷는다. 도보 10~15분 **주소** 9 Yong Siak St **오픈** 일·월 10:00~18:00, 화~토 10:00~20:00 **전화** 6222-9195 **홈페이지** booksactually.com

Writer's Pick!

감각 뛰어난 멀티 레이블 부티크 숍
나나&버드 Nana&Bird

티옹바루에 있는 숍 중 가장 먼저 자리를 잡은 곳이다. '나나'라는
별명을 가진 조지나 코Georgina Koh와 '버드'라 불리는 탄치 우링
Tan Chiew Ling이 함께 운영하는 멀티 레이블 부티크 숍이다. 가장
친한 친구이자 동업자이며, 스스로 쇼퍼홀릭임을 인정하는 이들
은 오직 자신들이 사랑하는 것만 판매하는 것을 원칙으로 한다.
최근에는 응훈 스트리트에도 플래그십 스토어를 따로 냈다. 같은
숍이지만, 판매하는 제품은 겹치지 않는 것이 특징이다. 싱가포르
현지 디자이너들의 제품은 물론 세계 곳곳의 장인들에게서 찾은
독특한 제품들을 매달 업데이트해 선보인다.

Data 지도 261B 구글맵 S 168641
가는 법 MRT EW17 티옹바루역
A출구에서 뒤돌아 걷다가
킴퐁 로드가 나오면 우회전한 후,
용색 로드가 나올 때까지 걷는다.
도보 10~15분
주소 #01-02, Youg Siak St
오픈 월~금 12:00~19:00,
토·일 11:00~19:00
전화 9117-0430
홈페이지 www.nanaandbird.
com

모든 연령을 대상으로 한 그림책 전문

우스 인 더 북스 Woods in the Books

용색 스트리트에 위치해 있는 독립 서점. 이곳 역시 클럽 스트리트에 위치해 있던 매장을 2013년에 티옹바루로 옮겨왔다. 무프Moof라 불리는 작가 마이크 푸Mike Foo가 2009년 독립 서점을 시작하였으며, 어른과 아이를 위한 아기자기하고 동심 가득한 그림책과 일러스트북, 예쁜 소품들이 가득하다. 직접 그린 그림책이라 가격은 저렴하지 않다.

Data 지도 261E
구글맵 S 168642
가는 법 북스 액추얼리 왼쪽
주소 3 Yong Siak St
오픈 화~토 10:00~19:00,
일·월 10:00~18:00
전화 6222-9980
홈페이지 www.woods-
inthebooks.sg

아트 갤러리 그 이상의 공간

그레이 프로젝트 Grey Project

숍하우스 건물 3층에 자리 잡고 있는 이곳은 단순한 전시 공간이 아니다. 신진 작가들의 창의적인 실험과 작가들 간의 교류 및 활동을 지원하는 곳이다. 신진 작가들을 위한 작업 공간과 스튜디오, 작은 도서관, 전시실까지 마련되어 있다. 현재 싱가포르의 힙한 아티스트들의 작업이 궁금하다면, 주저하지 말고 이곳을 방문해보길 추천한다.

Data 지도 261A 구글맵 S 0000
가는 법 MRT EW17 티옹바루역
A출구에서 뒤돌아 걷다가
킴 티안 로드를 따라 도보 15분
주소 68Kim Tian Rd
오픈 수~토 13:00~19:00
전화 6655-6492
홈페이지 www.greyproject.
org

05

오차드 로드
ORCHARD ROAD

싱가포르 최고의 쇼핑 밀집 지역이다.
무려 3km에 달하는 도로에는 대형 쇼핑몰과
백화점이 끝없이 이어진다. 블링블링한 쇼윈도를
감상하며 걷기만 해도 즐거운 거리!
양손 가득 쇼핑백을 들고 다니며
득템의 기쁨을 만끽해보자.

Orchard Road
PREVIEW

세계적인 쇼핑 거리로 명성을 떨치고 있는 오차드 로드.
럭셔리한 명품 브랜드부터 중저가 브랜드까지 자신의 취향과 예산에 맞게 쇼핑할 수 있다.
또한 최고급 호텔과 레스토랑, 바 등이 줄지어 있어서 식도락과 엔터테인먼트까지
충족되는 싱가포르의 대표 관광지이다. 매년 여름 싱가포르 대세일Great Singapore Sale(GSS)
기간에는 쇼퍼홀릭들의 천국이 된다.

SEE

오차드 로드라고 해서 화려한 쇼핑몰만 있는 것은 아니다. 에메랄드 힐은 페라나칸의 주거 지역이었던 예전의 모습이 남아 있어 산책하기에 좋다. 또 꼭꼭 숨어 있는 로버트 인디애나의 하늘색의 러브 조각상에서 인증 사진을 남기는 것도 잊지 말자. 그 외에도 도심 속 전망대 아이온 스카이와 국경일에 개방되는 대통령 궁인 이스타나도 만날 수 있다.

EAT

폭풍 쇼핑 후에 지갑이 얇아졌다면 저렴하고 맛있는 인기 푸드 코트를 추천한다. 합리적인 가격의 프렌치 레스토랑 사브어와 딤섬 맛집 팀호완은 이미 여행자들 사이에서 유명한 곳이다. 브런치 카페인 와일드 허니와 애프터눈 티로 유명한 아티스티크는 맛과 분위기를 중요시하는 여자들에게 인기 있는 레스토랑이다. 미향원, 림치관 등 본점의 인기를 잇는 분점도 많으며, 길거리 아이스크림 샌드위치는 싱가포르의 더위를 날려줄 최고의 간식이다.

BUY

쉽게 접할 수 없던 새로운 브랜드 위주의 쇼핑을 추천한다. 로컬 브랜드인 찰스 앤키스나 TWG는 한국보다 훨씬 저렴하기 때문에 꼭 들러볼 것! 싱가포르 아이들이 열광하는 문구 매장인 스미글도 강력 추천한다.

어떻게 갈까?

오차드 로드는 MRT 오차드역, 서머셋역, 도비갓역으로 이어지며 쇼핑몰과도 바로 연결되는 지하철이 가장 편리하다. 시내 버스나 이층 투어 버스를 이용해도 좋지만, 저녁 시간에는 차가 막히므로 추천하지 않는다. 오차드역은 아이온 오차드, 서머셋역은 313@서머셋, 도비갓역은 플라자 싱가푸라와 연결된다.

어떻게 다닐까?

지하철 오차드역과 서머셋역 사이에 인기 쇼핑몰이 밀집되어 있다. 명품은 니안 시티와 파라곤, 주방 용품은 탕스와 로빈슨, 디자이너 숍은 만다린 갤러리, 영캐주얼은 313@서머셋, 인테리어 용품은 탕린 몰, 실속파 쇼퍼들에게는 플라자 싱가푸라를 추천. 한 곳만 가야 한다면 아이온 오차드이다.

Orchard Road
ONE FINE DAY

이른 아침 보타닉 가든을 산책하며 하루를 시작해보자. 몸도 마음도 상쾌한 하루가 될 것이다.
오차드 로드의 모든 쇼핑몰을 하루에 돌아보는 것은 불가능하다. 따라서 취향에 맞는 쇼핑몰
몇 곳만 선택하여 둘러보는 것이 좋다. 쇼핑에 관심이 없다면 에메랄드 힐을 거닐다가
펍에서 시원한 맥주를 마시며 더위를 날려보자. 저녁 식사는 시푸드를
먹을 수 있는 뉴튼 호커 센터나 뎀시힐, 홀랜드 빌리지에서 근사하게 보내는 것도 좋다.

택시 5분 →

도보 5분 →

08:00
보타닉 가든에서
산책하기

10:00
와일드 허니에서
브런치 먹기

11:00
탕스 또는 아이온
오차드에서 쇼핑 시작!

도보 5분 ↓

← 도보 5분

← 도보 5분

14:30
맛과 분위기 모두 좋은
아티스티크에서
애프터눈 티 즐기기

13:30
과거 페라나칸의 거주지
였던 에메랄드 힐에서
페라나칸 문화 엿보기

13:00
무더위를 한 방에 날려줄
아이스크림
샌드위치 먹기

도보 7분 ↓

도보 5분 →

지하철
5분 →

16:00
로버트 인디애나의
러브 조각상에서
인증샷 남기기

17:00
젊은이들이 좋아하는
브랜드가 즐비한 313@
서머셋에서 쇼핑 만끽하기

20:00
뉴튼 푸드 센터에서
칠리크랩으로
저녁 식사하기

상그릴라 호텔 싱가포르
Shangri-La Hotel Singapore

로즈 베란다
Rose Veranda

스티븐스 로드 Stevens Rd

앤더슨 로드 Anderson Rd

오렌지 그로브 로드 Orange Grove Rd

레스프레소 R
L'espresso@Goodwood Park Hotel

굿우드 파크 호텔
Googwood Park Hotel

Pan Pacific Orchard H

DFS 갤러리아
DFS Galleria S

사브어 R

파 이스트 R
Far East Pla S

스콧츠 로드 Scotts Rd

젠 탕린 호텔 H
Jen Tanglin Hotel

보타닉 가든,
홀랜드 빌리지, 뎀시힐 방면

탕린 로드 Tanglin Rd

세인트 레지스 호텔 H
St. Resis Hotel Singapore

포럼 Forum

Hilton Singapore H

쇼 하우스 S
Show House

산푸테이 라멘 R

스콧츠 스퀘어
Stotts Square S

Grand Hyatt Singa H

와일드 허니 S
Wild Honey

탕린 몰 R S
Tanglin Mall

탕린 플레이스
Tanglin Place

브루노 갤러리
Bruno Gallery

포시즌스 호텔
Four Seasons Hote
Singapore

오버이지
OverEasy R

Marriott Hotel H

휠록 플레이스 S
Wheelock Place

오차드역 S
Orchard
NS22

탕스 플라자
Tangs Plaza

Traders Hotel H

싱가포르 관광청
Singapore Tourism Board

남남 누들 바 S

아이온 오차드 S
Ion Orchard

럭키 플 S
Lucky P

위스마 아트리아 S
Wisma Atria

오차드 버거

브루네티 R

아일랜드 숍 S

하우스 오브 안리 R S

태티 마시 S

브래드 소사이어티 R
베이크 치즈 타르트 R
4핑거스 크리스피 치킨 R
허니문 디저트 R
리신 테오추 피시볼 누들스 R
TWG 티 살룸&부티크 R
펜할리곤스 S
루비 슈즈 S
크레이트&배럴 S
키키.케이 S

프리티 핏 S

오마카세 버거 R

패터슨 로드 Paterson Rd

다카시마야 쇼핑 S
Takashimaya Shopping Ce

포시즌스 두리안
아이스크림
기노쿠니아 서점
타이청 베이커리

그랑게 로드 Grange Rd

그랑게 로드 Grange Rd

오차드 로드
Orchard Rd

아웰 뱅크 로드 Irwell Bank Rd

티옹바루 방면

N

0   200m

NS21 뉴튼역 Newton

뉴튼 푸드 센터 Newton Food Centre

클레멘소 애비뉴 노스 Clemenceau Ave North

부킷티마 로드 Bukit Timah Rd

캄퐁 자바 터널 Kampong Java Tunnel

리틀 인디아 방면

이스타나 The Istana

Richmond park

마운트 에밀리 파크 Mount Emily Park

ount Elizabeth Hospital

펑 Fung

Emerald Hill Rd

Central Expressway (CTE) 센트럴 익스프레스웨이

비드포드 로드 Bideford Rd

Cairnhill Rd

에메랄드 힐 Emerald Hill

R

애플 오차드 로드 Apple Orchard Road

E 애시드 바 Acid Bar

로빈슨 Robinsons

S

E 앨리 바 Alley Bar

러리 allery S

싱가포르 여행 안내소 Singapore Visitor Centre

i 애시드 바 Acid Bar

크 R 사 S 미 S

S H&M

햄리스 S

팀호완 R

313@서머셋 313@Somerset S

Orchard Gateway

모노요노 S

오리올 카페+바 바오 투데이 R 스미글 타이포 S

H Concorde Hotel

페이퍼 마켓 S

NS23 서머셋역 Somerset

Killiney Road Post Office

페낭 로드 Penang Rd

오차드로드 Orchard Rd

얼빈스 솔티드 에그 S

플라자 싱가푸라 S Plaza Singapura

킬리니 코피티암 R Killiney Kopitiam

러브 LOVE

Istana Park

NS24 NE6 CC1

도비갓역 Dhoby Ghaut

올드 시티 방면

Y The Dubliner Irish Pub

킬리니 로드 Killiney Rd

오차드 센트럴 S Ochard Central

R KPO Café Bar

돈돈돈키 S

토탈리 핫 스터프 S

SEE

로버트 인디애나의 도시 명물 작품
러브 LOVE

오차드 로드에 왔다면 싱가포르의 러브도 놓치지
말자. 바로 미국의 유명 팝 아티스트 로버트 인디
애나Robert Indiana의 작품이다. 처음에는 크리스
마스 카드 제작을 위한 그림이었으나 그 인기에
힘입어 조각상으로 재탄생했다.

뉴욕, 마드리드, 신주쿠 등 세계 곳곳에서 볼 수
있다. 대부분 강렬한 빨간색의 조각이지만 싱가포르는 파란색이며, 게다가 꼭꼭 숨어 있다. 그래서
발견하는 순간 기쁨도 2배가 된다.

Data 지도 275K 구글맵 S 238461 **가는 법** MRT NS23 서머셋역 D출구에서 도보 5분, 더블리너 아이리시 펍 뒤
주소 165 Penang Rd(더블리너 아이리시 펍)

싱가포르의 대통령 궁
이스타나 The Istana

독립기념일 등 국경일에만 시민들에게 개방하는
대통령 궁이다. 여행 중 일정이 맞는다면 들러보
자. 세계 각국으로부터 온 귀중한 선물들이 전시
되어 있는 대통령 관저도 있다.

단, 대통령 관저 내 촬영은 불가능하며 입장 시 가
방 검사가 철저하다. 여권 지참은 필수.

Data 지도 275D 구글맵 S 238823
가는 법 MRT NE6/NS24/CC1 도비갓역 C출구에서
도보 1분 **주소** Orchard Rd
오픈 08:30~18:00 **요금** 입장료 1달러
홈페이지 www.istana.gov.sg

싱가포르 공식 멀라이언이 숨어 있는
싱가포르 관광청
Singapore Tourism Board(STB)

싱가포르에서 공식적으로 인정한 멀라이언 동상
은 총 5개이다. 센토사와 마운트 페이버에 각각
1개, 멀라이언 공원에 2개가 있다. 나머지 1개가
바로 이곳에 있다. 탕린 몰에서 가깝다.

Data 지도 280E 구글맵 S 247729
가는 법 MRT NS22 오차드역 E출구에서 도보 15분,
탕린 몰 뒤편 **주소** 1 Orchard Spring Lane
오픈 월~금 09:00~18:00
휴무 토 · 일요일, 국경일
전화 6736-6622 **홈페이지** yoursingapore.com

위트 넘치는 작품들로 가득한
브루노 갤러리 Bruno Gallery

이스라엘 출신의 화가나 조각가의 작품을 전시 판매하는 갤러리로, 특히 세계적인 조각가 데이비드 걸스타인David Gerstein의 작품이 많고 볼거리가 풍부하다. 자전거를 타고 달리는 사람들, 어디론가 바쁘게 걸어가는 사람들처럼 평범한 일상의 모습을 율동감 있는 팝 아트로 표현했다.
프랑스, 독일, 영국 등 세계 각국의 공공 조형물도 감상할 수 있다. 싱가포르에는 래플스 플레이스역 근처에 있으며 우리나라의 서울스퀘어 광장과 롯데백화점 스타 시티점에서도 만날 수 있다.

작품명 MOMENTUM, 12x18m, 2008
David Gerstein

Data 지도 274E 구글맵 S 247918
가는 법 MRT NS22 오차드역에서 도보 10분 또는 오차드 로드에서 탕린 로드로 좌회전, 탕린 플레이스 1층
주소 91 Tanglin Rd, #01-03 Tanglin Place
오픈 10:00~19:00 **전화** 6733-0283
홈페이지 www.brunoartgroup.com

나만의 여행 플래닝 지도를 만들자!
싱가포르 여행 안내소
Singapore Visitor Centre

싱가포르 지도, 가이드북, 관광지 안내 브로슈어 등을 무료로 제공한다. 교통편 안내와 각종 예약 업무도 도움을 받을 수 있어서 여행을 시작하기 전에 들리면 좋다.
상담원이 주요 관광지나 맛집을 추천해주고, 여행자가 선택한 최종 일정을 지도에 표시하여 출력까지 해주는 서비스도 꼭 이용해보자.

Data 지도 275G 구글맵 S 238898
가는 법 MRT NS23 서머셋역 C출구에서 도보 5분, 313@서머셋 맞은 편
주소 216 Orchard Rd, Orchardgateway @emerald **오픈** 08:30~21:30
전화 6736-2000 **홈페이지** yoursingapore.com

핸드폰 충전도 하고 잠시 쉬어가기 좋은
애플 오차드 로드 Apple Orchard Road

1층은 매장, 2층은 AS 및 휴식 공간이다. 외부에서 커피를 사와서 마실 수 있으며, 핸드폰 충전도 가능. 애플 홈페이지의 투데이 앳 애플 Today at Apple에서 프로그램을 확인한 후 참여해보자. 특히 오차드 로드 주변 출사를 할 수 있는 프로그램인 포토 웍스Photo Walks는 예약 필수.

Data 지도 275G 구글맵 S 238857
가는 법 MRT NS22 오차드역에서 도보 5분
주소 270 Orchard Rd, Apple Orchard Rd
오픈 10:00~22:00 **전화** 699-2824
홈페이지 apple.com

EAT

Writer's Pick!

호텔 애프터눈 티의 명소

로즈 베란다 Rose Veranda

오차드 로드에서 가까운 거리에 위치해 있는 샹그릴라 싱가포르 호텔의 로즈 베란다. 애프터눈 티 명소로 사랑받는 곳이다. 1가지의 차와 함께 스콘, 마카롱 같은 기본적인 티 푸드는 물론, 딤섬, 인도 커리, 락사, 논야 미시암(면발이 가늘고 매콤달콤한 싱가포르식 쌀국수), 포피아 등의 다양한 음식이 함께 차려져 나오는 하이 티 형태로 푸짐하게 차려진다.

TWG의 164가지나 되는 프리미엄 차를 고를 수 있고, 웨지우드 티 세트에 예쁘게 담겨 나와 고풍스런 분위기를 더한다. 예약하지 않으면 거의 자리가 없는 주말과 국경일에는 1차와 2차로 티 타임이 나누어져 운영된다.

Data 지도 274A 구글맵 S 258350
가는 법 MRT 오차드역에서 휠록 스페이스 쪽으로 나와 도보 10분
주소 Mezzanine Level, Tower Wing, Shangri-la Hotel, 22 Orange Grove Rd
가격 1인 세트 54달러 (1인당 7.5달러를 추가하면 다른 타입의 티 주전자 포함)
오픈 월~금 11:30~18:00 (하이 티)/토·일 1차 11:30~14:30, 2차 15:00~18:00
전화 6213-4486
홈페이지 www.shangri-la.com/singapore/shangrila

시리얼 새우

 Writer's Pick!

싱가포르의 밤을 즐기기 좋은 핫 스폿

에메랄드 힐 Emerald Hill

1910년대에 지은 페라나칸 스타일의 숍하우스들이 모여 있는 고급 주거 지역으로 '페라나칸 플레이스'라고도 불린다. 복잡한 오차드 로드에서 에메랄드 힐 골목으로 들어서면 언제 그랬냐는 듯 새소리가 들리는 평온한 거리가 나온다. 에메랄드 힐이 시작되는 곳은 애시드 바Acid Bar, 앨리 바Alley Bar 등 펍과 바가 모여 있어 밤이 되면 현지인들이 많이 찾는다. 라이브 공연과 함께 맥주 한잔하기 좋으며 페라나칸의 길고 넓은 숍하우스를 개조한 펍과 바에서 색다른 분위기를 경험할 수 있다.

Data 지도 275G 구글맵 S 238846
가는 법 MRT NS23 서머셋역 C출구 길 건너편의 센터 포인트와 오차드 게이트 웨이 사이. 도보 5분
주소 180 Orchard Rd, Peranakan Place
오픈 17:00~다음 날 02:00(가게마다 다름)
가격 싱가포르 슬링 18달러
전화 6732-6966
홈페이지 www.peranakanplace.com

 Writer's Pick!

실속파 관광객들의 칠리크랩 명소

뉴튼 푸드 센터
Newton Food Centre

칠리크랩, 시리얼 새우 등의 시푸드를 저렴하게 먹을 수 있는 인기 호커 센터이다. 호객 행위가 있으나 대체로 친절하고 깨끗하며, 분위기도 좋아 관광객 뿐만 아니라 현지인도 많이 찾는다. 칠리크랩을 먹을 거라면 한국어가 가능한 직원과 한국어 메뉴가 준비되어 있는 31번 가게를 추천한다. 주로 점심 이후에 문을 여는 가게가 많으므로 오후에 가면 좋다. 오차드 로드에서 지하철 한 정거장 거리로, 쇼핑하느라 끼니를 놓쳤다면 한 끼 거하게 먹으러 가기에 좋다.

Data 지도 275C 구글맵 S 229495
가는 법 MRT NS21 뉴튼역 B출구에서 스콧츠 로드를 따라 진진 후 뉴튼 로터리에서 우회전 후 육교 건너편에 위치. 도보 5분
주소 500 Clemenceau Ave North
오픈 12:00~다음 날 02:00(가게마다 다름)
가격 31번 가게 칠리크랩(M) 38달러, 시리얼 새우(S) 25달러

뷔페로 마음껏 즐기는 애프터눈 티

Writer's Pick! **레스프레소**

L'espresso@Goodwood Park Hotel

두리안 퍼프로 유명한 굿우드 파크 호텔 1층에 위치해 있는 에프터눈 티 카페이다.

다른 곳보다 이른 시간에 애프터눈 티를 즐길 수 있어 현지인들의 모임 장소로도 사랑받고 있다. 단, 호텔 로비와 야외 수영장 사이의 오픈된 공간에 좌석이 마련되어 있어서, 화려하거나 차분한 분위기에서 에프터눈 티를 즐길 수 있는 곳은 아니다. 수영장을 바라보는 야외석도 있으나 더우므로 실내 자리를 추천한다. 예약은 필수.

Data 지도 274B 구글맵 S 228221
가는 법 MRT NS22 오차드역 A출구에서
파이스트 플라자 방면으로 나와 직진. 굿우드 파크
호텔 1층. 도보 5분
주소 22 Scotts Rd
오픈 월~목 14:00~17:30(주문 마감 17:00)/
금~일요일, 국경일 12:00~14:30, 15:00~17:30
가격 성인 45달러, 어린이(6~11세) 22.50달러,
두리안 퍼프(2개) 8달러 **전화** 6730-1743
홈페이지 www.goodwoodparkhotel.com

프렌치토스트로 더욱 유명한

킬리니 코피티암 Killiney Kopitiam

1919년부터 영업해 온 전통 있는 킬리니 코피티암의 본점이다. 싱가포르에 20여 개의 매장과 홍콩, 호주, 말레이시아 등에도 지점을 둔 싱가포르 최고의 카야 토스트 맛집이다.

싱가포르의 한 유명 가수가 극찬하면서 유명해진 프렌치 토스트도 대표 메뉴다. 락사나 커리 등 간단한 식사도 할 수 있다. 지점마다 영업 시간이 모두 다르므로 홈페이지에서 확인하고 방문하도록 하자.

Data 지도 275K 구글맵 S 239525
가는 법 MRT NS23 서머셋역
A출구에서 서머셋 로드와 킬리니 로드가
만나는 사거리에서 대각선 맞은 편. 도보 5분
주소 67 Killiney Rd
오픈 월·수~토 06:00~23:00,
화·일 06:00~18:00
가격 프렌치 토스트 2달러, 브레드 토스트 1.10달러,
반숙란 0.80달러
전화 6734-9648
홈페이지 www.killiney-kopitiam.com

Tip **1달러의 행복. 아이스크림 샌드위치**

싱가포르에서 유일하게 길거리에서 사먹을 수 있는 먹거리이다. 식빵이나 바삭한 얇은 과자 사이에 네모 반듯하게 자른 아이스크림을 끼워 판다. 바닐라, 망고, 초코 등 맛도 다양하다. 오차드 로드나 차이나타운 등 인기 관광지에서 볼 수 있으며 나름 줄 서서 먹는 인기 간식이다. 무더위도 날리고 허기진 배도 채울 수 있으며 무엇보다 가격이 단돈 1달러! 단, 장소에 따라 조금 더 비싼 곳도 있다.

Writer's Pick!

가장 저렴한 미쉐린 스타 맛집
팀호완 Tim Ho Wan

홍콩의 유명한 딤섬 맛집으로 고급스럽지 않아
도 당당하게 미쉐린 스타를 받으며 세계적인 맛
집 대열에 당당히 이름을 올렸다.

많은 사람들이 찾는 메뉴인 4대 천황 중 바비큐
포크번Baked Bun with BBQ Pork은 1인당 2개까
지만 포장 판매할 정도로 맛보기 힘든 메뉴이다.
꽃잎이 투명하게 비치는 디저트 토닉 메들러&
오스만투스 케이크Tonic Medlar & Osmanthus
Cake도 인기 만점인 메뉴이다.

Data 지도 275L **구글맵** S 238839
주소 68 Orchard Rd, 01–29A/52,
Plaza Singapura
가는 법 플라자 싱가푸라 1층 29A
오픈 월~금 10:00~22:00,
토·일요일, 국경일 9:00~22:00(주문 마감 21:30)
가격 바비큐 포크번(3개) 4.50달러,
새우 소룡포(4개) 5.50달러
전화 6251-2000
홈페이지 www.timhowan.com

뉴욕 타임즈도 인정한
딘타이펑 Din Tai Fung

1993년 〈뉴욕 타임즈〉가 선정한 가보고 싶은
10대 레스토랑이자 샤오롱바오로 미쉐린
스타를 받은 상하이식 딤섬 전문점이다. 얇은
만두피 속에 육즙으로 가득한 샤오롱바오Xiao
Long Bao는 소룡포小笼包라고도 부르며 어떠한
요리사가 만들더라도 최소 18개의 주름과
만두피 5g, 만두소 16g으로 한결같은 맛을
유지하는 것이 인기 비결이다.

대만의 길거리 노점상에서 시작해 지금은 미국,
호주, 일본 등 전 세계에 50여 개의 체인을 두고
있으며 우리나라에도 있다.

Data 지도 275G **구글맵** S 238859
가는 법 파라곤 지하 1층 3호
주소 Paragon 290 Orchard Rd #B1-03
오픈 10:00~23:00
가격 돼지고기 채소 소룡포(10개) 9.50달러,
새우 달걀 볶음밥 10.80달러
전화 6836-8336
홈페이지 www.dintaifung.com.sg

아이온 오차드몰 푸드 오페라에서 꼭 먹어야 할 곳
리신 테오추 피시볼 누들스
Li Xin Teochew Fish Ball Noodles

아이온 오차드 몰의 푸드 오페라 안에 있다. 각종 푸드 어워드에서 매년 톱10 안에 꼽히는 맛집이다. 탱글탱글하고 신선한 피시볼과 담백한 국물이 정말 맛있는 국수집이다. 매일 먹어도 질리지 않는 담백함이 살아 있다.

Data 지도 274F 구글맵 S 238801
가는 법 아이온 오차드 지하 2층 62호
주소 2 Orchard Turn, B4-03/04 Ion Orchard
오픈 10:00~21:00
가격 피시볼 누들 수프 5달러 전화 6257-8700

럭셔리하게 즐기는 티 타임
TWG 티 살롱&부티크
TWG Tea Salon&Boutique

아이온 오차드 안에는 1층과 2층, 2곳에 TWG 매장과 레스토랑이 자리 잡고 있다. 1층보다는 2층이 한결 여유롭게 애프터눈 티를 즐기기에 좋다. 애프터눈 티 메뉴는 물론 점심 세트 메뉴도 인기가 많다.

Data 지도 274F 구글맵 S 238801 가는 법 아이온 오차드 2층 21호 주소 2 Orchard Turn, #02-21 Ion Orchard 오픈 10:00~22:00 가격 주말 티 타임 세트 1인 19~40달러 전화 6735-1837 홈페이지 www.twgtea.com

부담 없는 가격의 딤섬 카페
바오 투데이 Bao Today

2005년에 문을 연 딤섬 카페로 딤섬 뿐만 아니라 면 요리와 죽 등을 저렴한 가격에 판매한다. 본사에서 홍콩 딤섬 주방장의 자체 레시피로 만든 딤섬을 각 지점으로 제공하기 때문에 맛도 괜찮은 편. 가게 이름도 오늘 만들어 신선하다는 의미이다. 오차드 로드의 313@서머셋 1층 야외에 위치하며, 이른 아침부터 늦은 밤까지 문을 열어 언제든지 가볍게 식사하기에 좋다.

Data 지도 275G 구글맵 S 238895
가는 법 MRT NS23 서머셋역 E출구에서 도보5분
주소 313 Somerset Rd
오픈 08:30~24:00
가격 딤섬 4~4.50달러(3개), 딩딩면 4.8달러
전화 6735-3045
홈페이지 www.baotoday.com.sg

홍콩 에그 타르트의 전설
타이청 베이커리 Tai Cheong Bakery

홍콩의 타이청 베이커리가 싱가포르에 상륙했다. 바삭한 파이에 부드럽고 달콤한 노란색의 커스터드 크림이 채워져 입안에서 살살 녹는다. 다카시마야 백화점은 테이크아웃만 되며, 홀랜드 빌리지점은 단독 매장으로 식사도 할 수 있다.

Data 지도 274F 구글맵 S 238874
가는 법 MRT NS22 오차드역 C출구에서 도보 5분.
다카시마야 백화점 지하 2층
주소 391A Orchard Rd, Ngee Ann City
오픈 10:00~21:30
가격 에그 타르트 1.90달러,
두리안&치즈 타르트 3.60달러 **전화** 6506-0458
홈페이지 takashimaya.com. sgle_
chocolatier.php

다카시마야 푸드 빌리지의 대표 간식
포시즌스 두리안 아이스크림
Fourseasons Durian Ice Cream

푸드 빌리지 안에서는 사테, 타코야키 등 가볍게 먹을 만한 음식들이 두루두루 맛있다. 심지어 붕어빵까지 있다. 그 중에서도 독특한 것은 두리안 아이스크림을 팬에 구워주는 팬케이크집. 먼저 팬케이크를 바삭하게 굽고 그 위에 두리안 아이스크림을 얹은 뒤 3~4번 뒤집어서 바로 내어준다.

Data 지도 274F 구글맵 S 569933
가는 법 다카시마야 백화점 푸드 빌리지안 B207-3-2
주소 53 Ang Mo Kio Ave 3
오픈 10:00~21:00
가격 두리안 아이스크림 팬케이크 1.80달러
전화 6733-3009
홈페이지 www.fourseasons-durians.com

휠록 스페이스 쇼핑몰의 인기 음식점
남남 누들 바 Nam Nam Noodle Bar

우선 어느 시간에 가든 최소 30분에서 1시간은 줄을 설 각오를 해야 한다. 6가지의 쌀국수가 메인 메뉴이다. 토스트한 바게트 빵에 다양한 패디를 넣어 먹는 베트남식 샌드위치 반미Banh Mi부터 육수가 없는 마른 국수 등도 두루 맛있다.

Data 지도 274F 구글맵 S 238880
가는 법 MRT NS22 오차드역 E출구에서 도보 5분
주소 #B2-02, Wheelock Place
오픈 08:00~21:30
가격 베트남 쌀국수+베트남
커피 7.9달러(주중 가격),
소고기 스테이크 슬라이스
쌀국수 8.90달러(10% 택스 별도)
홈페이지 namnamnoodle-
bar.com.sg

라멘 레볼루션 3위 소유 라멘 맛집
산푸테이 라멘 Sanpoutei Ramen

싱가포르에는 유명한 라멘집이 많다. 이 집은 그중에서도 투표를 통해 라멘 맛집을 선정하는 라멘 레볼루션에서 당당히 3위를 차지한 곳이다. 점심이나 저녁 시간에는 현지인들로 북적인다.
산푸테이의 시그니처 메뉴인 니카타 소유 라멘Niigata Shoyu Ramen은 하카타 돈코츠 라멘, 삿포로 미소 라멘과 함께 일본 3대 라멘으로 손꼽힌다. 커다란 차슈와 적당히 익힌 달걀, 죽순, 파, 김을 토핑하며, 6시간 동안 우려낸 고기 육수와 직접 뽑은 면발이 어우러진 맛이다. 특히 입안에서 살살 녹는 차슈 맛이 최고이다. 하지만 국물이 너무 짜기 때문에 호불호가 갈리기도 한다. 돈코츠 라멘도 맛있다. 얼음물은 계산서에 추가되니 원하지 않으면 거절할 것. 홀랜드 빌리지에도 지점이 있다.

Data 지도 274F 구글맵 S 238868 가는 법 MRT NS22 오차드역 E출구에서 도보 3분. 쇼 하우스에 지하 1층 주소 350 Orchard Rd Singapore, #B1-04/05 오픈 11:30~23:00(주문 마감 10:30) 가격 니가타 소유 라멘 15달러, 돈코츠 라멘 17달러 전화 6836-4644 홈페이지 sanpoutei.sg

따뜻한 번과 두툼한 패티!
오버이지 OverEasy

싱가포르 시내에서 햄버거가 가장 맛있는 집이라고 자신 있게 말할 수 있는 곳이다. 따뜻하게 구워 나오는 번과 육즙이 살아 있는 두툼한 패티의 조화는 실제로 먹어본 햄버거 중 베스트로 꼽힌다. 한 쪽 벽에 칵테일도 함께 있어 미국의 펍에 온 듯 편안한 분위기로 친구와 함께 칵테일이나 맥주를 즐기기에도 좋다.
시그니처 버거는 스위스 치즈와 버섯을 듬뿍 넣은 더 트러플The Truffle과 오버이지의 스페셜 버거 소스를 넣은 더 투 다이 포The To Die For이다. 특이한 점은 스페셜 버거 소스를 고추장으로 만들었다는 사실! 패티의 익힘 정도는 주문할 때 물어본다. 저녁에는 마리나베이 샌즈 호텔 야경이 멋진 원플러톤 지점 강추!

Data 지도 274F 구글맵 S 238881 가는 법 MRT NS22 오차드역 E출구에서 도보 3분. 리앗 타워 1층 주소 541 Orchard Rd, #01-01, Liat Towers 오픈 월 17:00~24:00, 화~목 12:00~24:00, 금 12:00~다음 날 01:00, 토 10:00~다음 날 01:00, 일 10:00~24:00 가격 투 다이포 버거 24달러, 트러플 버거 28달러 전화 6684-1453 홈페이지 overeasy.com.sg

프롬 더 시

토마토와 부리타 치즈

Writer's Pick! 벨기에 여주인이 선보이는 브런치 레스토랑
하우스 오브 안리 House of An Li

2016년 12월에 오픈한 이곳은 요즘 제일 각광받는 브런치 장소. 평일과 주말을 가릴 것 없이 아침 10시부터 사람들로 가득 차는데, 대부분이 외국인이다. 벨기에 출신의 주인이 운영하는 이곳은 원래 인테리어 숍으로 먼저 오픈하고, 6개월 후에 레스토랑을 오픈했다. 그래서 인테리어 숍을 지나야 레스토랑이 나온다.

레스토랑에서는 뉴질랜드 농장에서 가져오는 유기농 달걀로 만든 스크램블부터 쿠시, 무사카, 리소토 등 다양한 요리를 즐길 수 있다. 싱싱한 아스파라거스와 아보카도, 구운 장어를 함께 내는 프롬 더 시From the Sea는 정말 훌륭하다. 가격이 꽤 나가는 레스토랑이지만 좋은 브런치를 경험하고 싶다면 찾아갈 만하다. 탕린 몰 3층에 위치해 있지만 쇼핑몰 안에 있다는 걸 전혀 느낄 수 없는 분위기도 무척 근사하다.

Data 지도 274E
구글맵 S 247933
가는 법 NS22 오차드역 E출구에서 탕린 로드를 따라 도보 10분. 탕린 몰 3층 17호
주소 #03-17 Tanglin Mall, 163 Tanglin Rd
오픈 09:00~20:00
가격 프롬 더 시(생선) 26달러, 프롬 더 가든(채소) 24달러
전화 9137-7635
홈페이지 houseofanli.com

바삭한 한국식 간장 치킨이 생각날 땐
4핑거스 크리스피 치킨 4Fingers Crispy Chicken

뉴욕에서 처음 맛본 한국 치킨에 반해 싱가포르에 문을 연 치킨 프랜차이즈이다. 2009년 아이온 오차드에 첫 매장을 열자마자 폭발적 인기를 얻었다. 한글로 '바삭한'이라고 적힌 유니폼을 입은 직원에게 주문을 하고 진동벨을 받아 자리에서 기다리면 주문 완료. 벨이 울리면 픽업하는 곳에서 받아오면 된다.

한국식 간장 치킨과 비슷하지만 좀 더 짭조름한 맛이다. 감자튀김, 탄산 음료와 함께 나오는 콤보 메뉴도 인기 있으며, 치킨버거도 판매한다. 감자튀김에 김치 맛 양념을 선택할 수도 있다. 음료는 리필되지 않는다.

Data 지도 274F
구글맵 S 238801
가는 법 MRT NS22 오차드역 E출구에서 도보 3분. 아이온 오차드 지하 4층 푸드 오페라 옆
주소 2 Orchard Turn, #B4-06A, B4-06/06A ION Orchard
오픈 일~목 11:00~22:00, 금·토 11:00~22:30
가격 6피스 콤보 10.95달러
전화 6509-8641
홈페이지 gimme4fingers.com

치즈버거가 맛있기로 소문난
오마카세 버거 Omakase Burger

일본어로 '맡기다'라는 의미의 '오마카세'는 주방장이 그날 가장 좋은 재료를 이용해 만든 음식을 제공하는 것을 말한다. 하지만 오마카세 버거에서의 의미는 그와 다르다. 주방장이 아닌 주문하는 사람이 원하는 대로 버거를 즉석에서 만들어준다.

주문 시 패티 굽기 정도를 고를 수 있다. 햄버거 종류도 다양한데, 그중 사과나무로 스모크 한 베이컨을 넣은 애플우드 스모크드 베이컨 치즈버거 Applewood Smoked Bacon Cheeseburger는 위스마 아트리아 지점에만 먹을 수 있는 시그니처 버거이다.

Data 지도 274F 구글맵 S 238877
가는 법 MRT NS22 오차드역 D출구에서 도보 1분. 위스마 아트리아 1층 주소 435 Orchard Rd, #01-02/03/37 to 41 Wisma Atria, Wisma Atria
오픈 10:00~22:00
가격 애플우드 스모크드 베이컨 치즈버거 17.90달러
전화 6737-3218
홈페이지 omakaseburger.com

Writer's Pick!

오차드 로드에서 유명한 바로 그 빵집
브래드 소사이어티 Bread Society

현지인들 사이에 맛있기로 소문난 베이커리이다. 그 비결은 바로 합리적인 가격에 기본에 충실한 맛! 매장 안은 건강한 재료로 정성스럽게 만든 빵들로 가득하다. 아이온 오차드에 있는 매장은 헤드 셰프인 아츠시 무라타Atsushi Murata 씨가 총괄 지휘하는 곳으로 직접 매장에서 함께 빵을 반죽하고 만드는 모습을 볼 수 있다. 부드럽고 달콤한 애플파이와 딸기 등 과일을 올려 구워낸 데니시가 인기 메뉴. 그밖에도 타르트, 식빵, 햄버거, 샌드위치도 있다. 어떤 걸 사야 할지 모르겠다면 시식을 할 수 있으니 먹어보고 사도 된다. 선텍 시티 몰Suntec City Mall에도 매장이 있다.

Data 지도 274F 구글맵 S 238801
가는 법 MRT NS22 오차드역 E출구에서 도보 3분. 아이온 오차드 지하 4층 08, 09호
주소 2 Orchard Turn, B4-08/09, ION Orchard
오픈 09:00~22:00
가격 미니 애플파이 1.20달러, 딸기 데니시 3달러
전화 6509-4434
홈페이지 breadsociety.com.sg

연간 3,500만 개가 팔리는 치즈 타르트 전문점
베이크 치즈 타르트 Bake Cheese Tart

일본의 홋카이도에서 건너온 치즈 타르트 전문점이다. 전 세계 37개의 매장을 두었으며, 매장 앞은 항상 긴 줄이 늘어서 있다. 메뉴도 타르트 쿠키에 치즈 무스를 듬뿍 채워 오븐에 구워낸 치즈 타르트 단 하나뿐이다. 입안에서 살살 녹는 치즈 무스는 홋카이도산과 프랑스산을 골고루 혼합해 사용하며, 타르트 쿠키 부분을 바삭하게 만들기 위해서 2번 굽는 것이 맛의 비결이다.
현지 공장에서 반제품을 직송해 매장에서 바로 구워내기 때문에 어느 지점을 가도 맛이 똑같고 신선하다. 냉장 보관해야 하며 4일 정도 먹을 수 있다.

Data 지도 274F 구글맵 S 238163
가는 법 MRT NS22 오차드역 E출구에서 도보 3분. 아이온 오차드 지하 4층 33호
주소 2 Orchard Turn, #B4-33 ION Orchard, ION Orchard 오픈 10:00~22:00
가격 1개 3.50달러
전화 6509-9233
홈페이지 bakecheesetart.com

시간에 상관없이 즐기는 애프터눈 티

아티스티크 Arteastiq

차와 함께 캐주얼 다이닝을 즐길 수 있는 곳으로 착한 가격의 브
런치(11:30~14:00)와 애프터눈 티가 인기 있다.
그림을 그릴 수 있는 아틀리에가 함께 있으며 음료와 함께 캔버
스(50x50cm)와 물감, 붓세트, 앞치마를 제공한다. 다 그린 후
사용한 붓과 그림은 가져갈 수 있다. 요일별로 다양한 프로모션
이 있으니 홈페이지에서 확인 후 예약하면 좋다.

Data 지도 275G 구글맵 S 238867
가는 법 만다린 갤러리 #04-14/15
오픈 11:00~ 22:00
가격 브런치 7.90달러부터,
애프터눈 티(2인) 48달러,
그림 48달러
전화 6235-8370
홈페이지 www.arteastiq.com

홍콩의 인기 디저트 숍

허니문 디저트 Honeymoon Dessert

이미 우리에게도 익숙
한 디저트 가게.
음료 포함 160여
개의 디저트 메뉴
를 만날 수 있는 홍
콩의 유명 디저트 숍이
다. 망고 포멜로 사고와 망고 팬
케이크가 맛있다. 생크림을 좋아하지 않는다면
망고 팬케이크는 피할 것. 두리안 팬케이크도 도
전해볼 만하다.

Data 지도 274F
구글맵 S 238801
가는 법 아이온 오차드 지하 3층 15/16
주소 2 Orchard Turn, #B3-15/16
오픈 11:00~22:00
가격 망고 팬케이크 3.8달러
전화 6834-4483
홈페이지 www.honeymoon-dessert.com

커피 전문가들이 먼저 찾는

오리올 커피+바 Oriole Coffee+Bar

싱가포르 바리스타 챔피언십 우승자가 운영하
는 카페. 오차드 로드에서 커피 맛이 좋은 곳이
다. 다른 곳에서는 맛볼 수 없는 시그니처 커피
를 즐겨보자. 식사와 술도 가능하다.

Data 지도 275G 구글맵 S 238163
가는 법 313@서머셋 1층 브로자이트Brotzeit 맞은 편
오픈 월~목 11:00~23:00, 금 11:00~24:00,
토 10:00~24:00, 일 10:00~23:00
가격 피콜로 5.50달러, 롱블랙 4.50달러
전화 6238-8348 홈페이지 oriole.com.sg

호주에서 입소문난 디저트 카페
브루네티 Brunetti

호주 멜버른에서 소문난 디저트 카페이다. 마카롱과 아이스크림도 다양하며 뉴욕에서 유행하고 있는 크로넛Cronut도 맛볼 수 있다. 아이들에게는 초코맛 마일로에 우유 거품을 듬뿍 올린 베이비치노를 무료로 제공한다. 평일 4시부터 7시까지는 하이 티 타임으로 커피(차)와 케이크를 더욱 저렴하게 즐길 수 있다.

Data 지도 274E 구글맵 S 247933
가는 법 탕린 몰 1층 3호
오픈 일~목 08:00~21:00, 금·토 08:00~22:00
가격 크로넛 5.50달러, 초콜릿 수플레 8달러, 하이티 9.90달러
전화 6733-9088
홈페이지 www.brunetti.com.au

합리적인 가격에 즐기는 프렌치 요리
사브어 Saveur

프랑스 가정식 요리를 부담 없는 가격에 즐길 수 있다. 양이 많진 않지만 전식, 메인, 후식을 모두 즐기면 제법 든든하다. 부기스 본점보다 넓은 실내와 모던한 분위기로 접근성도 좋다. 3시부터 5시는 10% 할인된 가격에 즐길 수 있다.

Data 지도 274B 구글맵 S 228213
가는 법 파이스트 플라자 1층 7B
주소 14 Scotts Rd, #01-07B Far East Plaza
가격 사브어 파스타 4.90달러, 덕 콩핏 12.90달러
오픈 월~토 11:30~21:30 일 11:30~21:00
전화 6736-1121
홈페이지 www.saveur.sg

오차드의 인기 브런치 카페
와일드 허니 Wild Honey

싱가포르에서 제일 잘 나가는 브런치 카페 중 하나로, 특히 여성 고객이 많이 찾는다. 착한 가격은 아니지만 러블리한 분위기에 맛까지 있어 예약은 필수. 와일드 허니 스타일의 에그 베네딕트인 유로피언은 두툼한 식빵 위에 버섯이 함께 올려져 나온다. 만다린 갤러리에서도 만날 수 있다.

Data 지도 274F 구글맵 S 238897
가는 법 스콧츠 스퀘어 3층 1-2호
주소 333A Orchard Rd, #03-01/02
오픈 일~목 09:00~21:00, 금·토 09:00~22:00
가격 유로피언 19달러 전화 6636-1816
홈페이지 wildhoney.com.sg

 Writer's Pick!

오차드 로드의 1순위 쇼핑몰
아이온 오차드 Ion Orchard

오차드 로드의 쇼핑몰 중 한 곳만 가야 한다면 당연히 아이온 오차드이다. 2008년에 오픈한 최대 규모의 쇼핑몰로 400여 개의 상점이 입점해 있다. 루이비통, 크리스찬 디올, 콴펜 등 명품부터 자라, 유니클로 등 중저가 브랜드까지 한 자리에서 만날 수 있다.

특히 아시아 태평양에서 가장 큰 프라다 플래그십 스토어가 있으며, 찰스앤키스 매장도 싱가포르에서 가장 크다. 지하 4층에는 푸드 코트인 푸드 오페라Food Opera와 메이 홍 위엔 디저트, 육포 맛집 림치관이 있다. 55층에서 내려다보는 아이온 스카이 전망대는 4층에서 입장권을 구매하면 된다.

Data 지도 274F
구글맵 S 238801
가는 법 MRT NS22 오차드역에서 바로 연결
주소 2 Orchard Tum, ION Orchard
오픈 10:00~22:00(매장마다 다름)
전화 6238-8228
홈페이지 www.ionorchard.com

> **Tip** *아이온 스카이ION Sky 즐기기*
> 아이온 오차드 55, 56층에 위치한 상공 218m 높이의 전망대. 4층에서 전용 엘리베이터를 타고 올라간다. 날이 좋으면 말레이시아의 조흐바루까지 보인다. 아이온 오차드에서 20달러 이상(식사 포함) 구매 영수증이 있다면 무료. 단, 아이온 오차드 애플리케이션을 다운 받아 회원 가입을 해야 한다. 영수증을 들고 4층 컨시어지에 가면 직원이 친절하게 도와준다. 아름다운 석양을 보고 싶다면 저녁 7시에 입장하면 된다. 입장 후 40분 동안만 머무를 수 있다.

아이온 오차드 추천 스폿

펜할리곤스 Penhaligon's

영국 왕실이 인증한 브랜드에게 수여하는 왕실 문장을 받은 고품격 향수 브랜드. 5년 이상 왕실에 제품을 납품하거나 서비스를 제공한 회사에게 주는 왕실 조달 허가증을 보유하고 있다.
또한, 윌리엄 왕자를 비롯한 로열 패밀리와 셀럽들이 애용하는 향수로도 유명하다. 자신에게 어울리는 향을 찾을 때까지 정성스럽게 상담해주는 서비스가 감동적인 곳이다.

Data 가는 법 #03-16 오픈 10:00~22:00 전화 6634-1040 홈페이지 www.penhaligons.com

루비 슈즈 Rubi Shoes

저렴한 가격에 디자인까지 만족시킨다. 여행 중 신을 슬리퍼나 샌들을 사기에 좋다. 할인 기간에는 많은 사람들로 북적인다. 캐릭터나 개성 넘치는 디자인의 신발도 많아 젊은이들에게 인기가 많다. 호주의 인기 브랜드 코튼 온Cotton On에서도 만날 수 있다.

Data 가는 법 #B2-53
오픈 10:00~22:00 가격 미니마우스 플리플랍(쪼리) 6.95달러
전화 6634-7995 홈페이지 asia.cottonon.com

크레이트&배럴 Crate&Barrel

합리적인 가격에 각종 생활용품과 인테리어 제품들을 판매하는 미국의 인기 홈퍼니싱 브랜드이다. 가구, 페브릭, 주방과 욕실 용품 등 사고 싶은 아이템들로 가득하다.
이케아까지 갈 시간이 없다면 대신 들러도 좋은 곳이다. 구경만 해도 정신줄 놓을 수 있으니 시간과 지갑 체크는 필수이다.

Data 가는 법 #4-21/22 오픈 10:30~21:30 전화 800-967-6696
홈페이지 www.crateandbarrel.com

키키.케이 kikki.K

호주와 싱가포르에서만 만날 수 있는 스웨덴 감성의 디자인 문구숍. 아기자기하고 심플한 디자인에 실용성까지 겸비한 아이디어 제품들이 많아 그냥 지나칠 수 없다. 다이어리와 달력, 깔끔한 공책과 사진 앨범, 각종 플래너 등 선물용으로도 훌륭하다.

Data 가는 법 #B2-53 오픈 10:00~22:00
가격 디너 플래너 19.90달러 전화 6509-3107 홈페이지 www.kikki-k.com

365

싱가포르의 신진 디자이너 숍이 많은
만다린 갤러리 Mandarin Gallery

개성 있는 신진 디자이너의 부티크 숍들이 많아 평범함을 거부하는
패션 피플들에게 인기 있는 쇼핑몰이다. 고급 스트리트 패션으로 남
성들에게 인기가 많은 앰부시Ambush와 독일의 유명한 브래드&버
터 편집 숍 등 트랜드세터들이 애용하는 숍이 많다.

애프터눈 티로 사랑받는 아티스티크, 브런치로 유명한 존스 더 그
로서Jones The Grocer와 와일드 허니, 싱가포르에서 가장 맛있는 일
본 라멘집 중 하나인 잇푸도Ippudo와 아기자기한 기념품을 판매하
는 숍도 있어 한 번쯤 들러볼 만하다.

Data 지도 275G
구글맵 S 238897
가는 법 MRT NS23
서머셋역 B출구에서 도보 5분
주소 333A Orchard Rd
오픈 11:00~21:30
전화 6831-6363
홈페이지 www.mandarin
gallery.com.sg

만다린 갤러리 추천 스폿

아토미 Atomi

단순한 삶이 중요한 트렌드가 된 세상이다. 일본 특유
의 미니멀하면서도 편안한 감성이 잘 담긴 아토미는
만다린 갤러리에서 꼭 들러야 할 숍 중 하나이다.
일본 공예가들이나 디자이너의 소품을 모아놓은 아
토미는 과하지 않은 무늬의 소품과 패브릭, 도자기류
가 예쁘다. 호시노야Hoshina의 옴니오 소파, 마루니
Maruni의 라운드 의자와 테이블 등을 파는 아토미 퍼
니처와 편안한 패브릭의 키친웨어, 일본 디자이너 소
품을 파는 아토미 라이프 스타일로 나뉘어져 있다.

Data 가는 법 #04-27 오픈 11:00~20:00
전화 6831-6363 홈페이지 mandaringallery.com.sg/
directory/atomi-x-lifestyle

멜리사 Melissa Zakka

귀엽고 독특한 디자인의 기념품을 사고 싶다면 꼭 들
려야 하는 곳이다. 마치 일본의 숍에 온 듯 착각할 정
도로 상품마다 일본어로 적혀 있다.
멀라이언 열쇠고리나 초콜릿 등 선물하기 좋은 아이템
들이 가득하다. 가방, 소품, 패브릭 제품까지 다양하
며 합리적인 가격 또한 사랑받는 이유이다.

Data 가는 법 #04-30 오픈 11:00~22:00 가격 멀라이언 초콜릿 15달러, 코코넛 비누 7달러,
멀라이언 열쇠고리 8달러 전화 6333-8355 홈페이지 www.melissazakka.com

빔바 이 롤라 Bimba Y Lola

80~90년대를 주름잡았던 아돌포 도밍게즈의 조카
인 마리아 도밍게즈 자매가 만든 브랜드로, 자라, 망
고 보다는 가격대가 있다. 시장에 나오자마자 무섭게
성장한 브랜드로 화려한 패턴과 색상의 의류, 액세서
리, 신발, 가방 등을 선보인다. 크고 볼드한 액세서리
들은 꼭 사야할 아이템.

Data 가는 법 #01-04 오픈 11:00~21:00
전화 6235-1218 홈페이지 mandaringallery.com.sg/directory/bimba-y-lola

기대 이상의 쇼핑몰

플라자 싱가푸라 Plaza Singapura

지하철 도비갓역과도 바로 연결되는 9층 건물의 대형 쇼핑몰로 대중적인 브랜드 숍들이 즐비해 현지인들에게도 인기가 높다. 다양한 싱가포르 현지 음식과 다국적 메뉴를 선보이는 인기 레스토랑들도 가득하다. 또 대형 영화관 골든 빌리지까지 있어 쇼핑과 다이닝, 엔터테인먼트까지 모든 것을 아우르는 종합 쇼핑센터이다. 오차드 로드에서 명품보다는 실용적인 쇼핑을 원한다면 이곳으로 가보자.

Data 지도 275L
구글맵 S 238839
가는 법 MRT NE6/NS24/CCI 도비갓역 C출구에서 연결
주소 68 Orchard Rd
오픈 10:00~22:00
전화 6332-9298
홈페이지 www.plazasinga-pura.com.sg

래드 러셀

Inside

플라자 싱가푸라 추천 스폿

모노요노 Monoyono

사랑하는 사람과 이루어지기, 특별한 동료에게 감사, 친한 친구와 우정 맹세, 지친 자신에게 격려 등 의미를 담은 제품이 많다. 독특한 디자인의 아이디어 제품도 많아 구경만 해도 즐겁다. 코스메틱 제품과 패션 액세서리, 인테리어 용품도 인기 아이템.

Data **가는 법** #B1-06 **오픈** 10:00~22:00
가격 못난이 인형 9.90달러, 반지받침 12.90달러 **전화** 6884-3551 **홈페이지** www.monoyono.com

페이퍼 마켓 Paper Market

종이에 관련된 용품이 가득한 신세계. 스크랩북, 편지지, 축하 카드 등 다양한 상품으로 매달 새로운 아이템이 추가된다. 졸업을 축하하는 카드나 아기 사진을 꾸미기 위한 스크랩북 키트 등 직접 꾸밀 수 있는 DIY제품도 많다. 래플스 시티(플래그십 스토어)와 비보 시티에도 있다.

Data **가는 법** #B1-12 **오픈** 일~수 11:00~22:00, 목~토 10:00~22:00 **가격** 베이비 스크랩북 키트 11.90달러, 졸업 축하 스크랩북 키트 25.90달러 **전화** 6333-9002 **홈페이지** papermarket.com.sg

얼빈스 솔티드 에그 Irvins Salted Egg

고소한 솔티드 에그 소스에 바삭하게 튀긴 생선 껍질과 감자칩을 접목한 이색적인 맛이다. 피시 스킨Fish Skin, 포테이토 칩스 Potato Chips, 카사바 칩스Cassava Chips 3종류가 있다. 최근에는 매운맛도 출시되었다. 문을 열자마자 다 팔릴 정도로 인기가 많으므로, 홈페이지에서 구매 예약(최대 7개)을 하는 것이 좋다.

Data **가는 법** #06-K1 **오픈** 10:00~20:30 **가격** 피시 스킨 8달러(S), 16달러(L) **전화** 6506-0458 **홈페이지** www.irvinsaltedegg.com

햄리스 Hamleys

1760년 영국 런던에서 설립된 장난감 전문점으로 영국 왕실에 납품할 정도로 우수한 품질과 전통을 자랑한다. 레고와 플레이 모빌를 비롯해 베이비, 토들러, 키즈까지 연령대별로 나뉘어져 있다. 1층과 3층에 매장이 있으며, 에스컬레이터로 연결된다. 곳곳에 체험 공간도 마련되어 있다. 마리나베이 샌즈 숍스The Shoppes At Marina Bay Sands에도 매장이 있다.

Data **가는 법** #01-67, #03-65~69 **오픈** 10:00~22:00 **가격** 플레이모빌 근위병 9.95달러 **전화** 6238-0689 **홈페이지** hamleys.com

인테리어 소품에 관심이 많다면,

탕린 몰 Tanglin Mall

오차드 로드에서 가장 오래된 쇼핑몰 중 하나이다. 쇼핑몰이 밀집
한 번화가 지역에서는 조금 벗어나 있지만, 평소 인테리어에 관심
이 많은 사람이라면 들러볼 만하다.

근처에 사는 싱가포르 주재 외국인들이 주로 이용하는 곳으로,
평범한 외관과는 달리 엄선된 숍들로 구성되어 알차게 쇼핑할 수
있다. 프랑스의 유명 베이커리 폴Paul과 고급 마트 마켓 플레이스
Market Place도 위치해 있다.

Data 지도 274E
구글맵 S 247933
가는 법 MRT NS22 오차드역
E출구 오차드 로드에서
탕린 로드로 좌회전 후 직진.
도보 15분
주소 163 Tanglin Rd
오픈 10:00~22:00
전화 6736-4922
홈페이지 www.tanglin mall.
com.sg

탕린 몰 추천 스폿

아일랜드 숍 Island Shop

휴양지 콘셉트를 전면으로 내세운 싱가포르의 로컬
브랜드이다. 이미 말레이시아와 태국에 진출했을 정
도로 동남아시아에서 큰 인기를 얻고 있다.
내추럴한 디자인의 원피스와 모던하고 심플한 디자인
의 샌들이나 단화는 인기 아이템. 시원한 소재의 라탄
가방도 저렴하게 구입할 수 있다. 오차드 로드와 비보
시티의 탕스Tangs에도 입점되어 있다.

Data **가는 법** #02-11/12
오픈 10:00~21:00
가격 라탄백 39.90달러
전화 6836-1322

하우스 오브 안리 House of AnLi

최근 오픈한 인테리어 숍으로 세계 최고급 리넨 브랜
드인 리베코Libeco를 비롯한 프리미엄급 유럽의 침구
와 테이블웨어, 식기 등을 판매한다.
제품의 80%가 벨기에, 프랑스 등 유럽에서 수입한 것
들이며 아시아 제품들도 있다. 매장 안쪽에는 요즘 가
장 핫한 브런치 레스토랑이 자리 잡고 있다.

Data **가는 법** #03-17 **오픈** 09:00~21:00 **가격** 장두보 굴칼 35달러, 팻보이 램프 140달러
전화 9137-7635 **홈페이지** houseofanli.com

태티 마시 Tatty Marsh

2001년에 오픈한 영국 브랜드의 홈퍼니처 스토어로
영국 매장 이름은 태팅어 마시Tattinger Marsh이다. 아
기자기한 인테리어 소품과 그릇, 페브릭 등 사랑스러
운 아이템들이 여성들의 발길을 사로잡는다.
유아용 의류와 장난감도 있으며 우리에게도 친숙한
영국 브랜드, 캐이트 키드슨도 판매한다.

Data **가는 법** #02-38 **오픈** 10:00~22:00 **가격** 푸딩 스푼 4달러
전화 6887-4225 **홈페이지** www.tattymarsh.com

예술과 디자인 뽐내는 쇼핑몰
오차드 센트럴 Orchard Central

오차드 로드의 많은 쇼핑몰 중에서 가장 높은 곳으로, 다양한 체험을 할 수 있는 복합 쇼핑몰이다. 싱가포르의 유명 건축 회사인 DP 아키텍츠 DP Architect가 설계한 울퉁불퉁 튀어 나온 유리벽 외관이 독특하다. 또한 실내 곳곳에 조각품 등의 예술 작품들이 배치되어 있으며, 비아 페라타 암벽 Via Ferrata Wall과 실내 정원, 옥상 전망대 등 다채로운 볼거리를 제공한다.

싱가포르 브랜드와 동남 아시아 브랜드가 주를 이루며, 부티크 숍과 인테리어 컬렉션 숍들이 단연 돋보인다. 쇼핑 중 배가 고파지면, 한국인들이 좋아하는 샤부 사이 Shabu Sai의 뷔페식 샤부샤브(평일 런치 1인 16.99달러)로 배를 채워보는 것도 좋겠다.

Data 지도 275K 구글맵 S 238896
가는 법 MRT NS23 서머셋역 B출구와 연결
주소 181 Orchard Central Mall, Orchard Rd
오픈 11:00~22:00 **전화** 6238-1051 **홈페이지** www.orchardcentral.com.sg

---

Inside

오차드 센트럴 추천 스폿

돈돈돈키 | Don Don Donki

일본의 돈키호테가 싱가포르에 상륙했다. 지하 1층은 주류와 잡화, 지하 2층은 슈퍼마켓이다. 슈퍼마켓 옆에 긴 줄은 바로 군고구마 Yakiimo를 파는 곳으로, 1인당 2개까지 살 수 있다. 탄종파가에 2호점이 있다.

Data 주소 B1 & B2 오픈 24시간 가격 곤약 젤리(3봉지) 9.90달러, 군고구마 2.80달러
전화 6444-2422 홈페이지 www.dondondonki.sg

토탈리 핫 스터프 Totally Hot Stuff

생활용품, 가방, 뷰티, 장난감, 주방 용품, 시계 등 종류가 다양하다. 남자, 여자, 아이들에게 필요한 용품들이 나뉘어져 있어 고르기에도 편리하다.

Data 가는 법 #06-23 오픈 11:00~22:00
가격 러브 바우처 19.95달러 전화 6341-9213 홈페이지 totallyhotstuff.com

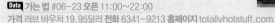

젊은 층에게 인기 있는 쇼핑몰

313@서머셋 313@somerset

포에버21의 플래그십 스토어를 비롯해 자라,
유니클로, 코튼 온, 알도 등 중저가 영캐주얼
브랜드가 많아 젊은 층에 큰 사랑을 받는
쇼핑몰이다.

5층 전체를 차지하는 푸드 리퍼블릭은 모던
하고 현대적인 분위기로 오차드 로드에서 가
장 깨끗한 푸드 코트 중 하나이다. 1층의 야
외에는 독일 맥주 바 브로자이트Brotzeit, 일
본 생맥주 바 지비루Jibiru 등 인기 펍들이 모
여 있어 쇼핑을 하다가 시원한 맥주가 생각난
다면 들려봐도 좋겠다. MRT 서머셋역과 바
로 연결되어 교통도 편리하다.

Data 지도 281G 구글맵 S 238895
가는 법 MRT NS23 서머셋역 B출구와 연결
주소 313 Orchard Rd
오픈 10:00~22:00 전화 6496-9313
홈페이지 www.313somerset.com.sg

Inside

313@서머셋 추천 스폿

스미글 Smiggle

밋밋한 일상에서 컬러풀한 아이템은 스미글에서 챙기자. 호주의 인
기 문구 브랜드로 싱가포르 아이들이 열광하는 곳이다. 같은 디자
인도 다양한 색상으로 구비되어 있으며 아이디어 제품들도 많다.

Data 가는 법 #01-29 오픈 10:00~22:00 가격 필통 14.95달러
전화 6884-6971 홈페이지 smiggle.com.au

타이포 Typo

호주의 팬시 브랜드. 한국에서는 볼 수 없는 아이템이 가득하다. 미
키마우스를 좋아한다면 매장에 들어서는 순간 환호성을 지를 수도.

Data 가는 법 #01-06/07 오픈 10:00~22:00
가격 미키마우스 도시락 가방 14.95달러
전화 6509-6951 홈페이지 shop.cottonon.com/shop/typo/

이세탄 백화점도 있는
위스마 아트리아 Wisma Atria

젊은 여성들에게 특히 인기 있는 쇼핑몰로 아이온 오차드와 지하로 연결되어 있다. 로컬 인기 구두 숍 찰스앤키스와 프리티 핏이 지하 1층에 있으며, 갭 매장은 최근 에뛰드 하우스로 바뀌었다. 유명 딤섬 맛집인 딘타이펑과 푸드 코트인 푸드 리퍼블릭도 입점해 있다. 일본 백화점 이세탄Isetan도 함께 있다.

Data 지도 274F
구글맵 S 238877
가는 법 MRT NS22
오차드 역 D출구에서 연결
주소 435 Orchard Rd
오픈 10:00~22:00
전화 6235-2103
홈페이지 wismaonline.com

Inside
위스마 아트리아 추천 스폿

프리티 핏 Pretty Fit

찰스앤키스가 흔해서 싫다면 프리티 핏으로 가보자. 좋은 재료로 정교하게 제작된 다양한 디자인의 신발을 저렴하게 제공하겠다는 철학을 가진 싱가포르 브랜드이다. 세련된 디자인의 구두와 가방이 많으며 플라자 싱가푸라에도 매장이 있다. 태국, 인도네시아, 필리핀, 아랍에미레이트 등에서도 만날 수 있다.

Data 가는 법 #B1-30/31 오픈 10:00~22:00 가격 40~70달러
전화 6732-5997 홈페이지 www.prettyfit.com.sg

오차드 제2의 쇼핑몰
니안 시티 Ngee Ann City

아이온 오차드가 생기기 전까지 가장 사랑 받던 쇼핑몰이었다. 럭
셔리한 명품부터 중저가 인기 브랜드까지 다양하게 들어서 있다.
함께 있는 다카시마야 백화점은 헐리우드 스타 앤 해서웨이, 케
이티 홈스 등이 사랑한 젤리 슈즈 멜리사Melissa가 입점되어 있으
며, 2층의 돈까스 맛집 돈키치Tonkichi도 현지인들이 즐겨 찾는
곳이다. 지하의 일본 식품관도 인기 있다.

Data 지도 280F
구글맵 S 238873
가는 법 MRT NS22 오차드역
C출구에서 도보 5분
주소 391 Orchard Rd
오픈 10:00~21:30
전화 6506-0461
홈페이지 www.ngeeann
city.com.sg

Inside

니안 시티 추천 스폿

기노쿠니아 서점 Books Kinokuniya

싱가포르에서 가장 큰 서점. 하지만 우리나라에 비하면 터무니
없이 비싼 책값이 함정! 평소에 관심 있던 분야나 여행서 코너
에서 싱가포르 관련 책을 보며 잠시 쉬어가기에 좋다.

Data 가는 법 #03-09/10/15
오픈 일~금 10:00~21:30, 토 10:00~22:00
전화 6737-5021 홈페이지 kinokuniya.com.sg

Writer's Pick! 스타일리시한 매장 전시가 인상적인
로빈슨 Robinsons The Heeren

보세 숍들이 주를 이루던 히렌 건물에 2013년 11월 리노베이션을 마치고 새롭게 탄생한 고급 백화점이다. 넓지는 않지만 지하 1층부터 5층까지 럭셔리한 디자이너의 브랜드를 만날 수 있다. 주방 용품에 관심이 많다면 꼭 들러봐야 할 곳이다. 고급 찻잔 세트와 베이킹 도구를 비롯한 블링블링한 주방 용품에 정신줄을 놓을지도 모른다. 영국의 스타 셰프 제이미 올리버의 레시피 북과 주방 용품 시리즈도 인기. 5층은 아이들을 위한 쇼핑 코너로 볼거리도 다양하다.

Data 지도 275G
구글맵 S 238855
가는 법 MRT NS23 서머셋역
B출구에서 도보 5분,
만다린 갤러리 맞은 편
주소 260 Orchard Rd
오픈 10:30~22:00
전화 6735-8838
홈페이지 www.robinsons.com.sg

주방 용품에 관심 많다면 꼭 들러야 하는 곳
탕스 플라자 TANGS Plaza

아이온 오차드 맞은 편에 자리 잡고 있는, 중국풍의 외관이 한눈에 들어온다. 주방 용품으로 유명하다. 가격도 저렴해서 한국 주부들이 챙겨가는 곳이다. WMF와 같은 독일 주방 용품과 알록달록 귀여운 디자인에 실용성까지 겸비한 그릇으로 유명한 덴마크 브랜드 라이스RICE 제품이 인기 있다.

1층에는 입소문 자자한 티옹바루 베이커리 분점이 있으므로 쇼핑을 하다가 잠시 쉬어가도 좋다. MRT 오차드역과 바로 연결되며 메리어트 호텔과 함께 있다.

Data 지도 274F
구글맵 S 238865
가는 법 MRT NS22 오차드역
A출구에서 연결
주소 310 Orchard Rd
오픈 월~토 10:30~21:30,
일 11:00~20:30
전화 6737-5500
홈페이지 www.tangs.com.sg

가장 고급스러운 쇼핑몰
파라곤 Paragon

페라가모, 프라다, 구찌, 미우미우 등 명품 브랜드 매장이 많은 최고급 쇼핑센터이다. 지하 1층부터 지상 6층까지 200여 개의 상점이 입점되어 있다.

지하 1층은 딤섬 맛집 딘타이펑이 있으며, 6층에는 아이들을 위한 작은 놀이기구와 장난감인 천국 토이저러스Toy'R'Us도 있다.

Data 지도 275G 구글맵 S 238859
가는 법 MRT NS22 오차드역 A출구에서 오차드 로드를 따라 직진한다. 도보 10분 **주소** 290 Orchard Rd
오픈 10:00~21:30(매장마다 다름)
전화 6738-5535
홈페이지 www.paragon.com.sg

저렴한 기념품을 살 수 있는
럭키 플라자 Lucky Plaza

전자 제품이나 보세 의류를 주로 판매한다. 관광객들이 저렴한 기념품을 살수 있는 곳으로 많이 알려져 있으나 바가지를 쓰거나 환불이 되지 않는 경우도 있으니 주의를 요한다. 저렴하게 한 끼 할 수 있는 푸드 코트도 있다.

Data 지도 274F 구글맵 S 238863
가는 법 MRT NS22 오차드역
A출구에서 도보 2분 **주소** 304 Orchard Rd
오픈 10:00~21:30(매장마다 다름)
전화 6235-3294
홈페이지 www.luckyplaza.com.sg

입소문 난 맛집들이 숨어 있는
파 이스트 플라자 Far East Plaza

저렴한 보세 의류와 신발을 판매하는 숍들이 모여 있어 마치 우리나라의 동대문과 비슷하다. 사실 쇼핑보다 가격 대비 맛있는 맛집들이 숨어 있어 일부러 찾아간다. 캐주얼 프렌치 레스토랑 샤브어와 일식집 더 스시 바The Sushi Bar는 현지인들에게 입소문난 곳이다. 1층에는 한국 슈퍼마켓도 있다.

Data 지도 274B 구글맵 S 228213
가는 법 MRT NS22 오차드역 A출구에서 도보 5분, 하얏트 호텔 옆에 위치 **주소** Far East Plaza.
14 Scotts Rd **오픈** 10:30~22:00(매장마다 다름)
전화 6732-6266
홈페이지 www.fareast-plaza.com

원하는 브랜드를 여유롭게 쇼핑
스콧츠 스퀘어 Scotts Square

규모는 작지만 북적이지 않아 여유 있는 쇼핑을 할 수 있다. 에르메스, 마이클 코어스, 브레드&버터 등이 입점해 있으며, 지하 1층에는 크루아상과 커피가 맛있는 매종 카이저Maison Kayser와 케이크가 맛있는 딜리셔스Delicious, 브런치 맛집인 와일드 허니가 위치해 있다.

Data 지도 274F 구글맵 S 228209
가는 법 MRT NS22 오차드역 A출구에서 도보 2분, 탕스와 하얏트 호텔 사이 **주소** 6 Scotts Rd
오픈 10:00~ 21:00(매장마다 다름)
전화 6733-1188
홈페이지 www.scottssquareretail.com

06

뎀시힐&
홀랜드 빌리지

DEMPSEY HILL&
HOLLAND VILLAGE

보타닉 가든의 맞은 편 언덕에 위치한 뎀시힐은
나무가 우거진 자연 속에서 한적하게 시간을 보낼
수 있는 고급 다이닝 지역이다. 뎀시힐과 가까운
홀랜드 빌리지는 주말 저녁에 술을 마시며 흥겨운
시간을 보낼 수 있는 곳. 오전에는 뎀시힐에서
브런치나 애프터눈 티를 먹고, 오후에는
홀랜드 빌리지에서 맥주 한잔을 즐기는 일정을
잡으면 적당하다.

뎀시힐

Dempsey Hill

영국군이 주둔하던 뎀시힐 지역은 보타닉 가든과 가깝고 초록빛
자연에 둘러싸여 있으며, 갤러리들이 고즈넉하게 자리해 있다.
넓은 정원이나 테라스를 갖춘 유명한 카페와 레스토랑들이 많아서,
분위기 좋은 곳에서 여유롭게 쉬는 시간을 가질 수 있다. 고급 자동차를
타고 오는 사람들이 주를 이루며, 여러 명이 함께 와야 즐거운 동네이다.

뎀시힐
Must do

❶ 동남아시아의 현대 예술에 대해 알아보는 시간을 가져보기 ❷ 싱가포르 느낌이 물씬 풍기는 아이템 구매하기 ❸ 인기 카페에서 여유로운 시간 보내기 ❹ 현지인들로 가득한 호커 센터에서 식사해보기 ❺ 싱가포르 최대 정원이자 식물원인 보타닉 가든 산책해보기

Dempsey Hill
PREVIEW

뎀시힐은 1980년대까지 영국군의 막사로 사용되던 블록들을 개조해 고급 레스토랑과 카페들이 들어서면서 새로운 다이닝 스폿으로 떠올랐다. 한국의 청담동 혹은 삼청동 같은 분위기로, 고급 레스토랑과 식료품점, 갤러리가 드문드문 자리해 있다. 대중교통 이용이 불편한 지역으로, 택시를 이용할 것을 권한다.

 SEE

영국군 막사의 흔적이 많이 남아 있지 않아 큰 볼거리는 없는 지역이다. 하지만 뎀시힐 동네 자체가 마치 거대한 정원처럼 사방이 녹지로 채워져 있어서 여유로운 분위기이다. 거리에 띄엄띄엄 자리한 한적한 갤러리에 들러 조용히 작품 감상을 하기에도 좋다.

 EAT

싱가포르에 거주하는 외국인과 트렌디한 사람들을 위한 고급 레스토랑과 카페가 많은 다이닝 스폿이다. 친구나 연인, 가족과 함께 즐겁게 식사할 수 있는 브런치 장소나 레스토랑이 다채롭다. 또한, 대부분의 카페와 레스토랑이 밤에는 근사한 바로 변신한다. 술 마시며 데이트하기에 좋은 곳들이 많다.

 BUY

존스 더 그로서와 같은 식료품점에서 유기농 제품들을 쇼핑하기에 좋고, 몇몇 가구 편집 숍에서 빈티지한 가구들을 구경할 수도 있다.

🚙 어떻게 갈까?

시내에서 출발하는 대부분의 버스가 홀랜드 로드에 있는 뎀시힐 입구까지 간다. 정류장에서 내려 약 10분 정도 언덕 길을 올라가면 나온다. 택시를 타고 간다면 목적지 앞까지 가거나 뎀시힐 로드에서 내리는 것이 좋다. 그 부근에 인기 있는 카페와 레스토랑이 몰려 있다.

오차드 로드의 타이 대사관 앞에서 뎀시힐 블록 8D의 인근 버스 정류장까지 무료 셔틀버스를 운행한다. 오전 9시부터 30분 간격으로 출발한다(10:30~12:00, 16:00~17:30에는 운행 중지). 뎀시힐에서 나올 때는 택시 잡기가 어려우므로, 카페나 레스토랑에 콜택시를 불러 달라고 요청하는 것이 좋다.

🚶 어떻게 다닐까?

뚜벅이로 다니기에는 폼이 안 나는 동네다. 좋은 차를 몰고 온 현지인이 대부분이어서, 버스에서 내려 뎀시힐로 걸어서 올라가는 길이 멋이 좀 안 난다.

뎀시힐도 충분히 걸어서 다닐 수 있는 거리이지만, 사실 걸어다니는 사람은 많지 않다. 그래도 차를 렌트하지 않는 한, 걸어서 다니는 것 밖에는 방법이 없다.

Dempsey Hill

ONE FINE DAY

템시힐은 동행자가 있어야 재미있다. 친구와 함께 브런치도 먹고, 분위기 좋은
레스토랑도 갈 것이다. 나 홀로 여행자인데 일정도 빠듯하다면 템시힐까지 올 필요는 없다.
대부분 3~4명의 친구들이 함께 와서 브런치를 먹거나 티 타임을 즐기는
연인의 모습을 보게 될 것이다. 4~5개의 갤러리가 있어 산책 삼아 둘러보기에 좋다.

도보 10분 →

도보 5분 →

11:30
화이트 래빗에서 친구와
근사한 점심 먹기,
혹은 PS 카페에서
커피 마시기

14:00
나무가 우거진 곳에
한적하게 자리 잡고 있는
현대미술관인
모카 뮤지엄 둘러보기

15:00
싱가포르의 젊은
예술가들을 만나볼 수 있는
레드시 갤러리 관람하기

도보 2분 ↓

도보 5분 ←

18:00
오픈 팜 커뮤니티에서
저녁 먹기

16:00
존스 더 그로서에서
식료품 쇼핑하기

초록 빛이 가득한 템시힐에서
여유롭게 산책을 즐겨보는 것도 좋겠다

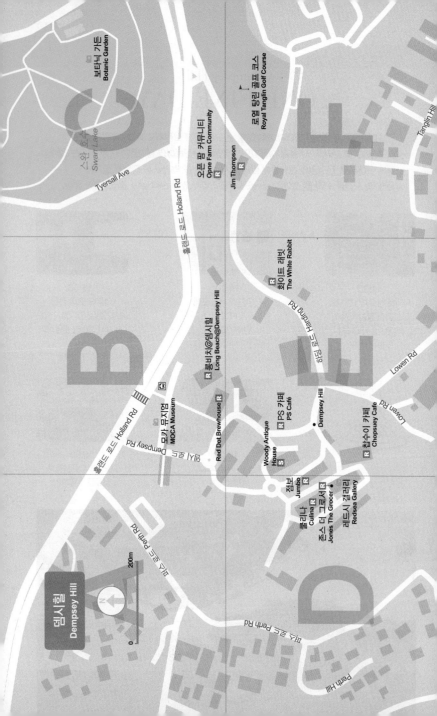

뎀시힐
Dempsey Hill

0   200m

N

보타닉 가든
Botanic Garden

스완 호수
Swan Lake

Tyersall Ave

홀랜드 로드 Holland Rd

오픈 팜 커뮤니티
Opne Farm Community R

로열 탕린 골프 코스
Royal Tanglin Golf Course

Jim Thompson R

Tanglin Hill

화이트 래빗
The White Rabbit R

롱비치@뎀시힐
Long Beach@Dempsey Hill R

홀랜드 로드 Holland Rd

뎀시 로드 Dempsey Rd

모카 뮤지엄
MOCA Museum

뎀시 로드

Red Dot Brewhouse R

Woody Antique House S

PS 카페
PS Café R

Dempsey Hill

홀랜드 로드 Holland Rd

찹수이 카페
Chopsuey Café R

Lowen Rd

Lowen Rd

점보
Jumbo R

컬리나
Culina R

존스 더 그로서
Jones The Grocer R

레드시 갤러리
Redsea Gallery

퍼스 로드 Perth Rd

퍼스 로드 Perth Rd

Perth Hill

SEE

뎀시힐의 현대 예술 갤러리

모카 뮤지엄 MOCA Museum

나무가 우거진 로웬 로드에 한적하게 자리한 현대미술관이다. 도로쪽에서 보이는 건물 오른쪽의 철문을 통과해 들어가면 정문이 나온다. 뎀시힐 메인 로드에서는 좀 떨어진 곳에 위치해 있어서 조용히 작품을 감상하기에 좋다.

아시아 작가들의 전시가 주로 열리며, 전시가 바뀌는 시점에는 일시적으로 문을 닫기도 하므로 방문 전 홈페이지에서 확인하자.

Data 지도 310B 구글맵 S 248839
가는 법 7, 75번 버스를 타고 외무부
The Ministry of Foreign Affairs에서
내려 도보 400m
주소 27A Loewen Rd
오픈 10:00~18:00
가격 무료입장 전화 6479-6622
홈페이지 www.mocaloewen.sg

동남 아시아의 신진 작가 전시

레드시 갤러리 Redsea Gallery

싱가포르의 아트 신은 아직 젊다. 이점을 감안한다면 13년 된 레드시 갤러리의 역사는 결코 짧지 않다. 여러 레스토랑이 자리한 뎀시 로드에 있어 갤러리를 둘러보고 차나 식사를 하기에 좋다.

베트남, 인도네시아 등의 동남아시아와 호주, 유럽의 떠오르는 작가 발굴과 전시에 특히 힘을 쓰고 있다. 이곳 역시 과거 영국군의 막사였던 곳으로, 내부가 상당히 넓다.

Data 지도 310D
구글맵 S 247697
가는 법 7, 75번 버스를 타고 뎀시
클럽 하우스에서 내려 도보 15분
주소 Blcok 9 Dempsey Rd,
#1-10 Dempsey
오픈 09:30~21:00
가격 무료입장 전화 6732-6711
홈페이지 www.redseagallery.
com

EAT

농장에서 바로 식탁으로

오픈 팜 커뮤니티 Opne Farm Community

이름에서도 알 수 있듯이 이곳은 농장에서 직접 키운 식재료들을 바로 요리해 먹는 '팜 투 테이블' 콘셉트를 갖춘 레스토랑이다. 웬만한 허브와 채소 등의 식재료는 레스토랑 내에 있는 100평 규모의 텃밭에서 직접 재배한다. 이외의 요리에 필요한 다른 재료들은 400km 이내의 농장에서 구입하는 등 가장 좋은 상태의 식재료를 사용하기 위해 최선을 다한다. 티플링 출신의 라이언 클리프 셰프가 이끄는 이곳의 음식은 말 그대로 믿고 먹을 수 있다.

타이 커리 소스를 넣은 머드크랩 파파델레 파스타Mud Crab Pappardelle Pasta는 한입 먹는 순간 눈이 번쩍 뜨일 만큼 감칠맛이 돌고 맛이 풍부하다. 이곳에서 직접 만드는 생면 파스타의 부드러움은 씹는 순간 알아차릴 수 있을 정도. 바삭한 주룽 개구리 다리, 르막에서 영감을 받은 커리 등 싱가포르에서 가장 건강하면서도 잊지 못할 식사를 하고 싶다면 이곳이 당신의 욕심을 채워줄 것이다.

레몬 타르타르와 바질 아이스크림

Data 지도 310C 구글맵 S 248819
가는 법 7, 75번 버스를 타고 뎀시 클럽 하우스에서 내린 후 도보 15분 **주소** 130E Minden Rd
오픈 월~금 12:00~16:00, 18:00~22:00/토·일 11:00~16:00, 18:00~22:00 **가격** 파스타 27달러,
새우 락사 파파델레 28달러 **전화** 6471-0306 **홈페이지** openfarm-community.com

Writer's Pick!

영국군 교회를 개조한 고급 다이닝
화이트 래빗 The White Rabbit

1965년에 지은 영국군 교회를 개조해 문을 연 고급 레스토랑. 교회 특유의 스테인드글라스와 창문이 그대로 남아 있으며, 높은 천정도 이곳을 더욱 고급스럽게 만드는 요소이다. 이름에서 알 수 있듯이 〈이상한 나라의 앨리스〉의 콘셉트로 공간을 꾸몄다. 토끼가 뛰어다닐 것 같은 정원에는 흔들의자와 오래된 케이블카가 놓여 있고, 밤에는 칵테일과 와인을 마실 수 있는 바로 변신한다.
가격대가 꽤 센 편이지만, 음식을 먹어보면 기꺼운 마음으로 즐기게 된다. 시그니처 샐러드인 와규 카르파초와 알래스카 킹크랩이 들어간 탈리아텔레 파스타Tagliatelle Pasta가 인기 메뉴이다. 소믈리에가 음식에 어울리는 와인도 친절하게 추천해준다. 커플에게 최고의 장소이다.

Data 지도 310E
구글맵 S 249541
가는 법 7, 123번 버스를 타고 외무부The Ministry of Foreign Affairs 에서 내려 200m
주소 39C Harding Rd
오픈 점심 화~금 12:00~14:30/ 저녁 화~일 18:30~22:30
가격 런치 2코스 38달러, 런치 4코스 42달러, 글라스 와인 10달러
전화 6473-9965
홈페이지 www.thewhite-rabbit.com.sg

정원이 아름다운 카페 명소
PS 카페 | PS Cafe

뎀시힐에서 가장 인기 있는 카페 중 하나이다. 울창한 야자나무 숲과 푸른색의 잔디밭에 둘러싸인 풍경이 고즈넉한 분위기를 만들어 저절로 힐링이 되는 공간이다.

그러나 혼자 오기에는 조금 뻘쭘한 곳이다. 특히 주말에는 친구들이 함께 와서 브런치를 즐기거나, 티 타임을 만끽하러 이곳을 찾는 연인들이 대부분이다. 혼자 사색하듯 몇 시간 앉아 있을 곳도 못 된다. 그런 사람들이 많이 올까 봐서인지 와이파이도 안 된다. 동행이 있어야 즐거운 곳. 나 홀로 여행객은 굳이 가겠다면 주말보다는 평일을 노려보자. 브런치와 초콜릿 케이크 등 디저트 메뉴는 두루두루 괜찮은 편이다.

Data 지도 310E
구글맵 S 249549
가는 법 7, 75버스를 타고 뎀시 클럽 하우스에서 내려 뎀시힐로 가는 중간 오른쪽
주소 288 Harding Rd
오픈 점심 11:30~18:30/ 주말 브런치 09:30~18:30/ 저녁 18:00~24:00
가격 아이스 카푸치노 6.50 달러, 샐러드 22달러부터, 메인 요리 23달러부터 전화 9070-8782
홈페이지 www.pscafe.com

모던 중식의 정수
찹수이 카페 Chopsuey Cafe

PS 카페와 느낌이 비슷한 카페이다. 이곳에도 넓은 잔디밭 전경을
갖춘 근사한 야외 정원이 고즈넉하게 자리 잡고 있다. 찹수이 카페
정원은 클래식하고 고급스러운 분위기를 물씬 풍긴다. 콜로니얼
스타일로 시원하게 꾸민 실내와 넓은 테라스 자리, 라탄 체어가 여
유로움을 한껏 전해준다.

이곳은 PS 카페 계열의 레스토랑으로 미국, 호주, 영국에서 발달
한 모던 중식을 잘하는 집으로 알려져 있으며, 특히 딤섬 맛이 훌
륭하다. 유럽의 분위기의 레스토랑에서 중국 음식을 먹고 싶다면
찹수이 카페를 찾아가보자.

Data 지도 310E
구글맵 S 247700
가는 법 7, 75번 버스로 뎀시
클럽 하우스에서 내려 도보 15분
주소 #01-23, 10 Dempsey Rd
오픈 화~일 11:30~23:00
가격 딤섬 8~12달러,
메인 요리 19~24달러,
생맥주 11달러
전화 9224-6611
홈페이지 pscafe.com

직접 구입한 고기로 스테이크 식사를
쿨리나 Culina

뎀시힐은 고급 식재료를 찾는 사람들에게 인기 있는 동네로, 가격은 좀 비싸지만 품질 좋은 식재료점과 신선한 요리를 선보이는 곳들이 많다. 쿨리나는 각종 와인과 치즈, 해산물, 과일, 채소 등의 식재료와 레트로 식품을 판매하는 델리 숍 겸 레스토랑이다.

등급과 원산지에 따른 프리미엄 고기도 취급하는데, 원하는 고기를 고른 다음 쿠킹 차지(15달러)를 내면 나만의 스테이크도 즐길 수 있다. 감자나 콘슬로 등도 사이드 디시로 주문할 수 있고, 로즈마리에 재운 양고기, 와규 비프 등을 바로 요리해 먹을 수 있다.

Data 지도 310D 구글맵 S 247696
가는 법 7, 75번 버스를 타고 뎀시 클럽 하우스에서 내려 도보 15분
주소 #01-13, 8, Dempsey Rd
오픈 11:00~23:00
가격 수프 15달러,
파스타 24~29달러,
와규 텐더 로인 50달러
전화 6474-7338
홈페이지 culina.com.sg

호주 시드니의 유명 식료품점
존스 더 그로서 Jones The Grocer

유기농 재료로 만든 치즈, 와인, 육류, 차, 각종 소스 등을 판매한다. 실내가 매우 크고 천장이 높아 이국적인 분위기이다. 실내 한 켠의 긴 테이블과 야외 테라스 자리에서 식사도 할 수 있으며, 질 좋은 커피와 브런치 등을 먹을 수 있다.

와인 셀렉션이 다양하며 치즈 저장고가 있어 와인을 즐기기에도 안성맞춤. 만다린 갤러리 4층과 아이온 오차드 4층에도 지점이 있다.

Data 지도 310D 구글맵 S 247697
가는 법 7, 75버스를 타고 뎀시 클럽 하우스에서 내려 도보 15분
주소 #01-12 Blk 9, Dempsey Rd 오픈 월~일 09:00~23:00
가격 샌드위치 13.5달러부터,
음료 3달러부터 전화 6476-1512
홈페이지 www.jones-thegrocer.com

홀랜드 빌리지
Holland Village

네덜란드인을 비롯해, 서양인들이 모여 사는 고급 주택가 지역이다.
사람들이 생활하는 주거지이므로, 큰 볼거리는 거의 없다. 사람들이 이곳을
찾는 이유는 나이트 라이프 스폿으로 유명한 로롱 맘봉 스트리트 때문이다.
로롱 맘봉 스트리트 양쪽으로 술집과 바들이 줄지어 있어
관광객들도 심심찮게 찾아온다.

Holland Village
PREVIEW

뎀시힐이 낮과 밤 모두 한적하고 여유롭게 즐길 수 있는 동네인 반면, 홀랜드 빌리지는
밤에 가야 그 진가를 느낄 수 있는 곳이다. 이 지역에 거주하는 서양인들을 많이 볼 수 있다.
200m에 이르는 로롱 맘봉 스트리트를 중심으로 먹고 마시기 좋은
술집과 바들이 줄지어 서 있다. 클라키처럼 관광객이 넘쳐나는 밤이 싫다면
한 번쯤 들러 술 마시기 좋은 곳. 적당히 붐비고 적당히 흥겨운 곳이다.

SEE

시내에서 홀랜드 빌리지로 가는 길에 보타닉 가든을 지나게 된다. 더위가 한풀
꺾인 오후 4시 경에 보타닉 가든에 들러 산책하기에 좋다. 홀랜드 빌리지 안에
서 특별한 볼거리는 없다.

EAT

저녁 때 술을 마실 수 있는 펍과 바가 많다. 로롱 맘봉 스트리트가 가장 유명하
며, 목적지를 정하지 않았다면 왈라왈라를 가볼 것. 20년이 넘었지만, 현지인
들에게 여전히 한결같은 사랑을 받고 있다. 차차차나 엘 파티오도 인기 있다.
유명 중식당인 크리스털 제이드도 이곳에 자리해 있다.

BUY

주민들을 위한 상점들이 모여 있는 홀랜드 로드 쇼핑센터와 최근에 생긴 래플스
홀랜드 V가 큰 쇼핑 스폿이라 할 수 있다. 홀랜드 로드 쇼핑 센터는 각종 인테
리어 소품에서 가구까지, 래플스 홀랜드 V에는 유명 프랜차이즈 음식점과 식료
품 숍이 들어서 있다.

어떻게 갈까?

과거에는 버스나 택시로 가는 경우
가 대부분이었으나, MRT 홀랜드 빌리지역이
완성되면서 좀더 쉽게 찾아갈 수 있게 되었다.
오차드 로드 시내에서는 7, 77, 106, 174번
등의 버스를 이용하면 된다. 택시로 가면 10여
분 정도 거리로, 거리가 꽤 되기 때문에 10달러
정도의 택시 요금이 나온다.

어떻게 다닐까?

가장 중심이 되는 곳은 로롱 맘봉 스트
리트이다. 저녁 6시 30분부터 새벽 4시
사이에는 차량을 통제해 차 없는 거리가 된다.
이 거리에 레스토랑과 바가 몰려있다. 홀랜드 로
드 쇼핑센터 맞은편 안쪽으로 들어가면 잘란 메
라 사가Jalan Merah Saga가 나오는데, 이곳에도
분위기 좋은 레스토랑과 바가 숨어 있다. 로롱
맘봉 스트리트가 시끄럽다고 느끼는 현지인들이
이곳을 즐겨 찾는다.

Holland Village
HALF FINE DAY

금요일이나 토요일 저녁에 가면 가장 흥겹고 이국적인 분위기를 느낄 수 있다.
근처에 사는 외국인들은 물론, 현지인들도 즐겨 찾는 동네이다. 이들과 함께 어울려 밤을
보내고 싶다면 로롱 맘봉 스트리트에서 테이블을 잡을 것. 싱가포르는 술값이 비싸므로 조금 일찍
가서 해피 아워를 이용해 술을 마시고 안주를 저녁 삼아 먹는 것이 좋다. 그리고 MRT나 버스가
끊기기 전에 돌아오는 것이 좋다. 시내와는 조금 떨어진 동네라 주말 밤에는 택시 잡기가 힘들다.

16:00
늦은 오후, 보타닉 가든
산책하기

MRT
10분

17:30
파크에서 화이트 와인
한잔 즐기기

도보 2분

18:30
홀랜드 로드 쇼핑센터
둘러보기

도보 8분

20:00
왈라 왈라에서 맥주를
마시며 공연 보기

도보 10분

19:30
잘란 메라 사가 뒷골목
걸어보기

홀랜드 빌리지
Holland Village

Leedon Rd

질란 메라 사기 Jalan Merah Saga

Jalan Rumia

Jalan Kelabu Asap

Taman Warna

100m

0

Wama Rd

질란 메라 사기 Jalan Merah Saga

래플스 홀랜드 V Raffles Holland V
파이올로 가스트로노미아 R Paolo e Gastronomia
오토스 엘리 프레시 R Otto's Deli Fresh
센소 W마틴 R Senso Wﾓﾃ

홀랜드 쇼핑센터 S Holland Road Shopping Centre

홀랜드 빌리지역
Holland Ave

파크 R Park
Starbucks R

Hatched Baked@HV

Thai Express R

Coffee Bean&Tea Leaf R

크리스털 제이드
Crystal Jade

로롱 맘봉 스트리트
Lor Mambong

Wendy's

로롱 리푸 Lor Liput

호시노 커피
Hoshino Coffee

Coffee Club R

Lor Mambong St

엘 파티오 E El Pation

Harry's@Holland Village R

홀랜드 로드 Holland Rd

Holland Village Market and Food Centre R

타이청 베이커리 R
Tai Cheong Bakery

홀랜드 빌리지 푸드 코트 R
Holland Village Food Court

2am 디저트 바 R
2am Dessert Bar

로롱 맘봉 스트리트
Lor Mambong St

월라 월라 E
Wala Wala

Ford Ave

홀랜드 로드 Holland Rd

North Buona Vista Rd

홀랜드 드라이브 Holland Drive

팀버 플러스 방향 R
Timbre+

SEE

싱가포르 최대의 정원이자 식물원
보타닉 가든 Botanic Garden

1859년 만들어져 역사가 깊다. 16만여평에 달하는 부지에는 60만여 종의 식물과 3개의 호수, 산책로, 잔디밭이 남북으로 길게 이어져 있다. 보타닉 가든으로 들어가는 입구만 3곳이며, MRT 보타닉 가든역에서 가까운 북쪽 끝의 부킷 티마 게이트에서 남쪽 끝의 탕글린 게이트까지 걸으면 40분 정도, 하지만 전체를 다 돌아보려면 3~4시간은 족히 걸린다.

주말 브런치 장소로 인기 있는 진저 가든 안의 할리아와 3,000여 종의 진귀한 난을 구경할 수 있는 국립 난 박물관(입장료 5달러), 물놀이 시설까지 갖춘 어린이 정원 야곱 발라스 등이 가볼 만하다. 연중 날씨가 덥기 때문에 이곳은 이른 아침이나 오후 4시가 넘은 후에 가는 것이 좋다. 오차드 로드에서 가깝다.

Data **지도** 310C **구글맵** S 259569 **가는 법** MRT CC19 보타닉 가든역 출구 바로 앞에 부킷 티마 게이트가 있다. **주소** 1 Cluny Rd **오픈** 05:00~24:00 **전화** 6471-7138 **홈페이지** www.sbg.org.sg

EAT

호커 센터의 미래 모습

팀버 플러스 Timbre+

로컬들만 가는 새로운 장소가 궁금하다면 이곳으로 가보자. 컨테이너로 지은 신식 푸드 코트로, 홀랜드 빌리 서쪽 외곽에 위치해 있지만 가볼 만한 곳이다. 싱가포르에서 컨테이너로 지은 첫 건축물로, 홀 안에는 컬러풀한 그래피티가 곳곳에 그려져 있다. 내부에는 35개의 푸드 트럭이 모여 있으며, 건물 밖에는 저렴한 호커 센터들이 둘러싸고 있다. 싱가포르의 요식 업체인 팀버 그룹이 새롭게 만든 푸드 코트로 락사, 바쿠테, 피시볼 누들 등 로컬 푸드를 풍부하게 즐길 수 있는 곳이다.

점심 가격이 5~10달러 선으로 저렴한 편이어서, 점심시간이면 근처 회사원들로 발 디딜 틈이 없을 정도로 붐빈다. 여유롭게 식사하기를 원한다면 점심시간 이후에 방문할 것. 맥주를 파는 보틀 숍과 디저트 숍, 그리고 수요일부터 토요일까지는 밤이면 라이브 공연이 펼쳐진다. 음식을 담아오는 트레이는 1달러를 별도로 보증금으로 지불해야 한다.

Data **지도** 320D **구글맵** S 139957 **가는 법** MRT CC23 원 노스One-North역 A출구에서 라자 로드로 우회전한 후 사거리에서 다시 우회전 **주소** 73A Ayer Rajah Crescent, JTC Launchpad@one-north **오픈** 월~목 06:00~24:00, 금·토 06:00~다음 날 01:00 **가격** 5~6달러 **전화** 6252-2545 **홈페이지** timberplus.sg

공원 속 카페
파크 Park

홀랜드 에비뉴와 홀랜드 로드가 교차하는 사거리의 공원 안에 자리해 있는 카페 겸 바. 3개의 컨테이너로 조립하고 태양열 지붕을 갖춘 친환경적인 건물로, 분위기 있는 조명 덕분에 저녁 무렵이면 멀리서도 한눈에 보인다. 공원 쪽을

바라보고 있는 테이블은 혼자 앉기에도 편안하고 생맥주를 즐기기에도 좋다. 하우스 블렌드 커피와 일본 오키나와의 오리온 생맥주, 프랑스의 크로넨버그 블랑 생맥주 등이 인기 있다.

Data 지도 320B **구글맵** S 278621 **가는 법** MRT NS17/CC21 홀랜드 빌리지역 B출구에서 도보 5분 **주소** #01-01 281 Holland Ave **오픈** 화~목, 일 10:00~24:00, 금·토 10:00~다음 날 02:00 **가격** 아이스 아메리카노 4달러 샌드위치 13.50달러부터 **전화** 9721-3815 **홈페이지** www.parkgroup.com.sg

커피에서 브런치까지
호시노 커피 Hoshino Coffee

일본 서양식 퓨전 스타일의 카페 겸 레스토랑. 프리미엄 아라비카 원두를 로스팅해 핸드 드립해주는 호시노 커피부터 프렌치 토스트와 같은 브런치 메뉴, 크렘브륄레, 수플레 등의 디저트 메뉴도 다채롭다. 일본 이외의 나라로는 싱가포르에 첫 매장이 들어섰다. 2층에 위치해 홀랜드 빌리지의 풍경을 내려다볼 수 있다.

Data 지도 320E **구글맵** S 278997 **가는 법** MRT NS17/CC21 홀랜드 빌리지역 A출구, 래플스 홀랜드 V 2층 **주소** #02-02, 118 Holland Ave **오픈** 월~금 11:00~22:00, 토·일 09:00~22:00 **가격** 호시노 블렌드 커피 5.80달러 **전화** 6262-429 **홈페이지** www.hoshino-coffee.com.sg

홍콩의 명품 에그 타르트 상륙
타이청 베이커리 Tai Cheong Bakery

홍콩의 타이청 베이커리가 싱가포르에도 들어왔다. 타르트 도 위에 부들부들한 커스터드 크림을 올린 타이청 에그 타르트는 촉촉하고 쿠키처럼 바삭한 맛이 일품이다.
계산대 옆으로 식사를 할 수 있는 실내 테이블도 마련되어 있다. 스크램블 에그 토스트, 프렌치 토스트, 비프 커리 라이스 등을 먹을 수 있다.

Data 지도 320E **구글맵** S 277742 **가는 법** MRT NS17/CC21 홀랜드 빌리지역 C출구에서 로롱 리풋 거리를 지나 홀랜드 빌리지 푸드 코트 옆 **주소** 31 Lorong Liput **오픈** 월~금 10:00~22:00, 토·일 09:00~23:00 **가격** 에그 타르트 1.90달러 **전화** 8223-1954

ENJOY

Writer's Pick!
홀랜드 빌리지의 터줏대감
왈라 왈라 Wala Wala

바가 즐비한 로봉 맘봉 스트리트에서 어디를 가야 할지 모르겠다면 왈라 왈라로 가보자. 홀랜드 빌리지에서 가장 유명한 바로, 20년 넘게 자리를 지키며 현지인들에게 사랑받는 곳이다. 왈라 왈라는 활기찬 분위기와 라이브 밴드의 음악 연주를 안주 삼아 생맥주를 즐기기에 안성맞춤인 장소이다.

7가지 생맥주와 독일에서 공수해온 훈제 맥주, 슈페치알 라우흐바이젠 등 30여 가지의 병맥주를 갖추고 있다. 또한 맥주와 어울리는 피자, 파스타, 치킨 등의 핑거 푸드도 다양하게 준비되어 있어 더욱 더 즐거운 곳이다.

Data **지도** 320B **구글맵** S 277689 **가는 법** MRT NS17/CC21 홀랜드 빌리지역 C출구 에서 도보 3분 **주소** 31 Lorong Mambong **가격** 칼스버그 생맥주 14달러, 카피리니아 14달러 **오픈** 월~목 16:00~다음 날 01:00, 금·토 16:00~다음 날 02:00, 일 15:00~다음 날 01:00 **전화** 6462-4288 **홈페이지** www.facebook.com/walawala.sg

10여 가지의 마가리타
엘 파티오 El Patio

왈라 왈라 맞은편에 위치한 도마뱀 무늬의 간판이 눈에 띈다. 안쪽에는 강렬한 그래피티로 그려진 벽도 있다. 1985년부터 문을 연 곳으로 왈라 왈라와 함께 홀랜드 빌리지의 터줏대감으로 통한다. 멕시칸 요리와 마가리타를 즐길 수 있는 맛집 중 하나. 라임, 복숭아, 블루베리, 딸기, 자스민 등 마가리타 종류만 10여 가지에 달한다.

Data **지도** 320B **구글맵** S 277691 **가는 법** 왈라 왈라 맞은 편 **주소** 34 Lorong Mambong **가격** 퀘사디아 12달러, 마가리타 12달러 **오픈** 월 13:00~23:00, 화~금 12:00~23:00, 토·일 11:00~23:00 **전화** 6468-1520 **홈페이지** www.elpatio.com.sg

BUY
🛒

외국인의 동네 쇼핑 스폿
홀랜드 로드 쇼핑센터 | Holland Road Shopping Centre

다채로운 상점들이 들어서 있는 쇼핑센터이다. 각종
인테리어 소품과 앤티크 가구, 해외 식료품 등을
구입할 수 있으며, 기념품을 사기에도 적당하다.
특히 쇼핑센터 2층에 위치한 림스 아트 앤 리빙은
다양한 앤티크 소품과 인테리어 제품들을 살 수
있는 숍이다. 페라나칸 문양의 각종 식기를 비롯해
중국, 인도네시아 등지에서 공수한 작은 부처상,
동남아시아 각 나라의 전통 장식, 조명, 보석함,
침구류 등 많은 아이템을 구비하고 있다. 직접 만든
수제품의 질도 좋은 편이다.

Data 지도 320E **구글맵** S 278967 **가는 법** MRT NS17/
CC21 홀랜드 빌리지역 C출구 앞 **주소** 211 Holland Ave
오픈 09:00~22:00 **전화** 6468-5334
홈페이지 www.lims.com.sg

많을수록 골라가자
래플스 홀랜드 V | Raffles Holland V

완만한 곡선을 자랑하는 5층짜리 메디컬 센터. 건물
안에는 내로라하는 레스토랑과 프랜차이즈 음식점,
작은 숍 등이 자리하고 있다. 파스타와 피자가 맛있
는 다 파올로 가스트로노미아Da Paolo Gastronomia
와 유명 셰프 오토 웨이벨Otto Weibel이 운영하는 올
데이 레스토랑 오토스 델리 프레시Otto's Deli Fresh,
일식집 센스 W마틴SENS.W.Martin 등이 유명하다.
또 일본의 호시노 커피와 프로틴 플레터, 퀴노아가
들어간 샐러드, 슈퍼푸드 스무디 등을 먹을 수 있는
하콘 슈퍼푸드&주스 등 건강을 생각한 맛집들도 찾
을 수 있다.

Data 지도 320E **구글맵** S 278997 **가는 법** MRT NS17/
CC21 홀랜드 빌리지역 A출구에서 도보 5분 **주소** 118
Holland Ave **오픈** 08:30~21:30 **전화** 6262-3501

07

부기스
BUGIS

리틀 인디아와 함께 싱가포르에서
가장 이국적인 지역으로 통하는 부기스.
이 지역은 오래 전부터 아랍 상인들이 정착해
살면서 자연스럽게 말레이시아와 인도네시아,
중동 국가들의 이슬람 문화와 종교가
뿌리내리게 되었다. 대대적인 재개발을 거친 후,
2005년부터는 젊고 개성 있는 패션과 쇼핑의
새로운 메카로 떠올랐다. 최근에는 감각적인 숍이
늘어나면서 제2의 전성기를 누리고 있다.

Bugis
PREVIEW

19세기 중반, 조용했던 이 마을에 말레이시아 사람들이 대거 이주해왔다.
당시 말레이시아는 인도네시아 술라웨시 왕조의 지배를 받고 있었으며, 말레이시아인들은
술라웨시섬의 한 종족의 이름을 딴 '부기스'라 불리어서 부기스로 통하게 되었다.
부기스 지역 안에서도 술탄의 왕궁이 들어섰던 지역은 캄퐁 글램 지구로 불린다.

SEE

대표적인 볼거리는 역시 술탄 모스크. 예배 시간을 알리는 아잔 소리는 이 지역을 더욱 신비롭게 만든다. 술탄 모스크 옆쪽으로는 캄퐁 글램의 문화를 엿볼 수 있는 말레이 헤리티지 센터도 있다. 워터루 스트리트에 위치한 콴임 사원과 스리 크리 슈난 힌두 사원도 싱가포르에서 가장 오래된 사원에 속한다.

EAT

부기스역에서 가까운 리앙 시아 스트리트가 가장 대표적인 먹자골목이다. 길게 늘어선 숍하우스 안에 맛집들이 들어서 있다. 술탄 모스크 앞의 부소라 스트리트와 아랍 스트리트에서도 이슬람 음식을 맛볼 수 있다. 하지 레인의 뒷골목인 발리 레인에는 재즈 공연을 들을 수 있는 음식점들이 자리해 있다. 최근에는 칸디하르 스트리트에 분위기 좋은 레스토랑과 바가 들어섰다.

BUY

부기스 정션은 쾌적하게 쇼핑할 수 있는 대표 쇼핑몰. 부기스 정션이 있는 도로 건너편에는 값싼 기념품, 잡화를 살 수 있는 부기스 스트리트 마켓이 있다. 아랍 스트리트에는 차도르와 히잡, 화려한 패브릭 의상, 고급 카펫 상점이, 하지 레인에는 부티크 숍과 패션 매장이 여행자를 유혹한다.

어떻게 갈까?

MRT EW12 부기스역에서 내려 역 주변의 쇼핑몰이나 관광지를 둘러보고 라벤더역 쪽으로 올라가면서 캄퐁 글램을 둘러볼 수 있다. 부기스역 A출구로 나오면 부기스 스트리트로, B출구로 나오면 래플스 병원과 술탄 모스크, 하지 레인, 아랍 스트리트 방향이 된다.
아이온 오차드에서 14, 7, 175번 등의 버스를 타면 빅토리아 스트리트로 갈 수 있다.

어떻게 다닐까?

부기스 지역만 돌아다닌다면 충분히 걸어서 둘러볼 수 있다. 그러나 리틀 인디아와 부기스를 하루에 모두 보겠다면, 버스나 택시를 적절히 이용하는 것이 좋다. 부기스 지역은 부기스역에서 라벤더역으로 가는 길의 오른쪽 지역에는 술탄 모스크를 비롯해 많은 숍과 카페, 음식점이 자리해 있다. 천천히 다녀도 반나절 안에 다 둘러볼 수 있다.

Bugis
ONE FINE DAY

*이슬람 문화와 종교색이 짙은 지역으로, 이슬람 사원에도 들어가보고 이슬람 음식도
맛볼 수 있다. 부기스역에서 가까운 관광지인 콴임 사원과 힌두 사원 등을 먼저 둘러보고,
리앙 시아 스트리트를 거쳐 술탄 모스크가 있는 캄퐁 글램 지구까지
모두 돌아보는 것이 기본 코스이다.*

10:00
콴임 사원 구경하기

→ 도보 2분

10:30
스리 크리슈난 사원
돌아보기

→ 도보 10분

11:00
부기스 정션에서
쇼핑 만끽하기

도보 5분

12:00
싱가포르 잠잠에서
무르타박 먹기

← 도보 5분

13:00
술탄 모스크
자세히 둘러보기

← 도보 5분

14:00
칠드런 리틀 뮤지엄
관람하기

15:00
말레이 헤리티지 센터
둘러보기

도보 5분 →

16:00
타이화 포크 누들에서
국수 먹기

도보 5분 →

17:00
하지 레인 쇼핑하기

도보 2분

19:00
고잉 옴에서
저녁 먹기

← 도보 5분

21:00
블루 재즈 카페에서
라이브 재즈 듣기

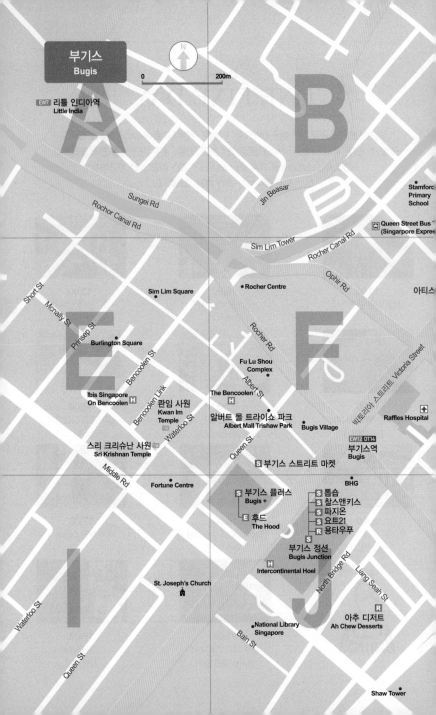

부기스
Bugis

N

0 ————— 200m

EW7 리틀 인디아역
Little India

Stamford
Primary
School

Sungei Rd

Rochor Canal Rd

Queen Street Bus
(Singarpore Express

Sim Lim Tower

Rochor Canal Rd

Short St

Mcnally St

Prinsep St

Sim Lim Square

• Rocher Centre

Ophir Rd

아티스

Rocher Rd

빅토리아 스트리트 Victoria Street

Burlington Square

Bencoolen St

Fu Lu Shou
Complex

Bencoolen Link

Ibis Singapore
On Bencoolen

콴임 사원
Kwan Im
Temple

Waterloo St

Albert St

The Bencoolen

알버트 몰 트라이쇼 파크
Albert Mall Trishaw Park

Bugis Village

Raffles Hospital

스리 크리슈난 사원
Sri Krishnan Temple

Queen St

EW12 DT14
부기스역
Bugis

Middle Rd

Fortune Centre

S 부기스 스트리트 마켓

Waterloo St

S 부기스 플러스
Bugis +

E 후드
The Hood

BHG

S 톱숍
S 찰스앤키스
S 파지온
S 요트21
R 용타우푸

부기스 정션
Bugis Junction

North Bridge Rd

Liang Seah St

Intercontinental Hoel

St. Joseph's Church

Queen St

Bain St

National Library
Singapore

아추 디저트
Ah Chew Desserts

Shaw Tower

EW11
라벤더역
Lavender

ℝ 타이화 포크 누들
Tai hwa Pork Noodle

빅토리아 스트리트 Victoria Street

Old Malay Cemetery

ℝ 시메트리
Symmetry

Jln Klapa

Jln Kubor

Muslim Cemetery

Jln Keledek 브리지 로드, North Bridge Rd

술탄 호텔
Sultan Hotel

ℍ

Jln Sultan

말레이 헤리티지 센터
Malay Heritage Centre

Sultan Plaza

Minto Rd

Golden Mile Food Centre

Jln Pisan

Jln Pinang

갤러리 카페
y Gallery Cafe

Kandahar St

Arab St

술탄 모스크
Sultan Mosque

ℝ 마만다 레스토랑
Mamanda Restaurant

Pahang St

Keypoint

Golden Mile Complex

lden Landmark

싱가포르 잠잠
Singapore Zam Zam

메종 이코쿠
Masion Ikkoku

Alwal St

ℍ

크 피버
ic Fever

ⓢ

칠드런 리틀 뮤지엄
Children Little Museum

Haji Lane

치케티
Cicheti

Golden Mile Tower

SSFW
SSFW

ⓢ

Muscat St

ⓢ 먼데이
오프
Monday Off

Bussorah St

Sultan Gate

더 포드 부티크 캡슐 호텔
The Pod Boutique Capsule Hotel

ℍ

Java Rd

The Concourse Shopping Mall

고잉 옴
Going Om

ℍ

바 스토리스
Bar Stories

Ⓔ

ⓢ 샐러드 숍
Salad Shop

ⓢ 시프르 아로마틱스
Sifr Aromatics

ℍ 파이브 스톤스 호스텔
Five Stones Hostel

Bali Lane

Baghdad St

블루 재즈 카페
Blu Jaz Cafe

크 뷰 스퀘어

Beach Rd

ℝ 아틀라스
Atlas

Park Royal on Beach Rd
ℍ

Ophir Rd

Nicoll Highway

The Gateway West

SEE

싱가포르 이슬람의 성지
술탄 모스크 Sultan Mosque

1826년 세운 싱가포르에서 가장 오래된 사원이다. 황금색 돔 지붕으로 만들어진 이슬람 사원으로, 아랍 스트리트에 있다. 한 번에 5,000명이 기도를 드릴 수 있을 정도로 규모가 크다. 술탄 모스크에서는 예배 시간을 알리는 아잔이 하루에 5번 울리는데, 그 소리를 듣고 있노라면 마치 중동에 온 듯한 기분이 든다.

종교 행사가 있을 때를 제외하고는 사원 내부로 입장할 수 있다. 입구에 있는 명부에 이름과 국적을 적고 들어가면 된다. 요금은 따로 받지 않는다. 단, 노출이 있는 의상은 빌려주는 가운을 입고 들어가야 한다.

Data 지도 331G 구글맵 S 198833 가는 법 MRT EW12/ DT14 부기스역 B출구에서 직진한다. 래플스 병원 사거리에서 길을 건너 우회전 한 후 노스 브리지 로드로 진입 후 좌회전 주소 3 Muscat St 오픈 월·목·토·일 09:00~12:00, 14:00~16:00/ 금 14:30~16:00 전화 6293-4405 홈페이지 www.sultan-mosque.org.sg

말레이 민족의 문화와 이주 역사 만나기
말레이 헤리티지 센터 Malay Heritage Centre

싱가포르가 독립하기 이전, 싱가포르의 술탄이었던 후세인 샤의 왕궁 자리에 위치해 있다. 1842년 유명 건축가 조지 콜맨이 지은 이 센터는 레몬색의 화사한 외관이 우아한 분위기를 풍긴다. 말레이 민족에 대한 소개와 말레이 민족이 싱가포르로 이주하는 과정과 정착 등을 각종 유물과 전시, 멀티미디어를 통해 보여준다. 신발을 벗고 전시관 내부의 티크나무 바닥을 걷는 느낌이 아늑하다. 2012년 재단장 후 다시 문을 열었다.

Data 지도 331G
구글맵 S 198501
가는 법 술탄 모스크에서 도보 3분
주소 85 Sultan Gate
오픈 화~일 10:00~18:00
휴관 월요일 요금 성인 4달러,
어린이(7~12세) 3달러
전화 6391-0450
홈페이지 www.malay-heritage.org.sg

어린 시절을 추억함
칠드런 리틀 뮤지엄 Children Little Museum

술탄 모스크 앞 부소라 스트리트의 왼쪽 길에 이 박물관이 숨어 있다. 1950년대부터 1970년대까지의 장난감과 소품들을 전시하는 박물관으로, 그 시대를 기억하는 어른들에게 인기 있다. 오래된 라디오와 텔레비전, 축음기 등을 비롯해 2층으로 올라가면 어린 시절을 추억하기 위해 모아온 각종 인형과 태엽을 감는 양철 장난감, 플라스틱 총, 군인 장난감 등이 가득하다. 그 시절의 이발소와 의자까지 통째로 가져다 두었다.

Data 지도 331G
구글맵 S 199460
가는 법 술탄 모스크 앞
부소라 스트리트의 왼쪽
주소 42 Bussorah St
요금 2층 입장료 2달러
오픈 11:00~21:00
전화 6298-2713

전쟁의 참상을 피한 신기한 사원
콴임 사원 Kwan Im Temple

워터루 스트리트에 위치해 있는 불교 사원이다. 1884년에 지어졌으며, 싱가포르에서 사람들이 가장 많이 찾는 불교 사원 중 하나이다. 제2차 세계대전 당시, 주변의 건물들이 모두 파손되는 와중에도 이 사원은 전혀 손상을 입지 않아 더 유명해졌다.

예배를 드리러 오는 신자뿐만 아니라 운세를 점치러 오는 사람들이 많아 축제 기간이 아니라도 항상 많은 사람들로 붐빈다. 젓가락이 든 통을 아래 위로 열심히 흔들며 기도를 드리다가 제일 먼저 튀어나와 떨어지는 것을 읽는다. 사원 안은 눈이 매케할 정도로 향내가 진동한다.

Data 지도 330E 구글맵 S 187964 가는 법 MRT EW12/DT14 부기스역에서 부기스 빌리지로 나와 알베르트 센터 쪽으로 도보 5분 주소 178 Waterloo St 오픈 06:00~18:00 전화 6337-3965

크리슈나 신을 모시는 힌두 사원
스리 크리슈난 사원 Sri Krishnan Temple

콴임 사원 바로 옆에 위치해 있는 힌두 사원이다. 130년 전 한 수도승이 이 워터루 스트리트의 자리에서 성스러운 보리수 나무를 발견하고 사원으로 만들었다. 그 후로도 몇 번에 걸쳐 인도의 장인을 불러다가 지금과 같은 사원의 모습을 완성했다고 전해진다.

입구에는 원숭이를 닮은 하누만 신의 조각상이 세워져 있고, 위쪽에 힌두교의 7대 신이 나란히 서 있다. 앞에 항상 천막이 쳐져 있어서 사원의 모습을 온전히 볼 수는 없지만, 천막 안에서는 항상 많은 사람들이 기도를 드리는 모습을 볼 수 있다. 힌두 사원은 원래 향을 피우지 않는데, 이 사원 앞에서 사람들이 향을 피우는 것도 특이한 풍경이다.

Data 지도 330E 구글맵 S 187961 가는 법 콴임 사원 바로 옆 주소 152 Waterloo St 전화 6337-7957

EAT

플랫 화이트가 맛있는 브런치 카페
시메트리 Symmetry

싱가포르의 유명 브런치 카페로 손꼽히는 집이다. 호주의 캐주얼 다이닝과 프렌치 퀴진에서 영감을 받아 만드는 음식들은 부기스에서 찾아보기에 힘든, 고급스러운 비주얼과 맛을 갖췄다. 고급 레스토랑이 밀집해 있는 뎀시힐에 데려다 놔도 지지 않을 맛과 퀄리티이다. 그래서인지 가격대도 좀 센 편이지만 예술적인 에너지가 느껴지는 분위기와 혼자 먹어도 어색하지 않은 자유로움, 좋은 식재료와 수준급의 요리들을 위해서라면 기꺼이 지불할 만한 가격이다.

또한, 시메트리는 커피 맛집으로도 유명하다. 호주식 플랫 화이트가 시그니처 커피이다. 금요일부터 일요일까지만 영업한다는 점을 유의할 것.

Data 지도 331C 구글맵 S 199206
가는 법 MRT EW12/DT14 부기스역 B출구에서 도보 10분 주소 Jalan Kubor #01-01
오픈 금 16:00~24:00, 토 09:00~24:00, 일 09:00~19:00 휴무 월~목요일 가격 아스파라거스&크랩
샐러드 21달러, 플랫 화이트 5.50달러 전화 02-6291-9901 홈페이지 symmetry.com.sg

아랍 스트리트의 명물
싱가포르 잠잠 Singapore Zam Zam

노스 브리지 로드의 음식점들은 모두 무르타박을 판매한다. 하지만 이 집의 무르타박 명성을 따라올 곳은 아직 없다. 이 곳은 1908년에 시작해 100년이 넘은 역사를 갖고 있다. 무슬림 음식인 무르타박은 얇게 편 반죽 위에 달걀과 양파, 마늘, 다진 고기 등을 넣고 프라이팬에 지져내는 요리로, 매콤한 커리 소스와 함께 먹는다. 작은 사이즈를 시켜도 양이 많다. 1층은 매우 번잡하다. 에어콘이 있는 2층에서 먹는 것이 더 여유롭다.

Data 지도 331G 구글맵 S 188778
가는 법 술탄 모스크에서 도보 3분
주소 697 North Bridge Rd 오픈 07:00~23:00
가격 무통 무르타박 6달러, 치킨 무르타박 6달러
전화 6298-6320

Writer's Pick!

베니스의 운치를 아랍 거리에서 느끼다
치케티 Cicheti

요즘 뜨고 있는 칸다하르 거리에 새롭게 문을 연 이탈리안 레스토랑이다. '치케티'란 베니스의 선술집인 바카리나 와인 바에서 파는 한입거리 음식을 일컫는 말로, 스페인의 타파스라 보면 된다. 베니스 출신의 주인이 오늘의 파스타 1가지와 나폴리의 화덕 피자 등을 판다. 메뉴에 없는 오늘의 요리도 있으니 주인에게 물어볼 것. 1, 2층으로 나뉘어져 있는 작은 실내는 수작업으로 만든 가죽 의자와 조명, 가구 등으로 꾸며져 있어 근사하다.

Data 지도 331G
구글맵 S 198901
가는 법 말레이 헤리티지
센터 한 블록 뒤의 칸다하르 거리 안
주소 52 Kandahar St
가격 치케티 11달러, 나폴리 피자
17달러, 봉골레 23달러, 맥주 9달러
오픈 점심 월~금 12:00~15:00/
저녁 월~토 18:30~23:00
전화 6292-5012
홈페이지 www.cicheti.com

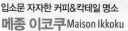

입소문 자자한 커피&칵테일 명소
메종 이코쿠 Maison Ikkoku

칸다하르 스트리트를 뜨게 만든 가게. 1층은 레스토랑 더 갤러리, 2층은 더 아트 오브 믹솔로지라는 이름의 칵테일 바, 그리고 3층은 프라이빗 디너를 예약할 수 있는 루프톱으로 구성되어 있다.
긴 바 테이블로 구성되어 있는 1층은 2코스 점심 세트부터 로맨틱한 저녁 식사까지 할 수 있고, 2층은 이단 레슬리 레옹Ethan Leslie Leong의 수준급 맞춤 칵테일을 마실 수 있다. 술탄 모스크가 바로 눈앞에 보이는 3층(입장료 10달러)은 오전 10시부터 오후 4시까지 올라갈 수 있다.

Data 지도 331G 구글맵 S 198885
가는 법 칸다하르 스트리트 안
주소 20 Kandahar St
오픈 레스토랑 월~금
11:30~다음 날 01:00,
토·일 10:00~다음 날 02:00/
바일~목 18:00~다음 날 01:00,
금·토 18:00~다음 날 02:00
가격 2코스 점심 세트 29달러,
3코스 점심 세트 39달러
홈페이지 www.ethanleslie-
leong.com

Writer's Pick!

중국식 전통 사고 디저트 먹기
아추 디저트 Ah Chew Desserts

디저트 가게로는 다섯 손가락 안에 꼽히는 집이다. 전통 스타일의 중국식 디저트를 내는 집으로 디저트 종류만도 50여 개나 된다. 여러 가이드북에서 빠놓지 않고 추천하는 메뉴는 밀크 스팀 에그 Milk Steam Egg. 달걀찜과 푸딩의 중간 정도 되는 디저트로 달걀 찜보다 부드럽고 단맛이 나는데, 우리에게 익숙한 맛은 아니다. 푸딩을 좋아하지 않는 사람이라면 과일과 얼음, 아이스크림 등을 넣은 사고Sago(야자나무에서 나오는 쌀알 모양의 흰 전분) 디저 트를 주문하자. 포멜로를 넣은 망고 사고, 망고 아이스크림을 넣 은 수박 사고가 맛이 깔끔해서 누구나 좋아한다. 입안에서 탱글 거리는 사고 식감이 재미있다. 사고 외에도 그라스젤리나 티피오 카가 들어간 디저트도 있다.

수박 사고

Data 지도 330J 구글맵 S 189032 **가는 법** MRT EW12/DT14 부기스역 B출구에서 부기스 정션으로 들어간다. 다시 노스 브리지 로드 방향으로 나와 리앙시아 스트리트 골목으로 100m 직진 **주소** #01-11, 1 Liang Seah St **오픈** 월~목 12:30~23:30, 금 12:30~24:30, 토 13:30~24:30, 일 13:30~23:30 **가격** 밀크 스팀 에그 위드 레드빈 토핑 3.80달러, 포멜로를 넣은 망고 사고 4.50달러 **전화** 6399-8198

Writer's Pick!

카오산 로드에 있는 듯한 편안함
고잉 옴 Going Om

6년째 자리해 있지만, 한국 여행자에게는 알려지지 않았다. 하 지만 네팔의 산에서 영감을 받아 꾸민 실내와 장식들은 여행자에 게 평온함을 안겨준다. 하지 레인을 혼자 온 여행자라면 가장 아 늑함을 느낄 수 있는 카페 겸 바이다. 특히 주인이 키우는 이탈리 안 그레이하운드 하쉬와 페마가 친구가 되어 준다.

벽 곳곳에 적어놓은 문구들이나 메뉴 하나하나를 친절하게 설명 해주는 주인, 흘러나오는 명상 음악 등이 마음의 빗장을 풀게 하 는 곳이다. 금요일과 토요일에는 작은 밴드의 공연도 열리며, 일 요일에는 2층에서 요가를 배울 수도 있다.

Data 지도 331G 구글맵 S 189256
가는 법 MRT EW12/DT14 부기스역 B출구에서 오피어 로드를 건너 우회전 후 하지 레인으로 좌회전
주소 59 Haji Lane
오픈 화~목 · 일 12:00~24:00, 금 · 토 12:00~다음 날 02:00
가격 파스타 15달러, 피자 15달러, 맥주 8달러, 프리미엄 맥주 12달러
전화 6396-3592 **홈페이지** www.going-om.com.sg

정통 말레이 음식점
마만다 레스토랑 Mamanda Restaurant

말레이 헤리티지 센터를 마주 보고 바로 왼쪽에 자리한 말레이 전통 음식점이다. 1층 안쪽으로 숍도 겸하고 있는데, 레스토랑은 말레이 전통 스타일로 정성스럽고 고급스럽게 꾸며져 있다.
이슬람 음식점이므로 돼지고기로 만든 음식은 없으며, 할랄 의식을 거친 육류만 취급한다. 술도 판매하지 않는다. 4명이서 함께 나눠먹는 음식에서 1인 코스 요리까지 다양하게 갖추고 있다. 음식을 먹을 시간이 안 된다면 야외 테라스 자리에 앉아 커피 한잔을 즐겨도 좋은 곳이다.

Data 지도 331G
구글맵 S 198497
가는 법 말레이 헤리티지
센터 안 왼쪽
주소 73 Sultan Gate
가격 하이 티 뷔페 27.9달러,
코스 49.9달러, 59.9달러
오픈 10:00~22:00
전화 6396-6646
홈페이지 www.mamanda.
com.sg

미쉐린 별을 받은 노점 국수집
타이화 포크 누들 Tai hwa Pork Noodle

부기스 지역에서도 한참 올라가야 하는 곳에 위치한 국숫집이다. 주문을 받는 순간 국수를 삶고 소스를 배합해 제공하므로 맛이 없을 수가 없다. 메뉴는 포크 누들을 포함해 딱 3가지뿐이다. 여러 부위의 돼지고기와 잘게 썬 내장, 완탕, 미트볼, 에그 누들에 주인장의 특제 간장 식초 소스를 비벼 먹는다.
줄을 서 있으면 직원이 다가와 주문을 받는다. 이때 직원이 칠리 포함 여부를 물어보는데, 칠리를 넣어 먹을 것을 권한다. 칠리를 넣으면 매콤한 맛이 강해져 우리의 입에도 잘 맞는다.

Data 지도 331D 구글맵 S 190466
가는 법 MRT EW11 라벤더역
A출구에서 도보 5분
주소 466 Crawford Ln,
#1-12
오픈 화~일 09:30~21:00
휴무 월요일
가격 포크 누들 5~8달러(국수
양에 따라 가격이 달라짐)
홈페이지 taiwha.co.sg

ENJOY

칵테일 메뉴가 없는 칵테일 바
바 스토리스 Bar Stories

하지 레인에 둥지를 튼지 5년이 넘었지만, 한국인 여행자들에게
잘 알려지지 않은 곳이다. 싱가포르에서 다섯 손가락에 꼽힐 만큼
유명한 칵테일 바이지만, 특이하게도 메뉴에는 칵테일이 없다.
원하는 맛과 향, 술의 종류를 말하면 손님의 니즈에 맞게 그 자리
에서 바로 만들어준다. 신선한 재료만을 사용해 칵테일을 만들
며, 인공 향은 일절 첨가하지 않는다.

Data 지도 331G 구글맵 S 189248
가는 법 하지 레인 골목 안
주소 57A Haji Lane
가격 칵테일 20~25달러
오픈 일~목 17:00~다음 날
01:00, 금·토 16:00~다음 날
02:00 **전화** 6298-0838
홈페이지 www.barstories.
com.sg

800종류가 넘는 진을 보유한 칵테일 바
아틀라스 Atlas

800여 개의 진을 소장하고 있는 바이다. 런던 아티잔 바를
월드 베스트 바 50World Best Bar 50에서 4연속 1위를 이끈
바텐더인 로만 폴탄Roman Foltan과 칼라 다비나 소아레스
Carla Davina Soares가 상주해 더욱 화제를 모았다.
오페라 홀을 연상시키는 높은 천장과 아르데코 스타일의 인
테리어가 인상적이다. 품격이 넘치는 바텐더들이 만드는 다
양한 진 칵테일도 흥미롭다. 지금 싱가포르에서 가장 특이
한 바를 가고 싶다면 아틀라스가 1순위이다.

Data 지도 331K 구글맵 S 198675
가는 법 MRT DT14/EW12 부기스역 D출구에서 도보 2분
주소 1F, Parkview Square, 600 North Birhdge Rd
오픈 월~목 08:00~다음 날 01:00, 금 08:00~다음 날 02:00,
토 12:00~다음 날 02:00 **가격** 에르테 칵테일 26달러,
더 그레이트 주얼러 24달러 **전화** 6396-4466 **홈페이지** www.atlasbar.sg

Data **지도** 331G **구글맵** S 189848
가는 법 MRT EW12/ DT14
부기스역 B출구에서 오피어 로드
건너 우회전 후 발리 레인으로 좌회전
주소 11 Bali Lane
오픈 월~목 09:00~다음 날
01:00, 금·토 09:00~다음 날
02:30, 일 12:00~24:00
가격 맥주 11달러,
음식 12.90~30달러
전화 9199-0610
홈페이지 www.blujazcafe.net

톱3에 드는 라이브 재즈 클럽
블루 재즈 카페 Blu Jaz Cafe

캄퐁 글램 지역에서 유명한 바 중 하나. 10년 전 문을 연 이곳은
싱가포르에서 톱3 안에 드는 소문난 라이브 재즈 클럽이다. 1층
실내 안에서 재즈 뮤지션들의 공연이 주말 또는 수요일에 열린다.
물담배를 피우며 맥주를 마시기 좋은 야외 정원 자리도 인기 있
다. 2층에서는 힙합, 디스코, 록큰롤 등 다양한 주제의 DJ 파티
가 주말마다 열린다.

싱가포르 젊은 록밴드의 공연장
후드 The Hood

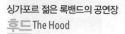

Data **지도** 330J **구글맵** S 188067
가는 법 부기스 플러스 5층
주소 Bugis+, 201 Victoria
St #05-07
오픈 17:00~다음 날 01:00
가격 타파스 12달러 **전화** 6221-8846
홈페이지 www.hood-
barandcafe.com

원래 차이나타운에 있던 곳으로, 부기스 플러스 5층으로 옮겼다.
록과 펍, 블루스 등 다양한 장르의 젊은 밴드 공연이 매일 밤 열린
다. 무대 뒤 그래피티는 멋진 배경이 되어준다. 입장료는 없다. 맥
주 한잔 마시며 부담없이 라이브 음악을 즐기면 된다.

Writer's Pick! 나만의 향수를 만들다

시프르 아로마틱스 Sifr Aromatics

시프르 아로마틱스 매장으로 들어서는 순간, 은은한 향이 감도는 마술의 숲으로 휙 들어서게 될 것이다. 티크나무로 만든 선반마다 직접 제작한 향수가 담긴 병들이 늘어서 있고, 직접 만든 향초도 판매한다. 100여 개의 내추럴 오일 에센스 중 취향에 따라 나만의 향수를 만들 수도 있는데, 이 향수를 만들기 위해서는 예약하고 방문해야 한다. 이곳에서는 체코에서 직접 수입한 화려한 향수병과 은으로 장식된 앤티크 향수병도 판매한다.

Data 지도 331G **구글맵** S 199741 **가는 법** 술탄 모스크에서 아랍 스트리트로에서 도보 5분 **주소** 42 Arab St **오픈** 일~목 10:30~20:00, 금 · 토 10:30~21:00 **가격** 향수 스프레이 55달러, 오일 에센스 40달러, 앤티크 향수병 15달러 **전화** 6392-1966 **홈페이지** www.sifr.sg

젊은 층이 즐겨 찾는 쇼핑몰

부기스 정션 Bugis Juntion

유리로 되어 있는 천장 덕분에 매우 밝고 화사한 분위기이며, 지하에서 7층의 푸드 코트 부기스 정션까지 깔끔하게 꾸며져 있다. 한국 여성들이 좋아하는 브랜드 톱숍Topshop부터 찰스앤키스, 파지온Pazzion, 요트21Yacht 21까지 사랑스럽고 깔끔한 브랜드도 찾을 수 있다. 1020의 젊은 층에게 특히 인기 있는 쇼핑몰. 푸드 정션의 맛집으로는 용타우푸Yongtowfoo가 있다.

Data 지도 330J **구글맵** S 188867 **가는 법** MRT NE12/DT14 부기스역 C출구와 연결 **주소** 200 Victoria St **오픈** 10:00~22:00 **전화** 6557-6557 **홈페이지** www.bugisjunction-mall.com.sg

📣 |Theme|
하지 레인의 베스트 숍 4

홍대의 아기자기한 숍들이 모여 있는 것처럼 흥미진진한 골목.
톡톡 튀는 감각으로 무장한 하지 레인의 많은 숍들 중에서도 기발한 4곳을 모았다.

신선하고 깔끔한 홈데코 제품이 가득
샐러드 숍 Salad Shop

하지 레인에서 5년 넘게 장수하고 있는 라이프 스타일 패션 숍이다. 아이디어가 돋보이고 색상이 화려한 각종 인테리어, 홈데코 제품들을 비롯해 여성 의류와 가방, 주얼리 제품도 판매한다. 모노톤에 가까운 매장 전시와 다양한 제품의 조화가 세련된 곳이다.

Data **지도** 331G **구글맵** S 189218 **가는 법** 하지 레인 골목 안 **주소** 25/27 Haji Lane **오픈** 월~토 12:00~20:00, 일 12:00~18:00 **전화** 6299-5805 **홈페이지** the-salad-store.blogspot.kr

스칸디나비아 라이프 스타일
먼데이 오프 Monday Off

2012년 디자인 포스터를 온라인으로 판매하면서 시작했다. 하지 레인에 오프라인 숍을 열고 인테리어 소품, 미술 인쇄물, 인디 잡지, 액세서리 등 다양한 소품을 판매하기 시작했다. 스칸디나비아 스타일을 테마로, 간결하면서도 감각적인 소품들이 가득하다.

Data **지도** 331G **구글맵** S 189269 **가는 법** 하지 레인 골목 안 **주소** 76 Haji Ln **오픈** 11:00~20:00 **홈페이지** www.monday-off.com

요리조리 보물이 가득!
시크 피버 Chic Fever

파란 자동차에 앉아 있는 마네킹 장식 만큼이나 숍의 내부도 기발한 제품으로 가득하다. 숍은 2층에 위치해 있는데, 가짓수가 너무 많아 무엇부터 봐야 할지 헷갈릴 정도이다.

옷걸이 빼곡하게 걸린 원피스에서 가방, 구두, 액세서리, 선글라스, 시계, 빈티지한 간판과 벽걸이 장식, 장난감까지 없는 게 없다. 찬찬히 훑어보면 가격은 저렴하고 품질은 훌륭한 구두와 가방 등을 횡재할 수 있다.

Data **지도** 331G **구글맵** S 189248 **가는 법** 하지 레인 골목 안 **주소** 56A Haji Lane **오픈** 12:00~21:00 **전화** 9226-8686

저절로 사게 되는 액세서리들
SSFW SSFW

세계의 굵직한 패션위크는 보통 봄과 여름SS, 가을과 겨울FW로 나뉘어져 열린다. 그 SS와 FW에서 이름을 따온 이곳은 직접 디자인한 보석 액세서리를 취급하는 가게이다. 깔끔하게 꾸며진 쇼윈도에는 보석, 반지, 태슬 장식 목걸이, 거친 보헤미안 팔찌 등 독특한 액세서리 들이 전시되어 있어 저절로 발길을 끈다.

Data **지도** 331G **구글맵** S 189268 **가는 법** 하지 레인 골목 안 **주소** 75 Haji Ln **오픈** 11:00~20:00 **전화** 6293-3068 **홈페이지** ssfw.com.sg

08

리틀 인디아
LITTLE INDIA

싱가포르에 있는 다민족, 다문화의
세계를 생생하게 느낄 수 있는 지역이다.
영국 식민지 시절부터 이주해온 인도계
싱가폴리안과 남인도 이민자들의 삶을 경험할 수
있는 곳. 세랑군 로드를 중심으로 양쪽 지역에
다양한 신을 모시는 힌두 사원과 인도 음식점들,
작은 상점들이 즐비하며, 인도의 강렬한 색과
향을 경험할 수 있다.

Little India
PREVIEW

*리틀 인디아는 싱가포르에서 가장 혼잡하고 지저분한 느낌이 있지만, 동시에 가장 화려하고
생동감이 넘치는 곳이기도 하다. 한 블록 지나 힌두 사원이 있을 만큼 힌두교 문화가 살아 있고,
신에게 바칠 색색의 꽃과 화려한 사리를 두른 여인들, 커리의 향까지 진동하는,
말 그대로 싱가포르 속의 '작은 인도'이다.*

SEE

세랑군 로드를 중심으로 4개의 힌두 사원과 레이스코스 로드 쪽에 2개의 불교 사원이 자리해 있다. 대부분의 힌두 사원은 예배 시간에 맞춰가면 다양한 힌두 신들의 모습을 볼 수 있고, 예배를 드리는 인도인도 구경할 수 있다. 예의만 지키다면 그들 역시 사원을 감상하는 이방인들을 매우 따뜻하게 대해준다.

EAT

리틀 인디아역과 패러 파크역 사이에 있는 레이스코스 로드에 이름난 인도 음식점이 모여 있다. 그중에서도 유명한 곳은 바나나 리프 아폴로와 무투스 커리. 테카 센터 안에도 인도 현지의 맛을 그대로 내는 호커 센터가 자리해 있다. 타이힛 로드에는 신선한 원두를 직접 로스팅하고 블렌딩하는 독립 커피숍과 수제 맥줏집이 늘어나 핫한 거리가 되었다.

BUY

24시간 문을 여는 무스타파 센터는 쇼핑을 즐기기에 좋다. 외국 수입 제품을 시중보다 싸게 팔기 때문에 싱가포르에 거주하는 외국인들도 즐겨 찾는다. 거리마다 자리한 헤나 숍에서 독특한 문양의 일시적인 문신을 해볼 수도 있다.

어떻게 갈까?

MRT NE7 리틀 인디아역에서 내려 MRT NE8 패러 파크역으로 이어지는 레이스코스 로드와 오른쪽 골목 안의 세랑군 로드를 집중적으로 둘러보면 된다. MRT NE7 리틀 인디아역에서 내리면 세랑군 로드, 버팔로 로드, 레이스코스 로드쪽으로 갈 수 있고, MRT NE8 패러 파크역에서는 사카무니 부다가야 사원, 롱산시 사원, 무스타파 센터 등이 가깝다.
버스는 23, 56, 57, 64, 65, 66, 67, 131, 147번 등이 간다.

어떻게 다닐까?

리틀 인디아는 충분히 걸어서 다닐 수 있다. 신들의 방을 개방하는 오전 시간에 집중해서 힌두 사원을 돌아보고, 오후에는 뜨거운 햇볕을 피해 시티 스퀘어 몰이나 무스타파 센터에서 쇼핑을 하는 것이 좋다. 혹은 힌두 사원들은 저녁 시간에 다시 문을 개방하므로 밤에 또다른 분위기를 느껴볼 수 있다.
하지만, 리틀 인디아 지역은 낮까지만 돌아보고 마실 곳이 많은 부기스 지역에서 밤을 즐기는 편이 더 좋다.

Little India
ONE FINE DAY

힌두 사원은 보통 아침 일찍부터 낮 12시까지, 저녁 5~6시부터 9시까지 문을 연다.
레이스코스 로드에 몰려 있는 인도 음식점에서 점심 식사를 하고,
오후에는 시티 스퀘어 몰이나 무스타파 센터에서 쇼핑을 즐기거나
신생 커피집이나 수제 맥줏집을 다녀보자.

09:00
MRT 패러 파크역에서
출발!

도보 2분 →

10:00
스리 스리니바사
페루말 사원 둘러보기

도보 5분 →

10:30
롱산시 사원
구경하기

도보 2분

12:30
바나나 리프 아폴로에서
플라워크랩 먹기

← 도보 5분

11:30
스리 비라마칼리아만
사원에서 칼리 여신 찾기

← 도보 10분

11:00
사카무니 부다 가야
사원에서 소원 빌기

14:00
테카 센터에서 쇼핑하기

도보 10분 →

15:00
시티 스퀘어 몰 구경하기

도보 10분 →

16:00
체생 후앗 하드웨어에서
커피 마시기

141번
버스
6분

19:30
드러기스트에서
수제 맥주 마시기

130번
버스 타고
11분

18:00
무스타파 센터에서
쇼핑 만끽하기

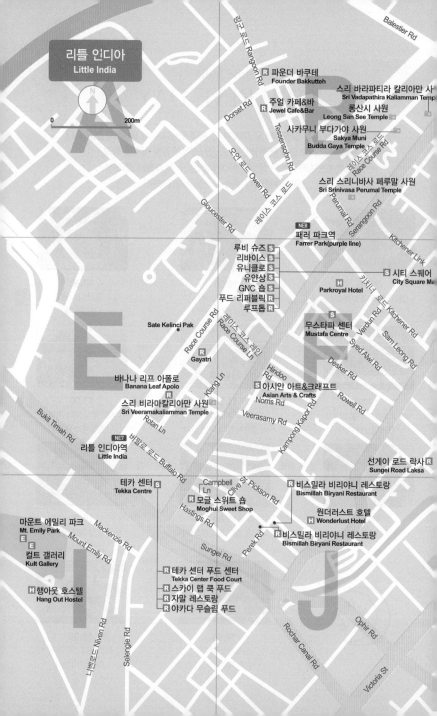

리틀 인디아
Little India

N

0   200m

A

B

파운더 바쿠테
Founder Bakkutteh

주얼 카페&바
Jewel Cafe&Bar

스리 바라파티라 칼리아만 사원
Sri Vadapathira Kaliamman Temp

롱산시 사원
Leong San See Temple

사카무니 부다가야 사원
Sakya Muni
Budda Gaya Temple

스리 스리니바사 페루말 사원
Sri Srinivasa Perumal Temple

NE8
패러 파크역
Farrer Park(purple line)

루비 슈즈 S
리바이스 S
유니클로 S
유안상 S
GNC 숍 S
푸드 리퍼블릭 R
루프톱 R

시티 스퀘어 S
City Square Ma

H
Parkroyal Hotel

무스타파 센터
Mustafa Centre

Sate Kelinci Pak

Gayatri R

바나나 리프 아폴로
Banana Leaf Apolo

아시안 아트&크래프트 S
Asian Arts & Crafts

스리 비라마칼리아만 사원
Sri Veeramakaliamman Temple

리틀 인디아역 NE7
Little India

선게이 로드 락사 R
Sungei Road Laksa

테카 센터 S
Tekka Centre

모글 스위트 숍 R
Moghul Sweet Shop

비스밀라 비리야니 레스토랑 R
Bismillah Biryani Restaurant

마운트 에밀리 파크
Mt. Emily Park E

원더러스트 호텔
Wonderlust Hotel

비스밀라 비리야니 레스토랑 R
Bismillah Biryani Restaurant

컬트 갤러리 E
Kult Gallery

행아웃 호스텔 H
Hang Out Hostel

테카 센터 푸드 센터 R
Tekka Center Food Court

스카이 랩 쿡 푸드 R

자말 레스토랑 R

야카다 무슬림 푸드 R

C

Boon Keng Rd

D

Beatty Rd

더 1925 브루잉 컴퍼니 레스토랑
The 1925 Brewing Co. Restaurant
R

Foch Rd

체생 후앗 하드웨어
Chye Seng Huat Hardware
R

드러기스트 R
The druggist

Hamilton Rd

Cavan Rd

브레이버리
The Bravery
R

라벤더 스트리트 Lavender St

Jalan Besar Stadium

King George's Avenue

Jin Besar Rd

타이윗 로드 Tyrwhitt Rd

G

Horne Rd

H

키치너 로드 Kitchener Rd

Kalang Rd

EW11
라벤더역
Lavender

J

무슬림 묘지
Muslim Cemetery

올드 말레이 묘지
Old Malay Cemetery

K

잘란 술탄 로드 Jalan Sultan Rd

L

Nicoll Highway

SEE

파괴의 여신, 칼리를 모시는 사원

Writer's Pick! **스리 비라마칼리아만 사원**

Sri Veeramakaliamman Temple

힌두교의 주요 3신 중에는 파괴의 신인 시바 신이 있다. 시바 신의 세 아내중 파괴의 여신인 칼리에게 바치는 사원이 바로 이곳이다. 사원의 왼쪽 뒷마당으로 걸어가면 사당 안에 칼리 신이 모셔져 있는데, 그 형상이 파괴의 여신답게 가히 충격적이다. 제대로 쳐다보기 힘들 만큼 무섭고 섬뜩한 느낌이 든다.

아침이나 저녁의 예배 시간, 푸자 의식이 행해질 때만 신들의 모습을 볼 수 있는 문이 열린다. 사원 안에는 칼리신 외에도 창조의 신인 브라마 신, 유일하게 결혼을 안 한 하누만 신 등 다른 여러 신도 함께 모셔져 있다.

Data **지도** 348B **구글맵** S 218042 **가는 법** MRT NE7 리틀 인디아역 E출구에서 도보 5분 **주소** 141 Serangoon Rd
오픈 06:00~12:00, 18:00~21:00 **요금** 무료입장
전화 6295-4238 **홈페이지** www.sriveeramakaliamman.com

용이 산을 오르는 듯한 불교 사원
롱산시 사원 Leong San See Temple

1917년 중국에서 온 승려가 관음보살에게 헌정하기 위해 지은 불교 사원으로, 싱가포르에서 가장 오래된 사원 중 하나이다. '롱산시(용산사)'라는 이름에서 유추할 수 있듯이, 사원 내부에는 용을 소재로 한 조각과 벽화들이 가득하다.

특히 사원 지붕 위에 용과 키마이라Chimaera(머리가 3개인 괴물), 꽃, 사람을 정교하게 깍아놓은 조각 장식이 아름다우니 놓치지 않도록 한다.

Data 지도 348B
구글맵 S 218641
가는 법 MRT NE8 패러 파크역
A출구에서 레이스코스 로드를
따라 도보 5분
주소 371 Race Course Rd
오픈 06:00~18:00
요금 무료입장

높이 15m의 석가모니 불교 사원
사카무니 부다가야 사원 Sakya Muni Budda Gaya Temple

1927년 태국 스님에 의해 지어진 불교 사원. 노란색의 외관이 일반적인 불교 사원과 많이 달라 색다른 느낌을 준다.

안으로 들어가면 높이 15m, 무게 300t에 달하는 거대한 석가모니상이 시선을 압도한다. 부처상 주변으로 1,000개의 전구가 켜져 있어 천등사라고도 한다. 이 사원은 특이하게도 부처상 오른쪽 뒤편에는 힌두교의 신 가네샤Ganesha(인간의 몸에 코끼리 머리를 가진 지혜와 행운의 신)가 함께 모셔져 있다.

Data 지도 348B
구글맵 S 218638
가는 법 롱산시 사원 맞은편
주소 366 Race Course Rd
오픈 08:00~16:45
요금 무료입장

비슈누와 크리슈나를 모시는 사원

스리 스리니바사 페루말 사원 Sri Srinivasa Perumal Temple

'스리 페루말 사원'이라고도 불리는 사원이다. 싱가포르에서 가장 오래된 힌두 사원 중 하나로, 1855년에 완공되었다. 힌두교의 3대 신 중 평화의 신인 비슈누Vishnu(세상의 질서와 인류를 보호하는 힌두교 최고의 신)와 비슈누의 여러 화신 중 하나인 크리슈나Krishna(비슈누 신의 8번째 화신)를 모시고 있다. 페루말은 크리슈나의 또 다른 이름이다.

비슈누의 아내인 락슈미Lakshmi와 비슈누가 타고 다니는 태양의 새 가루다 조각상도 찾아볼 수 있다. 비슈누의 여러 화신이 조각된 높이 20m의 고푸람 타워도 볼거리이다. 이 사원은 1~2월에 열리는 힌두교 축제, 타이푸삼Thaipusam이 시작되는 곳이기도 하다.

Data 지도 348B 구글맵 S 218123 가는 법 MRT NE8 패러 파크역 G출구에서 도보 2분
주소 397 Serangoon Rd 오픈 05:45~12:00, 17:00~21:00

가장 덜 알려진 힌두 사원

스리 바라파티라 칼리아만 사원 Sri Vadapathira Kaliamman Temple

여행 가이드북에는 잘 나와있지 않은 사원이다. 세랑군 로드를 따라가다 보면 보이는데, 이 사원은 1930년 열성적인 한 여성 신자에 의해 생겨났다. 그녀가 지금 사원이 자리한 부근의 반얀트리 밑에 보호의 여신인 마리암만의 사진을 두었다고 한다.

여느 사원에 비해 규모는 작은 편이나, 실내 천장과 내부가 화려해서 아늑하게 둘러보기에 좋다.

Data 지도 348B
구글맵 S 218174
가는 법 롱산시 사원 맞은 편 베티 로드로 들어가 세랑군 로드 쪽으로 좌회전
주소 555 Serangoon Rd
오픈 일~목 06:00~12:00, 16:30~21:00/
금·토 06:00~12:30, 16:30~21:30
요금 무료입장
전화 6298-5053
홈페이지 srivadapathirakali.org

EAT

칠리크랩 대신 플라워 크랩!
바나나 리프 아폴로 Banana Leaf Apolo

바나나 잎에 올려져 나오는 밥과 반찬을 먹을 수 있는 인도 음식 전문점이다. 1974년부터 시작해 40년 넘게 한 자리에서 영업하고 있는 집으로, 레이스코스 로드에 위치한 식당들 중에서 가장 추천하는 인도 음식점이다.

싱가포르에서 크랩 요리를 혼자서 먹기에는 양이나 가격이 매우 부담스러운데, 이 집의 플라워크랩은 혼자 먹기에 양도 적당하고 맛있다. 싱가포르에서 IT회사에 다니는 인도 친구가 최고라고 소개한 음식이다. 한 장소에서 가장 오랫동안 피시 헤드 커리 음식을 판매한 집으로 자격증도 받았다.

Data 지도 348E
구글맵 S 218564 **가는 법** MRT NE7 리틀 인디아역 E출구에서 레이스코스 로드 따라 도보 5분
주소 54 Race Course Rd
오픈 11:00~22:30
가격 플라워크랩 15.60달러, 스리랑카크랩(S) 32.50달러, 아폴로 피시 헤드 커리 28.60달러
전화 6293-8682
홈페이지 www.TheBanana-LeafApolo.com

싱가포르 최고 인기 바쿠테집
파운더 바쿠테 Founder Bak Kut Teh

바쿠테 맛집으로 관광객들에게는 송파 바쿠테가
유명하지만, 현지인들이 많이 찾는 맛집은 따로
있다. 줄을 서서 기다려야 하는건 기본. 식당 벽은
다녀간 유명 인사들의 사진으로 가득하다.
송파 바쿠테보다 맑고 진한 국물맛이 인기 비결!
본점은 관광지와는 멀리 떨어져 있지만, 패러 파
크역에서 가까운 랑군 로드에 2호점(**주소** 154
Rangoon Rd) 있다.

Data 지도 348B 구글맵 S 329782
가는법 MRT NE8 패러 파크역 B출구에서 도보 20분,
랑군 로드를 지나 발레스티어 로드까지 직진
주소 347 Balestier Rd
오픈 12:00~14:30, 18:00~다음 날 02:00
휴무 화요일 **가격** 파운더 바쿠테 9.80달러,
라임 주스 1.80달러 **전화** 6352-6192
홈페이지 www.founderbakkutteh.com

손꼽히는 인도 디저트 숍
모글 스위트 숍 Moghul Sweet Shop

리틀 인디아에서 꼭 가볼 만한 인도의 전통 디저트 숍이다. 정체
를 알 수 없는 모양의 다양한 디저트들이 가득하다. 인도 디저트
의 왕으로 꼽히는 굴랍 자문Gulab Jamun과 크러스트가 없는 치즈
케이크라고 할 수 있는 라스 말라이Ras Malai, 북인도의 인기 디저
트인 캐롯 버피Carrot Burfi 등을 맛보자. 단맛이 매우 강하니 1~2
개 정도를 시식하는 정도면 충분하다. 현금만 받는다.

Data 지도 348I
구글맵 S 217959
가는 법 리틀 인디아 아케이드 1층
주소 48 Serangoon Rd
오픈 11:00~21:00
가격 라스 말라이 1개 1.5달러,
굴랍 자문 1개 1달러
전화 6392-5797

Writer's Pick!

입소문 자자한 로스터리 카페
체생 후앗 하드웨어 Chye Seng Huat Hardware

공업용 기계를 팔던 가게는 지금 싱가포르에서 가장 주목받는 로스터리 카페로 변신했다. 체생 후앗 하드웨어를 중심으로 10군데가 넘는 독립 커피집들이 리틀 인디아와 라벤더역 사이에 모여 들기 시작했다. 위치가 외지지만 고생스럽게 찾아온 보람을 느낄 수 있는 곳이다.

산지에 따라 각각 다른 방법으로 핸드 드립 커피를 만든다. 카페 안쪽에는 각종 커피 기구와 원두를 파는 숍이 있고, 마당에는 다양한 맥주를 파는 부스와 술을 마실 수 있는 테이블이 있다. 핸드 드립 커피를 마실 때와는 또 다른 밤의 분위기가 근사한 곳이다.

Data 지도 349G 구글맵 S 207563
가는 법 MRT NS25/EW13 라벤더역 A출구에서 V 호텔 라벤더를 끼고 호른 로드를 따라 500m 직진 후 타이힛 로드로 우회전 주소 150 Tyrwhitt Rd 오픈 화~금 09:00~19:00, 토·일 09:00~22:00 휴무 월요일 가격 브랙퍼스트 10~19달러 전화 6396-0609 홈페이지 www.cshhcoffee.com

로스팅과 브루잉이 제대로!
주얼 카페&바 Jewel Cafe&Bar

로스팅과 브루잉을 전문으로 하는 커피와 올데이 다이닝을 즐길 수 있는 카페 겸 바이다. 화학 실험실의 플라스크 같은 독특한 추출 장비로 뽑는 차가운 브루 커피Brew Coffee가 특히 유명하다.

레자미 레스토랑에서 경력을 쌓은 알빈 탄Alvin Tan 씨가 개발한 음식들, 미소 프레사 이베리코나 OMG 버거 등의 음식들도 이미 소문이 자자하다. 맛있는 음식과 커피 때문에 브런치 장소로도 인기 있다. 여러 명이 함께 앉는 커다란 나무 테이블 위의 크리스탈 전구는 1개에 약 50만 원짜리로, 인테리어에도 공을 많이 들였다는 것을 알 수 있다.

Data 지도 348B 구글맵 S 218407 가는 법 MRT 패러 파크역 B출구에서 도보 5분 주소 129 Rangoon Rd 오픈 화~목·일 09:00~22:00, 금·토 09:00~23:00 가격 커피 4.50달러, 버거 15달러 전화 6298-9216 홈페이지 www.facebook.com/Jewelcafeandbar

맥주 애호가들의 성지
드러기스트 The Druggist

전 세계적으로 유행하고 있는 수제 맥주의 붐과 더불어 23가지의
크래프트 맥주를 탭으로 즐길 수 있는 곳이다. 80여 년 된 숍하우
스에는 싱가포르 중국 약사회Chinese Druggist Association가 자리
해 있었는데, 거기에서 이름을 따왔다고 한다.

타일 바닥이나 문을 그대로 살려 맥줏집으로 개조했다. 23개의
탭이 벽에 일렬로 붙어 있는 모습은 맥주 덕후들의 마음을 설레게
한다. 탭 위의 칠판에는 맥주 이름과 산지, 알코올 도수 등이 빼곡
히 적혀 있으며, 원하면 조금씩 시음하면서 맥주를 고를 수 있다.
맥주는 화요일마다 가득 채우기 때문에 주말 전에 와야 더 다양한
맥주를 맛볼 수 있다. 다 팔린 맥주의 이름은 지워진다.

덴마크, 네덜란드, 영국, 스코틀랜드 등 여러 나라에서 수입한 크
래프트 비어를 이곳의 시그니처 메뉴인 미니 버거와 먹어보자. 싱
가포르에 거주하는 외국인 손님들도 한가득. 홀 안쪽으로 숨겨진
듯 있는 오묘한 색의 작은 방은 사진을 찍으면 영화 속 장면처럼
나오니, SNS 업로드용 사진도 남겨보자.

Data 지도 349G
구글맵 S 207547
가는 법 MRT NS25/NW13
라벤더역 A출구에서
V 호텔 라벤더를 끼고
호른 로드를 따라 500m 직진
후 타이핫 로드에서 좌회전
주소 119 Tyrwhitt Rd
오픈 월~토 16:00~24:00,
일 14:00~22:00
가격 아시안 푸틴 스타일 프라이 ·
드러기스트 스페셜 포크 슬라이더스
17달러, 맥주 8~12달러
전화 6341-5967
홈페이지 facebook.com/
DruggistsSG/

싱가포르 미쉐린 가이드에서 유일하게 선정

비스밀라 비리야니 레스토랑

Bismillah Biryani Restaurant

싱가포르에서 9년째 살고 있는 친구가 최고의 비르야니 집으로 추천한 곳이다. 구글에서 검색해보니 '싱가포르에서 가장 맛있는 비르야니' 레스토랑으로 선정된 바 있다. 싱가포르 미쉐린 가이드 북에서도 비르야니 레스토랑으로는 유일하게 올라와 있다. 이 정도면 안 먹어도 믿고 갈 만한 곳이다.

비르야니란 인도에서 흔히 먹는 쌀요리로 생쌀에 향신료에 재운 고기, 렌틸콩, 채소 등을 넣고 찌거나 익힌 음식이다. 제대로 된 인도의 비르야니를 경험하고 싶다면 꼭 가봐야 할 집이다.

> **Data** 지도 348J
> 구글맵 S 209379
> 가는 법 MRT NE7 리틀 인디아역
> B출구에서 도보 10분
> 주소 50 Dunlop St
> 오픈 점심 11:30~15:00/
> 저녁 17:30~21:00
> 가격 치킨 비르야니 9달러,
> 키드 고트 비르야니 15달러
> 전화 6935-1326

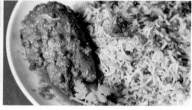

숯으로 육수를 만드는 락사 맛집

선게이 로드 락사 Sungei Road Laksa

락사를 좋아한다면 반드시 찾아가 보자. 말레이어로 선게이는 강을 의미한다. 1956년부터 로코르강Rochor River 근처에서 락사를 팔다가 지금의 자리로 이사한 지도 13년이 된 오래된 맛집이다.

전통 방식인 숯을 사용하여 육수를 내는 몇 안 되는 곳으로, 부드럽고 깊은 코코넛밀크 향의 육수는 락사를 처음 먹는 사람이라도 부담이 없다. 또한 면이 먹기 좋게 잘라져 나와 젓가락을 사용하지 않고 숟가락으로 떠 먹는 것도 오래된 전통 방식이다.

작은 호커 센터 한 쪽에 위치하며, 메뉴는 락사 하나뿐이다. 주문을 하면 육수에 면을 담고 간 돼지고기, 꼬막살, 어묵, 고수, 매콤한 소스를 얹어 숟가락과 함께 준다. 처음에는 다소 작은 그릇에 실망할 수도 있지만 먹다보면 제법 든든하다.

> **Data** 지도 348F 구글맵 S 200027 가는 법 MRT EW11 라벤다역
> B출구에서 도보 11분 주소 Blk 27 Jalan Berseh #01-100
> 오픈 09:30~17:00 휴무 수요일
> 가격 락사 3달러 홈페이지 sungeiroadlaksa.com.sg

Writer's Pick!

베를린 감성이 물씬
브레이버리 The Bravery

체생 후앗 하드웨어와 함께 핫한 카페로 떠오른 곳. 간판도 없고 밖에서는 카페인지도 알아보기 힘들지만, 인더스트리얼 전구로 장식된 실내는 마치 독일 베를린에 있는 카페처럼 매력적이다. 금속 공장이었던 내부를 개조했고, 라벤더 향이 그대로 전해지는 라벤더 라테가 이곳의 시그니처 커피이다. 브런치로 유명한 집은 아니라서 굳이 음식을 먹으러 시도할 필요는 없다.

Data 지도 349G **구글맵** S 209073
가는 법 MRT NS 25/EW13 라벤더역 A출구에서 V 호텔 라벤더 로드를 끼고 호른 로드를 따라 400m
주소 66 Horne Rd
오픈 월~수~일 09:00~18:00
휴무 화요일 **가격** 롱블랙 커피 4달러, 라벤더 라테 5.5달러, 브레이크 베제딜 17달러
전화 6225-4387
홈페이지 thebravery.com.sg

인도인의 부엌을 뒤져라
테카 센터 푸드 코트 Tekka Center Food Court

테카 센터 1층은 '인도인의 부엌'이라는 별칭으로 불릴 만큼, 실제로 인도인들이 운영하는 식당들이 다닥다닥 모여 있다. 그중에서도 도넛같이 생긴 새우 바다이Vadai와 우푸마Uppuma(호밀 또는 양념과 양파를 넣어 튀긴 간식)가 유명한 스카이 랩 쿡 푸드Sky Lab Cooked Food(#01-228)와 엄청난 크기의 인도식 크레페 도사이Dosai가 맛있는 자말 레스토랑(#01-234), 치킨, 양고기, 생선 브리야니를 모두 저렴하게 맛볼 수 있는 야카다 무슬림 푸드Yakader Muslim Food(#01-259)도 맛있기로 소문난 집들이니 골라가시길.

Data 지도 348I
구글맵 S 210665
가는 법 MRT NE7 리틀 인디아역 E출구에서 도보 1분
주소 Tekka Market, 665 Buffalo Rd, #01-224
오픈 06:00~23:00
홈페이지 sethlui.com/little-india-food-guide-singapore/

ENJOY

스트리트아트를 위한 전문 갤러리
컬트 갤러리 Kult Gallery

싱가포르의 첫 번째 스트리트 아트 갤러리이다. 현지의 젊고 유능한 거리 작가들과 일러스트레이터들을 지원한다. 그들의 창의적이고 기발한 작품들을 감상할 수 있으며, 판매도 한다.
갤러리 큐레이터이자 크리에이티브 디렉터인 스티브 로러Steve Lawler 씨가 운영한다. 그는 싱가포르 현지는 물론, 시드니, 일본, 홍콩, 한국 등의 작가들과도 교류하며 참신한 스트리트 아트 신을 만들어 나가고 있다. 같은 이름으로 발간 중인 매거진도, 이미 스트리트 아트 신에서 유명하다.

Data 지도 348l 구글맵 S 228120
가는 법 MRT NE7 리틀 인디아역
A출구에서 마운트 에밀리 로드에서
공원 언덕 꼭대기
주소 Emily Hill Blk C2-5,
11 Upper Wilkie Rd
오픈 월~금 11:00~19:00,
토 14:00~19:00 요금 무료입장
전화 6338-0544
홈페이지 kult.com.sg

리틀 인디아의 숨은 공원
마운트 에밀리 파크 Mount. Emily Park

컬트 갤러리를 찾아가다가 발견한 작은 공원이다. 공원으로 올라갈수록 주변에 값비싼 콘도들이 내려다보이는데, 공원 안은 나무들이 울창하고 한적해서 산책하기에 좋다. 마운트 에밀리 파크 바로 옆에 평이 좋은 행아웃Hang Out 호스텔에 머무는 여행자에게는 더할 나위 없이 좋은 산책로가 될 듯하다. 공원 안에는 모래사장으로 된 놀이터도 있다.

Data 지도 348l
구글맵 S 228119
주소 Mt. Emily Park,
Upper Wilkie Rd
요금 무료입장

BUY

싱가포르에서 가장 싼 쇼핑몰
무스타파 센터 Mustafa Centre

24시간 문을 여는 쇼핑 센터로 현지인과 관광객 모두에게 인기 있다. 조명이나 분위기가 좀 산만하지만, 싱가포르에서 가장 저렴하게 외국 수입 제품들을 살 수 있다. 치약, 샴푸와 같은 일상 생활용품부터 기념품, 의약품까지 없는 것 빼곤 다 있는 곳이다. 특히, 싱가포르 여행의 필수 아이템인 히말라야 화장품은 이곳이 가장 저렴하다.

Data 지도 348F 구글맵 S 207700
가는 법 MRT NE8 패러 파크역 I출구에서 도보 5분
주소 145 Syed Alwi Rd 오픈 24시간
전화 6295-5855 홈페이지 www.mustafa.com.sg

겉과 다른 기념품 숍
아시안 아트&크래프트
Asian Arts&Crafts

작은 기념품에서 힌두신을 형상화한 조각상과 앤티크 가구와 의자, 그림, 조명과 도자기 그릇까지 다양한 제품을 전시 판매한다. 겉에서 보기에는 평범한 숍 같지만, 콜렉션하는 제품의 수준이 상당히 높다. 호주와 유럽인들이 특히 좋아하는 숍이다.

Data 지도 348F 구글맵 S 218057
가는 법 MRT NE7 리틀 인디아역 E번 출구에서
도보 5분 주소 180 Serangoon Rd
오픈 10:00~22:00 전화 6299-0500

인도인들의 부엌
테카 센터 Tekka Centre

싱가포르에 사는 인도인을 위한 각종 식재료와 음식을 파는 호커 센터가 특히 유명하다. 테카 센터 1층에 자리해 있으며, '인도인의 부엌'이라는 별칭답게 현지 맛을 가장 잘 살린 인도 음식들을 맛볼 수 있다. 2층은 인도 여성들이 입는 화려한 문양과 컬러의 사리 전문점이 가득하다. 사리를 직접 만들어주기도 하며, 현란한 액세서리도 판매한다.

Data 지도 348 I 구글맵 S 210665
가는 법 MRT NE7 리틀 인디아역 E출구에서 도보 1분
주소 665 Buffalo Rd 오픈 06:30~21:00

리틀 인디아의 새로운 쇼핑몰
시티 스퀘어 몰 City Square Mall

세랑군 로드와 키치너 로드가 만나는 사거리에 위치한 시티 스퀘
어 몰은 유서 깊은 뉴월드 파크 부지에 자리해 있다. 혼잡하고 정
신없는 리틀 인디아 지역에 번듯하고 깔끔하게 세워져 있어 눈에
잘 띈다. 멀끔한 외관 만큼이나 내부도 산뜻하다. 지하 2층과 지
상 5층으로 구성된 쇼핑몰에는 200여 개의 상점과 음식점이 들
이 둥그렇게 원을 그리듯 둘러싸고 있다.

루비 슈즈, 리바이스, 유니클로 등 인기 브랜드 숍에서 중국 전통
건강 식품점인 유안상, GNC숍, 그리고 4층의 푸드 리퍼블릭과
더 루프톱까지 다양한 품목의 상점들이 입점해 있다. 싱가포르에
서 도심 공원과 통합된 최초의 자연친화적 쇼핑센터로 완성된 점
도 특이한 점이다.

Data 지도 348F
구글맵 S 208539
가는 법 MRT NE8 패러 파크역
1출구와 연결
주소 180 Kitchener Rd,
#B2-29 Centre Manag
오픈 10:00~22:00
전화 6595-6595
홈페이지 www.citysquare-
mall.com.sg

09

센토사&
하버프런트
SENTOSA & HABOUR FRONT

모노레일과 케이블카가 바쁘게 오가는 섬
센토사는 하나의 거대한 테마파크이자 휴양지이다.
아드레날린이 솟구치는 아찔한 어트랙션과
야자수 아래 반짝이는 해변을 동시에 즐길 수 있는,
싱가포르에서 가장 흥미진진하고 놀라운 곳!
아시아 최남단 센토사에서 보내는 하루는
잠시도 지루할 틈이 없다.

Sentosa&Habour Front
PREVIEW

말레이어로 '평화와 고요함'을 뜻하는 센토사에 리조트 월드 센토사(RWS)가 들어서면서
관광객들이 몰리기 시작했다. 이제는 멀라이언보다 유니버설 스튜디오를 먼저 떠올리고,
초특급 어트랙션들이 센토사로 모이고 있다. 최고급 리조트와 호텔까지 갖춰
이제는 며칠씩 머물다 가고 싶은 싱가포르의 대표 관광지가 되었다.

SEE

〈윙스 오브 타임〉은 아이가 있다면 추천. 무료 공연인 〈레이크 오브 드림즈〉와
〈크래인 댄스〉도 놓치지 말자. 언더 워터월드의 핑크 돌고래는 수요일에만 볼
수 있다. 주롱 새공원 대신 나비 공원&곤충 왕국도 괜찮다. 전망은 타이거 스
카이 타워나 멀라이언, 케이블카 중 하나만 보아도 된다. 팔라완 비치의 흔들다
리를 건너면 아시아의 최남단과 센토사의 전경을 볼 수 있다.

EAT

저렴하게 현지 음식을 먹고 싶다면 유니버설 스튜디오 앞 말레이시안 푸드 스
트리트로 가자. 리조트 월드 센토사에서는 유명 프랜차이즈와 스타 셰프의 다
이닝을 즐길 수 있다. 식사와 해변을 동시에 즐기고 싶다면 실로소 비치나 탄종
비치로 가자. 하얀 요트들이 정박된 키사이드 아일에서 낭만적인 저녁 식사도
좋다. 센토사와 연결된 쇼핑몰 비보 시티에는 파라다이스 다이너스티와 노 사인
보드 시푸드, 인기 푸드 코트인 푸드 리퍼블릭 등이 있다.

ENJOY

놀이기구를 타고 싶다면 유니버설 스튜디오가 최고이다. 물놀이를 하고 싶다면
어드벤처 코브 워터파크, 아이가 어리다면 포트 오브 로스트 원더가 좋다. 무동
력 카트 루지는 센토사 최고 인기 어트랙션! 돈이 좀 들더라도 새로운 도전에 목
말랐다면 웨이브 하우스에서 서핑을 하거나, 아이플라이 또는 워터 젯팩으로 하
늘을 나는 체험을 해보자. 휴양을 원한다면 비치 클럽으로 가보자.

Tip **RWS란?**

리조트 월드 센토사Resort World Sentosa의 약자이며, 70억달러에 달하는 자본으로 센토사에 건
설된 싱가포르 최초의 대규모 통합 리조트이다. 세계적인 건축가 마이클 그레이브스가 참여한 6개의
호텔과 리조트는 서로 다른 콘셉트이며, 1,500개 이상의 객실을 갖추고 있다. 유니버설 스튜디오와
S.E.A 아쿠아리움, 어드벤처 코브 워터파크는 관광객들의 발길이 끊이지 않는 대표 인기 관광지이며,
〈크래인 댄스〉와 〈레이크 오브 드림즈〉와 같은 수준급의 쇼도 무료로 볼 수 있다. 페스티브 워크, 볼
링, 워터프런트 지역은 다양한 액티비티와 쇼핑을 만끽할 수 있을 뿐만 아니라, 미쉐린 스타 셰프의 파
인 다이닝부터 저렴한 말레이시아 로컬 음식까지 모두 즐길 수 있다.

어떻게 갈까?

센토사로 가는 방법은 매우 다양하다. 모노레일, 택시, 케이블카, 투어버스, 센토사 내 호텔이나 RWS의 셔틀버스, 심지어는 걸어서도 갈 수 있다. 가장 대중적인 것은 MRT 하버프런트역과 바로 연결된 비보 시티 3층에서 모노레일인 센토사 익스프레스(4달러)를 타는 것이다. 이지링크 카드를 사용할 수 있으며, 없을 경우 티켓을 구매해야 한다.

하지만 유니버설 스튜디오가 있는 리조트 월드 센토사까지 갈 경우 센토사 입장료를 따로 내지 않아도 되는 택시가 더 저렴할 때도 있다. 단, 할증이 붙는 오후 시간은 피하는 게 좋다. 센토사 내에서는 무료로 운행되는 센토사 익스프레스나 버스, 비치 트램을 타고 원하는 곳까지 가면 된다. 저렴하게 가고 싶다면 보드워크(1달러)로 걸어가면 된다.

만약 센토사 내의 호텔에 묵는다면 호텔에서 운영하는 무료 셔틀을 이용하면 된다. 택시를 탈 경우 호텔 바우처나 호텔키를 보여주면 센토사 입장료를 내지 않는다. 또한 센토사 익스프레스 티켓이 숙박 기간 동안 무료로 제공되므로 꼭 챙기자.

어떻게 다닐까?

센토사 내에서는 대중 교통수단인 센토사 익스프레스, 비치트램, 버스가 모두 무료이다. 센토사 익스프레스는 워터프런트역, 임비아역, 비치역을 운행하며, 비치역에 내리면 비치트램과 버스 정류장이 있다. 해변을 구경하려면 실로소 비치, 팔라완 비치, 탄종 비치를 운행하는 비치트램을 타자. 버스는 3가지 노선이며, 버스 1, 2는 실로소 비치에서 임비아 또는 리조트 월드 센토사를 오고 갈 때 편리하다. 센토사 코브는 비치역에서 버스 3을 타면 된다. 택시는 리조트 월드 센토사로 가야 기다리지 않고 바로 탈 수 있다.

센토사로 갈 때 이용할 수 있는 센토사 익스프레스

Sentosa&Habour Front
TOW FINE DAYS

센토사를 제대로 즐기려면 여유롭게 1~2일 코스를 추천한다. 강철 체력이 준비되었다면
유니버설 스튜디오나 어드벤처 코브 워터파크에서 신나게 놀아보자. 비치트램을 타고 마음에 드는
해변에 내려 사진도 찍고 맨발로 모래사장을 거닐어보는 것도 좋다. 비치 클럽의 선베드에 누워
칵테일을 즐기면 그곳이 천국! 주말 밤이라면 센토사 코브의 키사이드 아일에서
맥주를 즐기거나, 비치 클럽의 댄스 파티도 색다른 경험이 될 것이다.
그리고 비보 시티에서 쇼핑을 만끽하며 하루를 마무리해보자.

Day 1

 → 도보 5분 → 센토사 익스프레스 3분 →

09:00
토스트 박스에서
아침 먹기

10:00
멀라이언 타워를 배경으로
사진 찍기

11:00
스카이 라인 루지를 타고
달려보기

도보 1분

 ← 도보 3분 ← 센토사 익스프레스 5분 ←

18:00
딘타이펑 또는
조엘 로부숑에서
저녁 먹기

13:30
유니버설 스튜디오에서
인기 어트랙션 체험하기

12:00
실로소 비치 코스티스에서
점심 식사하기

도보 1분

 센토사 익스프레스 5분 → 센토사 버스3 10분 →

19:00
캔딜리셔스에서
달콤한 쇼핑하기

19:40
〈윙스 오브 타임〉 공연
감상하기

21:00
센토사 코브 키사이드 아일에서
와인 즐기기

Day 2

09:00
슬래피 케이크에서
핫케이크를 만들며
아침 식사하기

→ 도보 1분 →

10:00
세계 최대 규모의 수족관인
S.E.A 아쿠아리움
둘러보기

→ 도보 3분 →

12:00
말레이시안 푸드 센터에서
현지 음식으로
점심 식사하기

↓ 도보 5분

21:00
무료 쇼인 〈크레인 댄스〉
감상하기

↓ 도보 5분

← 도보 3분 ←

19:00
인사동 코리아타운에서
한식 먹기

← 도보 5분 ←

14:00
어드벤처 코브 워터파크에서
물놀이 하기

21:30
무료 쇼인
〈레이크 오브 드림즈〉
관람하기

세계 최대 크기의 수족관인 S.E.A 아쿠아리움은 놓치지 말자.

주얼 박스
Jewel Box

마운트 페이버(케이블카)
Mount Faber Cable Car Station

케이블카 마운트 페이버 라인
Cable Car Mount Faber Line

센토사 익스프레스(모노레일) 탑승장
센토사역 Sentosa Station

래브라도르 자연 보호 지역
Labrador Nature Reserve

하버프런트
Habourfront

웨스트 코스트 하이웨이
West Coast

하버프런트 타워2
HarbourFront Tower2

하버프런트역
HarbourFront

Keppel Island

Singapore Cruise Centre

비보 시티
VivoCity

케이블카 센토사 라인
Cable Car Sentosa Line

리조트 월드 센토사
Resort World Sentosa

포트 실로소
Fort Siloso

비치 빌라
Beach Villas

어드벤처 코브 워터파크
Adventure Cove Waterpark

언더워터 월드&돌핀 라군
Underwater World & Dolphin Lagoon

Equarious Hotel

오션 스위트
Ocean Suites

S.E.A 아쿠아리움
S.E.A aquarium

실로소 포인트 Siloso Point

메가짚 어드벤처 파크
MegaZip Adventure Park

크레인 댄스
The Crane Dance

상그릴라 라사 센토사 리조트&스파
Shangri-La's Rasa Resort & Spa

페스티브 호텔
Festive Hotel

레이크 오브 드림즈
Lake of Dreams

트라피자
Trapizza

워터프런트역
Waterfront Station

샌드 바 Sand Bar

임비아
Imbiah

웨이브 하우스 센토사
Wave House Sentosa

스카이라인 루지
Skyline Luge

임비아역 Imbiah Station

유니버설 스튜
Universal Stud

워터 젯팩 Water Jetpack

비키니 바 Bikini Bar

르 메르디앙 싱가포르 센토사
Le Meridien Singapore Sentosa

코스티스 Coattes

멀라이언 The Merlion

번지점프

윙스 오브 타임
Wings of Time

실로소 비치
Siloso Beach

키자니아 Kidzania

밥스 바 Bobs Bar

비치역
Beach Station

포트 오브 로스트 원더
Port of Lost Wonder

카펠라 싱가포르
Capella Singapore

팔라완 비치
Palawan Beach

고그린 Gogreen Segway

Palawan Island

흔들 다리
Suspended Rope Bridge

올드 창키 Old Chang Kee

센토사 비치트램 탑승장
Sentosa Beach Tram

아시아의 최남단
(Southernmost Point
of Continental Asia)

센토사 버스 탑승장
Sentosa Bus

The Sentosa Resort

아이플라이 Iffy

나비 공원&곤충 왕국
Butterfly Park & Insect Kingdom

이미지 오브 싱가포르
Images of Singapore

마담 투소 Madame Tussauds

타이거 스카이 타워
Tiger Sky Tower

0 ———— 500m

센토사&하버프런트
Sentosa&Habourfront

RWS

센토사 익스프레스 노선
Sentosa Express

센토사 비치트램 노선
Sentosa Beach Tram

에이어 라자 익스프레스웨이 Ayer Rajah Expessway(AYE)

↑차이나타운 방면

클랍슨 호텔
Klapson Hotel

C

D

- S 비보 마트
- S 탕스
- S 펫 사파리
- S 토이저러스
- S 다이소
- R 푸티엔
- R 노 사인보드 시푸드
- R 스시 테이
- R 코이
- R 부스트 주스
- R 캔디 엠파이어
- R 푸드 리퍼블릭
- R 리호

브라니섬
Brani Island

- R 프라텔리 트라토리아 피자리아
- R 오시아
- R 오션 레스토랑
- R 말레이시안 푸드 스트리트
- R 슬래피 케이크
- R 인사동 코리아타운
- R 캔딜리셔스
- R 가렛 팝콘

ore

G

H

사라퐁 골프 코스
Sarapong Golf Course

센토사 코브
Sentosa Cove

- R 블루 로터스 Blue Lotus
- R 미코노스 Mykonos
- R 슬레 포모도로 Sole Pomodoro

센토사 코브 어라이벌 플라자
Sentosa Cove Arrival Plaza

키사이드 아일
Quayside Isle

원 15 마리나 클럽
One° 15 Mrina Club

W 싱가포르 센토사 코브
W Singapore-Sentosa Cove

pa Botinica

Tanjong Golf Course

탄종 비치 클럽
E Tanjong Beach Club

탄종 비치
Tanjong Beach

K

L

SEE

Writer's Pick!

싱가포르의 랜드마크 톱10 중 하나
케이블카 Cable Car

센토사로 입장하는 교통수단이자 싱가포르의 멋진 전망을 감상할 수 있는 인기 어트랙션이다. 싱가포르에서 가장 높은 언덕인 마운트 페이버Mount Faber에서 하버프런트를 지나 센토사까지가 마운트 페이버 라인이며, 센토사 내에서 이용할 수 있는 멀라이언, 임비아 룩아웃, 실로소 포인트까지가 센토사 라인이다. 두 라인을 모두 이용할 수 있는 통합권이 훨씬 저렴하다. 주로 MRT 하버프런트역과 연결된 하버프런트 타워2에서 탑승한다.

마운트 페이버역에서 내리면 전망 멋진 레스토랑과 싱가포르 관광청이 인정한 공식 멀라이언을 볼 수 있는 마운트 페이버 파크로 갈 수 있다. 홈페이지에서 당일 오후 12시까지 예약할 수 있는 스카이 다이닝Sky Dining에서 로맨틱한 저녁 식사를 해보는 것도 좋은 경험이 될 수 있겠다.

Data 지도 368B 구글맵 S 098632
가는 법 MRT CC29/NEI 하버프런트역 B출구에서 하버프런트 타워2 방면으로 도보 10분, 하버프런트 타워2 15층
주소 3 Harbour Front Place
오픈 08:45~22:00 (탑승 마감 21:45)
요금 통합권 성인 35달러, 어린이 25달러/마운트 페이버 라인 성인 33달러, 어린이 22달러/센토사 라인 성인 15달러, 어린이 10달러/종일권은 요금에 10달러 추가
전화 6377-9688
홈페이지 www.mount-faber.com.sg

센토사 케이블카 노선도

마운트 페이버 Mount Faber · 하버프런트 Harbour Front · 센토사 Sentosa

↕ 도보 2~5분 거리

멀라이언 Merlion · 임비아 룩아웃 Imbiah Lookout · 실로소 포인트 Siloso Point

— 마운트 페이버 노선 Mount Faber Line
— 센토사 라인 Sentosa Line

누구나 아는 싱가포르의 대표 아이콘
멀라이언 The Merlion

10층 건물 높이의 가장 큰 멀라이언으로 입을 통해 싱가포르를 한눈에 볼 수 있는 전망대이다. 일명 아빠 멀라이언이라고도 불린다. 엄마와 아기 멀라이언은 멀라이언 파크에 있다. 아빠 멀라이언은 기러기 아빠인셈. 멀라이언의 전설을 소개하는 전시관과 기념품 숍도 있다.

Data 지도 368F
구글맵 S 098975 **가는 법** 센토사 익스프레스 임비아역 하차
오픈 10:00~20:00 (입장 마감 19:30)
요금 성인 8달러, 어린이(3~12세) 5달러
홈페이지 www.sentosa.com.sg

타이거 맥주 회사가 후원하는
타이거 스카이 타워 Tiger Sky Tower

싱가포르에서 가장 높은 전망대. 지상 131m까지 천천히 회전하면서 올라갔다 내려온다. 360도 파노라마 창을 통해 펼쳐지는 싱가포르의 전망을 한눈에 감상할 수 있다. 날씨가 좋으면 멀리 인도네시아와 말레이시아까지 보인다.

Data 지도 368F
구글맵 S 099707
가는 법 센토사 익스프레스 임비아역에서 도보 5분, 임비아 룩아웃 방면 센토사 케이블카 탑승장 앞
오픈 09:00~21:00 (탑승 마감 20:45)
요금 성인 15달러, 어린이 10달러
홈페이지 www.skytower.com.sg

바다 속으로 걸어들어가는 느낌

Writer's Pick!

S.E.A 아쿠아리움 S.E.A Aquarium

S.E.A는 동남아시아의 영문 표기 'South East Asia'의 약자로 세계 최대 규모의 수족관이다. 평일에 종권권을 구매하면 타이푼 시어터Typhoon Theatre도 가능. 단 국경일, 국경일 전날, 싱가포르 스쿨 홀리데이, 차이니즈 뉴이어에는 제외된다. 단, S.E.A 익스프레스 패스를 추가 구매하면 언제나 타이푼 시어터를 이용할 수 있으며 S.E.A아쿠아리움도 줄을 서지 않고 입장할 수 있다.

Data 지도 368F 구글맵 S 098269
가는 법 센토사 익스프레스
워터프런트역에서 도보 3분
주소 8 Sentosa Gateway,
Sentosa
오픈 10:00~19:00
요금 종일권 성인 38달러,
어린이(4세~12세) 28달러,
60세 이상 28달러/S.E.A
익스프레스 10달러부터

Tip *마린 라이프 파크 Marine Life Park*
해양 체험 박물관, S.E.A 아쿠아리움, 어드벤처 코브 워터파크로 구성된 바다 테마파크로 2012년 12월 리조트 월드 센토사에 오픈하였다.

송즈 오브 더 씨를 잇는 새로운 인기 공연

윙스 오브 타임 Wings of Time

7년 동안 사랑받아온 센토사의 대표 나이트 쇼인 〈송스 오브 더 시\Songs of the Sea〉가 막을 내리고, 2014년부터 새롭게 선보이고 있는 공연이다. 분수로 만들어진 스크린에 색색의 레이저와 조명, 음악, 불꽃놀이 등이 어우러진 멀티 미디어 쇼로, 무려 1,000만 달러가 투입되어 만들어졌다.

주인공인 두 아이가 신비로운 새가 집으로 돌아갈 수 있도록 도와준다는 내용으로 하루에 2번 25분씩 공연된다. 일반석과 프리미엄석이 있지만 무대가 넓어 공연 관람 시 큰 차이는 없다. 단, 프리미엄석은 등받이가 있고 입장하는 곳이 모노레일역에서 조금 더 가깝다. 인터넷 홈페이지에서 미리 날짜와 시간 예매 가능하다.

Data 지도 368F 구글맵 S 098604 **가는 법** 센토사 익스프레스 비치 스테이션역에서 도보 1분 **주소** 50 Beach View **오픈** 1차 19:40, 2차 20:40 **요금** 일반석 18달러, 프리미엄석 23달러 **홈페이지** www.wingsoftime.com.sg

물과 불과 빛의 쇼

레이크 오브 드림즈 Lake of Dreams

헐리우드의 인기 무대 설계가인 제레미 레일튼 Jeremy Railton의 작품으로 약 15분 동안 빛과 불이 분수와 어우러져 음악에 맞춰 춤을 춘다. 매일 밤 9시 30분에 무료로 관람할 수 있다.

Data 지도 368F 구글맵 S 098141 **가는 법** 페스티브 워크에서 멀라이언 방향으로 도보 1분 **주소** 32 Sentosa Gateway **오픈** 21:30 **요금** 무료

Writer's Pick!

세계 최대 멀티미디어 로봇 쇼

크레인 댄스 Crane Dance

빛과 음악, 분수, 불꽃이 어우러지는 공연으로 S.E.A 아쿠아리움 근처에 마련된 야외 공연장에 관람할 수 있다. 10분 동안 펼쳐지는 환상적인 학 춤은 무료라고 하기에는 매우 훌륭하다.

Data 지도 368F 구글맵 S 098269 **가는 법** S.E.A 아쿠아리움에서 도보 1분 **주소** 8 Sentosa Gateway **오픈** 21:00 **요금** 무료

센토사 속 커다란 새장
나비 공원&곤충 왕국 Butterfly Park & Insect Kingdom

규모는 크지 않지만 주롱 새공원에 못 간다면 대신 와도 좋은 곳이다. 50여 종의 나비들이 여기저기 날아다니고 3,000여 종의 희귀한 곤충들을 만날 수 있다. 형형색색의 아름다운 새들에게 직접 먹이 주기 체험도 할 수 있으며, 세계에서 가장 큰 비둘기가 뒤를 따라 걸어오기도 한다.

Data **지도** 368F **구글맵** S 099702 **가는 법** 센토사 익스프레스 임비아역에서 도보 5분
주소 51 Imbiah Rd, Sentosa **오픈** 09:30~19:00(입장 마감 18:30)
요금 성인 16달러, 어린이 10달러 **전화** 6275-0013 **홈페이지** www.jungle.com.sg

핑크 돌고래를 만날 수 있는
언더 워터월드&돌핀 라군 Under Water World & Dolphin Lagoon

S.E.A 아쿠아리움이 생기기 전까지는 싱가포르 최대 해양 수족관이었다. 지금도 이곳을 일부러 찾는 이유가 있으니, 바로 싱가포르에서 유일하게 핑크 돌고래를 볼 수 있는 곳이기 때문이다. 언더 워터월드 입장 시 무료로 관람할 수 있는 돌핀 라군에서 매일 돌고래 쇼가 4차례(11:00, 14:00, 16:00, 17:45) 펼쳐진다. 단, 핑크 돌고래는 수요일 오후 2시 공연에만 나온다. 홈페이지에서 예약하면 핑크 돌고래와 수영도 할 수 있으며 상어와 함께 스쿠버 다이빙도 즐길 수 있다.

Data **지도** 368E **구글맵** S 099700 **가는 법** 센토사 익스프레스 비치 스테이션역에서 비치트램(또는 버스1번) 타고 5분. 상그릴라 라사 센토사 리조트 앞 **주소** 80 Siloso Rd, Sentosa
오픈 10:00~19:00(입장 마감 18:30) **요금** 성인 29.9달러, 어린이(3~12세) 20.6달러
전화 6275-0030 **홈페이지** www.underwaterworld.com.sg

싱가포르의 역사가 한눈에

이미지 오브 싱가포르 Images of Singapore

싱가포르의 역사와 전통 문화를 영상과 모형 인형으로 알기 쉽게 전시한 박물관이다. 처음 입장하자마자 짧은 영상으로 싱가포르의 탄생에 대해 보여주는데, 한국어 자막으로 설명이 나와 이해가 쉽다. 세계적으로 유명한 밀랍 인형 전시관인 마담 투소도 함께 있다.

Data 지도 368F 구글맵 S 099700 **가는 법** 센토사 익스프레스 임비아역에서 도보 5분, 임비아 룩아웃 방면 에스컬레이터 탑승 **주소** 40 Imbiah Rd **오픈** 09:00~19:00(입장 마감 18:30) **요금** 성인 10달러, 어린이 7달러 **전화** 6275-0388 **홈페이지** www.sentosa.com.sg

유일하게 보존된 해안 요새

포트 실로소 Fort Siloso

245장의 사진과 문서, 필름 등 제2차 세계대전 전시물이 보관된 실내 전시관과 대포, 탱크, 터널 등이 그대로 보존된 실외 전시관이 있다. 티켓은 포트 실로소 입구와 케이블카 탑승장 앞 임비아에서도 구매할 수 있다. 임비아에서 트램을 타고 포트 실로소를 갈 수 있는 무료 가이드 투어를 추천한다. 물론 포트 실로소 입구에서도 참여할 수 있다. 실제로 군인처럼 전투 서바이벌 게임 컴뱃 스키미시 라이브Combat Skimish Live도 체험할 수 있다.

Data 지도 368E 구글맵 S 099981 **가는 법** 센토사 익스프레스 비치트램 타고 실로소 포인트에서 하차 **주소** Siloso Rd **오픈** 10:00~18:00(입장 마감 17:30) **요금** 성인 12달러, 어린이(3~12세)·60세 이상 9달러 **전화** 6272-4649 **홈페이지** www.sentosa.com.sg

EAT

쿠반 스타일의 칵테일과 럼!
밥스 바 Bob's Bar @Capella Singapore

6성급 카펠라 호텔 안에 있는 곳이어서 엄청 비쌀 것이라는 예상과는 달리, 여느 레스토랑의 가격과 비슷하게 즐길 수 있는 것이 이 집의 장점이다. 1950~60년대 쿠바에서 영감을 얻어 만든 밥스 바는 하바나의 황금기와 카펠라가 가진 독특한 리조트 분위기가 잘 어우러져 있다. 특히 탁 트인 야외 자리에서 늦은 낮부터 밤까지 근사한 시간을 보낼 수 있다.

시그니처 칵테일에서 배럴통에 직접 숙성해 만드는 럼, 내브간트 Navegante까지, 그리고 식사로도 손색없는 바 스낵들이 잘 갖추어져 있다. 센토사 안에 있는 호텔에서 묵는다면 카펠라 호텔 구경도 할 겸, 부담 없이 들르기 좋은 곳이다.

Data 지도 368F
구글맵 S 098297
가는 법 MRT NE1/CC29 하버프런트역에서 센토사 익스프레스로 환승한다. 임비아역에서 하차 후 도보 10분
주소 1 The Knolls, Sentosa
오픈 12:00~24:00
가격 시그니처 칵테일 24~29달러, 와규 비프 사테 24달러
전화 6591-5047
홈페이지 www.capellahotels.com/singapore/dining

호주와 아시아 요리의 만남
오시아 Osia

호주의 스타 셰프 스콧 웹스터Scott Webster의 수준급 코스 요리와 다양한 와인이 준비된 호주의 퓨전 레스토랑. 모던한 인테리어와 오픈 키친으로 요리사들이 준비하는 과정을 볼 수 있다. 특히 오늘의 빵으로 추천하는 빵이 맛있기로 유명하며, 가격 부담이 적은 런치 메뉴가 인기가 있다. 최고급 와인을 즐길 수 있는 독립적인 룸도 마련되어 있다.

Data 지도 368F
구글맵 S 098136
가는 법 센토사 익스프레스 워터프런트역에서 도보 5분
주소 World Square, 8 Sentosa Gateway
오픈 목~화 12:00~15:00, 18:00~22:30
휴무 수요일
가격 런치 2코스 35달러
전화 6577-6688
홈페이지 www.rwsentosa.com

전설적인 미쉐린 3스타 레스토랑의 비법 그대로
프라텔리 트라토리아 피자리아
Fratelli trattoria Pizzeria

프라텔리는 이탈리아어로 '형제'를 의미한다. 평소에는 편안하고 아늑한 분위기의 피자 전문점이지만, 저녁 시간이면 근사한 디너만을 책임지는 이탈리안 레스토랑까지 함께 한다.

따라서 한 공간에서 피자나 파스타 등 부담 없이 즐기는 메뉴와 최고급 파인 다이닝까지 선택의 폭이 넓다. 이탈리아 미쉐린 3스타 레스토랑에서 온 세레아Cerea 형제가 이탈리아에서 직접 전수받은 요리법으로 만든 최고의 이탈리안 요리를 만날 수 있다.

Data 지도 368F
구글맵 S 098138
가는 법 센토사 익스프레스 워터프런트역에서 도보 6분, 호텔 마이클 2층
주소 26 Sentosa Gateway, Hotel Michael, #02-144 & 145
오픈 수·목·금·월 12:00~14:30, 18:00~22:30/토·일 12:00~14:30, 15:00~17:00, 08:00~22:30
가격 마르게리타 22달러, 디너 세트 5코스 88달러부터
전화 6577-6555
홈페이지 rwsentosa.com

Writer's Pick! 바닷 속에서의 만찬
오션 레스토랑 Ocean Restaurant

수족관의 물고기들을 바라보며 먹는 이색 레스토랑. 미국의 스타 셰프 캣 코라Cat Cora가 만드는 음식으로 유명하다. S.E.A 아쿠아리움에 입장하면 마지막에 나타나는 세계 최대 수족관 옆에 위치. 아쿠아리움에 입장하지 않을 경우, 리조트 월드 센토사의 비치 빌라 오션 스위트룸 입구 쪽 주차창에도 또 다른 입구가 있다. 마치 바닷속에서 식사를 하는 듯하여 아이들뿐만 아니라 어른들에게도 사랑받는 곳이다.

Data 지도 368F
구글맵 S 098136
가는 법 센토사 익스프레스 워터프런트역에서 도보 10분, S.E.A 아쿠아리움 내 위치
주소 8 Sentosa Gateway
오픈 런치 11:30~14:30 (주문 마감 14:15)/ 스낵 14:30~17:30/ 디너 17:30~22:30 (주문 마감 22:00)
가격 런치 38달러부터, 가르가넬리 파스타 30달러
전화 6577-6688
홈페이지 www.rwsentosa.com

센토사의 대표 푸드 코트
말레이시안 푸드 스트리트 Malaysian Food Street

말레이시아의 호커 센터를 그대로 옮겨놓은 듯한 곳으로, 센토사에서 저렴하게 식사할 수 있는 실내 푸드 코트이다. 깨끗하고 맛도 좋아 항상 많은 사람들이 찾는다.

볶음국수인 차퀘이타우Char Koay Tew와 카레와 함께 먹는 말레이식 팬케이크 로티 차나이Roti Chanai가 인기 메뉴이다. 가게마다 문을 열고 닫는 시간이 조금씩 다르니 참고할 것. 유니버설 스튜디오 바로 앞에 있으니 잠깐 나와서 점심을 먹기에 편리하다.

Data 지도 368F
구글맵 S 098269
가는 법 센토사 익스프레스 워터프런트역에서 도보 5분, 유니버설 스튜디오 입구 옆
주소 8 Sentosa Gateway, The Bull Ring
오픈 월·화·목 11:00~21:30, 금·토 09:00~22:30, 일 09:00~21:30 휴무 수요일
가격 로티 차나이 세트 6달러, 차퀘이타우 5.50달러
전화 6577-8899
홈페이지 www.rwsentosa.com

내 마음대로 만드는
슬래피 케이크 Slappy Cakes

2009년 미국에서 처음 생겨 선풍적 인기를 끌며 미국 10대 레스토랑에 선정된 팬케이크 맛집이다. 무엇보다 각자 원하는 재료를 고르고 직접 구워 먹기 때문에 아이들이 좋아한다.

주문 방법은 5가지 반죽 중 원하는 것을 선택하고 소스와 토핑까지 고르면 끝. 달구어진 핫 플레이트에 반죽을 올리고 원하는 대로 토핑을 올리면 된다. 유니버설 스튜디오 정문에서 가까워 아침식사로 먹고 입장하기에 좋다.

Data 지도 368F
구글맵 S 098269
가는 법 센토사 익스프레스 워터프런트역에서 도보 5분
주소 RWS 26 Sentosa Gateway, #01-29
오픈 08:00~21:30(주문 마감 21:00)
가격 반죽 8.50달러, 토핑 1.50~3.00달러
전화 6795-0779
홈페이지 www.slappycakes.com.sg

싱가포르 최초의 한식 푸드 코트

인사동 코리아타운 Insadong Koreatown

현지 음식에 지친 여행객들에게 오아시스 같은 곳! 김치찌개, 된장찌개, 불고기, 라면 등 반가운 한식 메뉴뿐만 아니라 한중식, 양식, 일식까지 메뉴가 다채롭다. 빙수와 지팡이 아이스크림 등의 디저트도 판매한다. 한글 자동 주문기(현금만 가능)도 있어 편리하다.

Data 지도 368F
구글맵 S 098269
가는 법 센토사 익스프레스
워터프런트역에서 도보 3분
주소 8 Sentosa Gateway,
Resorts World Sentosa
오픈 11:30~22:00 **가격** 불고기
15달러, 김치찌개 14달러
전화 6238-8221
홈페이지 www.rwsentosa.
com

세상에서 가장 달콤한 숍

캔딜리셔스 Candylicious

유니버설 스튜디오 입구 바로 옆에 위치한 사탕 전문점. 마치 동화 속에 온 듯 달콤한 향이 코끝을 자극한다. 각종 사탕, 초콜릿, 과자, 아이스크림 등 그야말로 달달한 간식의 천국이다. 아이들이 직접 카트를 끌며 담을 수 있어서 좋아한다. 구매하지 않더라도 사진을 찍기에 좋으므로 기념 촬영을 해봐도 좋겠다. 오차드 로드의 다카시마야 쇼핑센터에도 있다.

Data 지도 368F
구글맵 S 098138
가는 법 센토사 익스프레스
워터프런트역에서 도보 3분
주소 RWS 26 Gateway,
#01-225-230
오픈 10:00~22:00
가격 믹스 사탕(140g) 15.90달러
전화 6686-2100
홈페이지 www.candylicious-
shop.com

> **Tip** 더 포럼 The Forum
> 리조트 월드 센토사에서 우리에게 익숙한 프랜차이즈들이 모여 있는 거리로, S.E.A 아쿠아리움 쪽에서 카지노까지 이어진 곳을 말한다. 딘타이펑과 토스트 박스는 줄을 서서 먹을 정도로 여전히 인기가 대단하다. 아이들이 좋아하는 캔딜리셔스와 저스트 라이크 잇도 이곳에 위치해 있다. 그밖에 코카 레스토랑, 하드 록 카페, 푸티엔, 스타벅스, 브레드 톡, 임페리얼 트레저 라미엔 샤오롱바오, 마츠리, 맥도널드, 라멘 플레이, 발리 타이 등이 입점해 있다.

| 센토사 코브 |

Writer's Pick!

지중해 풍의 그리스 레스토랑
미코노스 Mykonos

의자와 테이블뿐만 아니라 접시까지 온통 하얀색과 파란색으로 꾸
며져 있다. 가구와 조명은 물론 공예품 하나까지도 그리스에서 직
접 수입했으며 셰프도 그리스의 수석 요리사 출신이다. 눈앞의 화
려한 요트를 바라보며 전통 요리를 즐기다 보면 어느새 그리스에
와 있는 듯 착각에 빠지게 되는 곳. 할머니의 레시피 책에서 뽑아낸
요리가 콘셉트인 정겨운 그리스 가정식을 선보인다.

가장 인기 있는 무사카Mousaka는 가지 맛이 은은한 그리스식 라
자냐로 세계적으로 유명한 요리이다. 돼지고기에 전통 양념을 가
미한 기로스Gyros도 추천할 만하다. 쌀처럼 생긴 그리스의 파스타
로 만든 조벳시 가리다Gioyvetsi Garida는 새우와 체리토마토를 곁
들인 색다른 요리로 보통 쇼트 파스타라고 부른다. 블루 마티니는
파란색이 무척 잘 어울리는 미코노스의 스페셜 칵테일이다.

Data 지도 369L
구글맵 S 098375
가는 법 센토사 익스프레스
비치역에서 3번 버스로 10분,
코브 어라이벌 플라자
(센토사 코브) 하차 후 도보 5분
주소 #01-10 Quayside Isle
Sentosa Cove
오픈 월~수 18:00~23:00/
목 · 금 런치 12:00~14:30/
디너 18:00~23:00,
토 · 일 11:00~23:00
가격 무사카 27달러,
조벳시 가리다 30.50달러
전화 6334-3818
홈페이지 www.mykonos-
onthebay.com

화덕 피자로 유명한 이탈리안 레스토랑

솔레 포모도로 Sole Pomodoro

태양과 토마토를 의미하는 솔레 포모도로는 키사이드 아일의 끝 자락에 위치한 이탈리안 레스토랑이다. 장작나무를 피워 직접 굽는 화덕 피자가 유명하다. 사실 이 집의 피자 맛 비결은 피자 도에 있다. 이탈리아의 가장 오래된 피자 전문점 중 한 곳에서 전수한 비밀 제조법으로 오너만이 안다고 한다.

이탈리아의 모데나 지역에서 전통 방법으로 만든, 최소 12년 이상 숙성된 발사믹 식초도 준비되어 있다. 와인 저장고에는 싱가포르에서 쉽게 접하기 어려운, 유럽 직수입 와인들이 갖춰져 있다. 차이나타운 클럽 스트리트의 쿠지니와 자매 레스토랑이다.

Data 지도 369L
구글맵 S 098375 **가는 법** 센토사 익스프레스비치역에서 3번 버스로 10분, 코브 어라이벌 플라자 (센토사 코브) 하차 후 도보 6분 **주소** #01-14 Quayside Isle Sentosa Cove
오픈 월~목 18:00~23:00/ 금 런치 12:00~14:30, 디너 18:00~23:00/ 토·일 11:00~23:00
가격 피자 부팔라 25.90달러, 카르보나라 24.90달러
전화 6339-4778
홈페이지 www.sole-pomodoro.com

센토사에서 칠리크랩이 먹고 싶을 땐

블루 로터스 Blue Lotus

알록달록 화려한 조명등이 아름다운 중국식 퓨전 레스토랑이다. 센토사 코브에서 칠리크랩을 먹을 수 있는 유일한 곳으로, 인기가 많아 예약하지 않으면 많이 기다려야 한다. 시그니처 메뉴인 칠리 포멜로 크랩Chilli Pomelo Crab은 알이 꽉 찬 암컷을 추천한다. 함께 나오는 번은 무료로 제공되는 것이다. 고수향이 강할 수 있으니 싫다면 주문 시 빼달라고 요청하자.

Data 지도 369L **구글맵** S 098375
가는 법 센토사 익스프레스 비치역에서 3번 버스로 환승. 코브 어라이벌 플라자(센토사 코브)역에서 하차 후 도보 5분
주소 31 Ocean Way, #01-13 Quayside Isle
오픈 10:00~20:00 휴무 수요일
가격 칠리 포멜로 크랩(100g) 8달러, 게살 볶음밥 28달러
전화 6339-0880
홈페이지 bluelotus.com.sg

| 비보 시티 |

비보 시티의 푸드 센터
푸드 리퍼블릭 Food Republic

인기 푸드 코트로 마치 차이나타운 헤리티지 센터에 온 듯한 1900년대 콘셉트가 정겹다. 현지 음식을 비롯해 인도, 말레이시아, 한국 등 다양한 메뉴를 저렴한 가격에 먹을 수 있다. 센토사 익스프레스 탑승장 오른편에 위치해 찾기 쉬우며, 센토사를 오갈 때 들리기 좋다.

Data 지도 368B 가는 법 비보 시티 #03-01
오픈 10:00~22:00
전화 6276-0521 가격 락사(S) 6.90달러

중국 남부 푸티엔 지역의 음식에 퓨전을 가미
푸티엔 Putien

현지인들에게도 인기 있는 중국 레스토랑이다. 가장 인기 있는, 번처럼 생긴 참깨 빵은 채썬 고기를 넣어서 먹으면 어느 메인 요리보다도 맛있다. 리조트 월드 센토사에도 있다.

Data 지도 368B 가는 법 비보 시티 #02-131/132
오픈 월~금 11:30~15:00, 17:30~22:00,
토·일 11:30~16:30 전화 6376-9358
가격 프라이드 비훈(S) 7.90달러
홈페이지 www.putien.com

크랩 요리의 강자
노 사인보드 시푸드 No Signboard Seafood

싱가포르에서 꼭 먹어야 할 칠리크랩. 점보 시푸드와 비교되며 우열을 가리기 힘든 맛집이다. 사실은 페퍼크랩이 더 입소문난 곳. 같은 가격이면 점보 시푸드보다 푸짐하게 먹을 수 있다.

Data 지도 368B 가는 법 비보 시티 #03-02
오픈 10:00~22:00 전화 6376-9959
홈페이지 www.nosignboardseafood.com

줄 서서 기다리는 맛집
스시 테이 Sushi Tei

싱가포르 현지인들이 좋아하는 일본 음식 전문점이다. 싱가포르 내에 많은 지점을 두고 있으며 오차드 로드의 파라곤에도 있다. 가격 대비 만족도가 매우 높은 곳이다.

Data 지도 368B
가는 법 비보 시티 #02-152/153 오픈 11:30~22:00
전화 6376-9591 가격 호다카(초밥 8개) 16.80달러

공차보다 인기!

(Writer's Pick!) **코이** Koi Cafe

싱가포르에서 공차보다 인기 있는 버블티 맛집. 대만에서 '50LAN'이란 이름으로 지난 20여 년 동안 계속 1위를 한 밀크티 브랜드이다. 우리나라에도 2014년 11월 강남역에 코이 카페 1호점을 오픈하였다.

Data 지도 368B
가는 법 비보 시티 #B2-26A
오픈 10:30~22:30 **전화** 6276-4085
가격 밀크티(M) 2.80달러
홈페이지 www.koicafe.com

공차 대신 새롭게 등장한 밀크티 맛집

리호 Liho

대만의 인기 밀크티 브랜드인 공차가 리호라는 새 이름으로 싱가포르에 돌아왔다. 대부분 공차의 밀크티와 맛이 비슷하지만, 치즈 토핑이 추가된 치즈 밀크티는 리호에만 있다.

Data 지도 368B
가는 법 비보 시티 #01-111
오픈 10:30~22:30 **가격** 치즈 블랙티(M) 4달러,
클래식 밀크티(M, 펄 추가) 3.30달러
전화 6376-9363
홈페이지 www.instagram.com/lihosg

호주 브랜드의 주스 바

부스트 주스 Boost Juice

스무디킹과 비슷한 곳으로 호주 브랜드의 주스 바이다. 다양한 과일 맛의 상큼한 아이스 음료는 싱가포르의 무더위를 날려주기에 최고이다. 딸기맛 주스를 마시면 에너지 재충전 완료!

Data 지도 368B
가는 법 비보 시티 #02-134 **오픈** 10:00~22:00
전화 6376-9300 **가격** 올베리뱅(M) 5.50달러
홈페이지 www.boostjuicebars.com.sg

사탕과 초콜릿의 천국

캔디 엠파이어 Candy Empire

리조트 월드 센토사에 캔딜리셔스가 있다면 비보 시티에는 캔디 엠파이어가 있다. 낯익은 브랜드의 사탕과 초콜릿이 모두 모여 있다. 멀라이언이 그려진 초콜릿은 선물하기에도 안성맞춤이다.

Data 지도 368B **가는 법** 비보 시티 #B2-32/33
오픈 10:00~22:00
가격 멀라이언 초콜릿 14.80달러 **전화** 6376-8382
홈페이지 www.candyempire.com.sg

시카고의 대표 인기 간식
가렛 팝콘 Garrett Popcorn

60여 년의 전통을 자랑하는 시카고의 명물 팝콘. 8개의 맛이 있으며, 구매 전 시식해볼 수 있다. 짭조름한 치즈 맛과 달콤한 캐러멜 맛을 섞은 시카고 믹스 팝콘이 가장 사랑받는 시그니처 메뉴. 캐러멜 맛과 마카다미아너트를 섞은 마카다미아 캐러멜 팝콘도 추천하는 메뉴이다. 가격이 사악한 편이지만, 에너지 소모가 큰 리조트 월드 센토사에 딱 어울리는 간식이다.

Data 지도 368F
구글맵 S 098138
가는 법 센토사 익스프레스
워터프런트역에서 도보 5분
주소 26 Sentosa Gateway,
#01-077 오픈 10:00~22:00
가격 시카고 믹스 팝콘(S) 5달러,
마카다미아 캐러멜(S) 팝콘 9달러
전화 6884-6728
홈페이지 www.garrett-
popcorn.com

싱가포르 국민 간식
올드 창키 Old Chang Kee

1956년부터 이어온 싱가포르의 국민 간식이자 대표 튀김집. 센토사 익스프레스 비치역에 내려 비치트램을 타러 가는 길에 위치해 있다. 출출할 때 간단하게 간식으로 먹기에 좋다. 가장 인기 있는 메뉴는 커리로 속을 가득 채운 통통한 군만두 모양의 커리오 Curry'O이다.

Data 지도 368F 구글맵 S 098604
가는 법 센토사 익스프레스
비치역에서 도보 1분
주소 50 Beach View,
#01-K7, Beach Station
오픈 월~토 17:00~23:45,
일·국경일 12:00~24:00
가격 커리오 1.40달러
전화 6271-9434
홈페이지 www.oldchang-
kee.com

인기 메뉴 커리오

ENJOY

Writer's Pick! 센토사에서 가장 휴식하기에 좋은
탄종 비치 Tanjong Beach

동쪽 끝에 위치한 해변으로 사람이 많지 않아 조용히 쉴 수 있다. 주로 탄종 비치 클럽의 선베드에 누워 해변을 즐기거나 야외 수영장에서 바다를 바라보며 수영을 한다. 센토사 코브와도 가깝다.

Data 지도 369K **구글맵** S 098942 **가는 법** 센토사 비치트램, 센토사 3번 버스 이용

Inside

탄종 비치의 추천 스폿

탄종 비치 클럽 Tanjong Beach Club

야외 수영장과 모래사장에 놓인 선베드는 마치 휴양지 리조트에 온 듯하다. 평일에는 식사나 음료만 주문해도 수영장과 선베드가 무료이며, 주말에는 일정 금액(200달러) 이상을 주문해야 한다. 금~일요일 저녁은 DJ의 신나는 음악이 흐르는 해변의 클럽으로 변신. 특히 해마다 3번 열리는 풀문 파티가 유명하다. 일요일은 저녁 6시부터 9시까지 30분마다 비보 시티까지 무료 셔틀버스가 운행된다.

Data 지도 369K **구글맵** S 098942
가는 법 센토사 익스프레스 비치역에서 비치트램을 타고 탄종 비치에서 하차
주소 120 Tanjong Beach Walk, Sentosa
오픈 화~금 11:00~23:00, 토·일 10:00~24:00 **휴무** 월요일
가격 모히토 17달러 **전화** 6270-1355 **홈페이지** www.tanjongbeachclub.com

해 질 녘이 더 아름다운
실로소 비치 Siloso Beach

센토사의 가장 서쪽에 위치한 해변으로 모래 위에 놓인 커다란 실로소 조형물이 유명하다. 조형물은 가끔 옷을 갈아 입기도 한다.
샹그릴라 라사 센토사 리조트 전용 해변과 이어지며 포트 실로소와 언더 워터월드와 가깝다. 메가짚을 타고 외줄에 매달려 지나가는 사람들도 볼 수 있다.

Data 지도 368E 구글맵 S 099538
가는 법 센토사 비치트램을 타고 종점에서 하차 후 센토사 1번 버스 또는 센토사 2번 버스 이용

Inside

실로소 비치의 추천 스폿

트라피자 Trapizza

센토사 리조트에서는 조금 떨어진 실로소 비치에 있다. 바다를 바라보며 먹는 피자 맛이 일품이다. 커다란 화덕에서 직접 구운 피자가 인기 메뉴이며, 맥주와 함께 먹으면 금상첨화. 해 질 녘에 가면 좋은 곳이다.

Data 지도 368E 구글맵 S 098995 **가는 법** 센토사 익스프레스 비치역 하차 또는 비치트램 탑승 후 실로소 포인트에서 하차, 도보 1분 **주소** 10 Siloso Beach Walk, Sentosa **오픈** 12:00~21:00 **가격** 피자 시칠리아나 23.9 달러, 새우 샐러드 16.8달러 **전화** 6376-2662 **홈페이지** www.shangri-la.com

비키니 바 Bikini Bar

이름처럼 비키니를 입고 서빙하는 비치 바이다. 캐주얼한 분위기로, 가볍게 맥주나 칵테일을 마시며 바닷바람을 느껴보자. 인기 메뉴인 프로즌 마가라타를 추천한다. 오후 5시부터 8시까지는 해피 아워로 운영된다.

Data 지도 368E 구글맵 S 099000 **가는 법** 센토사 익스프레스 비치역 에서 실로소 비치 방면 도보 3분. 비치역에서 비치트램 탑승 시 한 정거장 **주소** #01-06 50 Siloso Beach Walk
오픈 일~목 14:00~ 23:00, 금·토 14:00~다음 날 02:00 **가격** 생맥주 11달러, 빈땅 맥주 12달러, 마가리타 15달러, 모히토 15달러 **전화** 6276-6070

코스티스 Coastes

Writer's Pick!

가족, 친구와 함께 가볍게 식사하며 해변도 즐기고 싶다면 이곳을 추천한다. 수영장은 없지만 전용 해변에 선베드가 놓여 있어서 신선 놀음을 즐기기에 딱이다. 밤이면 라이브 밴드의 공연까지 더해져 환상적인 하루를 보낼 수 있다.

Data **지도** 368E **구글맵** S 099000
가는 법 센토사 익스프레스 비치역에서 실로소 비치 방면 도보 3분. 비치역에서 비치트램 탑승 시 1개 정거장
주소 #01-06 50 Siloso Beach Walk **오픈** 일~목 09:00~23:00, 금·토 09:00~다음 날 01:00
가격 파스타 16달러, 피자 19달러 **전화** 6274-9668 **홈페이지** www.coastes.com

웨이브 하우스 센토사 Wave House Sentosa

강력한 물의 힘을 이용해 즐기는 서핑을 바다에 가지 않아도 즐길 수 있는 세계적인 인도어 서핑 시설이다. 어린이나 초보자를 위한 플로우 라이더와 전문가 수준의 서퍼를 위한 플로우 배럴이 나누어져 있다. 아시아에서 유일한 플로우 배럴은 진짜 파도에서 서핑을 하는 것 같과 비슷하며, 최소 3명이 신청해야 이용 할 수 있다.

레스토랑과 바, 수영장도 함께 위치해 있으며 센토사 익스프레스 비치역에서 웨이브 하우스까지 버기를 타고 이동하는 버기 서비스도 제공한다. 물의 수압을 이용해 하늘을 나는 워터 젯팩Water JetPack도 이곳에서 체험할 수 있다.

Data **지도** 368E **구글맵** S099007 **가는 법** 센토사 익스프레스 비치역에서 실로소 비치 방면으로 비치트램을 타고 8분 **오픈** 10:30~22:30 **가격** 플로우 라이더 35달러(주중), 40달러(주말·국경일), 플로우배럴 45달러(주중), 50달러(주말·국경일) **전화** 6377-3113 **홈페이지** www.wavehousesentosa.com

번지점프 AJ Hackett Sentosa

센토사 실로소 비치에 새롭게 생긴 액티비티이다. 47m 상공에서 그대로 뛰어내리는 번지점프Bungy Jump, 공중에 매달려 좌우로 움직이는 자이언트 스윙Giant Swing, 스카이워크를 체험할 수 있는 스카이브리지Skybridge를 체험할 수 있다. AJ 해킷은 1988년 뉴질랜드에 설립된 세계 최초 상업적인 번지점프 회사로 마카오 타워에도 있다.

Data **지도** 368E **구글맵** S 099011
가는 법 센토사 익스프레스 비치역에서 실로소 비치 방향으로 도보 9분
오픈 금 13:00~20:00, 토·일 12:00~20:00, 월~목 13:00~19:00
요금 번지점프 139달러, 자이언트 스윙 49달러, 스카이 브리지 16달러
전화 6911-3070
홈페이지 www.ajhackett.com

Writer's Pick!

아시아 최남단에 위치한
팔라완 비치 Palawan Beach

실로소 비치와 탄종 비치 사이에 있는 해변으로, 스릴 넘치는 흔들다리
가 있다. 흔들 다리를 건너면 나오는 아시아의 최남단Southernmost Point
of Continental Asia이라는 표시 앞에서 인증 사진을 찍어보자. 전망대를
오르면 남중국해와 센토사 전경이 한눈에 펼쳐진다.

Data 지도 368F
구글맵 S 098521
Acess 센토사 비치트램
또는 센토사 버스3 이용

Inside

팔라완 비치의 추천 스폿

포트 오브 로스트 원더 Port of Lost Wonder

팔라완 비치에 위치한 싱가포르 최초의 비치 키즈 클럽. 3세부터
10세까지를 타깃으로 한 미니 워터파크이다. 아이와 동반 시 어른
은 무료입장이다. 입장 시 제공되는 스티커 수첩Port Pass과 장난
감 큐로 코인Curio Coin은 아이들이 좋아한다. 곳곳에 안전요원이
있으며 아이들과도 잘 놀아준다. 식사를 할 수 있는 포트벨리Port
belly는 키즈 세트도 준비되어 있다. 무엇보다 무료 와이파이가 제
공된다. 햇빛이 강렬하므로 선크림과 모자는 필수.

Data 지도 368F 구글맵 S 098833 **가는 법** 센토사 익스프레스
비치역에서 비치트램을 타고 팔라완 비치에서 하차
주소 54 Palawan Beach Walk
오픈 10:00~18:30(물놀이 18:00까지)
요금 월~금 10달러, 토 · 일요일 · 국경일 15달러
전화 1800-736-8672 **홈페이지** www.polw.com.sg

📢 |Theme|
센토사 최고 인기 어트랙션

스카이라인 루지 Skyline Luge

Writer's Pick!

무동력 카트를 타고 임비아에서 비치까지 질주하는 최고 인기 어트랙션! 왼쪽은 무난한 정글 코스, 오른쪽은 역동적인 드래곤 코스이다. 스카이라인은 루지를 타기 위해 이동하는 리프트로 탁 트인 전망이 예술이다. 임비아와 비치 2곳에 매표소와 탑승장이 있으며, 3회권 이용을 추천한다.

Data **지도** 368F **구글맵** S 099003 **가는 법** 센토사 익스프레스 비치역에서 도보 2분 또는 임비아 케이블카역에서 도보 2분 **오픈** 10:00~21:30(탑승 마감 21:15) **요금** 스카이라인&루지 1회 13달러, 3회 20달러/스카이라인 1회 10달러 **전화** 6274-0472 **홈페이지** www.skylineluge.com

아이플라이 Ifly

하늘에서만 할 수 있는 스카이 다이빙을 실내에서 즐길 수 있다. 17m 높이의 바람 터널에서 마치 하늘을 나는 것 같은 경험을 할 수 있다. 수준급 실력자들은 공중 회전과 같은 고난위 묘기를 선보이기도 한다.

Data **지도** 368F **구글맵** S 099010 **가는 법** 센토사 익스프레스 비치역에서 도보 1분 **오픈** 월·화·목~일 09:00~22:00, 수 10:30~22:00(오픈 1시간 30분 후 첫 비행) **요금** 성인 89달러, 어린이 79달러 **전화** 6571-0000 **홈페이지** www.iflysingapore.com

메가짚 어드벤처 파크 Mega Zip Adventure Park

해발 75m의 메가짚 어드벤처 파크에서 출발한다. 실로소 비치를 건너 섬까지 외줄에 매달린 채 450m의 상공을 질주하는 짜릿함을 경험할 수 있다.

Data **지도** 368E **구글맵** S 099008 **가는 법** 비치역에서 센토사 1번 버스를 타고 임비아 룩아웃역에 하차 후 임비아 힐 방면으로 도보 5분 **오픈** 11:00~19:00 **요금** 메가짚 38달러, 클라이맥스 39달러, 파라 점프 19달러 **전화** 6884-5602 **홈페이지** www.megazip.com.sg

고그린 Gogreen Segway

2개의 커다란 바퀴 위에 올라 손잡이를 잡고 움직이는 인기 어트랙션. 경사진 슬로프와 회전 등을 하며 트랙을 도는 펀 라이드는 어린이나 초보자에게 좋다. 30분 또는 60분 동안 해변을 도는 에코 어드벤처 투어도 있다.

Data **지도** 368F **구글맵** S 098604 **가는 법** 센토사 익스프레스 비치역에서 도보 1분, 실로소 비치점은 도보 5분 **오픈** 10:00~20:30 **요금** 펀라이드 12달러(1라운드), 에코 어드벤처 38달러(30분) **전화** 9825-4066 **홈페이지** www.segway-sentosa.com

 동남 아시아 최초의 유니버설 스튜디오
유니버설 스튜디오 Universal Studio Singapore

7개의 영화를 테마존으로 구성한 유니버설 스튜디오. 총 24개의 놀이기구 중 18개는 싱가포르만을 위해 독점 설계되었다. 그중 엑셀러레이터는 세계에서 가장 높은 듀얼 롤러코스터이며, 세계 최초로 선보였던 트랜스포머는 최고의 인기 어트랙션이다. 갑자기 등장하는 영화 속 인기 캐릭터와의 기념 촬영과, 주말이면 캐릭터들이 총 출동하는 헐리우드 드림 퍼레이드도 놓치지 말자.

하루에 정해진 인원만 수용하므로, 성수기에는 티켓을 예매해둬야 한다. 보통 오후 7시에 문을 닫지만, 토요일이나 특별한 날에는 더 늦게 닫거나 일찍 닫기도 한다. 방문 전 홈페이지를 통해 마감 시간을 확인하자. 입장권은 1일권과 2일권이 있으며, 2일권이 약 20% 더 저렴하다.

Data **지도** 368F **구글맵** S 098269 **가는 법** 센토사 익스프레스 워터프런트역에서 도보 3분
주소 8 Sentosa Gateway **오픈** 10:00~19:00(입장권은 09:00부터 판매, 마감 시간은 부정기적)
요금 1일권 성인 74달러, 어린이(4~12세) 54달러, 60세이상 36달러
전화 6577-8888 **홈페이지** www.rwsentosa.com

> **Tip** **유니버설 스튜디오 제대로 즐기기**
> **1. 빨리 타는 방법?** 혼자서도 놀이기구를 탈 수 있다면 싱글 라이더, 놀이기구 1개당 1번 줄을 서지 않고 탈 수 있는 익스프레스 티켓(30달러부터), 무제한 줄을 서지 않고 놀이기구를 탈 수 있는 익스프레스 언리미티드(50달러) 티켓을 구입하자.
> **2. 재입장 여부?** 재입장이 가능하다. 단, 나갈 때 손에 도장을 찍고, 들어올 때 입장권을 보여줘야 한다.
> **3. 어디부터 볼까?** 어린이와 함께라면 헐리우드 거리를 지나 왼쪽부터 시계 방향으로, 아찔한 놀이기구를 타고 싶다면 오른쪽으로 돌면 된다.
> **4. 미리 챙겨야 할 것?** 일부 놀이기구는 물에 젖기도 한다. 우비나 물에 젖어도 되는 신발을 챙기면 좋다.
> **5. 할인 입장권은?** 인터넷이나 현지 여행사에서 할인 티켓을 살 수 있다. 또 싱가포르항공 이용자는 보딩패스와 여권을 보여주면 입장권 요금의 10% 할인 받을 수 있다.

Inside

유니버설 스튜디오 인기 어트랙션 6

1 트랜스포머 더 라이드 Transformers The Ride
(Sci-Fi City, 키 102cm 이상)

가장 인기 있는 어트랙션. 3D 안경을 쓰고 마치 영화 〈트랜스포머〉 속처럼 실감나는 배틀을 체험하게 된다. 그 어떤 롤러코스터보다 스릴이 넘치며 LA와 싱가포르의 유니버설 스튜디오에만 있다.

2 미이라의 복수 Revenge of the Mummy
(Ancient Egypt, 키 122cm이상)

어두운 실내를 도는 아찔한 롤로코스터로 가장 무서운 놀이기구이다. 심신 미약자에게는 권하지 않는다.

3 워터 월드 Water World (The Lost World)

캐빈 코스트너 주연의 영화 〈워터월드〉를 재현한 쇼로, 긴장감 넘치는 장면들이 눈앞에서 펼쳐진다. 하루 2번 (12:30, 16:30) 시간이 정해져 있으며 흠뻑 젖어도 괜찮다면 앞자리를 추천한다.

4 액셀러레이터 Accelerator (Sci-Fi City, 키 125cm 이상)

빨간색과 파란색 2개의 롤러코스터가 서로 엇갈리며 지나가 더욱 아찔하다. 14층 높이에서 최고의 스피드를 즐기고 싶다면 빨간색을, 발이 허공에 떠있는 채 매달려 가는 아찔함을 원하면 파란색 롤러코스터를 추천한다.

5 쥐라기공원 Jurassic Park Papids Adventure
(The Lost World, 키 107cm 이상)

젖기 싫다면 우비와 젖어도 되는 신발이 필수다. 운동화는 홀딱 젖을 각오해야 한다. 마지막에 수직으로 떨어지는 코스는 마음의 준비가 필요하다.

6 슈렉 4D 어드벤처 Shrek 4-D Adventure
(Far Far Away)

보고 듣고 느껴보자. 3D 안경을 쓰고 의자에 앉아 바람과 물을 맞으며, 온몸으로 체험하는 4D 어드벤처. 영화 〈슈렉〉의 피오나 공주와 슈렉과 함께 모험의 세계로 떠나보자.

차원이 다른 워터파크

어드벤처 코브 워터파크 Adventure Cove Waterpark

무더운 한낮을 시원하고 짜릿하게 보낼 수 있는 슬라이드와 아쿠아리움을 지나가는 유수풀부터 차원이 다르다. 게다가 파도풀 위로 케이블카가 지나간다. 락커는 하루 종일 사용할 수 있으므로, 입구에 있는 것보다는 파도풀 근처에 있는 것을 이용하는 게 편리하다.

어드벤처 익스프레스Adventure Express(10달러부터)를 구매하면 한 번에 한해 가장 인기 있는 놀이기구인 립타이드 로켓과 레인보우 리프를 빨리 탈 수 있다. 가오리에게 먹이를 줄 수 있는 레이 베이Ray Bay, 돌고래와 함께 놀 수 있는 돌핀 아일랜드 등의 유료 체험은 더욱 흥미롭다.

Data 지도 368F 구글맵 S 098269 가는 법 센토사 익스프레스 워터프런트역에서 도보 5분 주소 8 Sentosa Gateway 오픈 10:00~18:00 요금 성인 36달러, 어린이(4~12세) 26달러, 60세 이상 26달러, 락커 20달러(대), 10달러(소) 전화 6577-8888 홈페이지 www.rwsentosa.com

Inside

어드벤처 코브 워터파크의 인기 어트랙션

립타이드 로켓 Riptide Rocket

튜브를 타고 천천히 올라가는 기존의 슬라이드와는 달리 로켓을 쏘아올리듯 빠르게 시작된다. 동남아시아 최초의 하이드로 마그네틱 코스터로 마치 물 위에서 롤러코스터를 탄 듯 짜릿하다. 인기가 많아 줄을 서는 건 기본이다.

레인보우 리프 Rainbow Reef

2만여 종의 열대어와 아름다운 산호초를 경험할 수 있는 스노클링이다. 준비된 장비를 착용하면 간단한 방법을 설명해주며, 수심이 깊어 조금 무섭기도 하다. 하지만 눈앞에 펼쳐지는 형형색색의 물고기들은 마치 정말 바다에 온 듯한 착각이 든다.

Writer's Pick! 싱가포르의 비버리 힐즈
센토사 코브 Sentosa Cove

지중해의 리조트 느낌으로 개발된 고급 주거 지역이자 호텔, 레스토랑 등이 있는 상업 지역이다. 호화로운 요트들이 정박되어 있으며, 해마다 싱가포르 요트 쇼가 열린다. 이탈리아, 그리스 등 다국적 레스토랑과 바들이 모여 있는 키사이드 아일Quayside Isle은 숨겨진 핫 스폿. 낮에는 한가로이 식사하는 분위기지만 밤이 되면 술과 저녁 식사를 즐기는 사람들로 시끌벅적해진다.

Data 지도 369L 구글맵 S 098497 가는 법 센토사 익스프레스 비치역에서 버스3을 타고 센토사 코브(4번째)에서 하차. 택시 이용시 W호텔에서 하차

Tip 키사이드 아일의 레스토랑은 보통 주중(월~수)에는 밤 6시 이후에 문을 열며, 주말(목~일)은 낮 12시부터 연다. 금요일과 토요일 저녁은 예약 필수. 대부분의 레스토랑이 키즈 메뉴와 하이 체어를 제공하고 장난감이 준비된 곳도 많아 아이를 동반한 가족들에게도 인기 있다. 밤이 되면 로맨틱한 분위기로 변해서 데이트하는 커플도 많이 찾는다.

Inside
센토사 코브의 추천 스폿

원 15 마리나 클럽 One° 15 Marina Club

이곳 이름처럼 북위 약 1도 15분에 위치한 5성급 호텔이자 멤버십으로 운영되는 요트 정박장을 갖춘 마리나 클럽이다. 2014년 아시아 보트 대회에서 올해의 최고 아시아 마리나로 선정된 세계적 시설을 갖춘 곳. 크리스털 제이드 등 수준급 레스토랑과 바, 아이들을 위한 놀이방과 놀이터도 있다.

Data 지도 369K 구글맵 S 098497 가는 법 센토사 익스프레스 비치역에서 3번 버스 탑승 후 10분, 코브 어라이벌 플라자에서 하차 주소 #01-01, 11 Cove Drive, Sentosa Cove 전화 6305-6988 홈페이지 www.one15marina.com

BUY

오차드 로드가 전부가 아니다
비보 시티 Vivo City

하버프런트 지역은 센토사 맞은편에 자리 잡고 있어서, 관광객이
라면 한 번쯤 들르게 되는 곳이다. MRT 하버프런트역에서 센토
사로 가는 모노레일과 케이블카, 보드워크와 바로 연결되기 때문
이다. 특히 모노레일 탑승장이 위치해 있는 비보 시티는 관광객들
에게는 참새와 방앗간 같은 존재이다. 센토사를 가지 않더라도 일
부러 들르는 대표 쇼핑몰이기도 하다.

명품 브랜드 보다는 찰스앤키스, 자라, 코튼온 등 실속 있는 중저
가 브랜드가 많다. 특히 장난감 천국 토이저러스와 스미글 등은
모두에게 두루 사랑받는 매장이다. 3층의 푸드 리퍼블릭은 센토
사 여행 후 일부러 찾아와 먹는 인기 푸드 코트이기도 하다.

Data 지도 368B
구글맵 S 098585
가는 법 MRT NE/CC
하버프런트역에서 바로 연결
주소 1 Harbour Front Walk
오픈 10:00~22:00
전화 6377-6860
홈페이지 www.vivocity.
com.sg

Inside

비보 시티의 추천 스폿

Writer's Pick! **비보 마트** Vivo Mart

현지 대형 마트로 관광객들은 주로 커피나 락사 라면, 칠리크랩 소스 등을 사기 위해 많이 들른다. 지하 2층 은 자이언트, 1층은 가디언과 콜드 스토리지도 있다.

지도 368B 가는 법 #01-23, #B2-23 전화 6275-6064

탕스 Tangs

주방 용품으로 유명한 백화점 탕스가 규모는 작지만 알찬 구성으로 입점해 있다. 1층 패션, 2층은 주방 용품과 생활 용품 위주이다. 오차드 로드까지 갈 수 없다면 들러보자.

지도 368B 가는 법 #01-187, #02-189
홈페이지 www.tangs.com.sg

펫 사파리 Pet Safari

강아지, 고양이, 햄스터 등 애완동물들을 위한 원스톱 숍이 다. 각종 사료와 의류, 생활 용품 등 없는 게 없다. 한쪽에는 애견 미용실과 전용 스파까지 있으며, 케이크까지 주문할 수 있다. 애완동물이 있다면 반드시 들러야 할 곳! 3층의 다 이소 왼편에 있다.

지도 368B 가는 법 #03-05/05A 전화 6376-9508

토이저러스 TOYS'R'US

종류별로 장난감을 사고 싶게 잘 진열해놓아 아이들은 행복 한 비명을 지른다. 특히 입구의 멀라이언은 입에서 물을 뿜 는 모습의 레고로 만들어져 있어 기념 사진을 찍기에 좋다.

지도 368B 가는 법 #02-183 전화 6273-0661

다이소 Daiso

우리나라의 다이소와는 달리 일본 제품이 주를 이루며, 가격 은 무조건 2달러이다. 바코트를 찍는 대신 물건의 개수로 계 산한다. 없는 것이 없을 정도로 생활용품이 가득하고 가격 도 저렴하다.

지도 368B 가는 법 #03-06 전화 6376-8065

Singapore By Area

10

이스트 코스트
EAST COAST

싱가포르의 동부 지역은
현지인들이 모여 사는 거주 지역이다.
특히 말레이 반도 여성과 중국인 남성이
결혼해 생긴 후손들이 정착해 살면서
생긴 페라나칸 문화가 짙게 남아 있는 곳으로
유명하다. 페라나칸의 문화와 음식을
경험할 수 있는 카통 지구와 해변이 있는 이스트
코스트 파크가 관광객들의 사랑을 받는다.

East Coast
PREVIEW

싱가포르 동부 지역은 시내에서 버스로 30~40분 정도가 걸린다.
관광객들에게 잘 알려진 지역은 이스트 코스트 로드와 지추앗 로드이다.
이 지역에서 오래된 맛집과 페라나칸 문화를 흥미롭게 접할 수 있다.
또한, 과거 홍등가였던 게이랑은 최근 재개발되면서 새롭게 주목 받는 동네로 떠올랐다.
발 빠른 싱가포르의 트랜드세터들은 이미 게이랑으로 모여들고 있다.

SEE

대표적인 볼거리는 페라나칸들이 모여 살았던 전통 주택들이 남아 있는 거리와 즐겨 먹던 음식, 문화를 경험할 수 있는 박물관 등이다. 쿤생 로드에서 페라나칸 스타일의 전통 집들을 그대로 구경할 수 있으며, 대를 이어 살아온 개인의 집을 개조해 운영하는 카통 앤티크 하우스나 인탄에서 페라나칸들의 일상 용품과 식기들, 전통 음식 문화 등을 접해볼 수 있다.

EAT

이스트 코스트 파크의 동쪽 끝에 관광객들에게 유명한 시푸드 센터가 있다. 점보 시푸드 레스토랑 본점을 비롯해 레드 하우스, 롱비치, 노 사인보드 시푸드 등 유명한 맛집들이 많다. 이스트 코스트 로드와 주치앗 로드에서도 오래된 맛집들을 찾을 수 있다. 현지인들도 줄서서 먹는 친미친 컨펙셔너리와 328 카통 락사, 페라나칸 전통 음식을 맛볼 수 있는 김추Kim Choo 등이 있다.

ENJOY

이스트 코스트는 싱가포르 시내에서 살던 외국인 거주자들도 일부러 이사를 올 만큼 그 분위기가 세련되었다. 이들은 조용하면서도 맛있는 현지 음식점들이 많고, 언제나 산책을 나갈 수 있는 이스트 코스트 파크를 특히 좋아한다. 다양한 레포츠를 즐길 수 있는 이스트 코스트 파크에서 한낮을 보내고, 요즘 하나둘씩 생겨나는 새로운 펍에서 가벼운 술 한잔하며 밤을 보낸다.

어떻게 갈까?

가장 가까운 지하철역은 MRT 파야 레바Paya Lebar역이지만, 번화가까지 20분 정도를 걸어야 한다. 그보다는 시내에서 버스를 타는 것이 편리하다. 오차드 로드에서 14E, 16, 36번 버스를 타면 30~40분 정도 걸린다. 혹은 파야 레바역에서 수시로 운행하는 112 카통 몰 셔틀버스를 타는 것도 방법이다. 택시를 타는 경우는 12~15달러 정도 나온다.

어떻게 다닐까?

이스트 코스트 중심가에 들어왔다면 대부분 걸어서 다닐 수 있다. 이스트 코스트 로드와 주치앗 로드가 메인 거리이므로 이 도로를 중심으로 유명한 맛집과 페라나칸 전통 숍들을 구경하기에 좋다. 이스트 코스트 중심가에서 해변 공원까지는 2.5km 정도 떨어져 있으므로 걸어가기에는 좀 벅차다. 공원까지 택시를 탄다면 6달러 정도 나온다.

East Coast

ONE FINE DAY

관광객들이 이스트 코스트를 가는 이유는 대부분 시내보다 저렴하면서도 훌륭한
음식들을 경험할 수 있기 때문이다. 시푸드 레스토랑이나 오래된 맛집들을 탐방하며
페라나칸 문화와 건축을 만나볼 수 있는 박물관과 카통 지구를 둘러보는 것이 대표 코스이다.
아침부터 저녁까지 이 지역에서 돌아다닐 예정이라면 다양한 놀이와
스포츠를 즐길 수 있는 이스트 코스트 파크에서 잠시 여유를 부려도 좋겠다.

10:00
친미친 컨펙셔너리에서
카야 토스트 먹기

도보 1분 →

11:00
카통 빌리지에서
페라나칸 문화 구경하기

도보 5분 →

12:00
루마베베에서 숍
둘러보기

도보 5분 ↓

14:30
유명한 락사 맛집인
328 카통 락사에서
점심 식사하기

← 도보 15분
혹은
택시 5분

13:30
사전 예약한 인탄에서
페라나칸 스타일의 가구와
소품 관람하기

← 도보 10분

12:30
페라나칸식 건물이 즐비한
쿤셍 로드의 페라나칸
주택 앞에서 기념 사진 찍기

도보 5분 ↓

15:00
비나야가르 신을 모시는
스리 센파가 비나야가르
사원 구경하기

택시 5분 →

16:00
이스트 코스트 파크에서
자전거를 타거나
휴식 취하기

택시
5~10분 →

17:00
이스트 코스트 시푸드 코트
혹은 엥셍 레스토랑에서
칠리크랩 맛보기

켐방안역
Kembangan

New Upper Changi Rd

EW5
베독역
Bedok

Too Nan School

Swan Lake Ave

Bedok South Rd

Aida St

Bedok South Ave

Siglap Plain

Frankel Ave

Siglap Rd

Telok Kurau
Park

Bowmont Gardens

Palm Rd

St. Andrew's Autism
School

트 코스트 로드 East Coast Rd

Siglap Rd

St. Patrick's
Secondary School

Mandarin Gardens
Kinder Garten

Victoria School

Marine Parade Rd

Katong Convent

이스트 코스트 푸드 센터
East Coast Seafood Centre [R]

Neptune Court [S]

[R] 레드 하우스 시푸드
Red House Seafood

롱비치 시푸드 [R]
Long Beach Seafood

[R] 점보 시푸드
Jumbo Seafood

이스트 코스트 파크웨이 East Coast Pky(ECP)

[R] Burgerking

N

0   500m

이스트 코스트
East Coast

SEE

페라나칸들의 살아 있는 박물관
카통 앤티크 하우스 Katong Antique House

이곳의 관장인 피터 위Peter Wee 씨가 4대에 걸쳐 살고 있는 그의 집을, 1971년부터 숍과 박물관으로 개조해 일반에게 공개하고 있는 곳이다. 페라나칸 전통 의상인 케바야Kebaja를 비롯해 화려한 비즈 구두와 보석, 전통 도자기, 사진, 가구 등을 전시하고 있다. 피터 위 씨의 노모가 만드는 전통 과자와 음식도 판매한다.
2층은 미리 신청한 사람에 한해서만 공개하는데, 단체 예약만 받기 때문에 개별적인 관람은 어렵다. 하지만 숍으로 운영되는 1층에서 다양한 제품을 맛보기로 볼 수는 있다.

Data 지도 400F
구글맵 S 428907
가는 법 16, 14E, 36번
버스 이용. 친미친 컨펙셔너리
바로 옆
주소 208 East Coast Rd
오픈 11:30~18:30
요금 입장료 15달러
전화 6345-8544

Writer's Pick!

가이드북에는 나오지 않는 숨은 박물관
인탄 The Intan

현지인들 사이에서는 인정받는 페라나칸 박물관이다. 사실 주인인 알빈 얍Alvin Yap 씨가 페라나칸 조상의 유산을 기억하고 알리기 위해 자신의 집을 개조해 만든 공간이다. 그래서 박물관이라기 보다는 개인 갤러리 같은 느낌이 더 강하다.
갖가지 꽃과 페라나칸 장식들이 가득한 집의 문을 열고 들어서면 그가 평생 모아온 페라나칸 가구와 접시, 등, 장식장 등을 접할 수 있다. 페라나칸 문화와 전통, 일상을 접할 수 있는 흥미로운 공간은 미리 전화 예약 후에만 방문 할 수 있다.

Data 지도 400B 구글맵 S 427231 **가는 법** MRT 에우소스역에서 도보 12분
주소 69 Joo Chiat Terrace Rd **요금** 페라나칸식 다과가 포함된 가이드 티 투어 60달러(예약 필수)
전화 6440-1148 **홈페이지** the-intan.com

Writer's Pick! 대를 이어 살고 있는 페라나칸 전통 지구
카통 전통 지구 Katong Traditional Area

이스트 코스트의 카통 전통 지구는 페라나칸 전통 스타일의 건물과 문화가 많이 남아 있는 지역이다. 원래는 카통 공원에서 이스트 코스트 로드까지 이어지는 해변 쪽에 빌라를 지은 큰 거주지였지만, 지금은 주치앗 로드와 이스트 코스트 로드 주변 정도에만 페라나칸 건물들이 보존되어 있다.

그중에서도 페라나칸 집들이 가장 잘 보존된 거리는 주치앗 로드에서 옆길로 빠지는 쿤생 로드이다. 길 양쪽으로 파스텔 색상의 예쁜 페라나칸 전통 집들이 늘어서 있는데, 대개 1920년대에 지어진 2층 집들로, 대문 안에는 작은 마당이 있고 벽면에는 손으로 직접 만든 도자기 타일과 동물 부조가 새겨져 있다. 또 대문 벽 위에는 동물 조각상이 남아 있는 집도 있다.

100m 남짓한 이 거리의 집에는 지금도 대를 이어 살고 있는 사람들이 있으며, 일상의 모습 날것 그대로 체험할 수 있다. 사람들이 살고 있는 주택가인지라 안으로 들어갈 수는 없으나, 예쁜 문양의 집들 앞에서 사진을 찍으며 거니는 관광객을 항상 마주치게 된다.

Data **지도** 400F **구글맵** S 574370 **가는 법** 112 카통 몰에서 대각선으로 길을 건너 주치앗 도로를 따라 걷다가 오른쪽 **주소** Koon Seng Rd

인도에서도 찾아볼 수 없는 비나야가르 신의 모습

스리 센파가 비나야가르 사원

Sri Senpaga Vinayagar Temple

328 카통 락사를 끼고 오른쪽 길을 따라 내려가다 보면 왼쪽에 사원이 나온다. 이 사원은 촐라 왕조의 건축 양식을 따른 것으로, 높이 27m에 달하는 라자고푸람Rajagopuram 타워가 시선을 압도한다. 싱가포르에 있는 형형색색의 다른 힌두 사원들과 달리, 노란색만으로 외관이 꾸며져 있어 더 눈에 띤다.

싱가포르에서 가장 높은 힌두 사원 중 하나이자, 두 번째로 오래된 사원이다. 19세기 중반에 지어졌으며, 비나야가르Vinayagar(지혜와 행운의 신) 신의 탄생부터 결혼까지의 다양한 이야기를 담아낸 화려한 색채의 벽화들과 총 32개의 비나야가르 신상 조각상이 새겨져 있다. 이 32개의 비나야가르 신상은 다른 힌두 사원은 물론 인도에서도 찾아볼 수 없어 더욱 귀하게 여겨진다.

Data 지도 400F
구글맵 S 429613
가는 법 MRT EW8
파야레바역에서 40번 버스 이용
혹은 시내에서 10, 12, 32, 14,
40번 버스 이용
주소 19 Ceylon Rd
오픈 05:30~12:00,
18:00~21:00
요금 무료입장
전화 6345-8176
홈페이지 www.senpaga.
org.sg

현지인들의 휴식처이자 피크닉 해변 공원

이스트 코스트 파크 East Coast Park

길이 8km가 넘는 해안선을 따라 산책로와 자전거 도로, 나무까지 잘 정돈되어 있고 바다에서 수영은 물론 카약, 윈드서핑, 세일링 등의 수상 스포츠도 즐길 수 있다. 공원 여러 곳에서 인라인 스케이트와 자전거를 대여할 수 있고, 모래성을 쌓을 수 있는 플라스틱 양동이와 도구까지 빌릴 수 있다. 윈드서핑, 카약, 페달보트 등은 마나마나 비치 클럽의 홈페이지(www.manamana.com)에서 신청하면 되는데, 초보자를 위한 강습도 받을 수 있으며 다이빙 교육 풀장도 갖추어져 있다.

관광객들에게는 공원 동쪽에 위치해 있는 시푸드 센터가 인기 있다. 점보 시푸드 레스토랑 본점을 비롯해 노 사인보드 시푸드, 레드 하우스, 롱 비치까지 크랩 요리로 유명한 음식점이 모두 모여 있다. 이스트 코스트에서 시푸드 센터까지도 거리가 꽤 된다. 시푸드 센터는 2시 이후에 연다. 5시부터 오픈하는 집도 많으니 방문 전 체크할 것.

Data **지도** 400J **구글맵** S 449876 **가는 법** MRT를 타고 파야레바역까지 오더라도 공원까지는 택시를 타야 한다. 공원에서 나올 때도 택시 잡기가 쉽지 않은데, 이때는 공원 주차장에서 빈 택시를 종종 잡을 수 있다. **주소** Along East Coast Parkway and East Cost Park, Service Rd **홈페이지** www.nparks.gov.sg

EAT

 Writer's Pick! 일부러 찾아와서 먹는 리얼 카야 토스트 집

친미친 컨펙셔너리 Chin Mee Chin Confectionery

이스트 코스트에서 이 집을 모르는 사람은 없다. 야쿤 카야 토스트나 동아 이팅 하우스 만큼 유명하다. 60년대식 바닥 타일과 천장의 구식 선풍기에서 보이듯, 오래되고 소박한 가게 안은 메뉴판도 따로 없고 영어도 거의 안 통한다. 모닝빵에 카야잼을 바르고 거기에 투박하게 버터를 얹어주는 카야 토스트와 반숙란, 안쪽 부엌에서 컵에 넘치도록 따라내는 커피가 전부이다. 여기에 매일 만드는 커스터드 퍼프Custard Puff나 에그 타르트, 서지 케이크 등도 빼놓을 수 없다.

아침 일찍 문을 열고 오후 4시 경이면 문을 닫는다. 60년대의 싱가폴리안이 된 듯한 기분을 만끽하며 먹는 친미친의 카야 토스트는 이스트 코스트의 필수 코스이다.

Data **지도** 400F **구글맵** S 428903 **가는 법** 시내에서 16, 14E, 36번 버스 이용 **주소** 204 East Coast Rd **오픈** 07:30~16:30 **휴무** 월요일 **가격** 카야 토스트 1달러, 밀크 커피 1.10달러 **전화** 6345-0419

Writer's Pick!

도시 전체에서 손꼽히는 락사 집

328 카통 락사 328 Katong Laksa

페라나칸 음식인 락사를 페라나칸 문화가 깊게 남아 있는 이스트 코스트에서 제대로 맛볼 수 있는 건 어쩌면 당연한 일. 다른 곳에서 먹어본 락사는 코코넛밀크가 많이 들어가서 느끼한 맛이 매우 강한데, 328 카통 락사는 매콤한 맛과 고소한 맛이 함께 어우러져 한 그릇을 다 먹을 수 있다. 새우와 달걀, 숙주, 유부 등을 면과 함께 넣고 푹 끓여낸 걸쭉한 면 요리지만, 면을 잘게 잘라놓아 젓가락이 아니라 숟가락으로 먹는 것도 특이하다.

Data 지도 400F
구글맵 S 428770
가는 법 112 카통 몰에서 이스트 코스트 로드 쪽으로 길을 건너 왼쪽으로 150m
주소 51 East Coast Rd
오픈 월~금 10:00~22:00, 토·일·공휴일 09:00~22:00
가격 락사 5.50달러(S), 7.50달러(L)
전화 6345-0419

로컬들이 사랑하는 젤라토 부티크

버드 오브 파라다이스 Birds of Paradise

이곳이 유명한 이유는 바로 즉석에서 만들어주는 와플콘Thyme Cone 때문이다. 바삭하고 달달한 와플콘에 판단 잎, 레몬그라스 등 식물의 향을 느낄 수 있는 독특한 보태니컬 젤라토까지 환상적인 맛을 경험할 수 있다.

Data 지도 400F
구글맵 S 428776
가는 법 328 카통 락사에서 도보 1분
주소 63 East Coast Rd, 01-05
오픈 일~목 12:00~22:00, 금·토 12:00~22:30
휴무 월요일 **가격** 싱글 4.70달러, 더블 7.70달러, 와플콘 1달러
전화 9678-6092
홈페이지 www.facebook.com/bopgelato

싱가포르에서 가장 유명한 초콜릿 브랜드
오풀리 초콜릿 Awefully Chocolate

초콜릿 마니아였던 린 리Lyn Lee 씨는 진짜 다크 초콜릿 케이크를 먹고 싶다는 생각으로 조그맣게 사업을 시작했고, 결국은 변호사 직업까지 그만뒀다. 1998년 단 한 종류의 케이크만 팔며 시작한 그녀의 오풀리 초콜릿은 싱가포르의 유명한 초콜릿 브랜드가 되어 현재는 11개의 매장을 갖고 있다. 이스트 코스트 지점은 레스토랑 형태로 다른 음식도 먹을 수 있다.

Data **지도** 400F **구글맵** S 428816 **가는 법** 112 카통 몰 방향 대각선 맞은편 **주소** 131 East Coast Rd
오픈 월~목 12:00~23:00, 금 12:00~다음 날 01:00, 토 09:30~다음 날 01:00, 일 09:30~23:00
가격 다크 초콜릿 트리플 13.50달러 **전화** 6345-2190 **홈페이지** www.awfullychocolate.com

---

대를 이어 살고 있는 페라나칸 전통 지구
래빗 캐롯 건 Rabbit Carrot Gun

328 카통 락사와 마주보고 있는 이 집은 이스트 코스트에 사는 외국인들이 즐겨 찾는 핫한 장소이다. 토스트와 달걀, 베이컨 등이 푸짐하게 나오는 더 게임 키퍼 슈팅 브랙퍼스트와 영국 스타일의 디저트인 루밥 진저 크럼블이 인기있다.

Data **지도** 400F **구글맵** S 428768
가는 법 328 카통 락사 맞은편
주소 49 East Coast Rd **오픈** 화 15:00~22:30,
수 08:30~22:30, 목~일 09:00~22:30
가격 루밥 진저 크럼블 11.50달러,
아메리칸 브랙퍼스트 17.50달러, **전화** 6348-8568
홈페이지 www.rabbit-carrot-gun.com

완탕면 하나로 승부
엥스 누들 하우스 Eng's Noodles House

주치앗 로드에서 가장 오래된 가게 중 하나이다. 메뉴는 완탕면 수프와 비빔국수 2가지뿐. 완탕면은 모두 차슈를 얹어주고 면은 부드럽다. 60년 된 비밀 레시피로 만든 칠리 소스는 매우므로 조금만 넣어야 한다.

Data **지도** 400E **구글맵** S 437036
가는 법 오차드 시내에서 14, 14E, 16번 버스 이용
주소 No. 287 Tanjong Katong Rd
오픈 16:00~21:00 **가격** 완탕미 드라이(S) 4.50달러,
완탕미 수프 4.50달러, 완탕 튀김 3~5달러,
라임 주스 1.50달러
전화 8688-2727

Writer's Pick! 현지인들만 아는 내공의 저녁 식사 집

셍키 블랙 치킨 허벌 수프 Seng Kee Black Chicken Herbal Soup

주중, 주말을 가리지 않고 늘 북적이는 곳이다. 음식점도 각기 다른 3개 건물 1층에 모두 이어져 있고, 큰 나무가 있는 길거리에 테이블이 늘어서 있다. 이집에서 유명한 것은 짭쪼름한 중국식 국물에 얇은 버미첼리 국수를 넣은 미수아Mee Sua 수프로, 닭고기, 돼지고기, 돼지 간, 내장 등 다양한 재료로 진한 국물 맛을 낸다. 온 식구가 모여 앉아 거하게 저녁 식사를 즐길 수 있는 곳이지만, 영어로 된 메뉴판이 없고 주문도 카운터에 가서 주문한다. 혼자 가서 먹기에는 좀 힘든 곳이다.

Data 지도 400B
구글맵 S 419893
가는 법 MRT 켐방안역 맞은편
주소 467 Changi Rd
오픈 11:00~다음 날 04:00
가격 콩과 멸치볶음 13달러,
새우볼 11달러, 미수아 수프
5달러, 게 요리 50달러
전화 6746-4089

이스트 코스트에서 손꼽히는 블랙페퍼크랩 맛집

엥생 레스토랑 Eng Seng Restaurant

식사 시간에는 줄을 길게 서야 하는 맛집 중 하나이다. 워낙 유명해서 동네 사람들은 즐겨가지 않지만, 관광객들에게는 끊임없이 사랑받는 곳. 줄을 서지 않으려면 오후 5시 전에는 도착해야 한다. 크랩은 다른 집에 비해 크기가 적은 편이나 가격이 저렴해 다른 곳에서 2마리 시킨 가격으로 3마리를 먹을 수 있는 정도이다. 진하고 찐득한 블랙페퍼 소스와 통통한 게살이 어우러진 맛은 매우 만족스럽다. 껍질도 딱딱하지 않아 이로 깨먹을 수 있을 정도. 블랙페퍼크랩을 먹고 싶다면 수고스럽게 찾아갈 보람이 있는 집이다.

Data 지도 400B
구글맵 S 427935
가는 법 오차드 로드에서 36번 버스를 타고 마린 퍼레이드 로드에서 내려 966번 버스로 환승
주소 247/249 Joo Chiat Place
오픈 16:00~21:00
가격 블랙페퍼크랩 2마리 65달러
전화 6440-5560

블랙페퍼크랩

BUY

이스트 코스트의 대표 쇼핑몰
112 카통 몰 112 Katong Mall

이스트 코스트 로드와 주치앗 로드가 만나는 교차로에 위치한 쇼핑몰이다. 6층으로 구성된 몰 안에는 140개가 넘는 숍과 음식점, 푸드 코트, 영화관까지 골고루 갖추고 있다. 더위에 지쳤다면, 잠시 땀을 식히고 갈 만한 카페와 음식점도 많다.

특히 4층에 위치한 야외 키즈 플레이 공간은 5~12세 아이들이 뛰어놀기에 좋은 앙증맞은 야외 물놀이 공간으로, 무료로 이용할 수 있어 더욱 인기가 있다.

Data 지도 400F
구글맵 S 428802
가는 법 MRT 파야레바역 A출구에서 셔틀버스(운행 10:30부터, 15분 간격)
이용 주소 112 East Coast Rd
오픈 10:00~22:00
전화 6636-2112
홈페이지 www.112katong.com.sg

논야가 만드는 페라나칸 라이프 스타일
루마 베베 Rumah Bebe

1995년에 문을 연 루마 베베는 페라나칸의 전통 문양이 새겨진 옷, 구두, 보석, 비즈, 도자기, 자수, 바틱 직물 등을 전시 판매하는 페라나칸 전문 숍이다. 논야인 베베 시트Bebe Seet 씨가 직접 제품을 만들기도 하며 꽃과 새, 나비 등을 소재로한 비즈로 만든 여성 수제화가 유명하다. 하지만 가격대가 높고, 주인장의 무뚝뚝한 매너 때문에 친근하게 들어갈 만한 숍은 아니다.

Data 지도 400F **구글맵** S 428803 **가는 법** 112 카통 몰 셔틀버스 또는 36, 10, 12, 14, 32, 40, 155번 버스 이용 **주소** 113 East Coast Rd
오픈 09:30~18:30 **휴무** 월요일 **전화** 6247-8781
홈페이지 www.rumahbebe.com

SLEEP

페라나칸 문화로 장식한 호텔
빌리지 호텔 카통 Village Hotel Katong

카통 지역의 특색을 잘 살린 4성급 호텔이다. 229개의 객실은 화려한 컬러와 기하학적인 무늬로 꾸민 벽과 카페트 장식이 돋보인다. 페라나칸 문양의 거울과 도자기 조명, 티 세트 등이 세심하게 준비되어 있어 마음이 편안해진다. 넓은 객실은 모두 낮은 층에 있으며, 층이 올라갈수록 객실 크기가 작아진다.

나시르막, 딤섬 등을 조식으로 먹을 수 있는 호텔 레스토랑 카통 키친, 디저트와 칵테일을 즐길 수 있는 라피스 라운지, 클럽룸과 스위트룸 투숙객 전용 페라나칸 라운지, 야외 수영장 등이 알차게 들어서 있다. 공항까지 25분 간격으로 무료 셔틀버스를 운행하며, 이스트 코스트 파크와도 가깝다.

Data 지도 400F
구글맵 S 449536
가는 법 112 카통 몰을 등지고 왼쪽 길로 들어선다. 도보 10분
주소 25 Marine Parade
요금 수페리어룸 140달러부터
전화 6881-8888
홈페이지 www.stayfareast.com/en/hotels/village-hotel-katong.aspx

인기 카페 위의 B&B 호텔
래빗 캐롯 건 스위트 Rabbit Carrot Gun Suite

1925년에 지은 숍하우스 건물을 개조해 1층은 레스토랑과 바, 2층은 단 3개의 스위트룸을 갖춘 럭셔리 B&B이다. 원래 숍 하우스의 2층과 3층은 현지인들의 집으로 쓰이는 것이 일반적이라, 이곳의 스위트룸도 마치 친구네 집에 놀러온 것 같은 친근함이 배어있다. 창문이 많아 채광이 좋고, 깔끔하면서도 고급스러운 침대와 가구, 테라조 욕조 등은 귀한 손님을 대접해주는 듯하다. 1층의 카페와 레스토랑은 요즘 이스트 코스트의 핫 플레이스로 통하는 곳이다.

Data 지도 400F 구글맵 S 428768 가는 법 112 카통 몰에서 이스트 코스트 로드 쪽으로 길을 건너 왼쪽으로 150m
주소 49 East Coast Rd 오픈 화 15:00~22:30, 수 08:30~22:30, 목~일 09:00~22:30 휴무 월요일
요금 스위트룸 160달러부터 전화 6348-8568 홈페이지 www.rabbit-carrot-gun.com

Singapore By Area

11

싱가포르
북서부

NORTH WEST
OF SINGAPORE

깨끗함을 자랑하는 그린 시티 싱가포르 중에서도
가장 자연 친화적인 산소 같은 지역이다.
거대한 열대 우림 속을 동물들과 함께
산책하듯 거닐어보자. 어느새 복잡한 도심을
벗어나 몸도 마음도 맑아지는
새로운 경험을 하게 된다.

North West
PREVIEW

싱가포르의 서쪽인 주롱 지역은 공장이 많은 동시에 현지인들이 사는 주거 단지이기도 하다. 하지만 관광객들의 발길이 이어지는 이유는 이곳에 아시아 최대 규모의 주롱 새공원이 있기 때문이다. 또한 말레이시아와 인접한 북부 지역은 열대 원시림이 그대로 보존된 자연 보호 구역으로 싱가포르 동물원과 리버 사파리, 나이트 사파리가 모두 모여 있다.

SEE

싱가포르 동물원에는 최초로 싱가포르에서 태어난 북극곰이 있다. 리버 사파리의 세계 최대 규모의 담수 수족관에서는 세계 희귀 동물인 바다소와 세계에서 가장 큰 담수어 아라파이마가 유유히 헤엄을 친다. 또 자이언트 판다의 대나무 먹방도 놓칠 수 없다. 주롱 새공원에서는 멸종 위기의 아프리카 펭귄과 달마시안 펠리컨을 볼 수 있으며, 나이트 사파리에서는 가까이에서 박쥐를 볼 수 있다.

EAT

오랑우탄과 함께 아침을 먹거나 주롱 새공원에서 앵무새 쇼를 보며 점심 식사를 하는 것은 싱가포르 동물원에서만 할 수 있는 특별한 경험이다. 리버 사파리에서는 판다 찐빵과 판다 라테 아트의 커피가 최고 인기 메뉴이다. 동물원의 음식점들은 대부분 비싼 편이며 맛도 기대하긴 어렵다. 때문에 간식을 준비해 가는 것도 좋다.

ENJOY

아이들은 주롱 새공원에서 잉꼬새에게 직접 먹이를 주거나 바다사자에게 연달아 물 세례를 맞는 싱가포르 동물원의 스플래시 사파리 쇼를 좋아한다. 나이트 사파리에서 어두운 밤 야생 동물 사이를 걷는 워킹 트레일은 어디서도 경험하기 힘든 특별한 체험이다. 주롱 새공원이나 싱가포르 동물원은 물놀이 시설도 수준급으로, 아이들이 동물원보다 더 좋아하는 곳이다.

어떻게 갈까?

외곽에 위치한 동물원으로 가는 방법은 3가지. 첫 번째는 지하철을 타고 앙모키오Ang Mo Kio역에서 내려 버스를 타는 방법으로 가장 저렴하다. 두 번째는 시내에서 동물원까지 바로 가는 셔틀버스SAEx로 편리하다. 세 번째는 택시를 이용하는 것. 어린이를 동반한 가족 또는 3명 이상의 여행객에게 추천한다. 싱가포르 동물원, 리버 사파리, 나이트 사파리는 모두 5분 거리로 매우 가깝다. 주롱 새공원은 차로 약 20분 거리.

어떻게 다닐까?

동물원은 아침 일찍 가야 한다. 개장할 때 입장하여 산책하듯 둘러보다가 날씨가 더워지기 시작하면 트램을 이용하자. 트램이 없는 리버 사파리는 판다를 보러 가면 된다. 나이트 사파리는 긴 줄이 함정. 그럴 땐 줄이 긴 트램 대신 트레일을 따라 걸어보자. 입장 시 안내 지도를 챙기는 건 필수! 가장 먼저 쇼 타임부터 확인하자.

North West
ONE FINE DAY

*세계 최고 수준의 싱가포르 동물원, 아시아 최대의 주롱 새공원, 세계 최초 나이트 사파리,
리버 사파리까지! 체력만 허락한다면 하루에 4곳을 모두 보는 것도
불가능한 것은 아니다. 하지만 가장 좋은 방법은 2곳 정도를 선택해 여유롭게
보는 것이다. 북부 지역만 간다면 동물원 3곳도 하루에 둘러볼 수 있다. 아이와 함께라면,
물놀이 시설이 훌륭한 주롱 새공원이나 싱가포르 동물원을 추천. 색다른 경험을 원한다면
리버 사파리와 나이트 사파리로 가보자. 1곳만 가야 한다면 싱가포르 동물원이다.*

도보 2분

도보 10분

09:00
싱가포르 동물원의
아멩 레스토랑에서
오랑우탄과 아침 먹기

11:00
트램을 타고 천천히
동물원을 둘러보고
동물 쇼 관람하기

13:00
리버 사파리에서
세계 8대강 구경하기

도보 5분

도보 10분

도보 1분

18:00
정글 로티세리에서
저녁을 먹으며 불 쇼 보기

15:00
자이언트 판다를 보고
보트 타기. 세계 최대
담수 수족관 구경하기

14:00
마마 판다 키친에서
귀여운 판다 찐빵으로
점심 식사하기

도보 7분

도보 1분

19:15
나이트 쇼 감상하기

19:45
트레일 따라 걸으며
숨은 동물 찾기

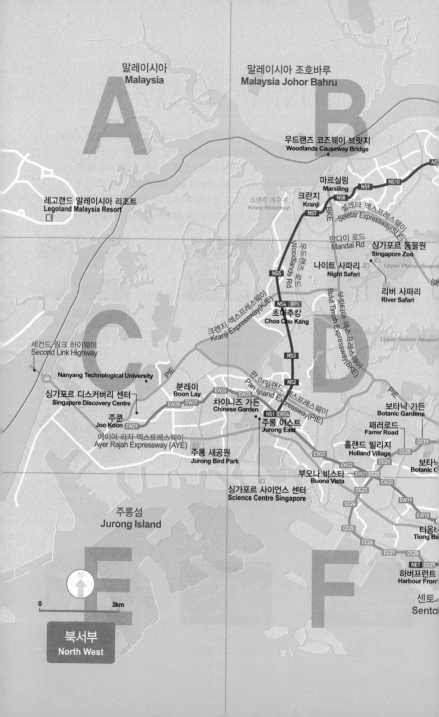

|Theme|
북서부 관광 명소 통합 티켓과 셔틀버스

동물원 통합 할인 티켓, 파크호퍼 ParkHopper

싱가포르 동물원, 주롱 새공원, 나이트 사파리,
리버 사파리 중 2곳 이상을 갈 예정이라면 할인
혜택이 큰 파크 호퍼 티켓을 추천한다. 개별적으
로 입장권을 사는 것보다 훨씬 저렴하다.
티켓 구입은 홈페이지에서 예매(홈페이지
www.wrs.com.sg, 5% 추가 할인)하거
나 현장 매표소에서 구입할 수 있다.

종류		파크 호퍼 플러스 Park Hopper Plus	4 파크 호퍼 4-Park	2 파크 호퍼 2-Park
혜택		동물원 4곳+유료 트램, 보트, 회전목마 포함	동물원 4곳	동물원 2곳
가격	성인	88달러	78달러	58~68달러
	어린이	68달러	58달러	38~48달러
할인		최대 50%	최대 50%	최대 17%

※티켓 개시 후 7일간 유효. 동물원은 1회 입장 가능. 7% GST 포함
※파크 호퍼 플러스는 트램(싱가포르 동물원, 주롱 새공원), 보트(리버 사파리), 회전목마(싱가포르 동물원) 포함

동물원 직행 셔틀버스(2018. 7월 기준)

종류		SAEx 버스 Singapore Attraction Express	사파리 게이트 Safari Gate	버스 허브 Bus Hub
운행		매일	금·토·국경일 전날	매일
가격	편도	성인 6달러, 어린이 4달러	7달러	편도 50달러, 13인승 편도 80달러
	왕복	성인 11달러, 어린이 7달러	12달러	
탑승 장소		시내 주요 호텔 (홈페이지 확인)	선텍 시티 몰(#01-330), 싱가포르 플라이어 (#01-06)	
홈페이지		www.saex.com.sg	www.safarigate.com	www.bushub.com.sg
특징		버스 하차 전 현금 지불	탑승 장소에서 티켓 구매 (첫차 08:30)	24시간 전화 예약 가능 (6753-0506)

※버스 허브는 버스 1대당 가격을 받으므로 인원이 많을 때 추천한다.

SAEx 버스   사파리 게이트   버스 허브

SEE

Writer's Pick! 아시아 최고의 동물원
싱가포르 동물원 Singapore Zoo

1973년에 문을 연 세계 최고의 열대 우림 동물원이자, 2017년 트립어드바이저에서 관광객들이 뽑은 세계 4위에 오른 아시아 최고의 동물원이다. 멸종 위기 40여 종을 포함해 총 300여 종, 2,800여 마리의 동물들을 울타리 대신 시냇물, 나무, 바위 등 자연으로 나눈 열린 동물원이기도 하다.

밀림에 들어온 듯 높이 솟은 나무들이 만든 그늘을 따라 천천히 걸어보자. 체력적으로 힘들다면 트램을 타도록 하자. 트램에서는 이어폰으로 한국어 해설도 들을 수 있다. 이어폰은 개별 준비.

Data 지도 416D
구글맵 S 729826
가는 법 MRT NS16 앙모키오역 C출구의 버스 인터체인지에서 138번 버스 탑승
주소 80 Mandai Lake Rd
오픈 08:30~18:00
요금 성인 35달러, 어린이 23달러/트램(무제한) 성인 5달러, 어린이 3달러
전화 6269-3411
홈페이지 www.zoo.com.sg

싱가포르 동물원 추천 코스

08:30 프로즌 툰드라에서 싱가포르에서 최초로 태어난 북금곰 보기
09:00 아멩 레스토랑에서 오랑우탄과 함께 아침 식사하기
10:30 스플래시 사파리 쇼 감상하기
11:00 애니멀 프렌즈 쇼 관람하기
11:30 엘리펀트 오브 아시아에서 코끼리 쇼 구경하기
12:30 키즈 월드의 KFC에서 점심 식사하기
13:30 트램을 타고 한 바퀴 돌아보기
14:30 레인포레스트에서 파이트 백 쇼 보기
15:00 키즈 월드에서 물놀이 즐기기

Inside

싱가포르 동물원 구석구석 즐기기

볼거리

프로즌 툰드라 Frozen Tundra
싱가포르에서 최초로 태어난 북극곰이 사는 곳. 농구 코트의 2.5배 크기의 공간에 얼음 동굴과 폭포, 거대한 얼음 조각으로 북극을 재현해놓았다. 너구리, 울버린도 볼 수 있다.

아시아의 코끼리 Elephants of Asia
스리랑카, 인도네시아, 말레이시아에서 온 5마리의 코끼리를 만날 수 있다. 코끼리 쇼에서 통나무도 거뜬히 옮기고 물장난도 친다. 직접 먹이도 주고 탈 수도 있어서 아이들이 좋아한다.

에티오피아의 그레이트 리프트 밸리 Great Rift Valley of Ethiopia
아프리카 지역에 사는 동물들을 만날 수 있다. 90여 마리의 망토개코원숭이는 라이온킹 만화에서 방금 나온 듯 친숙한 모습이다.

재미있는 설명판도 놓치지 말자

먹을거리

아멩 레스토랑 Ah Meng Restaurant
싱가포르 동물원의 대표 관광 상품인 오랑우탄과 조식을 즐길 수 있는 레스토랑. 200여 명을 수용할 수 있으며, 초록빛깔 나무들로 둘러싸여 있어 자연 친화적이다. 한쪽 벽에는 최초로 관광객과 아침 식사를 한 오랑우탄 아멩의 사진들로 가득하다. 조식 뷔페로 운영되며, 단품으로는 치킨라이스, 피시앤칩스 등이 있다.

Data 가는 법 싱가포르 동물원의 프로즌 툰드라 맞은편 **오픈** 10:00~16:00 **가격** 치킨 라이스 9.90달러

이누카 카페 Inuka Café
싱가포르 동물원 입구에 있으며 카야 토스트, 락사, 나시르막 등 부담 없이 현지 메뉴를 즐길 수 있다. 아침 일찍 문을 열므로, 간단하게 아침 또는 간식을 먹기에 좋다.

Data 가는 법 싱가포르 동물원 입구에 위치 **오픈** 08:00~19:00 **가격** 카야 토스트 세트 7.20달러, 아이스커피 5.50달러

> **Tip** *아멩이란?*
> 〈오랑우탄과의 아침 식사〉에 처음 등장했던 오랑우탄 아멩은 싱가포르 동물원에서 가장 많은 사랑을 받은 동물이다. 엘리자베스 여왕과 아침 식사를 하고, 마이클잭슨과도 만나면서 더 유명해졌다. 1992년에는 싱가포르 관광청의 특별대사로 많은 인터뷰와 영화에 출연했으나 2008년 48세의 나이로 싱가포르 동물원에서 삶을 마감하였다. 아멩의 장례식에는 4,000여 명이 참석해 애도하였으며, 무덤 옆에는 아멩이 좋아했던 두리안 나무를 심어주었다.

ENJOY 즐길거리

정글에서 아침을 Jungle Breakfast with Wildlife

뷔페식으로 아침을 먹으며 오랑우탄과 가까이에서 사진도 찍을 수 있다. 30분 동안 동물을 만날 수 있으며, 입장료와 별도로 비싼 편이지만 특별한 경험을 하고 싶다면 추천한다. 홈페이지에서 예약해야 하며 주말은 일찍 마감된다.

Data 가는 법 싱가포르 동물원 내 아멩 레스토랑
오픈 09:00~10:30(오랑우탄 등장 09:30~10:00) **요금** 성인 35달러, 6~12세 25달러, 6세 이하 무료(성인 1명에 어린이 1명 무료)

☖ Show

쇼	내용	공연 시간&장소
스플래시 사파리 쇼 Splash Safari	싱가포르 동물원의 슈퍼스타 바다사자와 함께하는 재미있는 물 쇼. 바다사자로부터 시원한 물세례를 받을 수 있어 아이들이 특히 좋아한다.	10:30 / 17:00 쇼 원형 극장 Shaw Foundation Amphitheatre
애니멀 프렌즈 쇼 Animal Friends	개, 고양이, 쥐와 같은 귀여운 애완동물들이 펼치는 깜찍한 쇼로 아이들에게 인기 있다. 쇼가 끝나면 동물들과 함께 기념 사진을 찍을 수 있다.	11:00 / 16:00 키즈 월드 원형 극장 Rainforest Kidzworld Amphitheatre
코끼리 쇼 Elephants at Work & Play	관객들을 향해 코끼리 코로 물을 뿌리기도 하고 통나무를 옮기는 쇼로 앞에 앉았다면 젖을 수 있다. 쇼가 끝난 후 코끼리에게 먹이(5달러)를 주는 체험도 할 수 있다.	11:30 / 15:30 아시아 코끼리 Elephants of Asia
레인포레스트 파이트 백 쇼 Rainforest Fights Back	오랑우탄, 수달, 여우원숭이, 앵무새 등 15종의 포유류와 조류가 20분간 펼치는 쇼로 파괴되어 가는 열대 우림을 다시 살리기 위해 싸우는 내용이다. 쇼가 끝난 후 동물들과 사진 촬영을 할 수 있다.	12:30 / 14:30 쇼 원형 극장 Shaw Foundation Amphitheatre

동물 먹이주기 Token Feeding

코끼리, 기린, 염소 등의 동물들에게 직접 먹이를 주는 체험으로 아이들이 좋아한다. 동물들이 배가 부르면 더 이상 먹이를 줄 수 없기에 때문에 가급적 일찍 가는 것이 좋다. 먹이를 주는 시간은 상황에 따라 변동되기도 하므로 입장 시 다시 한 번 확인하자. 직접 줄 수는 없지만 사자, 하마, 침팬지 등 많은 동물들이 먹이를 먹는 모습을 볼 수 있다. 현장에서 먹이를 살 수 있다.

시간	먹이를 줄 수 있는 동물
09:15, 13:30, 16:30	코끼리 Elephant
10:45, 13:50, 15:45	기린 Giraffe
11:30, 15:30	염소 Goat (Rainforest Kidzworld)
13:15	코뿔소 White Rhinoceros
11:30, 15:30	염소 Goat

키즈 월드 Rainforest Kidzworld

슬라이드를 갖춘 물놀이장인 웻 플레이Wet Play와 가까이에서 농장 동물들과 놀 수 있는 애니멀 프렌즈 쇼Animal Friends Show, 사육사에게 직접 듣는 동물 이야기Keeper Encounter 등을 무료로 즐길 수 있는 흥미로운 액티비티가 다채롭다. 또한 호랑이, 코뿔소, 공룡 등 빈티지 동물의 회전목마 타기Wild Animal Carousel, 귀여운 조랑말 타기Pony Ride, 모험심을 자극하는 장애물 코스Houbii Rope Course 등 유료 체험도 다양하게 갖추고 있다. 수영복이나 여벌 옷 준비는 필수! 물놀이 후 샤워할 수 있는 공간이 마련되어 있다.

Data 오픈 09:00~18:00(물놀이장 17:30까지)
요금 조랑말 타기 6달러 / 회전목마 타기 1회 4달러, 3회 8달러 / 장애물 코스 25달러(키 110cm 이상), 20달러(키 110cm 미만)

강을 테마로 한 최신 동물원
리버 사파리 River Safari

2013년 개장한 리버 사파리는 세계 8대 강을 테마로 한 이색 동물원이다. 우리가 접하기 힘든 미시시피강, 콩고강, 나일강, 갠지스강, 머리강, 메콩강, 양쯔강, 아마존강과 강 주변에 사는 300여 종의 5,000여 마리의 어류와 동물들을 만날 수 있다.

멸종 위기의 희귀종을 비롯하여 리버 사파리의 마스코트인 자이언트 판다 카이카이와 지아지아는 최고의 인기! 레드 판다와 다람쥐 원숭이도 사랑받고 있다. 보트를 타고 아마존의 생태를 체험하는 아마존 리버퀘스트는 입장 전에 예매해야 하며 리버 사파리의 하이라이트 아마존의 침수림Amaone Flooded Forest을 재현한 세계 최대 담수 수족관도 놓치지 말자.

Data 지도 416D 구글맵 S 29826
가는 법 MRT NS16 앙모키오역 C출구로 나와 버스 인터체인지에서 138번 버스 탑승
주소 80 Mandai Lake Rd
오픈 10:00~19:00
(티켓 판매 마감 17:00)
가격 성인 32달러,
어린이(3~12세) 21달러,
보트라이더 성인 5달러,
어린이 3달러
전화 6269-3411
홈페이지 www.riversafari.
com.sg

리버 사파리 추천 코스

09:00 세계 8대 강 순서대로 보기
　　　　(미시시피강 → 콩고강 → 나일강 → 갠지스강 → 머리강 →
　　　　메콩강 → 양쯔강 → 아마존강)
10:30 자이언트 판다 숲에서 자이언트 판다와 레드 판다 보기
11:30 마마 판다 키친에서 점심 먹기
13:00 보트 또는 크루즈 타기
14:00 다람쥐 원숭이 숲에서 원숭이랑 놀기
14:30 세계 최대 담수 수족관에서 세계에서 가장 큰 민물고기 보기

Inside

리버 사파리 구석구석 즐기기

 SEE 볼거리

강	특징	대표 어류, 동물
미시시피강	북미 지역에서 가장 긴 강으로 10개 주를 통과한다. 세계에서 4번째로 긴 강이기도 하다.	미시시피 주걱철갑상어 Mississippi Paddlefish 악어거북 Alligator Snapping Turtle
콩고강	아프리카에 있으며 깊이가 220m를 넘는 세계에서 가장 깊은 강이다. 리버 사파리에서 가장 다채로운 색상의 물고기들을 만날 수 있다.	콩코테트라 Congo Tetra 주얼시클리드 Jewel Cichlid 자이언트 민물 복어 Giant Freshwater Puffer
나일강	고대 이집트 문명의 발상지이자 세계에서 가장 긴 강이다. 그 길이가 무려 10개국을 통과하며 6,600km가 넘는다.	아프리카 아로와나 African Arowana 타이거 피시 Tigerfish 기린 메기 Giraffe Catfish
갠지스강	인도와 방글라데시를 흐르는 갠지스강은 힌두교도들이 가장 신성하게 생각하는 강이다. 개구리를 닮은 얼굴로 딱딱한 등껍질이 없는 거북이와 사람도 잡아먹는다는 식인 물고기 군치메기가 산다.	인도악어 Indian Gharial 개구리얼굴거북 Frog-faced Softshell Turtle 군치메기 Goonch Catfish
머리강	2000만 년 전부터 흐르던 세계에서 일곱 번째로 긴 강이자 호주에서 가장 긴 강이다. 공룡보다 오래된 물고기 호주폐어, 호주에 주로 서식하는 바라문디가 유명하다.	호주폐어 Australian lungfish 바라문디 Barramundi 머리대구 Murray cod
메콩강	모든 강의 어머니라 불리며 중국, 미얀마, 태국, 라오스, 캄보디아, 베트남을 지난다. 멸종 위기의 세계에서 가장 큰 민물고기 중 하나인 메콩 자이언트 메기와 자이언트 민물 가오리가 서식한다.	메콩 자이언트 메기 Mekong Giant Catfish 자이언트 민물 가오리 Giant Freshwater Stingray 게잡이원숭이 Crab-eating Macaque
양쯔강	세계 세 번째이자 아시아에서 가장 긴 강으로 중국 대륙을 횡단하며 장강長江이라고도 부른다. 3억 7천만 년 전부터 살아온 세계에서 가장 희귀한 양쯔강 악어, 다리 달린 물고기로 유명한 왕도롱뇽, 살아 있는 공룡으로 간주되는 철갑상어가 산다.	양쯔강악어 Chinese Alligator 중국 왕도롱뇽 Giant Salamander 철갑상어 Sturgeon
아마존강	남미 페루에서 시작해 브라질을 지나 대서양으로 흐르는 세계에서 두 번째, 비공식적으로는 세계에서 가장 긴 강이다. 담수량 또한 세계 최대를 자랑한다. 리버 사파리의 세계 최대 규모의 담수 수족관에서 세계에서 가장 큰 담수어 아라파이마와 세계 희귀 동물로 구분되는 바다소를 볼 수 있다. 멸종위기의 자이언트 수달과 세상에서 사장 무서운 물고기 피라냐도 놓치지 말자.	바다소 Manatees 자이언트 수달 Giant River Otter 피라냐 Piranha 아라파이마 Arapaima

▶ 즐길거리

자이언트 판다 숲 Giant Panda Forest

리버 사파리의 마스코트인 자이언트 판다 카이카이Kai Kai와 지아지아Jia Jia를 볼 수 있다. 원래 싱가포르 동물원에 있었지만, 양쯔강 유역에 사는 동물이기 때문에 리버 사파리로 이사 왔다. 주로 앉아서 대나무를 먹거나 잠을 자는 모습이지만 그래도 보고 싶은 1순위다. 마지막 입장 시간은 오후 5시이다.

다람쥐 원숭이 숲 Squirrel Monkey Forest

마치 아마존 밀림에 들어온 것 같다. 머리 위로 원숭이들이 나무 사이의 긴 줄을 타기도 하고, 다람쥐처럼 나무에 오르내리고 가까이 가도 도망가지 않는다. 아이들이 특히 좋아하는 곳이다.

세계 최대 담수 수족관 Amazon Flooded Forest

너비 22m, 깊이 4m, 담수량 200만L의 세계에서 가장 큰 민물고기 수족관이다. 아마존강은 우기가 되면 강물이 높아져 강 주변이 침수되어 그 수심이 16m나 되는 거대한 침수림이 형성된다. 그래서 이때는 물고기들도 나무 열매를 먹고 산다. 리버 사파리에는 이러한 아마조니아의 침수림을 거대한 수족관에 재현해놓았으며, 그곳에 사는 거대한 몸집의 민물고기들을 볼 수 있다. 특히 애니메이션 〈인어공주〉의 모티브가 되었던 매너티Manatees는 전 세계 1,000마리밖에 없는 희귀 동물이다.

아마존 리버 퀘스트 Amazone River Quest

아마존의 생태를 재현한 강을 보트를 타고 10분 동안 관람한다. 입장권 구매 시 보트 탑승 시간도 예약해야 한다. 입장 후에도 가능하나 마감 될 수도 있다. 키 1.06m 이상이어야 한다.
Data 오픈 11:00~16:30 요금 성인 5달러, 어린이 3달러

리버 사파리 크루즈 Reservoir Cruise Cruise

40명이 탑승 가능한 크루즈를 타고 평화로운 어퍼 셀레타 저수지Upper Seletar Reservoir를 따라 15분 동안 한 바퀴 도는 코스이다. 싱가포르 동물원과 나이트 사파리 중간에 위치해 양쪽 동물원 끝에 있는 코끼리나 기린, 또는 저수지 주변의 왕물도마뱀나 마카크 원숭이를 볼 수 있다.
Data 오픈 10:30~18:00 요금 무료입장

○ 먹을거리

마마 판다 키친 Mama Panda Kitchen

귀여운 판다 찐빵Panda Paus을 먹을 수 있는 입과 눈이 동시에 즐거운 레스토랑이다. 대나무밥, 새우 덤플링 등 중국 음식과 디저트를 즐길 수 있다. 현금 결제만 가능.

Data 가는 법 자이언트 판다 숲 근처 오픈 10:30~18:30(입장 마감 18:00)
가격 판다 찐빵 2.90달러, 자이언트 판다 카푸치노 5.50달러,
라면 세트 15.90달러 전화 6360-8560

새와의 교감이 가능한 테마파크
주롱 새공원 Jurong Bird Park

아시아 최대 규모의 새 테마파크로 1971년에 오픈하였다. 전 세계의 다양한 조류가 있다. 희귀종인 아프리카 펭귄이나 달마시안 펠리컨, 거대한 부리를 가진 혼빌이나 투칸도 만날 수 있다.

날 수 없는 조류, 밤에만 활동하는 조류 등 여러 가지 테마로 나뉘어져 있다. 새들에게 직접 먹이를 주거나, 함께 밥을 먹을 수 있는 프로그램도 다양하다. 무엇보다 새가 알에서 부화되는 모습은 생명 탄생의 신비로움까지 느낄 수 있는 색다른 체험이다. 스릴 넘치는 새들의 공연과 새 모이를 주는 프로그램들은 미리 시간을 확인하고 놓치지 말자.

하지만 천천히 걸으며 둘러보기에는 날씨가 무덥다. 너무 더운 한낮에는 원하는 곳에 내렸다 다시 탈수 있는 트램을 타고 천천히 돌아보는 것을 추천한다. 트램 티켓은 티켓 구매 시 함께 구매하는 게 편하다. 한글 안내 표시와 한글 지도를 꼭 챙기자.

Data 지도 416C
구글맵 S 628925
가는 법 MRT EW27 분레이역
버스 인터체인지에서 194, 251번
버스를 타고 약 10분
또는 SAEx 이용
주소 2 Jurong Hill
오픈 08:30~18:00
요금 성인 30달러,
어린이(3~12세) 20달러/
트램 성인 5달러, 어린이 3달러
전화 6265-0022
홈페이지 www.birdpark.
com.sg

주롱 새공원 추천 코스

펭귄 해안, 야행 조류의 세계 관람 → 코뿔새(혼빌)와 큰부리새(투칸!)
보고 잉꼬 세상에서 새에게 먹이 주기 → 폭포 새장에서 인공 폭포
보기 → 하늘의 왕 쇼 관람 → 사육 및 연구 센터에서 알에서 부화하는
모습 보기 → 하늘의 야심가 쇼 관람 → 송버드 테라스에서 앵무새
쇼 보면서 점심 뷔페 먹기 → 펠리컨 코브에서 먹이 주기 → 새들의
놀이터에서 물놀이 하기 → 정글 로티세리에서 저녁 먹기

Inside

주롱 새공원 구석구석 즐기기

볼거리 SEE

잉꼬 세상	9층 높이의 전망대에서 열대림을 감상하며 형형색색의 잉꼬들에게 직접 모이를 줄 수 있다.
폭포 새장	600여 마리의 새들이 자유롭게 날아다니는 세계 최대 규모의 새장으로 30m의 거대한 인공 폭포가 있다.
펭귄해안	5종의 100여 마리 펭귄들이 실내에 서식하며 실외에는 희귀종인 아프리카 펭귄들을 만날 수 있다.
야행 조류의 세계	아시아 최초의 야간에 생활하는 조류들을 모아둔 새장으로 올빼미나 해오라기 등을 만날 수 있다.
펠리컨 코브	세계 최초의 수중 전망대에서 펠리컨들을 더욱 자세히 관찰할 수 있으며 멸종위기의 달마시안 펠리컨도 볼 수 있다.
새들의 놀이터	물놀이를 할 수 있는 곳으로 아이들이 있다면 필수 코스이다. 어쩌면 새보다 더 좋아할지도 모른다. 여벌 옷 준비 필수!
사육 및 연구 센터	새가 알에서 부화되는 과정을 직접 볼 수 있어 생명 탄생의 신비로움을 체험 할 수 있다.

즐길거리 ENJOY

프로그램	내용	장소	시간
하늘의 왕 쇼 Kings of the Skie	매와 독수리 같이 거대한 새들의 공연	호크 아레나 Hawk Arena	10:00, 16:00
하늘의 야심가 쇼 High Flyers Show	수십 마리의 새들이 펼치는 화려한 퍼포먼스	연못 원형 극장 Pools Amphitheatre	11:00, 15:00
앵무새 쇼와 함께 점심 식사 Lunch with Parrots	가까이서 앵무새 쇼를 보며 점심 식사를 하고 함께 사진 촬영도 가능	송 버드 테라스 Songbird Terrace	점심 뷔페 12:30~14:00 앵무새 쇼 13:00~13:30 (성인 25달러, 어린이 20달러)
펠리컨의 수다 Pelican Chit-chat	펠리컨에게 먹이도 주고 설명과 함께 퀴즈까지!	펠리컨 코브 Pelican Cove	14:00

EAT 먹을거리

런치 위드 패럿 Lunch with Parrots

앵무새 쇼를 보면서 뷔페로 점심 식사를 즐길 수
있다. 앵무새의 개인기를 가까이서 볼 수 있어서
아이들이 좋아한다. 앵무새의 그림 솜씨도 볼 수
있어서 직접 참여하는 코너에서 뽑힐 확률도 높
다. 방문 전 홈페이지에서 예약하는 것이 좋다.

Data 오픈 12:30~14:00,
앵무새 쇼 13:00~13:30
가격 성인 25달러, 어린이(6~12세) 20달러

체험과 놀이로 즐기는 세계 10대 과학 전시관

싱가포르 사이언스 센터 Science Centre Singapore

아이들이 있다면 반드시 들려야 하는 곳이다. 직접 체험하면
서 과학의 원리를 배울 수 있다. 17개의 전시관에서 600여
종의 전시물을 볼 수 있으며, 다양한 과학 쇼와 액티비티까지
즐기려면 하루가 모자를 정도이다.

특히 동남아시아에서 가장 큰 테슬라 코일을 볼 수 있는 350
만 볼트의 전기쇼Tesla Coil Show와 섭씨 600도가 넘는 불꽃
기둥이 솟아 오르는 파이어 토네이도 쇼Fire Tornado Show는
놓쳐서는 안될 볼거리이다. 착시 현상을 이용한 마인즈 아
이Mind's Eye, 다양한 과학의 원리를 알아보는 디스커버리 존
Discovery Zone, 지구환경 관련 흥미로운 데이터를 보여주는
사이언스 온 어 스피어Science on a Sphere 등도 인기 있다.

야외에는 물놀이를 할 수 있는 시설도 있어서 여벌 옷을 챙
기면 좋다. 직경 23m의 초대형 돔형 스크린의 옴니 시어터
Omni-Theatre, 겨울 체험관인 스노우 시티Snow City, 8세 이
하 어린이를 위한 키즈스톱KidsSTOP도 티켓을 구매하면 이용
할 수 있다.

Data 지도 416D 구글맵 S 609081
가는 법 MRT NS1/EW24 주롱 이스트역 A출구에서 도보 8분
주소 15 Science Centre Rd **오픈** 화~일 10:00~18:00
휴무 월요일 **요금** 입장료 성인 12달러, 어린이(3~12세) 8달러
전화 6425-2500 **홈페이지** science.edu.sg

 밤에 만나는 야행성 동물의 천국
Writer's
Pick!
나이트 사파리 Night Safari

1994년 세계 최초로 개장한 밤에만 가는 동물원으로 2,500여 마리 이상의 야행성 동물들을 만날 수 있다. 달빛과 최대한 비슷한 조명을 사용하여 동물들의 생활에 방해되지 않도록 하였다. 하지만 동물들이 어두운 곳에 숨어 있거나 잠들어 있는 경우도 많아 잘 안보이는 경우도 있어서, 호불호가 갈리기도 한다.

나이트 쇼 관람과 트램을 타고 가이드의 설명을 들으며 한 바퀴 도는 코스가 일반적이지만 어두운 밤길을 걸어서 트램이 가지 않는 곳의 동물까지 볼 수 있는 워킹 트레일을 추천한다. 나이트 사파리에서는 큰 소리를 내거나 플래시 사용이 금지되어 있다. 막차 시간을 미리 확인하는 것도 필수이다. 입장 시간(19:15, 20:15, 21:15, 22:15)이 정해져 있어, 시간을 지정한 티켓을 구매하는 것이 좋다. 줄을 서지 않고 입장과 트램을 탈 수 있는 익스프레스 티켓도 있다. 모기 퇴치제와 이어폰을 꼭 챙겨 가자.

Data **지도** 416D **구글맵** S 29826
가는 법 MRT NS16 앙모키오역
C출구의 버스
인터체인지에서 138번 버스 탑승
주소 80 mandai Lake Rd
오픈 19:15~24:00,
티켓 판매 17:30~23:15
요금 성인 47달러,
어린이(3~12세) 31달러
익스프레스 티켓 10달러
전화 6269-3411
홈페이지 www.nightsafari.
com.sg

나이트 사파리 추천 코스

17:30 키오스크에서 입장권 교환하기(바우처일 경우)
18:00 정글 로티세리에서 저녁을 먹으며 불 쇼 구경하기
19:15 입장 후 나이트 쇼 관람하기
19:45 4가지 트레일 따라 천천히 걸으며 숨은 동물 찾아보기
21:45 트램을 타고 한 바퀴 돌며 한국어 해설 듣기

Inside

나이트 사파리 구석구석 즐기기

 볼거리

피싱 캣 트레일 Fishing Cat Trail
가장 첫 번째로 시작되는 걷기 코스. 물고기를 먹고 사는 살쾡이(피싱캣)을 비롯해 개미핥기의 일종인 철산갑, 귀여운 아시아 수달, 인도악어, 날여우 등이 있다.

레오파드 트레일 Leopard Trail
워킹 트레일에서 가장 스릴 넘치는 인기 코스이다. 발 아래에서 조용히 숨어 있는 표범을 보고 놀랄 수도 있으니 마음의 준비를 하자. 트램을 타면 볼 수 없는 박쥐나 날다람쥐도 볼 수 있다.

이스트 롯지 트레일 East Lodge Trail
이스트 롯지 트램역에서 가까운 코스로 아시아와 아프리카가 교차되는 지역의 동물을 만날 수 있다. 유리벽을 통해 볼 수 있는 말레이 호랑이와 송곳니가 독특한 사슴멧돼지 바비루사를 만날 수 있다. 때로는 사바나 지역에 사는 점박이 하이에나의 울음소리도 들을 수 있다.

왈라비 트레일 Wallaby Trail
가장 최근에 생긴 코스로 호주의 오지와 산악 지대에서 영감을 받아 만들었다. 호주의 명물 캥거루 사촌인 왈라비를 볼 수 있으며, 전갈과 지네를 볼 수 있는 신비로운 나라쿠트 동굴Naracoorte Cave을 모형으로 재현해놓았다. 나라쿠트 동굴은 호주 남쪽에 위치한 석회암 동굴로 세계 5대 동굴 중 하나이다. 5,000만 년 전에 형성된 동굴로 수많은 화석이 발견된 세계문화유산이다.

즐길거리 ENJOY

불 쇼 Thumbuakar Performance

나이트 사파리 입장을 기다리며 볼 수 있는 공연으로 원주민 복장의 건장한 남자들이 현란한 손놀림으로 불 쇼를 펼친다. 나이트 사파리 입장 후 다시 나와 공연을 보고 재입장도 가능하다. 입장 시 사람이 많다면, 정글 로티세리에서 저녁을 먹으며 편하게 보는 것도 방법.

장소 입구 광장Entrance Courtyard **시간** 금·토·공휴일 전날 18:45, 20:00, 21:00, 22:00

나이트 쇼 Creatures of the Night Show

20분 동안 수달, 너구리, 하이에나 등 야행성 동물들이 개인기를 펼친다. 관광객들이 직접 참여하는 코너와 진행자의 익살스러운 장난이 더해져 인기가 많다. 선착순 입장이며, 공연 시간이 지나면 입장이 안 된다. 미리 가서 기다리는 것이 좋다.

장소 원형 공연장Amphitheatre
시간 금·토·공휴일 전날 19:30, 20:30, 21:30

> **Tip** 입장 후 무엇을 먼저 할지 고민이라면 나이트 쇼를 보고 트램을 타자. 만약 공연을 보고 나서도 트램 줄이 길다면 피싱캣 트레일과 레오파드 트레일을 먼저 보자. 그후 이스트 롯 지역에서 트램을 타고 나머지를 보면 된다. 단, 성수기에는 정차하지 않는 경우도 많다. 시간과 체력이 된다면 4개의 트레일을 모두 걷고 나서 트램을 타자. 더 많은 동물들을 볼 수 있다.

워킹 트레일 Walking Trails

어두운 산책로를 따라 걸으며 동물들을 만나는 코스로 4가지(피싱캣~레오 파드~이스트 롯지~왈라비) 트레일로 이어진다. 트램이 가지 않는 곳의 동물들까지 만날 수 있다. 늦어도 저녁 11시 이전에 마지막 트레일로 이동해야 한다.

워킹 트레일 코스	대표 동물
피싱캣 트레일	피싱캣, 천산갑, 아시아 수달, 인도악어, 날여우 등
레오파드 트레일	수리부엉이, 늘보원숭이, 표범, 안경원숭이, 박쥐, 날다람쥐 등, 사자 먹이 주는 곳
이스트 롯지 트레일	말레이호랑이, 바비루사, 큰귀여우 점박이 하이에나, 사자 등
왈라비 트레일	나라쿠트 동굴, 화이트립파이톤(뱀), 유대하늘다람쥐, 주머니여우, 왈라비 등

나이트 트램 Night Tram

가이드의 설명을 들으며 트램을 타고 나이트 사파리를 한 바퀴 돌 수 있다. 전체 약 40분 소요되며 무료이다. 한국어 해설을 들을 수 있으니 이어폰을 꼭 챙기자.

사자와 호랑이의 식사 시간
Lion and Tiger Feeding Session

사육사가 던져주는 먹이를 사자와 호랑이가 받아먹는 모습을 볼 수 있다. 세션 시간을 확인하고 트레일을 따라 걸어보자.

동물	시간	장소
사자	20:00, 21:00	레오파드 트레일(Lion Lookout)
호랑이	20:30, 21:30	이스트 롯지 트레일 (Malayan Tiger Exhibit)

먹을거리

울루울루 레스토랑 ULU ULU Safari Restaurant

정글 로티세리 맞은편에 위치한 곳으로 중국, 인도, 한국 음식 등을 먹을 수 있는 호커 센터이다. 식당들과 뷔페로 즐길 수 있는 레스토랑으로 나뉘어져 있다. 호커 센터는 일반 관광객들이, 뷔페는 단체 관광객들이 주로 이용한다.

싱가포르 슬링이나 사탕수수 주스 등을 직접 만들어주는 음료 코너도 있다. 가격이 시내보다 비싼 편이지만, 다양한 메뉴를 선택할 수 있다. 뷔페보다는 호커 센터 형식의 푸드 코트가 더 인기 있다.

Data **가는 법** 나이트 사파리 입구 오른편
오픈 17:30~23:00 뷔페 17:30~20:15(아시안), 20:30~22:30(인디안)
가격 치킨 티카&난 세트 19달러, 치킨 불고기 세트 22.90달러, 뷔페 아시안 성인 45, 어린이 34달러, 인디안 성인 29, 어린이 19달러

지브라 요거트 익스프레스
Zebra Yogurt Express

나이트 사파리 안에 있는 얼룩말 콘셉트의 요거트 전문점. 잠시 쉬면서 음료를 마시거나 간단한 식사를 즐길 수 있는 곳이다. 트램이 한 번 쉬어가는 이스트 롯지역에 위치해 있어 찾아가기도 쉽다. 귀여운 얼룩말 모양의 의자들이 포인트로, 아이들이 즐거워하는 곳이다.

Data **가는 법** 나이트 사파리 입구 왼편
오픈 17:30~23:00
가격 탄산 음료 5.50달러, 생맥주 13.50달러

정글 로티세리
Jungle Rotisserie

유명했던 봉거 버거가 없어지고 그 자리에 새롭게 오픈한 곳이다. 저녁을 먹으며 불 쇼를 편하게 감상할 수 있는 명당자리이기도 하다. 버거, 치킨, 파스타 등의 메뉴를 선보인다. 가격은 조금 비싼 편이지만, 입장 시간을 기다리며 저녁을 먹기에 좋은 곳이다.

Data **가는 법** 나이트 사파리 입구 왼편
오픈 17:30~23:00
가격 점보 비프 버거 17.80달러, 라자냐 14.80달러, 콜라 5.50달러

아시아 최초의 레고랜드

레고랜드 말레이시아 리조트 Legoland Malaysia Resort

알록달록한 레고 블록으로 꾸며진 테마파크로, 2012년 9월에 개장한 아시아 최초의 레고랜드이다. 1968년 덴마크를 시작으로 영국, 독일, 미국(캘리포니아, 플로리다)에 이어 세계 6번째로 문을 열었다. 싱가포르와 인접한 말레이시아의 조호바루에 위치해 있으며, 7개의 테마로 이루어진 테마파크는 40여 개의 어트랙션과 볼거리로 가득하다. 특히 3,000만 개 이상의 레고로 만들어진 미니 랜드는 이곳에 온 보람을 느끼게 해주는 곳이다. 워터파크와 10분 거리에 헬로키티 랜드도 있어서 아이가 있다면 레고랜드 호텔에서 숙박하는 일정을 계획해봐도 좋겠다.

주말이나 성수기를 제외하면 대체로 한적한 편이며, 인기 놀이기구를 기다리는 동안에도 레고를 가지고 놀 수 있다. 홈페이지에서 티켓을 사전 구매 시 할인 혜택이 있으며, 쉬는 날도 있으니 방문 전 홈페이지에서 확인하자. 단, 날씨에 의한 환불은 안 된다.

Data **지도** 416A **구글맵** 79250 **가는 법** 싱가포르 플라이어에서 직행 버스를 타고 약 1시간(입국 수속 시간에 따라 다름) **주소** 7, Jalan Legoland, Bandar Medini, 79250 Nusajaya, Johor Bahru, Malaysia **오픈** 테마파크 일~금 10:00~18:00, 토 10:00~19:00(시즌에 따라 다름)/워터파크 10:00~18:00 **전화** 607-597-8888 **홈페이지** www.legoland.my

레고랜드 말레이시아 리조트 입장 요금

화폐 단위: 링깃(RM)

종일권		성인	어린이
1Day	테마파크	188	150
	워터파크	122	103
	콤보	235	188
2Day	콤보	301	235

* 어린이(3~11세), 시니어(60세 이상), 유아(3세 이하), 콤보(테마파크+워터파크) 2018년 4월 기준

레고랜드 인기 어트랙션 6

드라이빙 스쿨 Driving School

프로젝트 X Project X

더 드래곤 The Dragon

아쿠아존 웨이브 레이서
Aquazone Wave Racers

로스트 킹덤 어드벤처
Lost Kingdom Adventure

4D 레고 스튜디오
4D LEGO Studio

Tip *레고랜드 가기 전 준비사항*

1. 입장권&직행 버스 예매
레고랜드 입장권을 예매하면 가격 할인 혜택과 입장권 구매 시간을 줄일 수 있다. 레고랜드로 가는 직행 버스Coach는 좌석이 한정되어 있으므로 원하는 날짜에 가려면 예약을 서둘러야 한다. 여권은 필수!

2. 환전
레고랜드에는 싱가포르 달러도 사용할 수 있다. 조호바루의 아웃렛 쇼핑, 마사지, 레스토랑 등을 갈 계획 이라면 말레이시아 화폐(링깃)로 환전해서 가면 좋다.

3. 여권 & 출국 카드
싱가포르와 말레이시아 사이 국경을 넘을 때 입국 수속 절차가 있다. 여권과 싱가포르 입국 시 받은 출국카드가 꼭 필요하다.

Tip *레고랜드 가는 방법*

레고랜드를 가는 방법은 다양하지만 싱가포르 플라이어에서 레고랜드까지 왕복 운행하는 직행버스Coach를 타는 것이 가장 일반적이다. 국경을 넘을 때마다 출입국심사를 위해 잠시 내렸다 타야 하는 번거로움이 있다. 가격과 시간은 시즌에 따라 다르므로 홈페이지에서 꼭 확인하자.

티켓 구매 & 탑승 장소	싱가포르 플라이어(#01-06D WTS Travel)
가격	왕복 24달러(만3세 이상)
출발 시간	싱가포르 플라이어 09:00, 10:30 레고랜드 17:15, 18:45 헬로키티 타운 17:00, 18:30
온라인 예매	attraction.wtstravel.com.sg

(2018년 7월 기준)

Singapore By Area

12

빈탄
BINTAN

오래전부터 해변 휴양지로 각광받아온
빈탄은 인도네시아에 있는 섬이지만,
싱가포르에서 페리로 50분이면 갈 수 있다.
한국 여행객들도 싱가포르 도시와 빈탄을 묶은
여행 일정을 즐겨 찾는다. 싱가포르와는 또다른
남국의 정취를 느낄 수 있는 빈탄에서 더
평화롭고 오붓한 천국의 시간을 보낼 수 있다.

Bintan
PREVIEW

빈탄 여행은 대부분 북부 지역의 리조트 안에 머물며, 북부 지역 내에 있는 맹그로브숲 투어나
4군데의 골프장에서 골프 여행을 즐긴다. 남국의 휴양과 해변, 자연과 다양한 액티비티가
가능한 빈탄은 가족 여행객과 커플, 허니무너까지 골고루 만족시키는 친근한 여행지이다.

EAT

대부분의 식사는 리조트 안에서 하게 된다. 니르와나 리조트 호텔 안에 있는 케롱Kelong 레스토랑, 반얀트리의 사프론Saffron, 빈탄 라군 리조트의 라이스Rice 등이 인기 레스토랑. 리조트 내에서 매 끼니를 해결하려면 비용이 만만찮게 든다. 그러므로 컵라면 같은 먹을거리를 싸오는 것도 방법이고, 리조트에서 가까운 섬 동네로 나가 현지 음식을 저렴하게 해결하는 것도 색다른 재미이다.

BUY

리조트별로 다양한 부대시설과 수상 스포츠 센터를 운영한다. 수영장과 해변은 물론, 스노클링, 카야킹 등의 수상 레포츠를 만끽할 수 있다. 빈탄 내에 유명한 골프 클럽도 여러 곳 있어서 골프 여행 코스로도 인기 있다. 섬 안에 있는 맹그로브숲 투어 등을 원데이 투어 등으로 즐길 수 있다.

SLEEP

빈탄의 북부 지역에 유명한 리조트들이 모여 있다. 가족들이 가기에 좋은 리조트로는 빈탄 라군 리조트와 클럽메드가 인기 있으며, 신혼여행객에게는 반얀트리가 최고의 리조트이다. 그러나 앙사나, 니르와나 가든 안의 5개 호텔과 리조트 등도 유명하므로, 개인의 취향에 맞는 곳을 선택하면 된다.

 어떻게 갈까?

창이 국제공항과 가까운 위치에 있는 타나메라 페리 터미널Tanah Merah Ferry Terminal에서 페리를 타고 빈탄으로 가면 된다. 여권과 함께 싱가포르로 입국할 때 받았던 출국카드를 꼭 챙겨야 한다. 인도네시아로 들어갈 때 또 한 장의 출입국 카드도 작성해야 한다. 페리로 빈탄까지 걸리는 시간은 50여 분. 빈탄 페리 터미널에서는 리조트 셔틀버스를 타고 가면 된다. 리조트 위치에 따라 페리 터미널에서 리조트까지는 약 15~20분 걸린다.

 어떻게 다닐까?

대부분은 투숙하고 있는 리조트 안에서 즐거운 시간을 보내게 된다. 리조트마다 안에서 즐길 수 있는 여러 부대 시설과 프로그램, 수상스포츠 센터, 골프 클럽 등을 운영하고 있으므로, 미리 시설과 스케줄을 확인하고 원하는 액티비티를 만끽하면 된다.

리조트 안에서만 있는 시간이 지루하다면, 근처 섬 주민들이 살고 있는 올드 시티로 택시를 타고 나가 보자. 저렴하게 마사지나 현지 음식을 먹을 수도 있다.

싱가포르-빈탄 페리 입국 과정

1. 시내에서 타나메라 페리 터미널로 가기

MRT 타나메라역에서 35번 버스나 택시(약 12달러)를 이용한다. 시내에서 타나메라 페리 터미널까지 곧장 택시를 탄다면 소요 시간은 약 25분. 택시비는 25달러 정도 나온다.

2. 최소 한 시간 전에 타나메라 페리 터미널에 도착하기

공식적으로는 싱가포르에서 인도네시아로 출국하는 여정이므로, 터미널에 일찍 도착하는 것이 좋다(30분 전까지 체크인을 하지 않으면 티켓이 취소된다). 체크인 데스크에서 미리 예약해둔 바우처를 보여주고 체크인한 뒤, 배기지 체크인Baggage Check-In에서 짐을 붙인 후 출국심사를 거쳐 출국장으로 가면 된다.

> **Tip** 빈탄 가는 페리 예약은 홈페이지(www.brf.com.sg)에서 하거나 한국의 여행사를 통해 예약한다. 주말, 공휴일, 휴가철 등에는 여행객이 많아 매진이 될 수 있으므로, 3~5일 전에는 페리 티켓을 예약하는 것이 좋다.

3. 인도네시아 비자 발급받고 입국하기

빈탄에 도착하면 미리 작성해둔 입국카드와 비자를 내야 한다. 비자는 도착해서 발급받는데, 입국심사대 부근에 있는 비자 카운터Vis on Arrival Payment Counter에서 직접 구입하면 된다. 발급 비용은 일주일 미만 체류하는 경우 미국 달러로 25달러, 싱가포르 달러로는 40달러. 입국심사를 받고 나오면 투숙하는 리조트의 셔틀버스를 타고 이동한다.

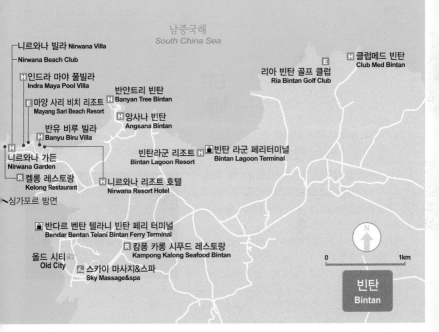

SEE

인도네시아의 현지인들을 만날 수 있는 동네
올드 시티 Old City

리조트 안에서만 모든 일정을 보내는 자칫 지루할 수 있다. 이럴 때는 라고이 지역의 올드 시티로 나가 저렴한 마사지도 받고, 푸드 코트에서 현지식으로 식사를 하는 것도 색다른 방법이다.
리조트마다 콘시어지에 문의하면 택시를 불러주고, 올드 시티에서는 마사지 숍에 이야기하면 다시 리조트로 돌아오는 택시를 불러준다.

Data 지도 437 구글맵 29152 가는 법 호텔 콘시어지에서 택시를 불러 간다 주소 Komplek Ruko Pujasera Block C, Townshop, Kawasan Resort, Lagoi, Bintan 요금 전신 마사지 60분 40달러, 90분 60달러

EAT

기대 이상의 현지식 시푸드 레스토랑
캄퐁 카롱 시푸드 레스토랑 Kampong Kalong Seafood Restaurant Bintan

주로 빈탄의 맹그로브숲 투어를 신청하는 여행객들에게 코스로 포함되는 레스토랑이다. 대부분의 투어는 맹그로브숲 투어를 마치고, 이 수상 가옥 형태의 레스토랑에서 점심이나 저녁 식사를 한다.
톡 쏘는 빈땅 맥주와 함께 페퍼크랩, 채소 요리, 달걀 수프, 탕수육 등 한상이 푸짐하게 차려진다. 파도 소리를 들으며 먹는 저녁 식사가 의외로 들뜨고 재미있다.

Data 지도 437 가는 법 맹그로브 제티에서 배를 타고 4분 주소 Bintan Resorts, Bintan
오픈 점심 12:00~15:00, 저녁 17:00~22:00 요금 맹그로브숲 투어 32달러
전화 62-823-8756-7777

SLEEP

빈탄 최고의 럭셔리 리조트

반얀트리 빈탄 Banyantree Bintan

어느 지역을 가도 늘 깊은 감동을 주는 반얀트리 호텔. 반얀트리 빈탄 역시 천국 같은 시간을 보낼 수 있는 곳이다. 빈탄에 있는 여러 리조트 중 가장 럭셔리하고 아름다워서 허니문 호텔로도 명성이 자자하다. 아이가 있는 가족보다는 신혼여행객, 조용히 개인적인 시간을 보내길 원하는 커플, 아이가 없는 부부에게 더 잘 어울린다. 침대에서 깨면 탁 트인 바다가 먼저 눈에 들어오는 객실, 아무에게도 방해받지 않고 수영할 수 있는 풀빌라의 수영장, 빌라 안에서 둘만의 저녁 식사를 할 수 있는 빌라 다이닝, 그리고 힐링의 손길이 그대로 전해지는 반얀트리 스파 마사지까지 누리다보면 세상을 다 가진 듯한 행복감을 볼 수 있다.

Data 지도 437 구글맵 29155
가는 법 빈탄 페리 터미널에서 호텔 셔틀버스 이용
주소 Jalan Teluk Berembang, Laguna Bintan Resort, Lagoi
요금 400달러부터
전화 770-693-100
홈페이지 www.banyantree. com/en/ap-indonesia-bintan/EW

반얀트리 빈탄의 주요 시설

⚬━ 객실

총 64개의 빌라가 있다. 모든 빌라가 독채형으로, 릴렉세이션 자쿠지나 전용 풀을 갖추고 있다. 자쿠지와 침대에서 바로 바다가 보이는 전망을 갖춘 시 프런트 빌라Sea Front Villa, 정글 너머 멀리 바다가 보이는 시뷰 Seaview 빌라, 바위 위에 지어진 빌라 온 더 록Villa on the Rock, 넉넉한 풀을 갖춘 원베드룸과 투베드룸 반얀트리 풀빌라가 심장을 두근거리게 한다.

🛏 투베드룸 반얀트리 풀빌라

가장 높은 등급의 풀빌라 객실이다. 압권은 역시 바다를 향하고 있는 전용 수영장. 수영장을 가운데 두고 양쪽으로 같은 구조의 베드룸이 마주보고 있다. 수영장 앞쪽으로 정자 스타일의 야외 거실이 있으며, 객실 안 욕실의 자쿠지는 높은 담이 둘러쳐진 야외 형태로 에로틱한 분위기가 난다. 4명이 묵을 수 있는 풀빌라로, 4인 가족 혹은 두 커플, 친구 4명이 뭉쳐서 지내기에 좋다.

🏊 메인 풀장

조식을 먹는 트리톱 레스토랑 옆쪽으로 메인 풀장이 있다. 풀장은 2군데로 가족풀과 성인 전용풀로 구분된다. 성인 풀의 경우 수심이 깊고 절벽 위 높은 곳에 위치해 주변의 숲으로 둘러싸여 있다.

🍽 레스토랑

인도네시아의 전통 요리를 제공하는 톱트리 Toptree와 지중해풍의 이탈리아와 스페인 요리를 선보이는 더 코브The Cove, 그리고 반얀트리의 시그니처 레스토랑인 사프론Saffron이 있다. 뿐만 아니라 리조트의 바위 위에서, 라구나 빈탄 골프 클럽에서 가장 전망이 멋진 8번홀 안에서, 현지 어부의 배 위에서 평생 기억할 만한 둘만의 저녁 식사를 가질 수도 있다.

반얀트리 빈탄의 최고의 선택

 Writer's Pick! 풀빌라 안에서 즐기는 둘 만의 저녁 식사
인 빌라 다이닝 In villa Dinning

신혼부부를 감동시킬 수 있는 프로그램이다. 둘이서 보내는 리조트의 시간은 아쉬운 법. 그런 커플을 위해 풀빌라 안에 둘만의 위한 저녁 식사가 차려진다. 레스토랑 직원이 직접 재료를 들고 와 세팅을 끝낸 테이블 위에는 샐러드와 감자, 그릴에 구울 수 있는 각종 해산물과 육류가 가득하다. 그릴에 굽는 작업은 직접 해야 하지만, 서툴다면 직원이 방법을 알려준다. 해지는 시간에 맞춰 갖다주는 인 빌라 다이닝은 특별한 날을 만들고 싶은 투숙객에게 안성맞춤인 저녁 식사이다.

 Writer's Pick! 인도네시아 왕국의 마사지 비법을 더하다
반얀트리 스파 Banyan Tree Spa

반얀트리 스파의 명성은 이미 잘 알려져 있다. 버기를 타고 독채형의 스파 센터로 가면 테라피스트가 먼저 이용객을 맞아준다. 인도네시아에서 천연 재료로 만든 코코넛밀크와 아보카도 모이스처, 천연 허브로 만든 스크럽 제품 등을 사용한다. 로열 반얀, 자바니즈 룰루, 발리니스 보레 등 인도네시아의 전통 스타일이 결합된 마사지를 취향에 맞게 선택할 수 있다.

요금 발리니스 룰루, 발리니스 보레 190달러

가격대비 만족도가 최고!
빈탄 라군 리조트 Bintan Lagoon Resorts

부대시설이 알차고 숙박비도 합리적이여서, 빈탄에서 가격 대비
만족도가 가장 높은 리조트로 통한다. 473개의 객실은 크고 넓은
편이고, 2개의 야외 수영장에는 어른들을 위한 풀 바와 아이를 위
한 슬라이드가 있어서 모두를 만족시켜준다.
11개에 달하는 다양한 레스토랑과 카페는 리조트 안에서만 며칠을
보내야 하는 투숙객들이 질리지 않고 음식을 선택할 수 있어 만족
스럽다. 2개의 챔피언십 골프 코스를 포함하고 있어서, 빈탄 라군
리조트는 빈탄에서 가장 규모가 큰 리조트로 손꼽힌다. 무엇보다
아이들을 위한 프로그램이 잘되어 있어 가족 여행객에게 큰 사랑
을 받는 곳이다.

Data 지도 437
구글맵 29155
가는 법 전용 페리 터미널을
갖추고 있다. 타나메라 페리 터미널
에서 빈탄 라군 리조트로
바로 페리가 도착한다.
주소 #08-08 600 North
Bridge Rd, Parkview Square
요금 디럭스룸 117달러부터
전화 6750-2280
홈페이지 www.bintanlagoon-
resort.net

빈탄 라군 리조트의 주요 시설

🔑 객실

총 473개의 객실이 있다. 가장 낮은 카테고리의 디럭스룸도 비교적 넓은 편이고 안에 베드식 소파가 있어 여유롭다. 단독 빌라 형태의 스위트룸도 다양하다. 전 객실이 오션뷰는 아니며, 아름다운 정원이 보이는 가든뷰도 있다. 대가족과 그룹 여행객도 거뜬히 머물 수 있는 객실이 많다.

🏊 야외 수영장

빈탄 라군 리조트를 돋보이게 하는 장소 중 하나이다. 어른들을 위한 풀 바가 물 속에 자리해 있으며, 또 다른 수영장에는 워터 슬라이드가 있어 아이를 동반한 가족에게 사랑받는다. 아이들이 놀 수 있도록 물 깊이도 단계별로 되어 있어서 부모들이 더욱 좋아한다. 리조트 안에 스포츠 센터가 있어 다양한 수상 스포츠도 즐길 수 있다.

🍽 레스토랑

총 11개의 레스토랑이 있다. 그중에서도 많이 찾는 곳은 동서양의 다양한 요리를 뷔페식으로 먹을 수 있는 메인 레스토랑 코피 오Kopi Oi다. 특히 저녁에는 신선한 생선과 해산물을 바비큐로 제공해 인기가 높다. 가장 마음에 드는 곳은 새로 오픈한 라이스Rice 레스토랑. 해변을 바라보고 있는 테라스는 낮에 인기가 많고, 근사한 인테리어와 분위기는 낭만적인 저녁 시간을 보내기에 최고다. 커플에게 멋진 다이닝 스폿이다.

🚩 빈탄을 대표하는 골프 코스

리조트는 2개의 챔피언십 골프 코스도 갖추고 있다. 잭 니클라우스 시뷰 골프 코스와 이안 베이커 핀치 우드랜즈 골프 코스가 그곳. 다양한 수준의 골퍼들에게 적합한 천연 지형과 아름다운 경관 코스를 자랑한다. 1999년 아시아 5대 챔피언십 코스로 선정된 바 있다.

테마파크 같은 대규모 리조트 단지
니르와나 가든 Nirwana Garden

5개의 호텔과 리조트가 모여 있는 대규모 숙박 단지이다. 메인 호텔인 '니르와나 리조트 호텔'를 시작으로, 해변에 있는 마양사리 비치 리조트Mayang Sari Beach Resort, 가장 저렴한 방갈로 스타일의 니르와나 비치 클럽, 가족이나 단체 여행객이 머물기 좋은 반유 비루 빌라Banyu Biru Villa, 풀빌라를 갖춘 럭셔리한 인드라 마야 빌라Indra Maya Villa가 독립된 마을처럼 이루어져 있다.

게다가 니르와나 가든은 코끼리 공원과 미니 동물원, 대형 볼링장, 서바이벌 게임장, 그리고 거의 모든 해양 스포츠를 즐길 수 있는 센터까지 갖춰 하나의 거대한 테마파크를 연상시킨다. 니르와나 리조트 호텔에서 버기로 가는 켈롱 레스토랑은 빈탄 전체에서 손꼽힐 만큼 유명한 시푸드 레스토랑이다.

Data 지도 437
구글맵 29155
가는 법 빈탄 페리 터미널에서 호텔 셔틀버스로 15분
주소 Jalan Panglima Pantar, Lagoi
요금 니르와나 리조트 호텔 90달러부터
전화 6323-6636
홈페이지 www.nirwana-gardens.com

Inside

니르와나 가든 주요 시설

니르와나 리조트 호텔
Nirwana Resort Hotel

244개의 수피어어룸과 디럭스룸, 스위트룸을 갖춘 메인 호텔이다. 바다와 가까운 쪽에 대형 풀장과 어린이용 풀이 따로 마련되어 있으며, 수영장 주변으로 야외 레스토랑과 바가 자리해 있다. 니르와나 가든 안에 있는 다른 리조트와 레스토랑, 해양 스포츠 센터 등으로 가는 셔틀버스가 수시로 출발한다.

켈롱 레스토랑
Kelong Restaurant

바다 위에 수상가옥 형태로 지어진 이곳은 섬 전체에서 손꼽히는 최고의 시푸드 레스토랑이다. 잡아둔 각종 생선과 새우 등을 수족관이 아닌 바다에서 바로 건져 요리한다. 엄청난 규모의 실내도 이곳의 인기를 실감나게 한다. 이곳에서 저녁을 먹으며 보는 일몰이 유명하다. 선착장 끝에는 칼립소 바가 있다.

니르와나 비치 클럽 해양 스포츠 센터
Nirwana Beach Club Seasports Centre

니르와나 가든에 묵는 서양인들이 즐겨 찾는 해양 스포츠 센터. 장비 대여는 물론 안전 교육도 진행한다. 카야킹, 서핑, 웨이크보드는 물론, 스노클링, 스쿠버 다이빙, 낚시 배 투어도 할 수 있다. 다른 리조트보다 해양 스포츠 이용료가 저렴해 인기 있으며, 나르와나 호텔 투숙객이 아니어도 이용할 수 있다(여권 지참 필수).

니르와나 비치 클럽 Nirwana Beach Club

니르와나 가든 내 숙소 중 가장 저렴하다. 카바나 스타일로 해변과 가까우며, 카바나 2채가 인도네시안 전통 방식으로 나란히 붙어있다. 넓은 부지에 42채가 자리해 있으며, 해양 스포츠를 즐기려는 젊은 여행자들이 주로 이용한다. 객실은 빈약한 편이지만, 나무 바닥부터 침대, 가구를 리노베이션했고, 외관의 컬러도 밝은 색으로 교체해 깔끔하고 아늑해졌다.

반얀트리 리조트 계열의 합리적인 버전
앙사나 빈탄 Angsana Bintan

반얀트리 그룹에서 운영하는 앙사나 리조트는 반얀트리의 노련한 서비스와 이미지는 그대로 살리되 숙박비의 부담은 덜어낸 중고급형 리조트이다. 반얀트리 리조트에서 커버하기 힘든 가족 타깃을 적극 수용하고 있고, 객실도 모두 바다와 풀장을 전망으로 하

고 있다. 1개의 메인 수영장은 노란색의 파라솔과 석조 기둥으로 꾸며서 유럽 분위기를 자아낸다.

육류와 해산물 그릴 요리가 일품인 판타이 그릴 앤 바가 자랑거리. 반얀트리 스파의 마사지 기술을 그대로 느낄 수 있는 앙사나 스파도 갖추고 있다. 어린이 수영장은 없지만 키즈 클럽을 별도의 요금으로 운영하며, 반얀트리와 시설을 공유하는 것이 장점이다. 유명 골프 선수인 그렉 노만이 설계한 라구나 골프 클럽도 이곳에서 운영 중이다.

Data 지도 437 **구글맵** 29155
가는 법 빈탄 페리 터미널에서 호텔 셔틀버스로 이동
주소 Jalan Teluk Berembang, Laguna Bintan, Lagoi, Kepulauan Riau
요금 슈페리어룸 150달러부터
전화 770-693-111
홈페이지 www.angsana.com/en/bintan

아이와 가기 좋은 리조트
클럽메드 빈탄 Clubmed Bintan

리조트 안에서 숙박은 물론 식사와 음료와 주류, 다양한 액티비티와 스포츠가 다 포함된 패키지이다. 가족 지향적인 테마에 맞게 자녀의 연령대에 맞는 다채로운 프로그램을 제공한다. 또 만 2~3세는 하루 50달러의 별도 비용을 내야하지만, 4세부터는 무료로 보살펴준다. 아이를 맡길 수 있어서 부모이 안심하고 휴가를 즐길 수 있어서, 어린 자녀를 둔 부부 여행자들에게 그 인기가 대단하다.

클럽메드의 전용 해변과 수영장에서 다양한 해양 스포츠는 물론 수중 에어로빅, 물놀이가 펼쳐지고, 스쿼시, 양궁, 비치발리볼, 농구 등 각종 스포츠도 클럽메드의 전속 직원들인 GOGeneral Organzier와 함께 어울리며 배울 수 있다.

Data 지도 437 **구글맵** 12920
가는 법 리조트 예약 시 트랜스퍼를 신청하고 클럽메드 버스 이용
주소 Ji Pergi Raya A11 Lagoi Bintan
요금 슈페리어룸 올 인클루시브 패키지 1인 400달러부터
전화 3452-0123(한국 사무소)
홈페이지 www.clubmed.co.kr

여행 준비 컨설팅

여행이 생각한 대로 잘 진행되고 안되고는 얼마나 일찍부터 준비하느냐에 달렸다.
충분한 기간을 남겨두고 차근차근 준비하다보면 걱정보다는 여행에 대한 자신감과
기대를 가질 수 있다. 자, 이제부터 날짜에 맞춰 싱가포르 갈 준비를 시작해보자.

D-50

MISSION 1 여행 일정을 계획하자

1. 여행의 형태를 결정하자

항공권 예약부터 일정까지 스스로 해결하는 개별 여행을 할 것인지, 정해진 일정에 맞춰 가는 단체 패키지 여행을 선택할 것인지를 정해야 한다.

자유 여행을 한다면 패키지 여행보다 준비할 것이 많지만 모든 일정과 시간을 자유롭게 쓸 수 있다. 패키지 여행에서는 호텔과 일정, 옵션 투어 등의 포함 조건을 잘 따져볼 것. 항공권과 숙박을 정하는 일이 벅찬 사람은 에어텔 상품을 이용하는 것도 방법이다. 일정은 개별 여행자처럼 자유롭게 쓸 수 있다.

2. 출발일을 정하자

싱가포르는 일 년 내내 인기 있는 여행지이다. 연중 더운 날씨가 계속되기 때문에 최적의 여행 시기는 딱히 없다. 어느 때에 가도 좋은 곳이다. 단, 한국인들의 휴가가 7~8월에 몰려있기 때문에 이때 항공권이 가장 비싸다.

겨울에 휴가를 쓸 수 있거나 여행할 수 있는 사람들에게는 따뜻한 날씨와 화려한 크리스마스를 즐길 수 있는 12월이 가장 인기 있다. 아무 때나 출발할 수 있는 여행자라면 가장 더운 5월과 6월은 피하는 것이 좋다. 하지만 이때 항공권이나 숙박료는 상대적으로 저렴해지므로, 경비를 줄이고자 한다면 오히려 이때 가는 것이 기회일 수도 있다.

3. 여행 기간을 결정하자

싱가포르는 동남아시아 국가지만, 비행 시간이 6시간 이상 걸리기 때문에 최소 3박 5일을 잡아야 하고, 4박 6일이나 5박 6일 일정 으로 가는 것이 여행을 즐기기에 넉넉하다.

또 싱가포르를 경유해 호주나 유럽으로 신혼여행을 가는 여행자도 많기 때문에 이런 경우는 1박 2일을 스톱오버로 머물며 도시 여행을 하는 일정도 많이 잡는다. 가족 여행객이라면 4박 5일 정도의 일정이 가장 적당하다.

D-48

MISSION 2 비행기 티켓을 예매하자

1. 항공권은 얼마나 들까?

여행 시기와 기간을 정했다면 가장 먼저 비행기 티켓을 예약해야 한다. 빨리 예약하면 할수록 싸게 살 수 있으며, 여름 휴가철과 방학 기간, 연말연시는 성수기에 해당하므로 요금이 비싸진다.

싱가포르로 가는 항공권은 비수기 직항의 경우 유류할증료를 포함해 60만 원대에 끊을 수 있다. 성수기에는 80만 원 이상 생각해야 한다. 그것도 충분한 기간을 두고 예약했을 때의 경우이다. 경유편을 이용하거나 저가 항공을 이용하면 항공권 가격은 좀더 저렴해진다.

2. 어디서 살까?

1) 항공사 홈페이지

가장 편리한 노선은 직항편. 싱가포르항공을 비롯해 대한항공과 아시아나항공이 싱가포르 직항편을 운행한다. 타이베이를 1시간 체류한 뒤 싱가포르로 가는 저가 항공인 스쿠트항공도 있다. 항공사 메일링을 신청해두면 자체 프로모션 등이 있을 때 메일로 안내를 받아 참여할 수 있다.

경유편을 이용하면 항공료는 좀 저렴하나, 7시간 이상의 긴 비행 시간이 걸리므로 시간 대비 효율을 따지는 게 중요하다. 마일리지를 사용할 경우, 싱가포르항공은 비수기와 성수기에 마일리지 차감에 대해 차등을 두지 않으므로, 성수기에 마일리지를 쓴다면 싱가포르항공을 이용하는 것이 더 유리하다.

싱가포르 취항 항공사 홈페이지
싱가포르항공 www.singaporeair.com
대한항공 kr.koreanair.com
아시아나항공 www.flyasiana.com
스쿠트항공 www.flyscoot.com

2) 항공권 가격 비교 사이트

여러 여행사에서 내놓은 항공권 가격을 한 번에 비교해볼 수 있는 사이트를 이용한다. 출발 시간이 임박한 항공권을 저렴하게 판매하는 땡처리 티켓도 올라오므로 수시로 접속해 가격을 비교하는 것이 좋다. 대신 땡처리 항공권은 출발 날짜가 정해져 있고, 취소가 불가능한 경우가 많으므로, 반드시 티켓 조건을 체크하는 것이 중요하다.

가격 비교 사이트에서 예약할 때 대기자 명단에 들어간다면 2~3개의 항공사에 이름을 올려놓고 확약을 기다리는 것도 방법이다. 단, 예약하는 여행사가 다르더라도 한 항공사의 편명에 이중으로 예약을 하면 사전 안내 없이 예약이 모두 취소되므로 주의해야 한다.

인터파크 투어 tour.interpark.com
땡처리 닷컴 www.072.com
와이페이모어 www.whypaymore.co.kr

3) 시아 홀리데이 및 에어텔 판매 사이트

시아SIA 홀리데이란 싱가포르항공의 에어텔 브랜드로, 싱가포르의 왕복 항공권과 호텔을 포함해 공항~호텔 간 왕복 교통권과 20곳의 관광지를 도는 순환 버스 시아 홉온 버스 패스(2일권) 등을 무료 제공하는 자유 여행 상품이다.

뿐만 아니라 싱가포르항공의 보딩패스를 보여주면 유명 레스토랑과 관광지, 쇼핑센터에서 할인 혜택을 받을 수 있다.

SIA 홀리데이 www.siaholidays.co.kr
여행박사 www.tourbaksa.com
선랜드 여행사 www.lovesingapore.co.kr
온라인 투어 www.onlinetour.co.kr
내일투어 www.naeiltour.co.kr
웹투어 www.webtour.co.kr
인터파크투어 tour.interpark.com

MISSION 3 여행 예산을 짜자

1. 숙박비는 얼마나 들까?

싱가포르는 숙박비가 비싼 나라다. 특급 체인 호텔의 경우는 30~40만 원대, 소문난 부티크 호텔의 경우도 20만 원 정도를 줘야 한다. 호텔 역시 얼마나 일찍 예약하느냐에 따라 비용을 아낄 수 있으므로, 여행 일정이 정확하게 나온 상태라면 하루라도 빨리 끊는 것이 유리하다.

숙박료가 부담스러운 여행자라면 교통이 편리한 지역에 위치한 호스텔이나 게스트하우스를 이용하는 것도 방법이다. 깨끗하고 안전한 나라 이미지답게 깔끔하고 시설 좋은 호스텔이 많다. 6인용 도미토리는 대략 30달러 선에서 잘 수 있다.

2. 식비는 얼마나 들까?

어디서 무엇을 먹느냐에 따라 비용이 크게 달라진다. 싱가포르의 현지 음식을 분식집처럼 파는 호커 센터에서는 5달러 정도면 충분히 음식 한 끼를 먹을 수 있다. 쇼핑몰 안에 있는 푸드 코트도 음식값이 싸기는 마찬가지이다.

하지만 싱가포르의 유명 음식인 칠리크랩이나 이름난 레스토랑에서 음식을 먹는다면 2인 기준 최소 10만 원 정도가 든다.

3. 교통비는 얼마나 들까?

충전식 교통카드인 이지링크를 사용하면 지하철과 버스를 편리하게 이용할 수 있다. 첫 구매 금액은 12달러, 이후 10달러 단위로 충전해서 쓰면 된다. 하지만 짧은 일정 동안 많은 곳들을 이동하며 볼 예정이라면 싱가포르 투어리스트 패스가 유리하다. 1일권 10달러, 2일권은 16달러이다.

택시비는 비싼 편이다. 기본 요금에 미터당 요금과 할증 요금이 붙는다. 가까운 거리를 가더라도 기본 8~10달러는 나온다. 하지만 도시가 작기 때문에 시내에서는 15달러를 넘는 일이 별로 없다. 3인 이상 혹은 가족이라면 부담 갖지 말고 택시를 타는 것이 더 편리하다.

4. 입장료는 얼마 정도?

싱가포르 동물원, 가든스 바이 더 베이 같은 유명 관광지와 박물관, 센토사의 놀이기구 비용은 비싼 편이다. 이로 인한 지출도 상당히 크다. 때문에 각종 할인 티켓을 부지런히 챙기는 것이 좋다.

교통 수단과 각종 어트랙션을 묶어 할인된 가격으로 제공하는 시티 패스를 유형별로 알아보고 자신에게 맞는 패스를 선택해 사용하는 것도 방법이다.

D-43

MISSION 4 여권을 확인하자

1. 어디에서 만들까?

서울에서는 외교 통상부를 포함한 대부분의 구청에서, 광역시를 비롯한 지방에서는 도청이나 시구청에 설치된 여권과에서 편리하게 발급받을 수 있다. 인터넷 포털 사이트에서 〈여권 발급 기관〉을 검색하면 서울 및 지방 여권과에 대해 자세한 안내를 받을 수 있다. 외교통상부 여권 안내 홈페이지 내 접수처에서 확인할 수 있다.

외교부 홈페이지 www.passport.go.kr

2. 어떻게 만들까?

2008년 8월 25일부터 전자여권으로 전면 발급되며 대행이나 타인 신청이 불가능하다. 본인이 신분증을 지참하고 직접 신청해야 한다. 단 18세 미만의 신청은 대행이 가능하다.

여권 신청 방법

여권 종류에 따른 필요 서류와 여권 사진을 챙기기 → 거주지에서 가까운 관청의 여권과로 간다 → 발급 신청서 작성 → 수입인지 붙이기 → 접수 후 접수증 챙기기 → 3~7일 경과 → 신분증 들고 여권 찾기

여권 발급 신청 준비물

여권 발급 신청서 1부(해당 기관에 구비)
여권용 사진 1매(6개월 이내에 여권용으로 촬영한 것, 단, 전자여권이 아닌 경우 2매)
신분증(주민등록증, 운전면허증)
발급 수수료(단수여권 2만 원, 복수여권 5년 4만5,000원, 복수여권 10년 5만3,000원)

3. 여권을 잃어버렸거나 기간이 만료됐다면?

재발급 절차는 여권 발급 때와 비슷하지만 재발급 사유를 적은 신청서가 더 추가된다. 분실했을 경우에는 분실신고서를 작성한다. 여권 기간 연장은 2008년 6월 28일 이전에 발급된 여권 중 유효 기간 연장이 가능한 것에 한해서 할 수 있다.

연장 신청은 여권 유효 기간 만료일 전후 1년 이내에 할 수 있으며, 신규 발급 신청에 필요한 서류 일체와 구 여권을 지참해야 한다.

4. 어린 아이들은?

만 18세 미만의 미성년자는 부모의 동의 하에 여권을 만들 수 있다. 여권을 신청할 때는 일반인 제출 서류에 가족관계증명서를 지참해 부모나 친권자, 후견인 등이 신청할 수 있다. 만 12세 이상은 본인이 직접 신청할 수도 있는데, 이럴 경우 부모나 친권자의 여권발급동의서와 인감증명서, 학생증을 지참해야 한다.

본인이나 친권자 등 법정대리인이 신청할 수 없을 때에는 2촌 이내의 친족에게 대리 신청을 위임할 수 있으며, 이 경우 대리인은 자신의 신분증을 지참해야 한다.

5. 싱가포르 여행시 비자는?

한국과 싱가포르는 무비자 협정 체결국으로 따로 비자를 신청할 필요가 없다. 한국 국적의 여행자라면 비자 없이 최대 90일까지 머물 수 있다.

1. 숙소 위치 정하기

여행지에 대한 정보 없이 호텔 숙박료나 모양새만 보고 예약을 했다가는 시내 중심지에서 한참 떨어져 있는 곳에 숙소를 잡는 실수를 할 수 있다. 가장 좋은 것은 머물고 싶은 지역을 정해두고 그 지역 근처에 숙소를 찾는 것이다.

2. 싱가포르에는 어떤 숙소가 있나?

5성급 최고급 호텔

마리나베이를 끼고 있는 강변에 싱가포르의 전설로 통하는 래플스 호텔을 비롯, 만다린 오리엔탈, 플러튼, 플러튼베이 호텔과 같은 최고급 호텔들이 명당을 차지하고 있다. 도심 속에서는 싱가포르에 가장 처음 호텔을 연 샹그릴라가, 도심을 바라보는 바다 위에는 마리나베이 샌즈 호텔이 새로운 랜드마크로 우뚝 섰다.

센토사에는 전용 해변을 갖춘 샹그릴라 라사 센토사 리조트를 비롯, 6성급의 카펠라 싱가포르 등 최고급 호텔들이 즐비하다.

부티크&디자인 호텔

부티크 호텔의 시초가 된 뉴 마제스틱 호텔을 비롯해 호텔 1929, 나오미 리오라 등이 모두 차이나타운 지역에 몰려 있다.

서비스 아파트먼트 혹은 레지던스

싱가포르에서는 1박에 10만 원 대의 비즈니스 호텔이나 아파트먼트, 레지던스 호텔이 더 실용적이다. 객실 내에 부엌 시설과 세탁기, 거실 등이 갖춰져 있기 때문에 장기 여행자에게 알맞다.

호스텔

어중간한 호텔보다는 가격대비 만족도가 훨씬 높은 곳이다. 차이나타운에 있는 럭색인과 5 풋웨이인 프로젝트는 주요 지역마다 지점이 있으며, 아들러 호스텔은 브루웍스의 수제 맥주를 마실 수 있는 럭셔리 호스텔로 통한다.

3. 어떻게 예약할까?

1) 숙소 전문 예약 사이트를 이용한다

인터넷 호텔 전문 예약 사이트와 인기 호스텔 예약 사이트를 이용하는 것이 가장 일반적이면서도 저렴하게 예약할 수 있는 방법이다.

호텔&호스텔 가격 비교 예약 사이트
익스피디아 www.expedia.com
아고다 www.agoda.com
부킹닷컴 www.booking.com
트립어드바이저 www.tripadvisor.co.kr
호스텔부커스 www.hostelbookers.com
호스텔월드 www.korean.hostelworld.com

2) 호텔의 홈페이지도 체크해본다

호텔 홈페이지에서 직접 예약하는 경우, 인터넷 예약 사이트보다 더 저렴한 가격의 프로모션을 제공하기도 한다.

아코르Accor 호텔 그룹, 스타우드호텔Starwoodhotel 그룹 등 관심 있는 호텔에 직접 회원 가입을 하고 뉴스레터를 받으면 특가 프로모션 패키지 등을 바로 알려준다.

3) 소셜커머스를 통해 예약한다

럭셔리 디자인 호텔에 포커스를 맞추고 있는 에바종(www.evasion.co.kr.) 일반 소셜 커머스와 달리 에바종은 회원가입을 한 회원들에게만 정보를 제공하고, 디자인, 부티크 호텔에 관심있는 특정 타깃을 전문으로 하기 때문에 감각이 뛰어나다. 숙박료의 30~70%까지 할인된 수준급 호텔과 주변 정보가 알차게 꾸며져 있다.

D-20

MISSION 6 여행 정보를 수집하자

1. 책을 펴자

먼저 〈싱가포르 홀리데이〉를 천천히 읽어보자. 싱가포르에 대한 큰 그림을 짜는 데 도움이 된다. 이때 관심 있는 분야의 키워드를 적어두면 추후 일정을 잡거나 정보를 찾을 때 유용하다.

모든 가이드북은 일단 출간 시일 혹은 개정 시기가 언제인지 확인하는 것이 중요하다. 철 지난 정보가 있을 수 있으니 가이드북을 살 때는 가장 최근에 나온 것을 기준으로 한다.

2. 인터넷을 켜자

여행자들이 직접 체험한 여행 정보와 느낌을 공유할 수 있다. 싱가포르 여행 정보를 얻을 수 있는 인터넷 카페나 여행사들이 운영하는 홈페이지, 카페에도 좋은 정보들이 많다.

싱가포르 여행 정보 사이트
싱가포르 관광청 www.yoursingapore.com
싱가폴 사랑 cafe.naver.com/singaporelove,
cafe.naver.com/yoursingapore
싱가포르 한국촌 www.hankookchon.com

3. 사람을 만나자

어찌 보면 책이나 인터넷보다 가장 생생한 정보를 얻을 수 있는 루트다. 그곳을 미리 체험한 사람들과 이야기를 나누거나 방콕 현지에 친구들이 있다면 금상첨화. 특히 자신의 취향과 관점이 비슷하다면 가장 만족스러운 정보를 얻을 수 있을 것이다. 페이스북이나 트위터, 인스타그램 같은 SNS를 통해 싱가포르와 관련된 커뮤니티나 친구를 소개를 받을 수도 있으니 적극 활용해보자.

4. 스마트폰에 유용한 앱을 다운받자

싱가포르 맵스 '싱가포르 맵스Singapore Maps'를 다운받아두면 현지인처럼 버스를 이용할 수 있다. 지금 있는 위치를 표시하고, 가고자 하는 목적지의 주소를 앱에 치면 가는 방법을 택시, 대중교통, 도보로 나눠 보여준다(구글 맵스와 비슷한 방식). 뿐만 아니라 가장 빠른 대중교통 순으로 노선을 여러 개 안내해주며, 가는 길 과정이 전부 앱의 지도에 표시되므로 내려야하는 시점을 알 수 있다. 싱가포르 맵스만 있으면 타야 하는 정거장을 두리번 거릴 필요도 없고, 언제 내려야 하는지 신경을 곤두세우지 않아도 된다.

MISSION 7 여행자보험 가입하기

1. 여행자 보험은 왜 들까?

여행지에서 일어날 만약의 사고, 도난 및 분실에 대비해 가입해두는 것이 여행자보험이다. 사고는 항상 언제 어떻게 일어날지 모르는 것이므로 귀찮더라도 꼭 가입해두는 것이 좋다.

2. 비교하고 가입하자

보험비가 올라가는 핵심 요소는 도난 보상 금액. 이 부분의 상한선이 올라가면 내야 할 보험비도 많아진다. 요즘은 환전을 하거나 여행 상품을 구매할 경우 여행자 보험을 무료로 가입해주는 경우도 많은데, 보험 혜택과 범위 등을 확인해볼 것.

3. 가입 시 받은 보험증서와 각종 안내물은 잘 챙겨두자.

도난을 당했다면 경찰서에서 도난 증명서부터 받을 것. 서류가 미비하면 제대로 보상을 받기 힘드니 꼼꼼하게 무엇이 필요한지 보험사에 물어보거나 안내물을 참고할 것. 사고로 다쳤다면 병원에서 받은 치료 증명서와 영수증을 둘다 챙겨두어야 한다.

MISSION 8 알뜰하게 환전하기

1 현금 Cash

주거래 은행이나 지점에 싱가포르 달러로 환전해갈 수 있는지 문의한다. 인터넷에서 각 은행별 환전 우대 쿠폰을 검색하면 60~90%까지 환전 우대를 받을 수 있다. 또 전화나 인터넷 환전 서비스를 미리 신청하고 출국 당일 인천 국제공항 출국장의 은행에서 찾아갈 수도 있다. 인천 국제공항 환전소는 수수료가 가장 비싸므로 가급적이면 시내 은행을 이용하는 것이 좋다.

2 신용카드 Credit Card

현지 호커 센터와 동물원 안의 음식점을 제외한 대부분의 장소에서 신용카드를 쓸 수 있다. 단 사용한 금액만큼 카드사에서 정해둔 카드 사용 수수료가 부과된다. 또 카드 당일의 현지 환율에 따라 금액이 청구된다. 해외에서 사용할 수 있는 카드는 비자 Visa, 마스터 Master 등이 있다.

3 현금카드 Debit Card

통장에 보유한 현금을 달러로 인출 가능한 카드다. 현지 은행 ATM에서 필요한 만큼 바로 인출할 수 있기 때문에 환전을 미리 하지 않아도 된다. 카드 앞 뒤에 〈cirrus〉 또는 〈plus〉글자가 있는지, 해외 인출을 가능하도록 설정했는지 미리 확인하자.

4 각종 예약 확인하기

미리 예약해둔 숙소는 반드시 주소를 가지고 간다. 고급 레스토랑에 예약을 한 경우에는 떠나기 전에 예약을 한번 더 확인해두면 좋다.

D-2

MISSION 9 완벽하게 집 꾸리기

꼭 가져가야 하는 준비물

여권 출국할 때 반드시 필요한 필수품. 여권용 사진도 몇 장 챙긴다. 여권 앞면 사진을 찍어 보관해두는 것도 한 방법.

항공권 예약 후 이메일을 통해 받은 전자티켓을 출력해 가져간다.

여행 경비 현금, 여행자수표, 신용카드, 현금카드 등 빠짐없이 준비. 현지에 도착해서 바로 사용할 현금 따로 챙길 것.

각종 증명서 여행자보험, 국제운전면허증, 국제학생증 등

의류&신발 거리를 걸을 때 입을 편한 옷과 고급 식당에 갈 때 입을 옷 등 상황에 맞는 옷과 신발을 빠짐없이 챙겼는지 확인하자. 쇼핑몰 안은 기온차가 크므로 얇은 카디건도 필수이다.

가방 여권, 지갑, 책, 카메라 등을 넣고 다닐, 작은 가방도 별도로 준비하자.

우산 우기라면 3단으로 접는 가벼운 우산을 준비. 배낭여행자라면 배낭을 덮을 방수커버도 준비.

전대 도미토리를 이용할 여행자라면 필요하다. 여권과 현금을 보관하기에 숙소 사물함이 100% 안전하지는 않다.

세면 도구 호텔에서 묵으면 샴푸, 베스젤 비누 등을 기본적으로 제공. 칫솔과 치약만 챙겨도 된다.

화장품 필요한 만큼 작은 용기에 담아서 가져가면 좋다.

비상 약품 감기약, 소화제, 진통제, 지사제, 연고, 물파스 등 기본적인 약 준비.

생리 용품 평소 자신이 사용하던 것을 발견하기가 쉽지 않다.

스마트폰 로밍을 해가거나 현지에서 3G 유심칩을 구입 후 데이터 무제한 요금제에 가입하면 기간 내에 데이터를 마음껏 사용할 수 있다.

카메라 충전기를 빠뜨리기 쉬우니 다시 한번 확인. 메모리 카드도 체크!

어댑터 싱가포르는 코가 세 개 달린 3핀 방식으로 멀티어댑터를 꼭 가져가야 한다. 호텔에서 빌려주는 경우도 있으나 복불복.

가이드북 정보가 없으면 여행이 힘들어진다.

가져가면 편리한 준비물

선글라스 강한 햇빛에서 눈을 보호해준다.

선크림 햇빛이 강렬하기 때문에 날씨가 선선해도 피부가 쉽게 그을린다. 귀찮다고 건너뛰면 나중에 후회한다.

모자 햇빛을 막는 데 유용하다.

수영복 많은 4, 5성급 호텔이 호텔 수영장을 갖추고 있으니 꼭 챙겨가자.

반짇고리 단추가 떨어지거나 가방이 망가졌을 때 유용. 좋은 호텔은 객실에 있거나 컨시어지에 부탁하면 가져다준다. 소형 자물쇠 소매치기 방지를 위해 가방의 지퍼부분을 잠궈두면 든든하다.

손톱깎기 없으면 아쉬운 물품 1호.

물티슈 작은 것으로 준비하면 급할 때 쓸 일이 생긴다.

휴지 싱가포르의 호커 센터에는 휴지가 없다. 그래서 현지인들은 휴지를 항상 챙겨 다닌다.

D-day

인천 국제공항에서 출국하기

1. 탑승 수속하기
출발 2시간 전까지는 공항에 도착해 3층 출국장으로 간다. 해당 항공사의 카운터에서 여권과 전자티켓을 제출하고 보딩패스를 받는다. 원하는 좌석이 있다면 이때 꼭 말할 것.

2. 짐 부치기
이코노미 클래스의 항공수하물은 보통 19~23kg까지 허용(저가항공은 별도의 비용이 든다). 칼이나 송곳, 면도기나 발화물질, 100ml가 넘는 액체나 젤 등은 기내에 들고 탈 수 없다. 항공사에 따라 스프레이 타입은 아예 부칠 수 없는 경우도 있다.

3. 보안 검색과 출국 수속
여권과 보딩패스를 보여주면 출국 게이트 안으로 들어간다. 고가의 물건을 휴대하고 있다면 세관에 미리 신고할 것. 들고 있던 짐은 엑스레이를, 여행자는 문형 탐지기를 통과해야 한다. 출국검사를 받을 때는 모자와 선글라스를 벗어야 한다.

4. 탑승
출발 30분 전까지 탑승 게이트에 도착하자. 외국 항공사의 경우 모노레일을 타고 별도의 청사로 가야 하니 더 여유 있게 가야 한다. 모노레일은 5분 간격으로 운행되며 별도의 청사에도 면세점이 있다.

싱가포르 창이 공항으로 입국하기

1. 출입국신고서 작성하기
싱가포르 입국카드를 기내에서 작성한다. 싱가포르에서 투숙하는 호텔의 이름을 적으면 된다.

2. 입국심사
입국심사대에 여권과 미리 작성한 입국카드를 제시하고 입국 심사를 받는다.

3. 수하물 찾기
해당 항공편이 표시된 레일로 이동해 짐을 찾는다. 수하물이 분실됐다면 비행기표를 받을 때 함께 받았던 배기지 클레임 태그Baggage Claim Tag를 가지고 분실 신고를 한다.

> **Tip 자동 출입국심사**
> 만 19세 이상 대한민국 여권 소지자라면 사전 등록 절차 없이 자동 출입국심사 서비스를 이용할 수 있다. 만 19세 미만 또는 인적 사항이 변경되었거나 주민등록증을 발급받은 지 30년이 지난 사람은 사전 등록을 해야 한다. 사전 등록은 인천공항 제1터미널 출국장 3층 F발권 카운터 앞 등록 센터 및 제2터미널 2층 중앙 정부 종합 행정 센터 쪽 등록 센터에서 할 수 있다. 운영 시간은 모두 07:00~19:00까지. 사전 등록 시 여권과 얼굴 사진은 필수.

인천 국제공항 터미널을 꼭 확인하자!
인천 국제공항의 터미널은 제1터미널과 제2터미널로 나뉘어 운영된다. 두 터미널의 거리가 꽤 떨어져 있는 데다가, 각각 취항 항공사가 다르므로 출발 전 어느 터미널로 가야 하는지 꼭 확인해야 한다.
대한항공, 델타항공, 에어프랑스, KLM네덜란드항공을 이용하는 경우에는 제2터미널로, 그 외 항공사를 이용하는 경우에는 제1터미널로 가야 한다. 터미널 간 이동은 무료 순환 버스(5분 간격 운행)를 이용할 수 있다. 제1터미널 3층 중앙 8번 출구, 제2터미널 3층 중앙 4~5번 출구 사이에서 출발하며 15~20분 소요된다.

공항 라운지와 친해지자

인천 국제공항에는 다양한 라운지가 있다. 각 항공사의 회원과 퍼스트, 비즈니스 승객이 이용할 수 있는 항공사 라운지를 비롯, 스타얼라이언스Star Alliance, 스카이패스Skypass와 같은 제휴 항공사의 라운지, 국내 신용카드사와 회사에서 운영하는 자체 라운지까지 다양하다. 자신이 소유하고 있는 멤버십에 따라서 무료나 유료로 이용 가능하므로 확인해보자.

NEW! 싱가포르항공의 프리미엄 서비스 라운지

싱가포르항공은 2014년 2월부터 인천 국제공항에 단독 프리미엄 라운지 실버 크리스Silver Kris를 오픈 운영하고 있다. 실버 크리스 라운지는 싱가포르 항공의 퍼스트, 비즈니스 클래스 승객과 멤버십 고객인 PPS클럽 및 크리스 플라이어 엘리트 골드 회원이 이용 할 수 있다.

총 90석의 내부에는 무선 인터넷, 인터넷 PC, 샤워룸, TV등의 각종 편의 시설이 갖추어져 있고, 다양한 식음료가 무료로 제공된다. 특히 라운지 맨 안쪽에 참존 마사지 센터를 운영하며 라운지 고객에게 무료로 얼굴 마사지를 제공한다.

실버 크리스는 셔틀트레인에서 내린 후 탑승동 엘리베이터를 타고 올라와 게이트 114 근처에 있다. 인천 국제공항 탑승동 4층에 있다. 현재 한국을 포함한 총 15개국의 공항에 실버 크리스 라운지를 운영하고 있다.

위치 인천 국제공항 탑승동 4층 게이트 114 근처
오픈 07:00~09:00, 13:00~23:50

MISSION 11 창이 국제공항에서 시내로 들어오기

지하철 MRT

창이 국제공항에서 트레인 투 시티Train To City표지판을 따라 에스컬레이터를 타고 내려가면 된다. 터미널 2와 연결되어 있으며, MRT CG2 창이 국제공항역에서 시내 주요 역까지 들어올 수 있다. MRT NS25/EW13시티홀역이나 래플스역까지는 한 번에 갈 수 있다. 시티홀역까지 걸리는 시간은 약 32분. 요금은 2~2.10달러 정도.

공항 셔틀버스

창이 국제공항에서 시내의 호텔까지 연결하는 공항버스 리무진. 입국장의 그라운드 트랜스포트 데스크Ground Transport Desk에서 가는 호텔까지 별도의 예약 없이 바로 티켓을 살 수 있다. 요금은 성인 9달러, 아동은 6달러이다.

미터택시 MeterTaxi

일행이 있거나 짐이 무거울 경우에는 택시가 유용하다. 공항에서 시내 호텔까지 걸리는 시간은 약 30여 분. 요금은 20~30달러 선이다. 미터기에 찍히는 요금 외에 별도의 요금이 붙는데, 공항도로 이용료 할증(3~5달러), 자정이 넘어 도착한다면 심야 할증(24:00~06:00 사이, 최종 요금의 50% 추가) 등의 가산금이 붙는다. 신용카드 결제도 가능하다. 택시 승강장은 도착장에 있다.

시내버스

각 터미널 지하층에 버스 정류장이 있다. 36번 버스가 선텍 시티Suntec City, MRT 시티홀역, 오차드 로드 등을 지난다. 시내까지 걸리는 시간은 약 1시간. 버스 시스템은 잘 되어 있지만, 안내 방송이 없고 거스름돈을 주지 않으므로 잔돈을 준비해야 하는 번거로움이 있다. 현금 또는 이지링크 카드를 이용할 수 있고, 요금은 2달러이다.

> **Tip** 창이 국제공항에서 출국하기
> 창이 국제공항은 터미널 1, 2, 3으로 나누어져 있다. 모노레일로 이동해야 할 만큼 규모가 크다. 아시아에서 인천 국제공항과 함께 매년 세계 최고의 공항으로 꼽히는 곳이며, 거의 모든 항공사가 이용한다 해도 과언이 아닐 만큼 아시아 허브 공항으로 활약하고 있다. 영화관과 나비 정원 등 다양한 시설이 있고, 면세점은 터미널 2와 3에 있는 것이 규모가 크고 브랜드도 다양하다.

꼭 알아야 할 싱가포르 필수 정보

싱가포르에 대한 기본 상식

싱가포르는 국토 전체가 서울과 비슷한 면적의 도시 국가다. 정식 명칭은 싱가포르 공화국. 크고 작은 63개의 섬으로 이루어져 있으며 그중 가장 큰 섬의 이름이 국명과 동일한 수도 싱가포르섬이다.

시차 한국보다 1시간 느리다.

언어 대부분 영어를 사용하며, 중국어, 말레이어, 타밀어 등도 사용한다.

인구 약 579만명(2018년 기준)

종교 국교는 없으나 각 종교별로 최소 1개 이상의 법정 공휴일을 지정하고 있으며, 전 국민의 85% 정도가 종교를 갖고 있다. 종교 비율은 불교, 이슬람교, 기독교, 인도교 순이다.

기후 습도와 기온이 높은 아열대성 기후다. 평균 기온은 섭씨 24~32도. 가장 더운 달은 6~8월 사이. 11~1월 사이에는 스콜이 자주 내린다.

통화 싱가포르 달러 SGD(또는 S$)로 계산. 1싱가포르 달러는 약 813원(2018년 12월 기준). 환율은 수시로 바뀌지만 보통 1싱가포르 달러를 900원으로 계산하면 편리하다. 지폐 단위는 2, 5, 10, 20, 50, 100달러짜리로 구성, 동전은 싱가포르 센트(SC)로 표시한다.

전압 220~240V. 3핀 플러그 방식의 멀티 어댑터가 필요하다.

전화 로밍을 하거나 스마트폰의 경우 유심을 끼우면 바로 사용 할 수 있다.
현재 휴대폰(심카드 충전식)을 빌리거나 구입하는 것도 가능. 싱가포르에서 한국으로 전화를 걸 때는 국가번호 65를 누르고 0을 제외한 지역번호 및 전화번호를 누른다.

유용한 전화번호

≫ 주 싱가포르 한국 대사관 **전화** 65-6256-1188 **홈페이지** sgp.mofat.go.kr
≫영사과 **전화** +800-2100-0404(현지 국제 전화 코드 001)
≫싱가포르 관광청 서울 사무소 **홈페이지** www.yoursingapore.com
≫해외 안전 여행 사이트 **홈페이지** www.0404.go.kr
≫싱가포르 센트럴 폴리스 **전화** 1-800-624-0000

INDEX